有機溶剤

作業主任者テキスト

中央労働災害防止協会

序

有機溶剤とは，物質を溶解する性質をもつ常温で液体の有機化合物で，塗装，洗浄等の作業に広く使用されていますが，蒸発しやすく，脂肪を溶かすことから，取扱いを誤ると皮膚や呼吸器を通して体内に吸収され，中枢神経等へ作用して，急性中毒や慢性中毒等の健康障害を発生させることがあります。

このような有機溶剤中毒を予防するため，有機溶剤中毒予防規則が制定されており，作業に従事する労働者が有機溶剤にばく露しないように，作業方法を決定し，関係労働者を指揮するとともに，局所排気装置，プッシュプル型換気装置等の点検，保護具の使用状況の監視を行う等の有機溶剤作業主任者の職務が定められています。しかし，有機溶剤作業主任者が選任されていても，その職務を怠っていたため労働災害を招いたという事例が後を絶たないことから，選任された有機溶剤作業主任者が与えられた職務内容を十分理解したうえで確実に職務を遂行することが必要不可欠です。

また，平成26年の法令改正によりクロロホルム等有機溶剤業務等の特別有機溶剤業務については，有機溶剤作業主任者技能講習を修了した者のうちから特別有機溶剤業務に係わる特定化学物質作業主任者を選任しなければならないこととされています。

本書は，有機溶剤作業主任者および特別有機溶剤業務に係わる特定化学物質作業主任者がその職務を行うに当たって知っておくべき事項を分かりやすく解説したものです。作成に当たっては，当協会内に『有機溶剤作業主任者テキスト』編集委員会を設置し，各委員に分担して執筆していただいた原稿に編集委員会において検討を加え，取りまとめました。

今般，化学物質の自律的な管理への転換をはじめとする最近の法令改正への対応等を内容とする改訂を行いました。ご協力いただきました編集委員の方々には改めて感謝申し上げるところです。

本書が有機溶剤作業主任者をはじめ多くの関係者に活用され，有機溶剤中毒の予防にお役立ていただけることを願っております。

令和5年3月

中央労働災害防止協会

『有機溶剤作業主任者テキスト』編集委員会

（敬称略・50音順）

（編集委員）

今川　輝男　中央労働災害防止協会　近畿安全衛生サービスセンター

加部　　勇　株式会社クボタ　筑波工場　産業医

後藤　博俊　一般社団法人日本労働安全衛生コンサルタント会　顧問（座長）

田中　　茂　十文字学園女子大学　名誉教授

前田　啓一　前田労働衛生コンサルタント事務所

（執筆担当）

第１編，第３編……………………………………………………………前田　啓一

第２編……………………………………………………………………加部　　勇

第４編……………………………………………………………………今川　輝男
田中　　茂

第５編……………………………………………………………………後藤　博俊

講習科目について

有機溶剤作業主任者は有機溶剤作業主任者技能講習を修了した者のうちから選任されることが定められている。講習科目は以下のとおり。

有機溶剤作業主任者技能講習科目

（平成 6 年 6 月 30 日労働省告示第 65 号より）
（最終改正　平成 18 年 2 月 16 日厚生労働省告示第 56 号）

講　習　科　目	範　　　囲	講習時間	本書対応箇所および頁
健康障害及びその予防措置に関する知識	有機溶剤による健康障害の病理，症状，予防方法及び応急措置	4 時間	第 2 編 （31 頁）
作業環境の改善方法に関する知識	有機溶剤の性質　有機溶剤の製造及び取扱いに係る器具その他の設備の管理　作業環境の評価及び改善の方法	4 時間	第 3 編 （85 頁）
保護具に関する知識	有機溶剤の製造又は取扱いに係る保護具の種類，性能，使用方法及び管理	2 時間	第 4 編 （135 頁）
関係法令	労働安全衛生法，労働安全衛生法施行令及び労働安全衛生規則中の関係条項　有機溶剤中毒予防規則	2 時間	第 5 編 （173 頁）

目　次

第3編　作業環境の改善方法 ……(85)

第5編　関係法令 ……(173)

参考資料

第 1 編

有機溶剤作業主任者の職務

各章のポイント

【第 1 章】労働衛生の 3 管理と作業主任者の職務

□　この章では，有機溶剤作業主任者の職務や，職務を遂行する上で実行することが重要な労働衛生の 3 管理（「作業環境管理」・「作業管理」・「健康管理」）について学ぶ。

□　技能講習を修了して作業主任者に選任された際の責任の重さ，学習した内容を活用して指導することの重要性について学ぶ。

【第 2 章】作業主任者として求められる役割

□　有機溶剤作業主任者の職務は，作業環境管理，作業管理を推進し，作業中に有機溶剤を労働者の身体に吸入，接触させない正しい作業方法を定めて守らせることである。

□　有機溶剤作業主任者は，有機則や関連する法令，告示，通達についての理解が必要である。

□　労働衛生の 3 管理を的確に進めるためには，リスクアセスメントとその結果に基づくリスク低減措置を講じることが必須である。

【第 3 章】化学物質の自律的な管理

□　化学物質規制体系の見直しについて知り，事業者が選任する「化学物質管理者」,「保護具着用管理責任者」など必要な人材について理解する。

第１章　労働衛生の３管理と作業主任者の職務

1　作業主任者の職務

図 1–1 はライン・スタッフ型の安全衛生管理組織の例である。企業における通常業務の指示命令は，経営トップの責任でその意思が部長，課長，係長などラインの職制を通じて第一線の作業者まで伝達され，職制の指揮監督の下で実行される。安全衛生管理もそれと同じく経営トップの責任で業務ラインの職制を通じて実行されることが望ましい。しかし特に危険有害な業務では，一般的な職制の指揮監督に加えてさらにきめ細かい指導が必要であり，その目的でラインの最前線で作業者に密着して指揮監督を行うのが作業主任者である。

職場における危険または有害な作業のうち，労働災害を防止するために特に管理を必要とするものについては，事業者は作業主任者を選任し，その者に労働者の指揮その他必要な事項を行わせなければならないことが労働安全衛生法に定められている（第 14 条)。有機溶剤等を製造し，または取り扱う業務のうちの多くはこれに該当し，有機溶剤作業主任者技能講習を修了した者のうちから有機溶剤作業主任者を選任することとなる。また，溶剤に特定化学物質の第２類物質のエチルベンゼンを含有する塗料等を用いる塗装業務（エチルベンゼン塗装業務)，1,2–ジクロロプ

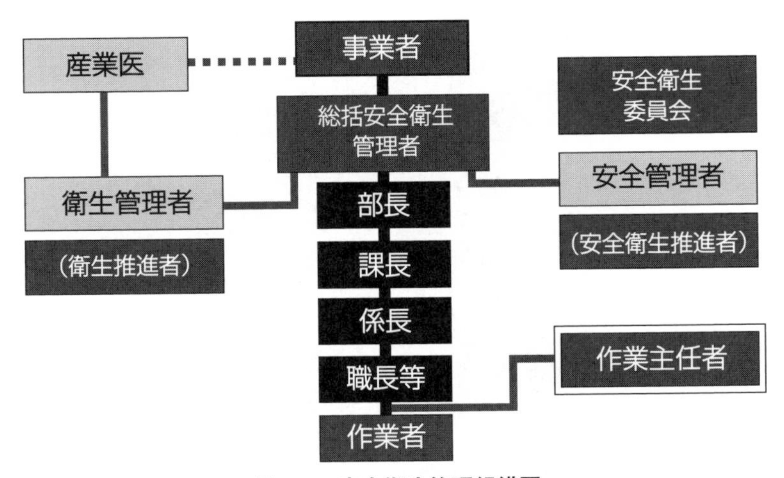

図 1–1　安全衛生管理組織図

（沼野雄志監修『望ましい安全衛生管理体制とは（PRC 版)』より引用）

ロパンを含有する洗浄剤等を用いる洗浄または払拭の業務（1,2-ジクロロプロパン洗浄・払拭業務）について，さらに，クロロホルムほか9の特定化学物質の第2類物質を製造しまたは取り扱う特別有機溶剤業務について，有機溶剤作業主任者技能講習を修了した者のうちからそれぞれの業務に係わる特定化学物質作業主任者を選任しなければならないこととなっている（209頁参照）。なお，本書では，有機溶剤といった場合は，原則として，特別有機溶剤も含めることとする。

作業主任者の職務は，次の4つの事項である（有機溶剤中毒予防規則第19条の2および特定化学物質障害予防規則第28条参照）。

① 作業に従事する労働者の身体が有機溶剤によって汚染され，または有機溶剤蒸気を吸入しないように，作業の方法を決定し，労働者を指揮すること。

② 安全な作業環境状態を維持するための大切な設備である局所排気装置，プッシュプル型換気装置，全体換気装置を1月を超えない期間ごとに点検すること。

③ 有機溶剤が作業者の身体に侵入するのを防ぐ保護具を作業者が正しく使用しているか，その使用状況を監視すること。

④ 作業者が特に危険の大きいタンク内作業に従事する場合に，有機溶剤がタンク内に残っていたり，流れ込んだりしないための措置そのほか必要な措置が講じられていることを確認すること。

作業主任者がこれらの職務を遂行するに当たっては，作業指揮する立場にあることから，健康障害を予防するために「作業環境管理」，「作業管理」，「健康管理」といういわゆる労働衛生の3管理と，作業者に対する労働衛生教育を確実に実行することが重要であり，そのために第一線で労働者を指揮する作業主任者の責任は極め

写真1-1　化学防護手袋の使用を指導する作業主任者

て重いといえよう（**写真 1-1**）。

有機溶剤作業主任者技能講習では，「健康障害及びその予防措置に関する知識」，「作業環境の改善方法に関する知識」，「保護具に関する知識」，「関係法令」について講義を受けることになっている。

2　労働衛生の３管理

有機溶剤作業に従事する労働者の健康障害を予防するためには，①有機溶剤が呼吸器または皮膚，粘膜を通して体内に吸収されないようにすること，②呼吸器を通して吸収される有機溶剤を減らすために作業に伴って発散する有機溶剤の量を抑えること，③換気等の方法で空気中の有機溶剤蒸気の濃度を低く抑えること，が重要である。これが「作業環境管理」である。

また，①人体に有機溶剤を接触させない正しい作業方法を定めて守らせること，②必要な場合には有機溶剤に対して有効な保護具を使用させること，も重要であり，これが「作業管理」である。作業環境管理，作業管理に必要な知識は第３編，第４編で学ぶことになっている。

さらに，「健康管理」は法令で定められた作業主任者の職務として直接には明示されてはいないが，有機溶剤による健康障害，特に急性中毒事故を防ぐために，第２編の有機溶剤の有害性，健康障害の起こり方，急性中毒の初期症状，急性中毒が発生した場合の応急処置の方法などについて作業主任者は，十分理解しておく必要がある。

技能講習を修了して作業主任者に選任されたならば，その責任の重さを自覚し，学習した内容を十分活用して指導を行い，作業主任者としての職務を的確に遂行していかなければならない。

3　有機溶剤の種類と業務の内容

作業主任者が職務として取り扱う対象の有機溶剤の種類や業務の内容については，有機溶剤中毒予防規則および特定化学物質障害予防規則に定めがありその内容については第５編（第３章等）で学ぶことになるが，作業主任者は各種の有機溶剤の特性（危険性・有害性）や業務上の留意点を十分に理解する必要がある。

第２章　作業主任者として求められる役割

1　作業環境管理，作業管理と作業主任者

日常的に行われている有機溶剤取扱い作業の状況を観察してみると，作業者が有機溶剤の危険有害性を十分認識していなかったり，仕事に慣れすぎたために有機溶剤の危険有害性を忘れて，不用意に溶剤をこぼしたり，蒸発させたり，皮膚に付けたり，蒸気を吸入するような不安全な行動を見かけることがある。作業主任者は，この技能講習で学んだことを十分理解し，作業者がこのようないわゆる不安全行動をしないように常に適切な指導監督を行わなければならない。

有機溶剤中毒予防規則第19条の２第１号および特定化学物質障害予防規則第28条第１号では，作業主任者の職務として「作業に従事する労働者が有機溶剤，特定化学物質により汚染され，又はこれを吸入しないように，作業の方法を決定し，労働者を指揮すること」と規定している。すなわち作業主任者が第一に行わなければならない職務は，作業環境管理，作業管理を推進し，作業中に有機溶剤または特定化学物質を労働者の身体に接触させない正しい作業方法を定めて守らせることである。

作業主任者が日常の作業において指導監督する内容として以下の例があげられる。

①　溶剤，塗料等は当日の作業に必要な量だけ作業場所に持ち込むようにさせること。

②　溶剤の缶や溶剤のしみたウエスの容器には，その都度必ず蓋をさせること（習慣づけること）。これは火災防止のためにも重要である。

③　有機溶剤をこぼさないよう溶剤を容器に移注する際の作業手順の整備や溶剤缶の転倒防止の措置を講じるとともに注意を喚起させること。

④　作業量，作業速度，温度，圧力などを必要以上に上げさせないこと。たとえば，脱脂洗浄作業の蒸気温度，接着剤を塗布した物の乾燥温度，吹付け塗装のエア圧力などを必要以上に上げさせないこと。

⑤　払拭作業でウエスやガーゼに必要以上の溶剤をしみ込ませないこと。軽くしみ込ませたもので汚れは十分落ちる。

⑥　有機溶剤蒸気の吸入を避けるため，発散源の風上で作業を行わせること。

写真１−２　局所排気装置を点検する作業主任者

⑦　手作業の場合には，発散箇所に顔を近づけて有機溶剤蒸気を吸入しないよう，作業姿勢を確認すること。

⑧　溶剤で手を洗ったり，拭いたりさせないこと。

⑨　タンク内，狭い室内等換気不十分な場所での作業では，塗料の準備調合等は原則として行わせないこと。これらの作業は，屋外の風通しのよい場所か局所排気装置等が設置されている場所で行わせること。

⑩　換気装置，局所排気装置は，作業開始前にスイッチを入れ，また作業終了後もしばらくの間運転を続けさせること。

⑪　洗浄等の作業には有機溶剤用の化学防護手袋（保護手袋）を使用させること。

⑫　呼吸用保護具を使用する際には，密着性の良い面体を選び，作業を始める前に必ず顔面への密着性の良否をみるシールチェックをして漏れ込みがないことを確認させること（陰圧法によるシールチェックは第４編第３章の３参照）。

⑬　そのほか第３編，第４編で説明する注意事項を守らせること。

また，有機溶剤中毒予防規則第19条の２および特定化学物質障害予防規則第28条は，局所排気装置，プッシュプル型換気装置等を１月を超えない期間ごとに点検することを作業主任者の職務の一つと定めている。作業主任者はこれら換気装置の原理，構造，点検の方法を理解し，定期的に点検を行って換気装置が常に性能を発揮するように維持しなければならない（**写真１−２**）（第３編参照）。

2　急性中毒事故の防止と作業主任者

有機溶剤による健康障害には，比較的低い濃度にくり返しばく露した場合に，数カ月ないし数年経ってから現れる肝機能障害等の慢性の障害，特別有機溶剤による発がん，生殖機能障害等の遅発性障害と，高濃度にばく露した場合に短時間でめまい，頭痛，意識喪失などの神経症状が現れる急性中毒がある。特に急性中毒は早い段階で適切な措置を講じないと生命にかかわる危険が大きく，最近でも何人もの作業者が被災している。

急性中毒事故が発生した現場を調べてみると，作業主任者が選任されていなかった，また選任されていても職務を十分に遂行していなかったという事例が多い。

急性中毒事故は，閉め切った室内やタンク内など通気不十分な場所での塗装などの作業でしばしば発生する。事故を防ぐために第一に重要なことは，必ず換気を十分に行って高濃度の有機溶剤蒸気を滞留させないことである（第3編参照）が，十分な換気ができない場合には有効な呼吸用保護具を常時着用して作業することである。取り扱う有機溶剤の種類，予想される濃度に対して有効な呼吸用保護具の選定，呼吸用保護具の効果を維持するために必要なメンテナンスの方法，正しい装着方法などを厳守させる（第4編参照）。なお，呼吸用保護具をはじめ「保護具の使用状況を監視すること」は有機溶剤中毒予防規則第19条の2および特定化学物質障害予防規則第28条に定められた作業主任者の重要な職務の一つである。

さらに，急性中毒事故は，早い段階で異常に気付いて適切な措置を取っていれば，重大な結果に至らなかったと思われる事例が少なくないことから，有機溶剤の有害性，健康障害の起こり方，急性中毒の初期症状，急性中毒が発生した場合の応急措置の方法（第2編参照）などについて十分理解し，作業者に教え，指導することが重要である。

3　労働衛生関係法令と作業主任者

国会が制定した「法律」と，法律の委任を受けて内閣が制定した「政令」および専門の行政機関（省）が制定した「省令」などの「命令」をあわせて一般に法令と呼ぶ。

労働安全衛生に関する代表的な法律が「労働安全衛生法」（以下，「安衛法」という。）であり，「有機溶剤中毒予防規則」「特定化学物質障害予防規則」は，安衛法の委任に基づいて厚生労働省が制定した「厚生労働省令」で，有機溶剤等による健康障害を防止するために事業者が講じなければならないいろいろな措置を定めている。また，厳密には法令ではないが法令とともにさらに詳細な技術的基準などを定める「告示」，法令や告示の内容を解釈する「通達」も，一般には法令の一部を構成するものと考えられている。したがって，法令の規定を理解するためには，法律，政令，省令だけでなく，関係する告示，通達も合わせて総合的に理解することが必要である（第5編参照）。

作業主任者が職務を行うためには有機溶剤中毒予防規則（以下，「有機則」という。）や特定化学物質障害予防規則（以下，「特化則」という。）と関係する法令，告示，通達（たとえば防毒マスクの選択，使用等に関する通達など）についての理解が必要である。

なお，第5編で学ぶように現行の有機則は第1種，第2種および第3種合わせ44種類の物質を同規則の適用を受ける有機溶剤，特化則はエチルベンゼン等12種類の物質を特別有機溶剤と定めているが，産業界では現実に他にも多くの化学物質が溶剤として使われており，規則が適用されないからといって危険または有害でないということではない。これらの物質についても企業は自主的な安全衛生管理を行わなければならないし，将来規則が改正されて適用を受けることもある。

また，現行の有機則は12種類の業務を規則の適用を受ける有機溶剤業務と定めているが，今後の技術の進歩に伴って新たな業務が加えられることもある。したがって，「関係法令」を理解するに当たっては，その内容とともに趣旨を把握するよう努めるとともに，社会情勢の変化や技術の進歩等に対応するために行われる法改正の動きにも注視しておく必要がある。

4　リスクアセスメント

（1）　リスクアセスメント

労働衛生の3管理を的確に進めるためにはリスクアセスメントとその結果に基づくリスク低減措置によって作業場に存在する危険有害因子を取り除くことが必須である。

リスクアセスメントとは，危険性・有害性の特定，リスクの見積り，優先度の設定，リスク低減措置の決定の一連の手順をいい，事業者は，その結果に基づいて適切なリスク低減措置を講じることができる。

リスクアセスメントは事業場のトップから作業者まで全員参加で行われるべきであるが，特に現場の作業実態をよく知る作業主任者の積極的な関与が望まれる。

化学物質のリスクアセスメントについては，「化学物質等による危険性又は有害性等の調査等に関する指針」（平成27年9月18日付け公示第3号）（参考資料9）に，化学物質の危険有害性とばく露の程度の組合わせで表されるリスクの大きさを見積り，リスクの大きさに応じて低減措置の優先度を決め，優先度に対応した低減措置を実施する方法が示されている。

リスクアセスメントでは，ばく露測定または作業環境測定等の結果から推定される作業者のばく露濃度のデータがある場合には，それを日本産業衛生学会が勧告する許容濃度，米国産業衛生専門家会議（ACGIH）が勧告するTLVs（Threshold Limit Values）等のばく露限界と比較することにより定量的なリスクの見積りができる。そのようなデータがない場合は安全データシート（SDS）に記載されているGHS（化学品の分類及び表示に関する世界調和システム：化学品の危険有害性を世界的に統一させた一定の基準に従って分類し，絵表示等を用いて分かりやすく表示し，その結果をラベルやSDSに反映させるもの）の分類区分（有害性ランク）と物質の物性，形状，温度（揮発性・飛散性ランク）および１回または１日当たりの使用量（取扱量ランク）によって推定した労働者のばく露量の組合わせで定性的なリスクの見積りを行う（参考資料９等参照）。

リスクアセスメントは，安全データシート（SDS）交付義務対象である通知対象物すべてについて，新規に採用する際や作業手順を変更する際に実施することが義務付けられている。なお，通知対象物は今後も順次追加されていくことが予想される。

厚生労働省は，化学物質についての特別の専門的知識がなくても定性的なリスクアセスメントが実施できる「厚生労働省版コントロール・バンディング」（**図1–2**）や，比較的少量の化学物質を取り扱う事業者に向けた「CREATE-SIMPLE（クリエイト・シンプル）」（**図1–3**）などを準備している。これらのリスクアセスメント

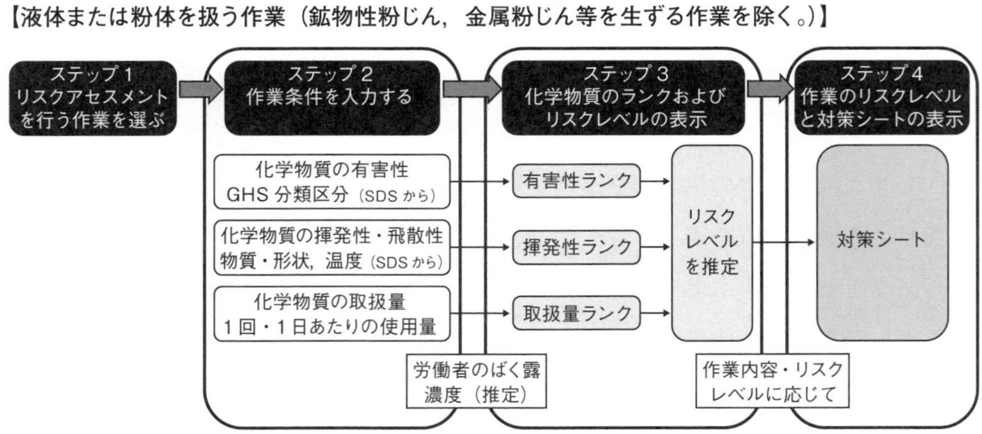

【液体または粉体を扱う作業（鉱物性粉じん，金属粉じん等を生ずる作業を除く。）】

ステップ１
リスクアセスメントを行う作業を選ぶ
ステップ２
作業条件を入力する
ステップ３
化学物質のランクおよびリスクレベルの表示
ステップ４
作業のリスクレベルと対策シートの表示
化学物質の有害性
GHS分類区分（SDSから）
化学物質の揮発性・飛散性
物質・形状，温度（SDSから）
化学物質の取扱量
１回・１日あたりの使用量
有害性ランク
揮発性ランク
取扱量ランク
リスクレベルを推定
対策シート
労働者のばく露濃度（推定）
作業内容・リスクレベルに応じて

図1–2　厚生労働省版コントロール・バンディング

（出典：厚生労働省「職場のあんぜんサイト」https://anzeninfo.mhlw.go.jp/）

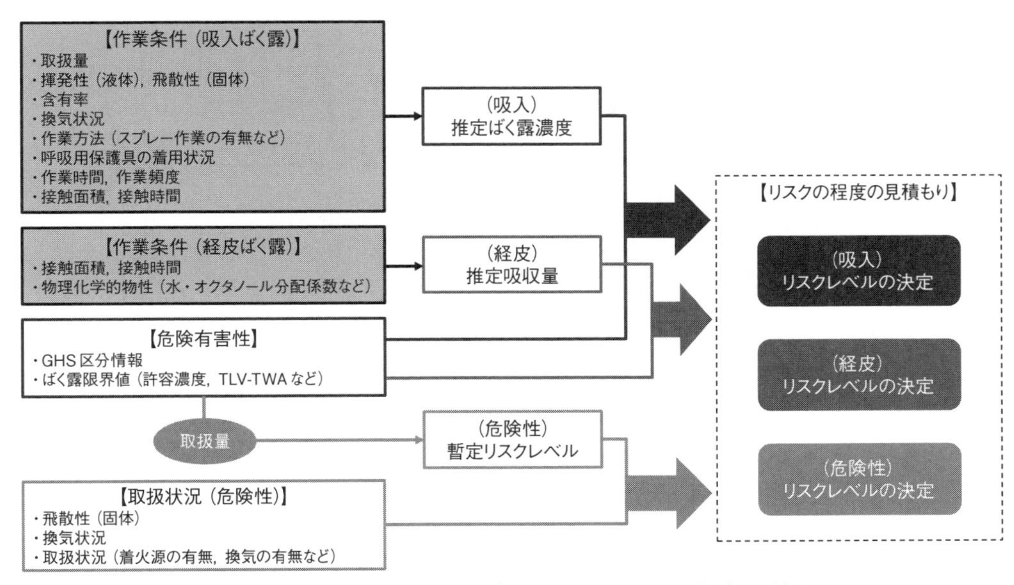

図 1-3　CREATE-SIMPLE（クリエイト・シンプル）の流れ

(出典：厚生労働省「職場のあんぜんサイト」https://anzeninfo.mhlw.go.jp/)

の支援ツールは，次のウエブサイトから無料で利用できる。

厚生労働省「職場のあんぜんサイト」https://anzeninfo.mhlw.go.jp/

（2）　リスク低減措置の検討および実施

リスクの見積りによりリスク低減の優先度が決定すると，その優先度に従ってリスク低減措置の検討を行う。

法令に定められた事項がある場合にはそれを実施するとともに**図 1-4** に掲げる優先順位でリスク低減措置の内容を検討の上，実施する。

なお，リスク低減措置の検討に当たっては，図 1-4 の③や④の措置に安易に頼るのではなく，①および②の措置をまず検討し，③，④は①および②の補完措置と考える。また，③および④のみによる措置は，①および②の措置を講じることが困難でやむを得ない場合の措置となる。

死亡，後遺障害，重篤な疾病をもたらすおそれのあるリスクに対しては，適切なリスク低減措置を講じるまでに時間を要する場合は，暫定的な措置を直ちに講じるよう努めるべきである。

（3）　リスクアセスメント結果等の労働者への周知等

リスクアセスメントの結果は，作業者に周知することが求められている。対象の化学物質等の名称，対象業務の内容，リスクアセスメントの結果（特定した危険性または有害性，見積もったリスク），実施するリスク低減措置の内容について，作

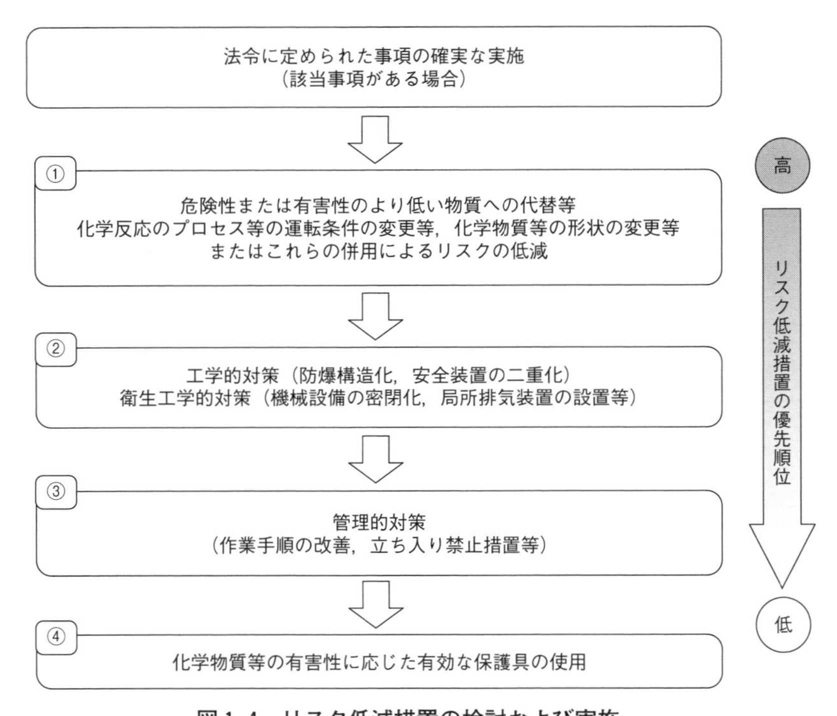

図1-4　リスク低減措置の検討および実施

業場の見やすい場所に常時掲示するなどの方法で作業者に周知する。また，業務が継続し作業者への周知を行っている間はこれらの記録を保存しなければならない。

（4）　リスクアセスメント対象物にばく露される濃度の低減措置

リスクアセスメント対象物（リスクアセスメント実施の義務対象物質）のうち，一定程度のばく露に抑えることにより，労働者に健康障害を生ずるおそれがない物質として厚生労働大臣が定める物質（「濃度基準値設定物質」という）については，労働者がばく露される程度を厚生労働大臣が定める濃度基準（「濃度基準値」という。）以下としなければならないとされる。

なお，この安衛法政省令の改正は令和4年5月31日に公布され，令和6年4月1日に施行される（197頁参照）。

参考文献

1）沼野雄志『化学の基礎から学ぶ　やさしい化学物質のリスクアセスメント』中央労働災害防止協会，2019年
2）『テキスト化学物質リスクアセスメント』中央労働災害防止協会，2016年

5　安全データシート（SDS）

さらに，安全データシート（SDS）の情報や作業環境測定結果，個人ばく露測定結果，特殊健診結果などをもとに，作業場で使用する有機溶剤などの化学物質のリスクアセスメントを行い，優先順位をつけて対策を取ることが勧められている。産業現場では数万種類の化学物質が使用されており，毎年多くの新規化学物質が使用され，毒性情報が不十分なために適切な対応がとられずに生じる中毒事例もみられる。化学品の分類および表示に関する世界調和システム（GHS）の国連勧告を踏まえて，SDSには，化学物質の名称，物性，特性，人体への影響，事故発生時の応急措置，事故対策，予防措置，関連法令などが記される（**表1-1**，**図1-5**参照）。安衛法では，作業者がいつでもSDSを見ることができるようにしておくことを義務付けている。ただし，毒性情報が不十分な物質も多く，SDSを過信してはならない。また，SDSの通知事項である「人体に及ぼす作用」を，定期的に確認し，変更があるときは更新しなければならない。

表 1-1　SDS への主な記載内容

1	化学品および会社情報	・化学品の名称 ・供給者の会社名称，住所，電話番号 ・緊急時連絡電話番号
2	危険有害性の要約	・GHS 分類および GHS ラベル要素（絵表示等） ・その他の危険有害性
3	組成および成分情報	・化学物質・混合物の区分 ・化学名，一般名，別名 ・各成分の化学名または一般名と濃度または濃度範囲
4	応急措置	・吸入，皮膚への付着や眼に入った，飲み込んだ場合の取るべき応急措置 ・最も重要な急性および遅発性の症状 ・応急措置をする者の保護に必要な注意事項
5	火災時の措置	・適切な消火剤，使ってはならない消火剤 ・火災時の特有の危険有害性 ・消火活動において順守すべき予防措置
6	漏出時の措置	・人体に対する注意事項，保護具，緊急時措置 ・環境に対する注意事項 ・封じ込めおよび浄化方法と機材
7	取扱いおよび保管上の注意	・安全な取扱いのための技術的対策 ・安全な保管条件（容器，包装材料を含む）
8	ばく露防止および保護措置	・ばく露限界値，生物学的指標などの許容濃度 ・ばく露を軽減するための設備対策 ・適切な保護具の推奨
9	物理的および化学的性質	・物理状態，色，臭い，融点/凝固点，引火点，自然発火点，蒸気圧，密度など
10	安定性および反応性	・危険有害反応の可能性 ・避けるべき条件（衝撃，静電放電，振動など） ・混触危険物質 ・有害な分解生成物
11	有害性情報	・急性毒性 ・皮膚腐食性，呼吸器感作性，変異原性，発がん性など ・誤えん有害性
12	環境影響情報	・生態毒性，残留性・分解性，生体蓄積性など ・オゾン層への有害性
13	廃棄上の注意	・安全かつ環境上望ましい廃棄またはリサイクルに関する情報など
14	輸送上の注意	・国連番号，国連輸送名など ・輸送または輸送手段に関連する特別の安全対策
15	適用法令	・該当国内法令の名称，規制に関する情報
16	その他の情報	・安全上重要であるが 1～15 に直接関連しない情報

（JIS Z 7253：2019 をもとに作成）

図1-5　GHSの危険有害性を表す絵表示（JIS Z 7253：2019をもとに作成）

第3章　化学物質の自律的な管理

1　新たな化学物質規制の概要

令和4年2月24日，5月31日の安衛法政省令の改正により，自律的な管理を基軸とした新たな化学物質の管理（図1–6参照）が導入された。

化学物質の管理については，今までの法令順守による個別の規制管理から自律的な管理を基軸とする規制へ移行するため，化学物質規制体系の見直し，特定の化学物質の危険性・有害性が確認されたすべての物質に対して，国が定める管理基準の達成が求められ，達成のための手段は限定しない方式に大きく転換されることになる。

化学物質の自律的な管理としての次の内容が規定され推進される。

①　化学物質の自律的な管理のための実施体制の確立

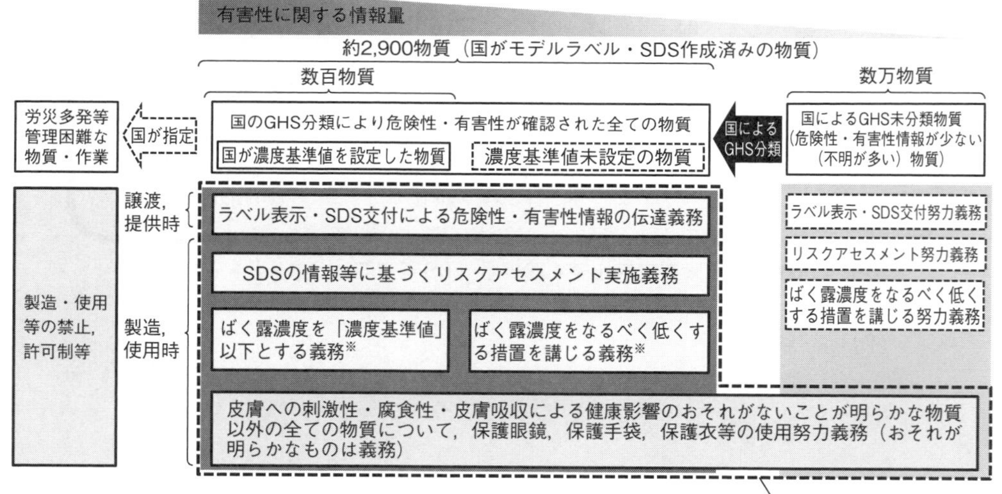

図1–6　自律的な管理における化学物質管理の体系（資料：厚生労働省）

・事業場内の化学物質管理体制の整備，化学物質管理の専門人材の確保・育成

② 化学物質の危険性・有害性に関する情報の伝達の強化

・SDS の記載項目の追加と見直し

・SDS の定期的な更新の義務化

・化学物質の移し替え時等の危険性・有害性に関する情報の表示の義務化

③ 特化則等に基づく措置の柔軟化および強化

・特化則等に基づく健康診断のリスクに応じた実施頻度の見直し

・有機溶剤，特定化学物質（特別管理物質を除く），鉛，四アルキル鉛に関する特殊健康診断の実施頻度の緩和

・作業環境測定結果が第 3 管理区分である事業場に対する措置の強化

④ がん等の遅発性の疾病の把握強化とデータの長期保存

・がん等の遅発性疾病の把握の強化

・事業場において，複数の労働者が同種のがんに罹（り）患し外部機関の医師が必要と認めた場合または事業場の産業医が同様の事実を把握し必要と認めた場合の所轄労働局への報告の義務化

・健診結果等の長期保存が必要なデータの保存

⑤ 化学物質管理の水準が一定以上の事業場の個別規制の適用除外

・一定の要件を満たした事業場は，特別規則の個別規制を除外，自律的な管理（リスクアセスメントに基づく管理）を容認

2　化学物質管理者の選任による化学物質の管理

リスクアセスメント対象物を製造，取扱い，または譲渡提供をする事業場（業種・規模要件なし）ごとに化学物質の管理に関わる業務を適切に実施できる能力を有する「化学物質管理者」を選任して，化学物質の管理に係る技術的事項を管理しなければならない。

表 1-2　化学物質管理者の事業場別の選任要件

事業場の種別	化学物質管理者の選任要件
リスクアセスメント対象物の製造事業場	専門的講習（厚生労働大臣告示で示す科目）の修了者
リスクアセスメント対象物の製造事業場以外の事業場	資格要件なし （専門的講習等の受講を推奨）

選任要件としては，化学物質の管理に関わる業務を適切に実施できる能力を有する者とされる（**表1-2**）。

化学物質管理者の職務としては，次の事項を管理する。

① ラベル・SDS等の確認，化学物質に関わるリスクアセスメントの実施管理

② リスクアセスメント結果に基づく，ばく露防止措置の選択，実施の管理

③ 化学物質の自律的な管理に関わる各種記録の作成・保存，化学物質の自律的な管理に関わる労働者への周知，教育

④ ラベル・SDSの作成（リスクアセスメント対象物の製造事業場の場合）

⑤ リスクアセスメント対象物による労働災害が発生した場合の対応

3　保護具着用管理責任者の選任による保護具の管理

リスクアセスメントに基づく措置として，作業者に保護具を使用させる事業場において，化学物質の管理に関わる保護具を適切に管理できる能力を有する「保護具着用管理責任者」を選任して，有効な保護具の選択，労働者の使用状況の管理その他保護具の管理に関わる業務をさせなければならないとされる。

選任要件としては，保護具に関する知識および経験を有すると認められる者とされているが，保護具の管理に関する教育を受講することが望ましい。

保護具着用管理責任者の職務としては，次の事項を管理する。

① 保護具の適正な選択に関すること

② 労働者の保護具の適正な使用に関すること

③ 保護具の保守管理に関すること

化学物質管理者および保護具着用管理責任者は選任事由の発生から14日以内に選任しなければならない。また職務をなし得る権限を与え，氏名を見やすい箇所に掲示するなどにより，関係者に周知することが必要となる。

なお，化学物質管理者および保護具着用管理責任者の選任において，有機溶剤作業主任者が併任（兼務）する場合は，その職務が異なるので役割に十分留意することが必要である。

ただし，作業環境測定結果が第3管理区分による措置での保護具着用管理責任者は作業主任者との併任（兼務）はできない。

4　化学物質管理専門家による助言

労働災害の発生またはそのおそれのある事業場について，労働基準監督署長が，その事業場で化学物質の管理が適切に行われていない疑いがあると判断した場合は，事業場の事業者に対し，改善を指示することができる。

改善の指示を受けた事業者は，「化学物質管理専門家」（外部が望ましい）から，リスクアセスメントの結果に基づき講じた措置の有効性の確認と望ましい改善措置に関する助言を受けた上で，改善計画を作成し，労働基準監督署長に報告し，必要な改善措置を実施しなければならないとされる。

また，特化則，有機則，鉛中毒予防規則，粉じん障害防止規則に基づく作業環境測定の結果，第３管理区分に区分された場合にも，外部の化学物質管理専門家から意見を聴くこととされる。

なお，管理水準が良好な事業場の特別規則の適用除外のためには事業場に化学物質管理専門家の配置等が必要とされる。

化学物質管理専門家の資格要件は，事業場における化学物質の管理について必要な知識および技能を有する者として厚生労働大臣が定める労働衛生コンサルタント，衛生工学衛生管理者免許，作業環境測定士等の資格と経験を有する者，または同等以上の能力を有すると認められる者とされる。

5　作業環境管理専門家による助言

作業環境測定の評価結果が第３管理区分にされた場所について，作業環境の改善を図るため，事業者は作業環境の改善の可否および改善が可能な場合の改善措置については，事業場に属さない作業環境管理専門家の意見を聴かなければならないとされる。

作業環境管理専門家の資格要件は，化学物質管理専門家または同等以上の能力を有すると認められる者とされている。

なお，この安衛法政省令の改正は令和４年５月31日に公布され，令和５年４月１日または令和６年４月１日に施行される（194頁参照）。

第2編

有機溶剤による健康障害および その予防措置に関する知識

各章のポイント

【第1章】概説

□　この章では，有機溶剤による災害（急性または慢性中毒，火災等）について，発生原因と有効な防止対策を災害事例から学ぶ。

□　有機溶剤による健康障害の起こり方は，①皮膚または粘膜の接触部位で直接障害を起こすもの，②接触部位から吸収され血液中を循環して急性中毒を起こすもの，③長期にわたる反復吸収によって有機溶剤が特定の器官（標的臓器）に蓄積され慢性中毒を起こすものに区分される。

□　健康診断は，健康管理上重要な意味をもち，労働者の健康状態を調べ，適切な事後措置を行うために不可欠なものである。

□　有機溶剤を取り扱う作業場では思わぬ事故から作業者がばく露し，急性の障害を起こす可能性がある。そのため，現場関係者は応急措置の方法を知っておく必要がある。

【第2章】化学構造別の有機溶剤の人体への有害性

□　この章では有機則の適用を受ける44種類の有機溶剤および特化則で定められている特別有機溶剤12種類の分類・有害性・管理方法などについて学ぶ。

第1章　概　　説

1　有機溶剤業務と労働衛生管理

有機溶剤による健康障害の発生の経路と，防止対策を示したものが**図 2-1** である。作業に伴って発散した有機溶剤は，蒸気となって環境空気中に拡散し，その蒸気に接触した作業者の体内に侵入する。有害物が体内に吸収される経路としては，呼吸器，皮膚，消化器があるが，このうち呼吸器を通って吸収されるものが最も多い。

労働者の体内に吸収される有害物の量は，作業中に労働者が接する有害物の量に比例すると考えられ，これを有害物に対するばく露量という。ばく露量は，労働時間が長いほど，環境空気中の有害物濃度が高いほど大きくなる。呼吸により体内に侵入した有害物は，体内で代謝されて，しだいに体外へ排泄されるが，吸収量が多くて排泄量を上回った場合には排泄しきれずに体内に蓄積し，蓄積量がある許容限度（生物学的限界値）を超えると健康に好ましくない影響が現れる。

したがって，職業性の健康障害は有害物に対するばく露量が大きいほど発生しや

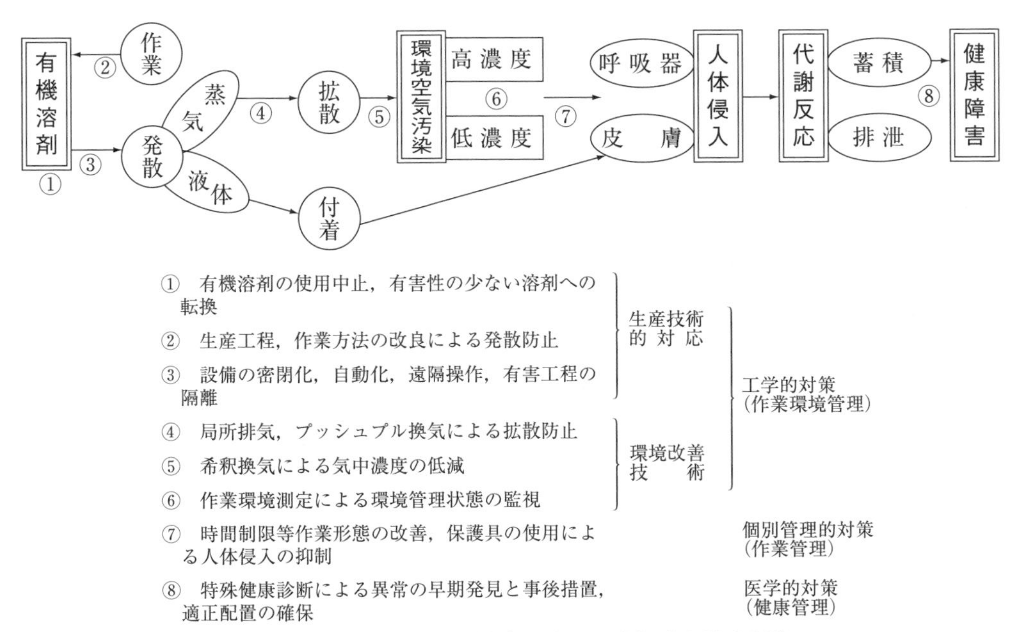

図 2-1　有機溶剤による健康障害の発生経路と防止対策

（沼野雄志『労働衛生工学 21』（1982）p 41）

すく，健康障害を防止するには有害物に対するばく露をなくすか，できるだけ少なくすることが必要で，この原則は有害物の種類を問わず変わらない。

ほとんどすべての労働者が通常の勤務状態（1日8時間，1週40時間）で働き続けても，それが原因となって著しい健康障害を起こさないようなばく露量をばく露限界とよび，許容濃度（日本産業衛生学会）やACGIH（米国産業衛生専門家会議）のTLVsがある。ばく露限界は，1日8時間の労働中の時間加重平均濃度（TWA）で表され，工学的対策によって環境を管理する目安とされる。作業環境測定結果を用いて作業場を評価するための基準として，管理濃度を用いる。ただし，許容濃度や管理濃度は，あくまで管理する目安であり，安全な濃度と危険な濃度の境界線とか，ここまでは許される濃度とかと誤解してはいけない。

図2–1につけた番号とそれに対応する対策は，有機溶剤の発散から健康障害にいたる連鎖を途中で断ち切って健康障害を防止する方法を示すものである。これらの方法のうち①はそれだけで大きな効果が期待できるが，②～⑤は，第3編第2章1（93頁）で述べるように，複数の方法を組み合せて実施する方が少ないコストで高い効果を得られることが多い。これでわかるように，有機溶剤による健康障害を防止するには，まず生産技術的な対応によって有機溶剤に触れないで済むようにし，次に環境改善の技術によって，環境空気中の有機溶剤の濃度を低く保つことが大切である（作業環境管理）。保護具の使用は臨時の作業等で環境対策を十分に行えない場合のみならず，ばく露の可能性がある場合にも有効な対策であるが，環境改善の努力を怠ったまま保護具の使用に頼るべきではない（作業管理）。

工学的対策による環境管理が十分に行われていれば，ばく露量を小さく抑えることができるので健康障害の危険性は少ないと考えられるが，有害物質に対する感受性には個人差があり，工学的対策だけでは絶対安全とはいえない。そのために，有機溶剤に対して特に過敏な労働者を誤って健康障害の危険のある業務に就かせないための雇入れ時の特殊健康診断や，異常の早期発見のための定期的特殊健康診断のような医学的な対策も欠かすことができない（健康管理）。

上記の作業環境管理，作業管理，健康管理をあわせて労働衛生3管理といい，産業現場で有機溶剤取扱い作業のような有害業務の健康障害を予防するためには，有効な管理方法である。

2　有機溶剤中毒等の事例，原因と防止対策

有機溶剤による災害について，急性または慢性中毒，火災等の中から主な事例を以下で取り上げたのでその発生原因を把握し，有効な防止対策について理解する必要がある。また，有機溶剤による災害発生はこれらの事例に限定されるものではないことに留意する必要がある。

【事例1】木造住宅の改修工事で2階の壁の塗装中，有機溶剤中毒

ア　災害の概要

① 業　種：建設業

② 被　害：休業3名

③ 発生状況：個人住宅の改修工事において，塗装の仕事を請け負い，前日までに外壁の塗装の準備として建物全体の窓等の目隠し用ビニールの張り付けを終えていた。災害発生当日は外壁と2階の塗装を終わらせる予定とし，事業主と2名の作業者が午前9時頃に到着し，午前中は全員で外壁の塗装を行った。

外壁の塗装は，下地剤を塗り，その後に仕上げ塗料を吹き付ける手順で行うもので，午前中は3名で作業を行い，午後は仕上げ塗装のみであったため，事業主が一人で行い午後4時頃に終了した。

その間，2名の作業者は，2階の塗装準備で塗装面以外に塗料が飛散することを防止する養生紙張りを行った。

午後5時頃からは3名で室内の塗装を開始したが，スプレーガンによる吹きつけは事業主が行い，他の作業者はその補助と刷毛を使用した窓枠等の塗装を行った。その後，夕食休憩を挟んで同じ作業が夜通し続けられた。

翌朝，午前8時頃，この工事現場にきた大工が建物の2階で倒れている3名を発見，直ちに救急車を呼んで病院に移送した。事業主が入院1日，2名の作業者のうち，1名は2カ月，もう1名は10日の入院となった。

イ　原　因

①　長時間にわたって密閉された室内で有機溶剤を多量に使用したこと。

②　納期が迫ったこともあり，適切な作業計画を作成せずに無理して作業を行ったこと。

③　密閉された場所で有機溶剤を使用する作業であるのに，換気せず，また，有機ガス用防毒マスク等を使用していなかったこと。

④　有機溶剤作業主任者でもある事業主が，有機溶剤中毒防止のための措置等について適切な作業指揮を行っていなかったこと。

ウ　対　策

①　作業場所の環境等に対応した作業計画を策定し，作業を実施すること。

②　窓等を開放し，局所排気装置等を設置して，強制換気等を行うこと。

③　有機ガス用防毒マスク等の適切な保護具を使用させること。

④　有機溶剤作業主任者は作業方法や保護具の着用などが正しく行われるよう指揮，監督すること。

⑤　容器の開放禁止等の有機溶剤の発散防止の管理を確実に行うこと。

⑥　安全衛生教育を実施すること。

⑦　元方事業者は適切な指導を行うこと。

エ　災害の特徴，その他

①　建設業において頻繁に災害が発生する塗装作業中の災害である。

②　建築現場では排気・換気装置が不十分なことが多い。有機溶剤作業主任者が選任されていないことも多い。

③　建設業などの場合は，急性中毒のみならず，これに起因する墜落，転落などにより死亡事故に至ることがある。

【事例2】試作研究に従事し，慢性有機溶剤中毒

ア　災害の概要

①　業　種：化学工業

②　被　害：休業2名

③　発生状況：試作は，有機感光剤樹脂を3層に塗布するものであった。樹脂の塗布には，溶剤としてメタノール，メチルエチルケトン，クロロホルム（特別有機溶剤）が用いられていた。一連の作業は，クリーンルーム内で行われ，設置された局所排気装置を稼働させていたが，局所排気装置の能力が不十分であ

ったため，これらの有機溶剤の蒸気がクリーンルーム内に漏れ，呼吸用保護具を使用していない被災者2名が長期間にわたってばく露していたものである。

被災者は2名とも本作業に就いて2カ月を経過していたが，その間に頭痛等の自覚症状はなく，有機溶剤の特殊健康診断を受診してはじめて肝機能の異常が指摘された。

なお，作業者に対する安全衛生教育が一部未実施となっており，配置替えの際の健康診断も実施されていなかった。また，作業環境測定の方法が不適切であるとともに，局所排気装置の点検は全く行われていなかった。

イ　原　因

① 設置の時点で局所排気装置の性能が法定基準に満たず，また，所轄労働基準監督署に計画届を提出していなかったこと。

② 局所排気装置の点検が不十分であったこと。

③ 作業環境測定の方法が不適切であり，その評価も適切でなかったこと。

④ 有機溶剤作業主任者を選任せず,衛生管理体制が確立されていなかったこと。

⑤ 安全衛生教育が不十分であったこと。

ウ　対　策

① 局所排気装置の制御風速が法定基準を満たすよう改善するとともに，計画の届け出を適正に行うこと。

② 局所排気装置の点検を適切に行うこと。

③ 適切な作業環境測定を実施すること。

④ 有機溶剤作業主任者を選任し，職場巡視を行わせる等，衛生管理体制を確立させること。

⑤ 適切な安全衛生教育を実施すること。

エ　災害の特徴，その他

① 試作研究で使用する化学物質は，その成分を確認し，必要に応じその有害性および適正な取扱方法について,事前に安全衛生教育を行わなければならない。その方法として，SDSの活用がある。

② 一般のクリーンルームは，粉じんや微粒子の数は制御されているが，有機溶剤には対応していないことが多い。

③ 肝臓は「沈黙の臓器」とも言われ，重症化しないと症状が現れないので，定期的な検査が重要である。

【事例3】クレゾールとの接触による有機溶剤中毒

ア　災害の概要

① 業　種：土木・建築用の注入剤，充塡剤の製造

② 被　害：死亡1名

③ 発生状況：災害発生当日，被災者は，土木・建築用のエポキシ系接着剤を製造する工程で，クレゾールを含む樹脂剤の入ったドラム缶をホイストで上下2カ所をつり具により引っ掛けた状態でつり上げて攪拌機へ混入する作業をしていた。ドラム缶を床面まで降ろし，移動させるときに，1カ所だけ引っ掛けていたつり具の爪が外れ，ドラム缶が転倒した拍子に，被災者の身に付けていた布製の前掛けにドラム缶のコックが引っ掛かり，被災者の腰から下に樹脂がかかった。被災者は，その後もクレゾールの付着した作業着等を着替えることなく作業を続けていた。

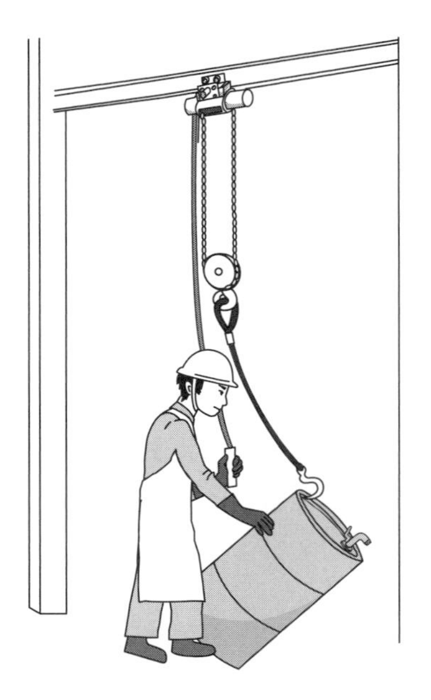

休憩時間に，手首が赤くただれていることに気づき，作業服を着替えようとしたところ，下腿部が広い範囲にわたってただれており，医師の診断を受けたところ，クレゾールによる化学火傷と診断され，入院することとなった。その後皮膚から吸収されたクレゾールにより急性腎不全を発症し，災害発生から10日後に死亡した。

被災者は，入社後6カ月を経過していたが，雇入れ時の教育は行われておらず，取り扱う化学物質について何ら説明を受けていなかった。

イ　原　因

① クレゾールを含む樹脂剤の入ったドラム缶をホイストにより移動させる際に，つり具の爪の一端のみドラム缶に掛ける作業を行う等，不適切な作業を行

わせたこと。

② クレゾールを含む樹脂剤が付着するおそれがあるにもかかわらず，耐透過性の化学防護手袋，化学防護服等を着用しなかったこと。

③ 作業者の身体がクレゾールにより著しく汚染されていたにもかかわらず，直ちに作業者に身体を洗浄させ，汚染を除去させる等の適切な処置を講じなかったこと。

④ 雇入れ時の教育を実施せず，作業者に取り扱う化学物質の種類，有害性を周知していなかったこと。

ウ　対　策

① 有害物質を取り扱う作業に従事させるときは，作業者の身体が有害物質に汚染されないよう適切な作業方法を定め，これにより作業を行わせること。

② 作業者を雇い入れたときは，使用する化学物質の種類，有害性，緊急時の措置等を含めて安全衛生教育を実施すること。

③ 作業者の身体に有害物質が付着するおそれのある作業を行わせるときは，必要に応じて保護具(使用する化学物質に対する耐透過性の化学防護手袋，化学防護服等)を使用させること。

④ 作業者の身体に有害物質が付着したときは，直ちに作業者に洗浄させる等の適切な処置を講じること。

エ　災害の特徴，その他

ほとんどの有機溶剤は皮膚障害を起こす。有機ガス用防毒マスクを着用していても，耐透過性の化学防護手袋，化学防護服，保護メガネを着用していないことが多い。また，有機溶剤による皮膚炎の多くは，作業服や軍手に有機溶剤が付着する等，皮膚に付着後そのまま放置したために発症した事例がほとんどである。

【事例4】破損したポンプで汲(く)み出し作業中，有機溶剤が吹き上がり誤飲

ア　災害の概要

① 業　種：自動車・同付属品製造業

② 被　害：休業1名

③ 発生状況：被災者は，7時40分に出勤し，8時から作業を開始した。

作業に取りかかろうとしたところ，洗浄漕に有機溶剤（1,1,1-トリクロルエタン）を補充するために準備してあるポリタンクが空だったので，補充すべく倉庫へ行った。

当該倉庫には，ポンプは複数あったが「1,1,1−トリクロルエタン用」と書かれていたものは1つで破損していたが，それを使ってドラム缶からポリタンクへの汲み出し作業を1人で開始した。

ポンプが破損しているため，通常より時間がかかったが，ポリタンクが満タンになったので，汲み出しを止めた。ポンプの中に残留している有機溶剤をバケツへ出し，ポンプの上部を持って上へあげたとき，破損していた箇所から有機溶剤が吹き上がり，被災者の顔全体にかかった。この際，呼吸とともに誤って飲み込んでしまった。この後ポリタンクを移動させたが，頭がクラクラしてきて倒れてしまった。

8時50分頃，倒れているところを同僚に発見され救急車で病院に運ばれた。

翌日，尿中代謝物量を検査したところ，トリクロル酢酸68 mg/L，総三塩化物296.7 mg/Lであった。

イ　原　因

① 破損したポンプを倉庫内に放置していたこと。

② ポンプの点検を実施しなかったこと。

③ 破損したポンプを使用して有機溶剤の汲み出し作業を行ったこと。

④ 有機ガス用防毒マスク等の保護具を使用しなかったこと。

ウ　対　策

① 壊れた用具等は使用しないこと。

② 用具等の点検を行い，壊れた用具等を発見した場合には，直ちに廃棄し，新しいものと取り替えること。

③ 有機溶剤作業主任者は，安全な作業手順を明確にすること。

④ 安全衛生教育を徹底すること。

⑤ 有機溶剤の蒸気等によるばく露も想定されるので，呼吸用保護具等の有効なばく露防止対策を確立すること。

エ　災害の特徴，その他

有機溶剤を誤飲した場合，意識障害，けいれん，呼吸麻痺などの急性薬物中毒を起こすことがあり，意識を失うと転倒，転落等による二次災害の危険性もある。有機溶剤を取り扱う労働者には，呼吸器や皮膚のばく露のみならず，誤飲に対する適切な処置を教育する必要がある。なお，揮発性の有機溶剤の誤飲による嘔吐によっても胃の内容物を排出すると，誤嚥による肺炎を引き起こす危険性がある。

また，有機溶剤等の液状薬剤の誤飲による事故として，飲料用の空容器に移し替えたものを作業者が飲料と誤認して飲み，急性中毒を発生するものが多い。その予防のために下記の対策をしなければならない。

① 有機溶剤の容器は，小分け用のものについても他のものと誤認するおそれのない専用容器とし，容器に内容物，有害性，取扱い上の注意事項等を明確に表示すること。

② 飲料用の空容器を有機溶剤の小分け容器に使用しないこと。

③ 有機溶剤等と飲料用とは保管場所を別にすること。有機溶剤は保管する場所を定め，飲食用の保管庫（冷蔵庫など）とは共用してはならない。

【事例5】内装作業中に接着剤蒸気に引火

有機溶剤作業主任者の職務は，有機溶剤による中毒予防が中心であるが，総合的な安全衛生の取組みとして有機溶剤の引火性の事例を取り上げる。

ア　災害の概要

① 業　種：建設設備工事業

② 被　害：休業5名，不休業4名

③ 発生状況：レストランに附属する食品材料保管用冷凍倉庫の新築作業現場で，内装用の断熱材を床に接着する作業中，接着剤に15～20％含有するノルマルヘキサンの蒸気に引火し，火災となったものである。この倉庫は軽量鉄骨造り，平屋建て，床面3.9×8.4 m，天井高さ2.25 mで窓はなく，開口部は入り口扉（80×186 cm）と換気孔（17×17 cm）だけであった。

当日は，作業者10名で，午前8時頃から，倉庫の天井および壁に接着剤を用いて断熱材を二重に貼る作業を開始した。

午後3時頃，天井および壁に断熱材を貼り終えたので，30分間の休憩の後，床面に断熱材を三重に貼る作業を同じ作業方法で始めた。午後5時頃，およそ半分程度貼り終えたところで，突然，入り口から1 mほどの所に置いた投光器付近から炎が上がり，その直後，倉庫内一面に火が燃え広がり，作業していた作業者9名が火傷を負った。

倉庫内は風通しが悪く，ノルマルヘキサンの引火点がマイナス22℃と極めて低いにもかかわらず，換気等は行っていなかった。

また，災害発生後の調査では，接着剤の18L入り缶2個を蓋を開けた状態で倉庫内に置いて作業していたこと，使用されていた投光器は防爆構造ではなく，また，コードに損傷があったことが確認された。

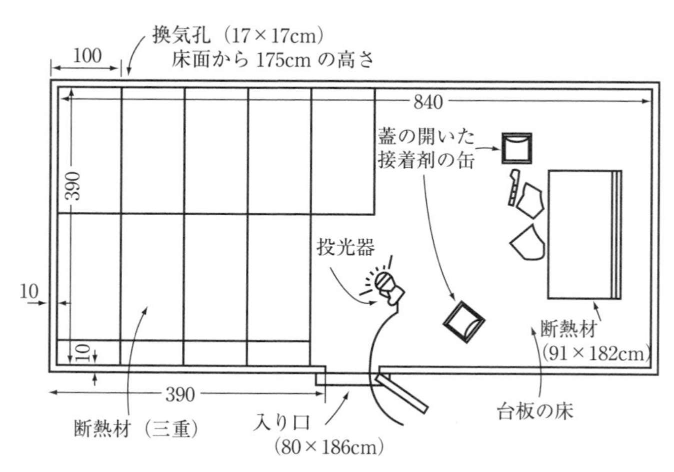

火災が発生した冷凍倉庫（数字はcm）

イ　原　因

① 極めて通気の悪い倉庫内で，換気を行わずに有機溶剤を含有する接着剤を用いた塗布・乾燥・接着の作業を連続して行っていたこと。

② 防爆構造ではない投光器を使用していたこと。さらに，コードに損傷のあるものを使用していたこと。

③ 使用していた接着剤が「危険物」に該当し，また，有機溶剤作業主任者を選任すべき作業であったにもかかわらず，危険物取扱作業指揮者および有機溶剤作業主任者が選任されておらず，適切な管理が行われていなかったこと。

④ 作業者に対し，有機溶剤の有害性，危険性に関する教育を行っておらず，作業マニュアルの作成・周知もされていなかったこと。

ウ　対　策

① 有機溶剤を含有する接着剤の塗布・乾燥の作業は屋外で行うとともに，通気の悪い屋内で行う際には，屋内での連続作業を避け換気を行う等，有機溶剤蒸気の濃度が高くならないようにすること。

② ガス濃度検知警報器を作業現場に携行することが望ましいこと。

③ 使用する電気器具は防爆構造のものとし，作業前にコード等の異常の有無をよく点検すること。

④ 危険物取扱作業指揮者および有機溶剤作業主任者を選任し，作業の指揮をさせるとともに，作業者に対し，有機溶剤の有害性，危険性に関する教育を実施すること。

また，作業時には，作業者に対し有機ガス用防毒マスク等の呼吸用保護具を使用させること等が必要である。

エ　災害の特徴，その他

一部の塩素系有機溶剤を除き，多くの有機溶剤は引火性・可燃性があり，本事例のような火災・爆発を起こす可能性がある。有機溶剤作業主任者は，労働者への健康障害のみならず，有機溶剤による火災・爆発にも細心の注意をすること。

【事例6】自動洗浄装置内で修理作業中に（特別）有機溶剤中毒

特別有機溶剤業務では，有機溶剤作業主任者技能講習を修了した者のうちから，特定化学物質作業主任者を選任するため，事例として取り上げる。

ア　災害の概要

① 業　種：製造業

② 被　害：死亡1名，休業3名

③ 発生状況：自動洗浄装置は内部に3つの槽があり，円筒状のカゴに洗浄するものを入れ，チェーンコンベヤを使用して第1，第2，第3槽の順に自動的に送ることにより洗浄を行うものである。第1槽は水切り槽でジクロロメタン（特別有機溶剤）が入れてあり，浸漬洗浄を行う。第2槽は液切り槽で，第1槽で洗浄した製品から落ちるジクロロメタンを受ける。第3槽はジクロロメタンの蒸気槽で，そこで蒸気洗浄される。

災害発生当日の午後1時頃，製品かごを回転させるチェーンが切れたため，被災者Aはチェーンの掛け直し作業を補助者Bと開始した。2時半頃からAが一人で修理作業を行っていた。5時頃，Bが修理の様子を見にいったところ，第2槽の中に座り込むように倒れているAを見つけた。Bは別の作業者3名

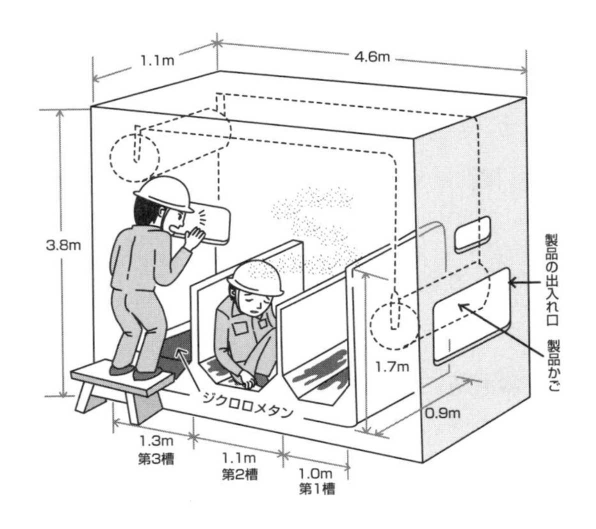

C，D，Eと被災者を助けようと自動洗浄槽に入った。まず，Cが被災者の様子を確認しようと同槽に降りたところ，気を失って倒れたので，Dが同じ槽内に入り，槽の上からB，Eの2名がCを引き上げた。次にDが槽内でAを引き上げようとしたところ，Dも槽内で倒れてしまった。その後，外壁をはがしてA，Dを救出し病院に運んだが，Aは既に死亡，C，Dおよび救出作業を手伝っていた別の作業者Fの3名が入院加療となった。原因はいずれも特別有機溶剤による中毒であった。なお，AもDも有機溶剤作業主任者技能講習の修了者であった。

また，修理作業を開始するに当たってAの指示によりBは第1槽，第2槽のジクロロメタンを除去したものの，第1槽，第2槽の内部はジクロロメタンで濡れている状態で，第3槽はジクロロメタンが抜かれず，100L入ったままの状態であった。

イ　原　因

① 自動洗浄装置内で作業を行う前に第3槽（蒸気槽）内のジクロロメタンを排出しなかったこと。また第1槽（水切り槽），第2槽（液切り槽）に付着していたジクロロメタンを換気などにより取り除かなかったこと。

② 何らの換気等も行わず，作業を行ったこと。

③ 有効な呼吸用保護具の備え付け，使用がなかったこと。

④ 有機溶剤作業主任者がいて，（特別）有機溶剤に対処すべき事項は熟知していたはずであるが，必要な措置をとらなかったこと。

ウ　対　策

① 自動洗浄装置の修理等洗浄槽の内部に入り作業を行う必要がある場合には，あらかじめ，緊急時を含めた作業手順を定め，関係作業者に教育訓練すること。

② 作業主任者に，作業を開始する前に具体的な作業の方法を作業者に指示する等の措置を講じさせ，作業主任者自らも被災しないようにすること。また，関係作業者に対し，（特別）有機溶剤の性状，取扱い上の注意事項等を周知させること。

③ 槽中の（特別）有機溶剤を全て排出し，槽の中に入る前に槽中の（特別）有機溶剤濃度を測定して中毒のおそれのないことを確認するとともに，槽の床，壁面から蒸発する（特別）有機溶剤による中毒を防止するため，作業中は換気を続けること。

④ 換気が十分できない場合あるいは緊急時の救出のため，ホースマスク，エアラインマスク，自給式空気呼吸器等の呼吸用保護具を用意すること。

エ　災害の特徴，その他

① （特別）有機溶剤の入った洗浄槽内作業では，（特別）有機溶剤による麻酔作用や酸素欠乏により意識消失を起こす危険性が高く，死に至ることも多い。

② （特別）有機溶剤を抜いた後の洗浄槽内に入った場合でも，中毒事故を起こすことがある。洗浄槽内は換気が悪く，比重の重い（特別）有機溶剤は槽内に滞留したり，残留物から蒸発して中毒濃度に達することがある。このため，ポータブルファン等を使い十分に換気を行う必要がある。

③ （特別）有機溶剤中毒事例では作業主任者がいても，その職務が遂行されずに被災していることが多い。

【事例7】オフセット校正印刷のインク洗浄液に（特別）有機溶剤を使用して胆管がん発症

ア　災害の概要

① 業　種：印刷業

② 被　害：死亡7名

③ 発生状況：

当該事業場におけるオフセット校正印刷作業は地下1階で実施されていた。

校正印刷の作業では多数のインクと印刷機のローラーとブランケットを洗浄する化学物質が用いられていた。この校正印刷作業に従事した労働者70名のうち18名に胆管がんが発症し，うち9名が死亡していた（平成25年時点）。経営者と従業員らへのインタビューや提供された資料から，インク洗浄剤に含まれる1,2–ジクロロプロパン（DCP）とジクロロメタン（DCM）が胆管がんを発生させた可能性の高いことが判明した。DCP単独ばく露者からも胆管がんが発症していた。労働安全衛生総合研究所が，当時用いられていた有機溶剤の種類・使用量・使用状況など得られた情報から実施した模擬実験から，DCPの使用期間（おおむね15年）を通して150 ppmを超える高濃度であったと推測された（現在のDCPの管理濃度は1 ppm）。

イ　原　因

① DCPが使用されていた当時は，作業場の換気が著しく不足していたため，

DCP および DCM などが高濃度になっていたこと。

② 作業環境測定を実施していなかったこと。

③ 有効な呼吸用保護具を備え付け，使用していなかったこと。

④ DCM 等を使用していたのにかかわらず，特殊健康診断を実施していなかったこと。

⑤ 作業主任者による適切な作業指示や必要な措置がなかったこと。

ウ　対　策

① DCP の発散源ごとに局所排気装置等の適切な換気装置を設置し，稼働させる。

② 作業環境測定を実施し，必要に応じて改善を図る。

③ 有機ガス用防毒マスクや化学防護手袋等の適切な保護具を着用させる。

④ （特別）有機溶剤の特殊健康診断を実施する。

⑤ 「有機溶剤作業主任者技能講習」の修了者のうちから，特定化学物質作業主任者を選任し，適切な作業指示や措置を行う。

エ　災害の特徴，その他

有機溶剤のうち，特に発がん性のおそれがある物質は特化則の特別有機溶剤として管理されている。発がん性には，遅発性の影響があるため，作業記録の作成，健診結果等の記録の長期保存（30年），有害性等の掲示が必要となる。

特別有機溶剤の特定化学物質作業主任者は，「有機溶剤作業主任者技能講習」の修了者のうちから選任されるため，発がん性物質の知識も必要となる。

○引用文献
【事例1】【事例4】職場のあんぜんサイト（厚生労働省）
https://anzeninfo.mhlw.go.jp/
【事例2】【事例5】【事例6】安全衛生情報センターホームページ「オンライン安全衛生情報」（2008年）
【事例3】月刊誌『働く人の安全と健康 2001年9月号』中央労働災害防止協会
【事例7】「印刷事業場で発生した胆管がんの業務上外に関する検討会」報告書（厚生労働省）

3　有機溶剤による急性中毒等の防止対策

有機溶剤中毒のうち，前項にあげた事例のように通気不十分な場所で作業中に起きた急性中毒は，毎年相当数発生し，いずれも死亡するか重症である。有機溶剤は非常に蒸発しやすく，拡散しにくく，しかも蒸気の比重が空気より大きいので，高濃度で床面，地面に滞留しやすいからである。有機溶剤蒸気の臭気は，一般に不愉快なものではなく，臭いがしてもあまり危険を感じず，吸入し続けると強い麻酔作用があるために,危険を感じたときにはすでに身体が麻ひして逃げることもできず，床に倒れて，さらに高濃度の蒸気を吸入して，短時間で重症となる。

したがって，タンク内等の通気不十分な場所における有機溶剤業務を行うに当たっては，最小限，次の対策を講じる必要がある。

① 十分な換気を実施しながら作業する。

② ガス濃度検知警報器で危険性の有無を確認する。

③ 有効な呼吸用保護具を使用して作業する。この場合，その有効性からみてホースマスクの使用が望ましいが，防毒マスクを使用する際には，作業開始前に防毒マスクの吸収缶の破過時間をタンク内等の作業場所の推定有機溶剤濃度から算定し，かつ作業場所の気中濃度を随時測定し，その結果に応じて吸収缶を取り替えるよう管理する必要がある（ただし，吸収缶を作業所内に持ち込んではならない）。

④ 労働者に，有機溶剤についての知識を持つように，次の項目について十分な安全衛生教育を行う。

ア 有機溶剤の人体に及ぼす作用，特に麻酔作用と急性毒性

イ 有機溶剤の取扱上の注意事項

ウ 換気の方法

エ 保護具の使用法

オ 有機溶剤による中毒が発生したときの応急措置，避難と救助の方法

有機溶剤中毒等の事故の多くは，有機溶剤作業主任者が選任されていない，選任されていても作業主任者の職務が行われていない，換気装置がない，換気装置があっても使用していない，壊れて使えなかったなど，管理の不備によるものがほとんどである。労働者を守るために，作業主任者はその職務を遂行しなければならない。

4　有機溶剤による健康障害

(1) 有機溶剤による障害の起こり方

有機溶剤による障害の起こり方には，

① 皮膚または粘膜（眼，呼吸器，消化器）の接触部位で直接障害を起こすもの

② 接触部位から吸収され血液中を循環して急性中毒を起こすもの

③ 長期にわたる反復吸収によって有機溶剤が特定の器官（標的臓器）に蓄積さ

れ慢性中毒を起こすもの

などがある。

有機溶剤は脂肪を溶かす性質があり，体内に入った溶剤は，脂肪の多い肝臓や神経等の組織に浸入しやすい。有機溶剤はその一部が肝臓で代謝され，胆汁中に排泄される。また，腎臓でろ過されて尿中に排泄されたり，吸収したときの形のままで尿や呼気に排出されるものもある。

①　皮膚または粘膜（眼，呼吸器，消化器）への接触と吸収

ア　皮　膚

皮膚は身体の表面全体を覆っており約 1.6 m^2 の広さである。外側を表皮といい，厚さ 0.1〜0.3 mm で表面は角質層で覆われている。そこには毛嚢，汗腺，皮脂腺が開口している。表皮の下には厚さ 0.3〜2.4 mm の真皮があり，毛細血管が網状に走っている（**図 2–2**）。

化学物質に対しては，皮膚表面の皮脂膜および角質層が保護膜となるが，有機溶剤のような脂溶性の化学物質に対する抵抗性は弱い。有機溶剤は皮膚から吸収され，溶け込んだ部位では，皮膚が痛み，紅斑，水疱などがみられる。ほとんどすべての有機溶剤は皮膚障害を起こす。

有機溶剤は皮膚から吸収され，毛細血管から血液中に入る。水や油脂に溶解しやすい有害物ほど一般に皮膚からの吸収が大きいといえる。また皮膚に傷があったり，皮膚病があれば，それだけ吸収を促すことに注意する。

日本産業衛生学会において，皮膚と接触することにより経皮的に吸収される量が全身への健康影響または吸収量からみて無視できない程度に達することがあると考えられると勧告がなされている物質，または ACGIH において，皮膚吸収があると勧告がなされている物質がある。トルエン，N,N–ジメチルホルムアミドなどの有機溶剤，クロロホルムや四塩化炭素などの特別有機溶剤などである。

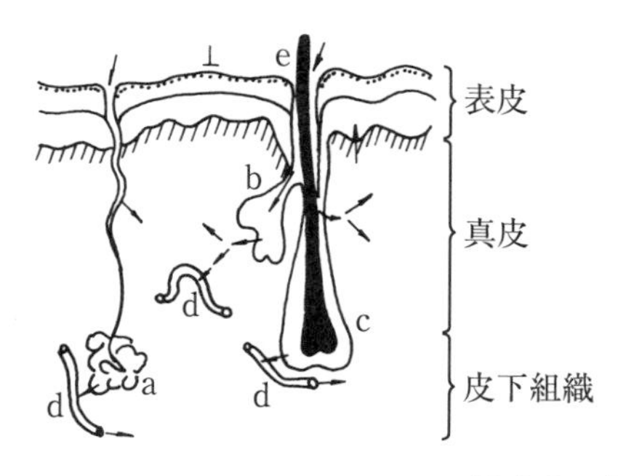

(注) ↓：吸収経路
⊥：多くの有害物に対して不浸透性である
a：汗腺と導管
b：皮脂腺
c：毛嚢
d：毛細血管
e：毛

図 2–2　皮　　膚（模型）

イ　粘　膜

粘膜は眼，呼吸器，消化器および泌尿生殖器等の管腔の内面を覆っており，常に分泌腺からの分泌物によって表面が湿潤に保たれている。

(ア)　眼

有機溶剤が眼に入ると流涙，充血，眼痛などを起こす。

(イ)　呼吸器

人は通常1分間に4〜7Lの空気を呼吸している。空気中の酸素を体内に取り入れ，体内にできた二酸化炭素を吐き出している。激しい肉体労働をすればするほど，多量の酸素を必要とし，毎分50Lに達することもある。有機溶剤の蒸気を吸入すると，鼻腔，咽頭，喉頭，気管，気管支および肺胞管などを通過するが強い刺激はない（**図2–3**）。

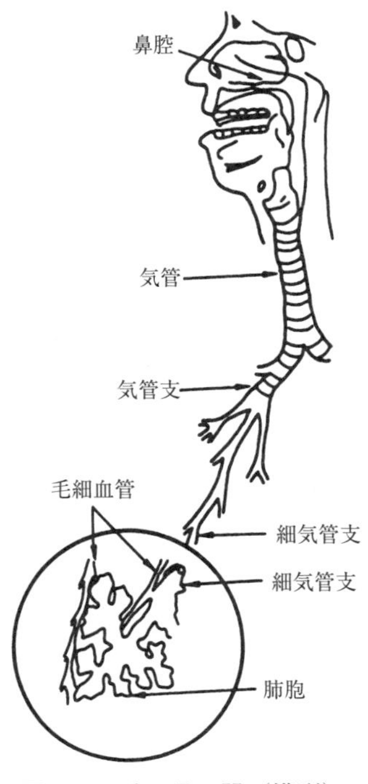

図2–3　呼　吸　器（模型）

吸い込んだ空気は，気管，気管支，細気管支を通って肺胞という袋状の部分に達し，その周囲を囲むように走っている毛細血管の中に酸素が溶け込み，逆に，二酸化炭素が毛細血管の中から肺胞の中に出てくる。このガス交換の際に，空気に含まれている有機溶剤は血液の中に溶け込んでいく。この呼吸器からの吸収は，すべての有機溶剤でみられる。

肺胞の大きさは径0.1〜0.3 mmで，片肺ごとに約3億個あり，その表面積は70 m^2 の大きさになる。つまり，吸収された空気中の有機溶剤は，肺の中で広い面積で血液と接触することになる。また，激しい労働の際には呼吸量が増えるから，それだけ空気中の有機溶剤の吸収が多くなる。

(ウ)　消化器

飲み込まれた有害物は，食物の栄養分とともに胃腸から血液の中に入り，いったん肝臓にいき，そこで解毒されるが，肝機能が低下している場合や，肝臓の解毒能力を超えるほどの大量の有機溶剤が吸収される場合には，有機溶剤は血液の中へ流れ込む。

飲食に伴う有害化学物質の摂取は，基本的には手指等を介して有害化学物質により飲食物が汚染されることによるものであるが，飲料の空容器に移し替えた有機溶剤等を作業者が飲料と誤認して飲み，急性薬物中毒となる災害が発生している。有害化学物質を取り扱う事業場においては，その取扱い作業におけるばく露防止対策はもとより，事業場内での飲食に伴う有害化学物質の摂取の防止も重要であり，このためには，飲食を行う場所と作業場所との分離，並びに飲食物と有害化学物質の保管場所の分離，および有害化学物質に係る注意喚起のための表示が基本である（「液状薬剤の誤飲による災害防止について」（平成16年1月23日付け基安化発第0123001号）を参照）。

②　急性中毒

急性中毒は一時的に高濃度で大量の溶剤を吸入したときに発生しやすい。多くの有機溶剤は血液とともに体内を循環し，中枢神経系に作用し薬物中毒のような状態となり，ひどい場合は意識を消失させる（麻酔作用）。特にエチルエーテルや，特別有機溶剤のクロロホルムおよびトリクロロエチレンは，かつて吸入麻酔剤として使用されていたこともあった（今は，安全上使用されていない）。その他ケトン類，アルコール類などを吸入すると意識がボンヤリして失神することがある。

③　慢性中毒

吸収された有機溶剤は，体内に一様に同じ濃度で蓄積されるのではなく，有機溶剤の種類によって蓄積される場所が違う。急性中毒を起こさない低濃度でも長期間ばく露すると，特定の器官（標的臓器）が障害される。

ア　神経障害

神経障害には，中枢神経系，末梢神経系，自律神経系の障害がある。

(ア)　中枢神経障害

頭痛，めまい，記銘力低下，視力低下，失調症状（歩行障害，物がつかめないなど），手指の震え，失神，精神神経症状（不安，短気，焦燥感，不眠，無気力など）を訴える。

トルエン，キシレン，二硫化炭素は，中枢神経障害を生じやすく，医師が必要と認めたときには神経学的検査を行う。

メタノール，酢酸メチルは，視神経障害を起こす。トルエンや特別有機溶剤のスチレンは，色覚異常を起こす。

1-ブタノールは，聴覚障害を起こす可能性がある。

(イ)　末梢神経障害

手足のしびれ，痛み，筋肉の萎縮，筋力低下などを起こす。

ノルマルヘキサンは，医師が必要と認めたときは末梢神経に関する神経学的検査（筋電図，末梢神経伝導速度など）を行う。

(ウ)　自律神経障害

冷え症，便秘，悪心，上腹部痛，食欲不振，胃の症状，下肢の倦怠感などを訴える。

イ　造血障害

トルエン，キシレン，グリコールエーテル類（セロソルブ類）は軽い貧血を起こすことがあるといわれている。その他ガソリン類にもその作用があるとみられる。これは混在するベンゼンによるものとされている。

ウ　肝機能障害

血中の肝酵素（GOT［AST］，GPT［ALT］等）の数値の上昇，尿が濃黄色から茶褐色となり，黄疸（皮膚や結膜の黄染）がみられることがある。肝臓は初め肥大するが，障害が進むと後に萎縮する。

1,2–ジクロルエチレン，クロルベンゼン，オルト–ジクロルベンゼンや，特別有機溶剤である，クロロホルム，四塩化炭素，1,2–ジクロロエタン，1,1,2,2–テトラクロロエタン，トリクロロエチレン，テトラクロロエチレンなどの塩素系有機溶剤と，クレゾール，N,N–ジメチルホルムアミドや特別有機溶剤の1,4–ジオキサンは，健診で肝機能検査が必要である。

1,2–ジクロロプロパン（特別有機溶剤）はヒトで胆管がんを発生させる。

エ　腎機能障害

尿中蛋白が陽性となり，むくみなどを認めることがある。

腎障害を起こすのは，1,2–ジクロルエチレン，クロルベンゼン，オルト–ジクロルベンゼンや，特別有機溶剤である，クロロホルム，四塩化炭素，1,2–ジクロロエタン，1,1,2,2–テトラクロロエタン，テトラクロロエチレン，トリクロロエチレンなどの塩素系有機溶剤が多い。

④　排　泄

血液の中の有機溶剤は体内で化学変化を受けたのち，呼吸器，皮膚，腎臓または腸から排泄され，呼気，汗，尿または糞便などとともに排泄される。

⑤　代謝物等

作業者の尿中の代謝物等を測定することで，その作業者の有機溶剤ばく露量を知ることができる（**図2–4**，**図2–5**）。

法定の特殊健康診断で尿中代謝物の測定が義務付けられているものを**表2–1**に示す。

尿中代謝物の測定，評価にはいくつか注意点がある。尿中代謝物は連続作業の終

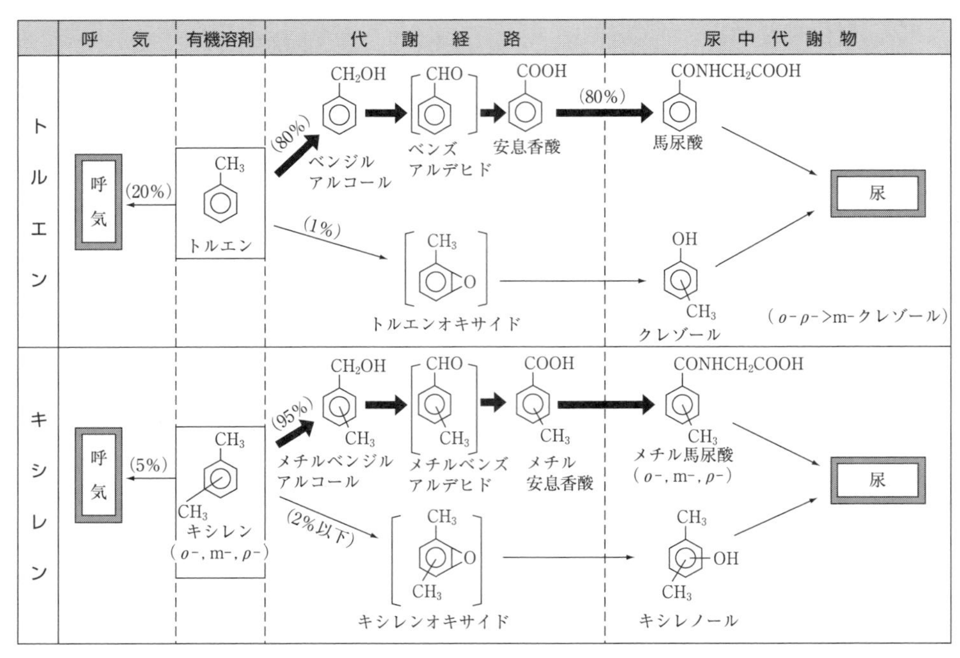

図 2-4　トルエンおよびキシレンの排泄経路

了時に測定すべきである。吸収された有機溶剤の体内半減期が長い場合，連続作業の初日と終了日では体内に蓄積される尿中代謝物量が異なる。トルエンの尿中代謝物である馬尿酸は，炭酸飲料水等や果実(ぶどう，梅，桃，プラムなど)にも含まれている安息香酸,安息香酸ナトリウムからも生成されるので，採尿前にこれらを飲食すると誤ってトルエンばく露によるものと判断する可能性がある。また，コーヒーも尿中馬尿酸に影響を与える。有機溶剤作業主任者は，トルエン取扱い作業者に対して，尿採取の前日から炭酸飲料や果実，コーヒーの摂取を控えるように注意を喚起しなければならない。

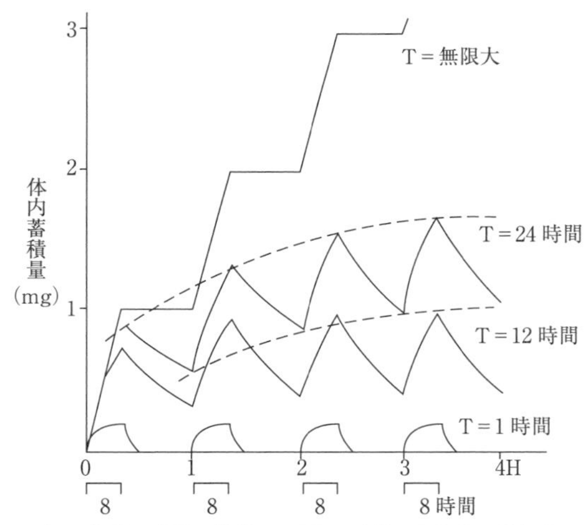

注　：作業8時間，休憩16時間で計算。山と山，谷と谷をそれぞれ結んだ線は対の曲線となる。半減期 12 時間では作業日毎の蓄積が認められる。
資料：Roach:Am.Ind.Hyg.Assoc.J.,P1-12,27,1966

図 2-5　生物学的半減期(T)と体内蓄積量との関係

表 2-1　有機溶剤特殊健康診断で測定する尿中代謝物

溶剤名	尿中代謝物	分布区分			
		単位	1	2	3
トルエン	馬尿酸	g/L	1以下	1超2.5以下	2.5超
キシレン	メチル馬尿酸	g/L	0.5以下	0.5超1.5以下	1.5超
1,1,1-トリクロルエタン	トリクロル酢酸 総三塩化物	mg/L mg/L	3以下 10以下	3超10以下 10超40以下	10超 40超
N,N-ジメチルホルムアミド	N-メチルホルムアミド	mg/L	10以下	10超40以下	40超
ノルマルヘキサン	2,5-ヘキサンジオン	mg/L	2以下	2超5以下	5超

(2)　有機溶剤の種類

有機溶剤とは，一般的に物質を溶解する性質をもつ有機化合物を意味する。このような有機溶剤は数多くあるが，有機則の適用を受ける44種類や特化則の適用を受ける特別有機溶剤12種類は，比較的広い範囲に使用されていて，化学構造，物理・化学的性質，有害性，危険性の点からみるとバラエティに富んでいるが，いずれも人体に有害である。

有機溶剤の種類は，化学構造により分類すると理解しやすい（**表2-2**）。化学構造の似ているものは，人体に対する有害性も似ている。

トルエン，キシレンは，ベンゼン核の水素がメチル基-CH_3に置換したものであり，人体への有害性も中枢神経障害など類似している。クロルベンゼン，オルト-ジクロルベンゼンは，ベンゼン核の水素が塩素基-Clに置換したものであり，中枢神経障害に加え，塩素基による肝障害を生じる。なお，これら芳香族の代表であるベンゼンは有機溶剤の一つであったが，再生不良性貧血などの骨髄障害を起こすので，特化則の特定第2類物質に指定されている。ガソリンなどの第3種有機溶剤にはベンゼンが混在するため，ベンゼンの含有量が1%を超える場合は，特化則の適用を受ける。

(3)　健康管理

健康管理は健康診断や健康測定，医師による面接などによって，労働者の心身の健康状態を調べ，その結果に基づいて，運動や栄養など日常の生活指導，あるいは就業上の措置を講じることである。

健康管理の中で健康診断は重要な意味をもち，労働者の健康状態を調べ，適切な事後措置を行うために不可欠なものである。健康診断には，雇入れ時の健康診断，定期健康診断および有害な業務についての特殊健康診断などがある。有機溶剤のような有害物を取り扱う業務に従事する労働者に対して，事業者は有害業務によって

表2-2 化学構造による有機溶剤の分類と人体に対する有害性

族	系，類	化学構造上の特徴	有機溶剤	人体への有害性	備考
芳香族	炭化水素類	ベンゼン核を有するもの	トルエン(皮)（第2種） キシレン(皮)（第2種） スチレン(皮)（特別有機溶剤＊） エチルベンゼン（特別有機溶剤＊）	麻酔作用，中枢神経障害。経皮吸収される。貧血は混在するベンゼンによる。スチレンは色覚異常，多発性神経炎・精神症状あり。エチルベンゼンは発がん性，生殖毒性が指摘されている。	火災・爆発事故に注意。 火気厳禁，容器は密栓して冷所保管する。
	塩化炭化水素類	ベンゼン核の水素を塩素で置換したもの	クロルベンゼン(皮)（第2種） オルト-ジクロルベンゼン（第2種）	肝・腎障害，麻酔作用。刺激作用。	火気厳禁，容器は密栓して保管する。
	フェノール類	ベンゼン核の水素を水酸基-OHで置換したもの	クレゾール(皮)（第2種）	皮膚障害，肝・腎障害。火傷を起こす。経皮吸収される。吸入で中枢神経障害。	火気厳禁，容器は密栓して冷暗所に保管する。
脂肪族	炭化水素類	直鎖型の構造を有する	ノルマルヘキサン(皮)（第2種）	多発性神経炎，刺激作用	石油系溶剤の主成分。 火気厳禁。容器は密栓し，冷暗所保管する。
	塩化炭化水素類	炭化水素類の水素を塩素で置換したもの	ジクロロメタン(皮)（特別有機溶剤＊） クロロホルム（特別有機溶剤＊） 四塩化炭素(皮)（特別有機溶剤＊） 1,2-ジクロロエタン（特別有機溶剤＊） 1,1,1-トリクロルエタン（第2種） 1,1,2,2-テトラクロロエタン(皮)(特別有機溶剤＊) 1,2-ジクロルエチレン（第1種） トリクロロエチレン（特別有機溶剤＊） テトラクロロエチレン(皮)（特別有機溶剤＊） 1,2-ジクロロプロパン（特別有機溶剤＊）	強い麻酔作用，肝・腎障害。 塩素数が多いほど毒性が強くなる。 トリクロロエチレン，テトラクロロエチレンは外因性精神病の症例あり。 肝障害性の強さ：四塩化炭素＞クロロホルム＞1,1,2,2-テトラクロロエタン＞トリクロロエチレン＞テトラクロロエチレン＞1,1,1-トリクロルエタン。 1,2-ジクロロプロパンはヒトで胆管がんを発生する。	引火の危険性は少ない。 直火や灼熱した金属板などによって分解してホスゲンなどの刺激性が強いガスを発生する危険がある。 燃えにくいため加温して使用できる。 一般に液体でも蒸気体でも比重が大きいので，作業場内に高濃度の吹きだまりができやすい。
	アルコール類	炭化水素類の水素を水酸基-OHで置換したもの	メタノール(皮)（第2種） イソプロピルアルコール（第2種） 1-ブタノール(皮)（第2種） 2-ブタノール（第2種） イソブチルアルコール（第2種） イソペンチルアルコール（第2種） シクロヘキサノール(皮)（第2種） メチルシクロヘキサノール（第2種）	麻酔作用，粘膜刺激作用。 吸入により悪心，嘔吐，頭痛，めまい等。 分子量が大きいほど毒性も強くなる。 メタノールのみ視神経障害あり。 1-ブタノールは聴覚障害の可能性あり。	火災・爆発事故に注意。 火気厳禁，容器は密栓して保管する。

	エーテル類	エーテル結合C–O–Cを有するもの	エチルエーテル（第2種） 1,4–ジオキサン（皮）（特別有機溶剤＊） テトラヒドロフラン（皮）（第2種）	麻酔作用，皮膚障害。 1,4–ジオキサンは肝腎障害あり。	大部分は代謝を受けずに呼気中へ排出。 火災・爆発事故に注意。 火気厳禁，容器は密栓して冷所に保管する。
	ケトン類	ケトン基>C=Oを有するもの	アセトン（第2種） メチルエチルケトン（皮）（第2種） メチル–ノルマル–ブチルケトン（皮）（第2種） メチルイソブチルケトン（皮）（特別有機溶剤＊） シクロヘキサノン（皮）（第2種） メチルシクロヘキサノン（皮）（第2種）	麻酔作用，皮膚障害。 ケトンは分子量が大きくなるほど局所刺激作用，麻酔作用は強くなる。 アセトン以外は経皮吸収に注意。	大部分は代謝を受けずに呼気中へ排出。 火災・爆発事故に注意。 火気厳禁，容器は密栓して冷所に保管する。
	エステル類	カルボン酸–COOHとアルコールの水酸基–OHが脱水反応したもの	酢酸メチル（第2種） 酢酸エチル（第2種） 酢酸ノルマル–プロピル（第2種） 酢酸イソプロピル（第2種） 酢酸ノルマル–ブチル（第2種） 酢酸イソブチル（第2種） 酢酸ノルマル–ペンチル（第2種） 酢酸イソペンチル（第2種）	麻酔作用。 酢酸エステルは高濃度になると局所刺激作用，麻酔作用が現れる。 酢酸メチルは体内で加水分解され，メタノールがつくられるため視神経障害あり。	体内で速やかに加水分解を受ける。 果実様芳香。 火気厳禁，容器は密栓して冷暗所に保管する。
	グリコールエーテル類	エチレングリコール（2価アルコール）のエーテル，またはエステル誘導体	エチレングリコールモノメチルエーテル（皮）（第2種） エチレングリコールモノエチルエーテル（皮）（第2種） エチレングリコールモノ–ノルマル–ブチルエーテル（皮）（第2種） エチレングリコールモノエチルエーテルアセテート（皮）（第2種）	麻酔作用，粘膜刺激作用，貧血。 経皮吸収される。 エチレングリコールモノメチルエーテル（メチルセロソルブ）が最も毒性が強い。	ラッカー・シンナー，樹脂の溶剤，原料。 火気厳禁，容器は密栓して冷暗所に保管する。 エチレングリコールのモノエーテルをセロソルブと呼ぶ。
	含硫黄化合物	硫黄を含んでいる	二硫化炭素（皮）（第1種）	精神神経症状，麻酔作用。経皮吸収される。	無色または淡黄色，不快臭，水に難溶。 火気厳禁。容器は密栓し，冷暗所に保管する。
	含窒素化合物	窒素を含んでいる	N,N–ジメチルホルムアミド（皮）（第2種）	肝障害，皮膚障害。刺激作用。 経皮吸収される。	引火，爆発性があるので火気厳禁。 容器は密栓して保管する。 加熱するとCOを発生する。
脂肪族または芳香族炭化水素の混合物			ガソリン（第3種） コールタールナフサ（第3種） 石油エーテル（第3種） 石油ナフサ（第3種） 石油ベンジン（第3種） テレビン油（第3種） ミネラルスピリット（第3種）	麻酔作用，嗜癖性あり。 貧血は混在するベンゼンによる。 体内に吸収されて起こる慢性的な障害はほとんどなく毒性は少ない。	一般に沸点が高く芳香族成分の含有量が多いものほど溶解能が大きい。 火気厳禁。容器は密栓し，冷暗所に保管する。 第3種有機溶剤であるが，第2種が5％を超えて入っている場合は第2種有機溶剤として取り扱い，また，ベンゼン含有量が1％を超える場合は特定化学物質障害予防規則の適用を受ける。

注　（皮）は皮膚を通して吸収され，全身的影響を起こしうる物質。耐透過性の化学防護手袋等を使用する。

＊　特化物，第2類・特別管理物質

生じるおそれのある健康障害の早期発見のため，特定の健康診断を実施することが規定されている。

有機溶剤の特殊健康診断結果で有機溶剤による所見がみられた場合，有機溶剤作業主任者は，速やかに管理監督者，衛生管理者や産業医らと協議しながら職場の改善を図らなければならない。

【有機溶剤健康診断】

（令和2年7月施行で項目の一部が改正され，次のとおりとなっている。）

ア　必ず実施すべき健康診断

①　業務の経歴の調査

②　作業条件の簡易な調査

③　(ア)　有機溶剤による健康障害の既往歴の有無の検査

(イ)　有機溶剤による自覚症状および他覚症状の既往歴の有無の検査

(ウ)　有機溶剤による⑥～⑧，下記イの⑩～⑬に掲げる既往の異常所見の有無の調査

(エ)　⑤の既往の検査結果の調査

④　有機溶剤による自覚症状または他覚症状と通常認められる症状の有無の検査

⑤　尿中の有機溶剤の代謝物の量の検査（省略できる場合あり。217頁参照）

⑥　貧血検査（血色素量，赤血球数）

⑦　肝機能検査（GOT[AST]，GPT[ALT]，γ-GTP）

⑧　眼底検査

イ　医師が必要と認める場合に実施しなければならない健康診断項目

⑨　作業条件の調査

⑩　貧血検査

⑪　肝機能検査

⑫　腎(じん)機能検査

⑬　神経学的検査

上記アの健康診断項目のうち⑤～⑧はそれぞれ指定された一定の有機溶剤について実施すべき項目であるが，有機溶剤の区分に応じた項目は有機則別表（第29条関係）において定められている（第5編第4章参照）。

前述したように尿中代謝物は，対象となる有機溶剤の体内ばく露の指標として重要ではあるが，採尿時期やトルエンの尿中代謝物測定時の飲食上の留意点に注意を要する。

有機溶剤特殊健康診断の実施頻度について，下記のように作業環境管理やばく露

防止対策等が適切に実施されている場合には，事業者は，当該健康診断の頻度（通常は6月以内ごとに1回）を1年以内ごとに1回に緩和できる。

要件	実施頻度
以下のいずれも満たす場合（区分1） ①　当該労働者が作業する単位作業場所における直近3回の作業環境測定結果が第1管理区分に区分されたこと。 ②　直近3回の健康診断において，当該労働者に新たな異常所見がないこと。 ③　直近の健康診断実施日から，ばく露の程度に大きな影響を与えるような作業内容の変更がないこと。	次回は1年以内に1回（実施頻度の緩和の判断は，前回の健康診断実施日以降に，左記の要件に該当する旨の情報が揃ったタイミングで行う。）
上記以外（区分2）	次回は6月以内に1回

※上記要件を満たすかどうかの判断は，事業場単位ではなく，事業者が労働者ごとに行うこととする。この際，労働衛生に係る知識又は経験のある医師等の専門家の助言を踏まえて判断することが望ましい。

※同一の作業場で作業内容が同じで，同程度のばく露があると考えられる労働者が複数いる場合には，その集団の全員が上記要件を満たしている場合に実施頻度を1年以内ごとに1回に見直すことが望ましい。

5　応急措置

有機溶剤を取り扱う作業場では，予防対策をいくら万全にしていても，思わぬ事故から作業者がこれらの蒸気を吸入し，急性の中毒や障害を起こす可能性がある。そのような場合に，現場関係者は，どのようなことをすればよいかを知っていなければならない。

（1）　急性有機溶剤中毒による意識消失

①　無防備で飛び込んではならない。送気マスクまたは空気呼吸器などを着用して向かうこと。防毒マスクを使用する場合は，酸素濃度が18％以上あることを必ず確認すること。それでも意識障害を起こす有機溶剤濃度では，直結式小型防毒マスクは数分しかもたない。できれば，救助の段階でも周囲の応援を請うとともに119番通報を行う。

②　事故現場の換気を十分に行う。

③　暗い場所での救助では必ず防爆構造の懐中電灯（有機溶剤の多くは引火性，爆発性がある）を用い，決してライター，マッチ等の裸火を使用してはならない。防爆構造でない懐中電灯を使用する場合，現場に入る前にスイッチを入れてビニール袋で覆い，現場内ではスイッチは操作しないこと。

④　救助したら通風の良いところに運び，頭を低くして，横向きに寝かせる。

⑤　衣服を緩め呼吸を楽にできるようにする。

⑥　呼吸停止（または普段どおりの正常な呼吸をしていない）の場合，速やかに

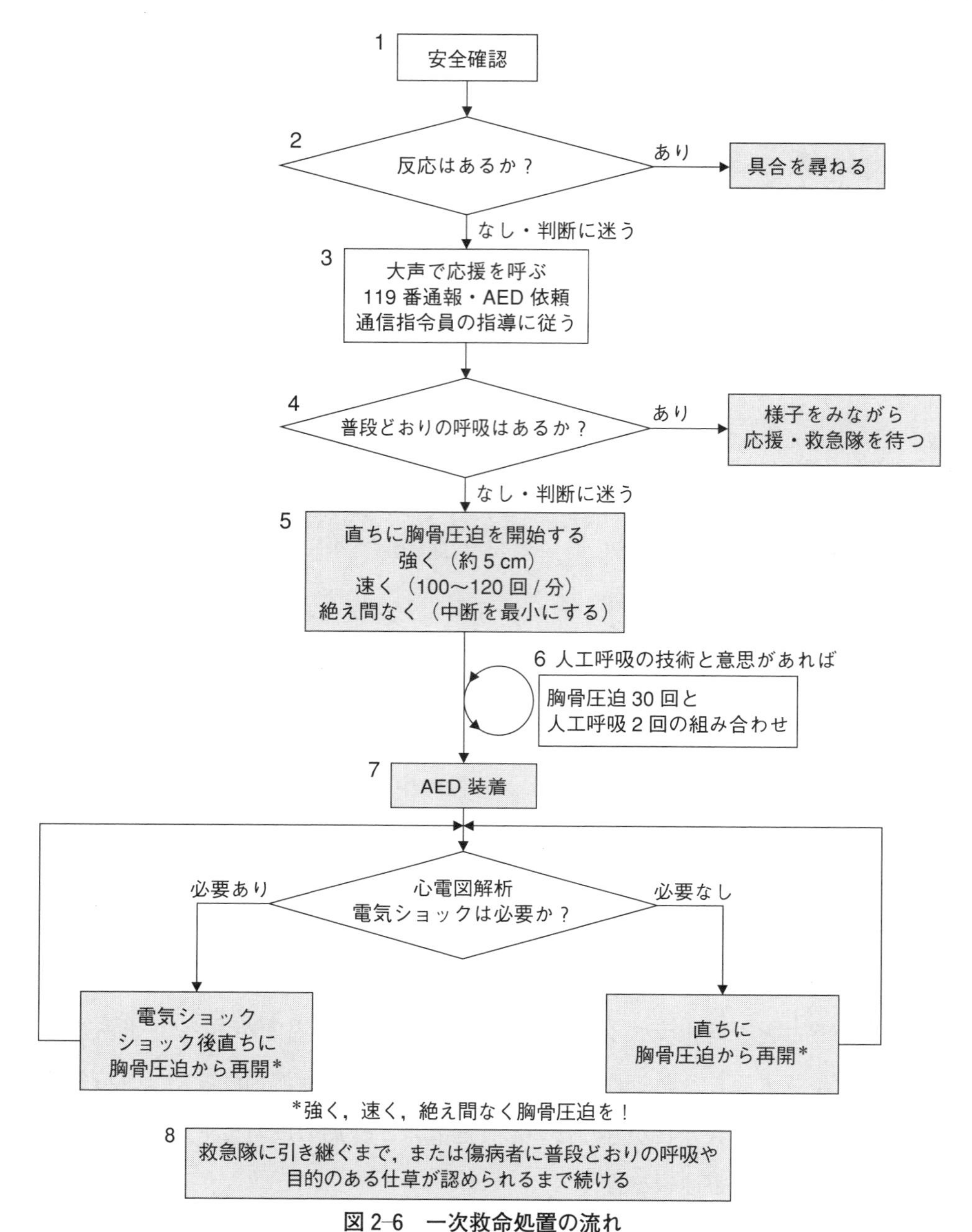

図2-6　一次救命処置の流れ

（「JRC蘇生ガイドライン2020」より引用（一部改変））

新型コロナウイルス感染症流行期への対応

新型コロナウイルス感染症が流行している状況においては，すべての心肺停止傷病者に感染の疑いがあるものとして救命処置を実施する。対応の要点は次のとおり。

・傷病者の顔と救助者の顔があまり近づきすぎないようにする。

・胸骨圧迫を開始する前に，マスクやハンカチ，タオル，衣服などで傷病者の鼻と口を覆う。

・成人に対しては，人工呼吸は実施せずに胸骨圧迫だけを続ける。

・救急隊の到着後に，傷病者を救急隊員に引き継いだあとは，速やかに石鹸と流水で手と顔を十分に洗う。

傷病者を横向きに寝かせ，下になる腕は前に伸ばし，上になる腕を曲げて手の甲に顔をのせるようにさせる。また，上になる膝を約90度曲げて前方に出し，姿勢を安定させる。

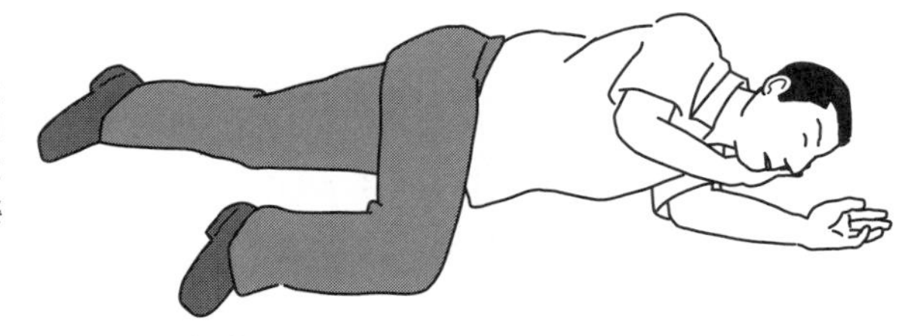

図 2-7　回復体位

一次救命処置を実施する。

（2）　一次救命処置（図 2-6）

①　発見時の対応

ア　反応の確認

傷病者が発生したら，まず周囲の安全を確かめた後，傷病者の肩を軽くたたく，大声で呼びかけるなどの刺激を与えて反応（なんらかの返答や目的のある仕草）があるかどうかを確認する。この際，傷病者の顔と救助者の顔があまり近づきすぎないようにする。

もし，このとき反応があるなら，回復体位（**図 2-7**）をとらせて安静にして，必ずそばに観察者をつけて傷病者の経過を観察し，普段どおりの呼吸がなくなった場合にすぐ対応できるようにする。また，反応があっても異物による窒息の場合は，後述する気道異物除去を実施する。

イ　大声で叫んで周囲の注意を喚起する

一次救命処置は，できる限り単独で処置することは避けるべきである。もし傷病者の反応がないと判断した場合や，その判断に自信が持てない場合は心停止の可能性を考えて行動し，大声で叫んで応援を呼ぶ。

ウ　119番通報（緊急通報），AED手配

誰かが来たら，その人に119番通報と，近くにあればAED（Automated External Defibrillator：自動体外式除細動器）の手配を依頼し，自らは一次救命処置を開始する。周囲に人がおらず，救助者が1人の場合は，まず自分で119番通報を行い，近くにあることがわかっていればAEDを取りに行く。その後，一次救命処置を開始する。なお，119番通報すると，電話を通して通信指令員から口頭で指導を受けられるので，落ち着いて従う。

②　心停止の判断─呼吸をみる

傷病者に反応がなければ，次に呼吸の有無を確認する。心臓が止まると呼吸も止まるので，呼吸がなかったり，あっても普段どおりの呼吸でなければ心停止と

判断する。

呼吸の有無を確認するときには，気道確保を行う必要はなく，傷病者の胸と腹部の動きの観察に集中する。胸と腹部が（呼吸にあわせ）上下に動いていなければ「呼吸なし」と判断する。また，心停止直後にはしゃくりあげるような途切れ途切れの呼吸（死戦期呼吸）が見られることがあり，これも「呼吸なし」と同じ扱いとする。なお，呼吸の確認は迅速に，10秒以内で行う（迷うときは「呼吸なし」とみなすこと）。

反応はないが，「普段どおりの呼吸（正常な呼吸）」が見られる場合は，様子を見ながら応援や救急隊の到着を待つ。

③　心肺蘇生の開始と胸骨圧迫

呼吸が認められず，心停止と判断される傷病者には胸骨圧迫を実施する。傷病者を仰向け（仰臥位）に寝かせて，救助者は傷病者の胸の横にひざまずく。圧迫する部位は胸骨の下半分とする。この位置は，「胸の真ん中」が目安になる（図2–8）。

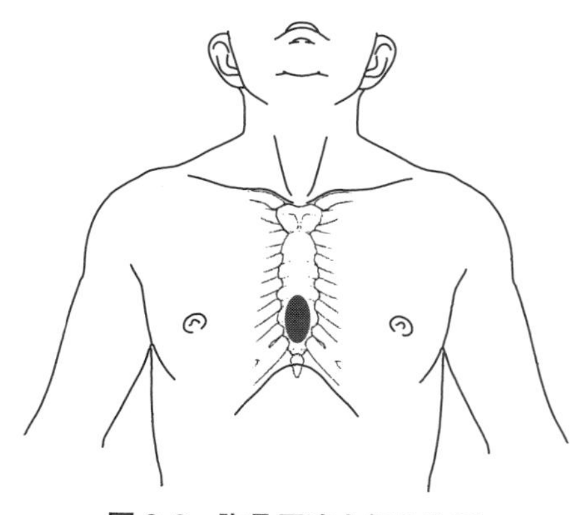

図2–8　胸骨圧迫を行う位置

この位置に片方の手のひらの基部（手掌基部）をあて，その上にもう片方の手を重ねて組み，自分の体重を垂直に加えられるよう肘を伸ばして肩が圧迫部位（自分の手のひら）の真上になるような姿勢をとる。そして，傷病者の胸が5 cm沈み込むように強く速く圧迫を繰り返す（図2–9）。

1分間に100～120回のテンポで圧迫する。圧迫を解除（弛緩）するときには，

図2–9　胸骨圧迫の方法

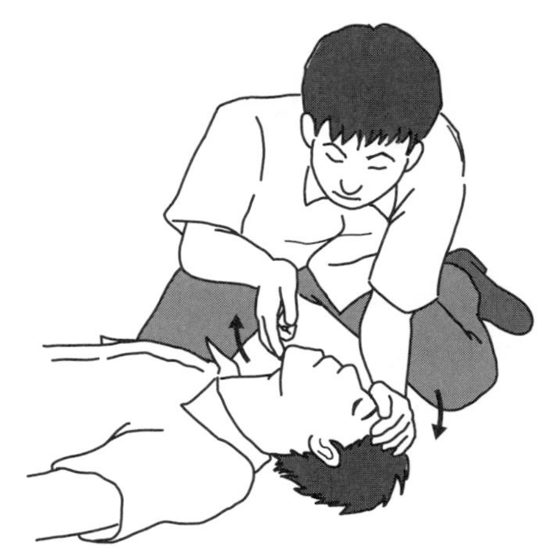

図 2–10　頭部後屈・あご先挙上法による気道確保

手掌基部が胸から離れたり浮き上がって位置がずれることのないように注意しながら，胸が元の位置に戻るまで充分に圧迫を解除することが重要である。この圧迫と弛緩で1回の胸骨圧迫となる。

AEDを用いて除細動する場合や階段で傷病者を移動する場合などの特殊な状況でない限り，胸骨圧迫の中断時間はできるだけ10秒以内に留める。

他に救助者がいる場合は，1～2分を目安に役割を交代する。交代による中断時間はできるだけ短くする。

④　気道確保と人工呼吸

新型コロナウイルス感染症の流行期には，図2–6の下の説明のとおり，成人に対しては人工呼吸は実施せずに胸骨圧迫だけを続けること。同流行期以外では，人工呼吸が可能な場合は，胸骨圧迫を30回行った後，2回の人工呼吸を行うとされている。その際の手順は以下のア，イおよび⑤のとおりとされている。まず，気道確保を行う必要がある。

ア　気道確保

気道確保は，頭部後屈・あご先挙上法（**図2–10**）で行う。

頭部後屈・あご先挙上法とは，仰向けに寝かせた傷病者の額を片手でおさえながら，一方の手の指先を傷病者のあごの先端（骨のある硬い部分）にあてて持ち上げる。これにより傷病者の喉の奥が広がり，気道が確保される。

イ　人工呼吸

気道確保ができたら，口対口人工呼吸を2回試みる。

口対口人工呼吸の実施は，気道を開いたままで行うのがこつである。図2–10のように気道確保をした位置で，救助者が口を大きく開けて傷病者の唇の周りを覆うようにかぶせ，約1秒かけて，胸の上がりが見える程度の量の息を吹き込む（**図2-11**）。このとき，傷病者の鼻をつまんで，息が漏れ出さないようにする。

1回目の人工呼吸によって胸の上がりが確認できなかった場合は，気道確保をやり直してから2回目の人工呼吸を試みる。2回目が終わったら（それぞれで胸の上がりが確認できた場合も，できなかった場合も），それ以上は人工呼吸を行わず，直ちに胸骨圧迫を開始すべきである。人工呼吸のために胸骨圧迫を中断する時間は，10秒以上にならないようにする。

この方法では，呼気の呼出を介助する必要はなく，息を吹き込みさえすれば，呼気の呼出は胸の弾力により自然に行われる。

なお，従来より，口対口人工呼吸を行う際には，感染のリスクが低いとはいえゼロではないので，できれば感染防護具（一方向弁付き呼気吹き込み用具など）を使用することが望ましいとされている。

⑤　心肺蘇生中の胸骨圧迫と人工呼吸

胸骨圧迫30回と人工呼吸2回を1サイクルとして，**図2-12**のように絶え間なく実施する。このサイクルを，救急隊が到着するまで，あるいはAEDが到着して傷病者の体に装着されるまで繰り返す。なお，胸骨圧迫30回は目安の回数であり，回数の正確さにこだわり過ぎる必要はない。

もし救助者が人工呼吸の実施に躊躇する場合は，人工呼吸を省略し，胸骨圧迫のみを行うシンプルな蘇生法を行ってもよい。

この胸骨圧迫と人工呼吸のサイクルは，可能な限り2人以上で実施することが望ましいが，1人しか救助者がいないときでも実施可能であり，1人で行えるよう普段から訓練をしておくことが望まれる。

なお，胸骨圧迫は予想以上に労力を要する作業であるため，長時間1人で実施すると自然と圧迫が弱くなりがちになる。救助者が2人以上であれば，胸骨圧迫

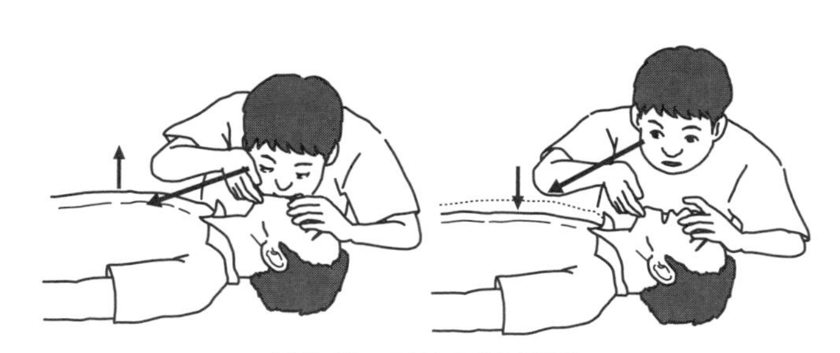

図2-11　口対口人工呼吸

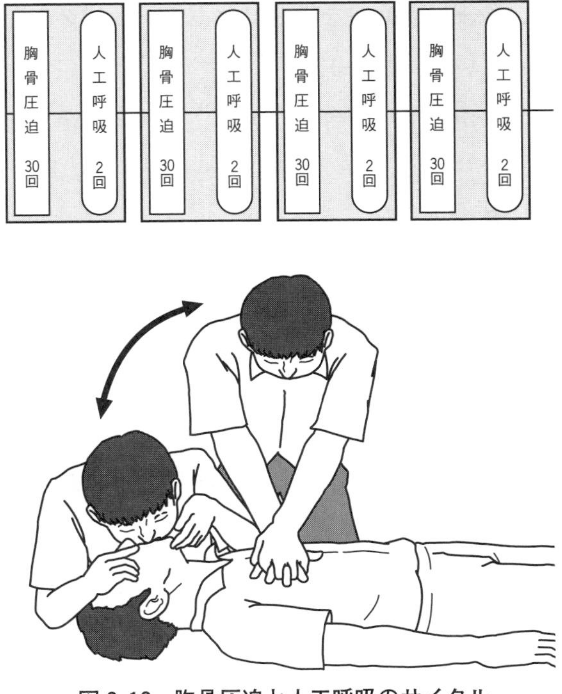

図 2-12　胸骨圧迫と人工呼吸のサイクル

を実施している人が疲れを感じていない場合でも，約1～2分を目安に他の救助者に交替する。その場合，交代による中断時間をできるだけ短くすることが大切になる。

⑥　心肺蘇生の効果と中止のタイミング

傷病者がうめき声をあげたり，普段どおりの息をし始めたり，もしくは何らかの応答や目的のある仕草（例えば，嫌がるなどの体動）が認められるまで，あきらめずに心肺蘇生を続ける。救急隊員などが到着しても，心肺蘇生を中断することなく指示に従う。

普段どおりの呼吸や目的のある仕草が現れれば，心肺蘇生を中止して，観察を続けながら救急隊の到着を待つ。

⑦　AED の使用

「普段どおりの息（正常な呼吸）」がなければ，直ちに心肺蘇生を開始し，AED が到着すれば速やかに使用する。

AED は，心停止に対する緊急の治療法として行われる電気的除細動（電気ショック）を，一般市民でも簡便かつ安全に実施できるように開発・実用化されたものである。この AED を装着すると，自動的に心電図を解析して，除細動の必要の有無を判別し，除細動が必要な場合には電気ショックを音声メッセージで指示する仕組みとなっている（**図 2–13**）。

なお，電気ショックが必要な場合に，ショックボタンを押さなくても自動的に電気が流れる機種（オートショック AED）が令和3年7月に認可された。傷病者から離れるように音声メッセージが流れ，カウントダウンまたはブザーの後に自動的に電気ショックが行われる。この場合も安全のために，音声メッセージなどに従って傷病者から離れる必要がある。

心停止者が救命される可能性を向上させるためには，迅速な基本的心肺蘇生法と，迅速な電気的除細動がそれぞれ有効であることが明らかになっている。AEDの使用に当たっては，日本赤十字社や消防本部等が開催する講習会に参加するなどして，意識や呼吸の有無を的確に判断する技術を身につけることが大切である。

⑧　気道異物の除去

気道に異物が詰まるなどにより窒息すると，死に至ることも少なくない。傷病者が強い咳ができる場合には，咳により異物が排出される場合もあるので注意深く見守る。しかし，咳ができない場合や，咳が弱くなってきた場合は窒息と判断し，迅速に119番に通報するとともに，以下のような処置をとる。

ア　反応がある場合

傷病者に反応（何らかの応答や目的のある仕草）がある場合には，背部叩打（こうだ）と腹部突き上げ（妊婦および高度の肥満者，乳児には行わない）による異物除去を試みる。まず，背部叩打（こうだ）法を試みて，効果がなければ腹部突き上げ法を試みる（**図 2–14，図 2–15**）。

(ア)　背部叩打（こうだ）法

傷病者の後ろから，左右の肩甲骨の中間を，手掌基部で強く何度も連続し

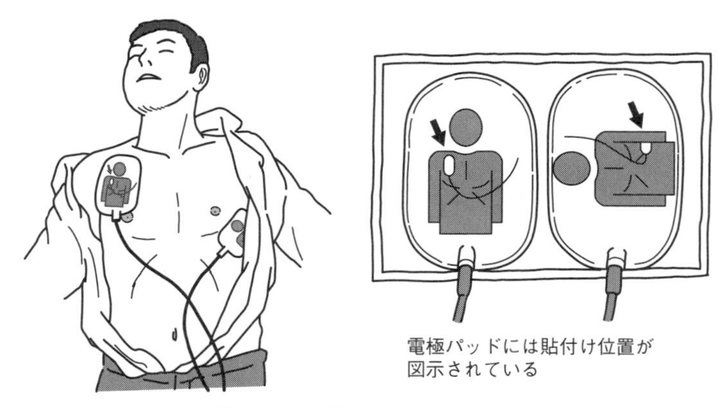

図 2–13　電極パッドの貼付け

図 2-14　背部叩打法

図 2-15　腹部突き上げ法

て叩く（**図 2-14**）。妊婦や高度の肥満者，乳児には，この方法のみを用いる。

(イ)　腹部突き上げ法

傷病者の後ろから，ウエスト付近に両手を回し，片方の手でへその位置を確認する。もう一方の手で握りこぶしを作り，親指側をへその上方，みぞおちの下方の位置に当て，へそを確認したほうの手を握りこぶしにかぶせて組んで，すばやく手前上方に向かって圧迫するように突き上げる（**図 2-15**）。

この方法は，傷病者の内臓を傷めるおそれがあるので，異物除去後は救急隊に伝えるか，医師の診察を必ず受けさせる。また，妊婦や高度の肥満者，乳児には行わない。

イ　反応がなくなった場合

反応がなくなった場合は，上記の心肺蘇生を開始する。

途中で異物が見えた場合には，異物を気道の奥に逆に進めないように注意しながら取り除く。ただし，見えないのに指で探ったり，異物を探すために心肺蘇生を中断してはならない。

⑨　心肺蘇生の実施の後

救急隊の到着後に，傷病者を救急隊員に引き継いだあとは，速やかに石鹸と流水で手と顔を十分に洗う。傷病者の鼻と口にかぶせたハンカチやタオルなどは，直接触れないようにして廃棄するのが望ましい。

【引用・参考文献】
・一般社団法人日本蘇生協議会監修『JRC 蘇生ガイドライン 2020』医学書院，2021 年
・日本救急医療財団心肺蘇生法委員会監修『改訂 6 版救急蘇生法の指針 2020（市民用）』へるす出版，2021 年
・同『改訂 6 版救急蘇生法の指針 2020（市民用・解説編）』へるす出版，2021 年　（いずれも一部改変）

(3)　有機溶剤が目に入った場合

①　洗眼

直ちに多量の水道水で溶剤の入った目を下にしてよく洗う（**図 2-16**）。

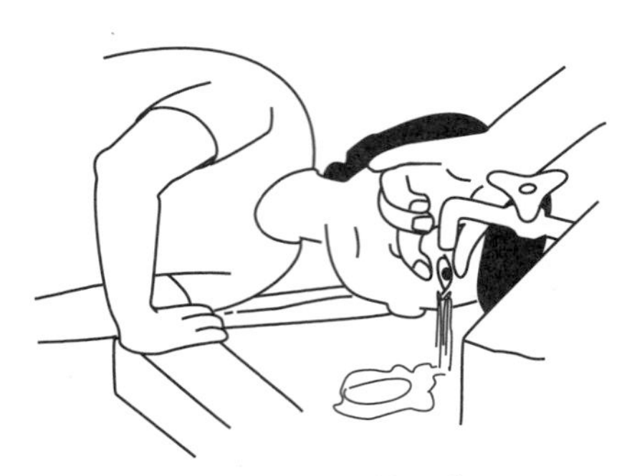

図 2-16　目の洗い方

②　医師の診察

特に痛む場合や，充血のひどい場合はもちろんのこと，後で症状が悪化する場合もあるので，応急手当時に異常がなくても医師の診察を受けさせる。

(4)　有機溶剤が皮膚に接触した場合

有機溶剤で皮膚炎を起こすかどうかは，有機溶剤の種類や個人差によるが，経皮吸収しやすいものもあるので，皮膚に接触したら，できるだけ早く水道水で洗い流す。作業服や軍手に有機溶剤が付着した場合は，できるだけ早く脱いで，皮膚を水道水で洗い流した後，新しい作業着等に着替える。

(5)　有機溶剤を飲み込んだ場合

有機溶剤を飲み込んだ場合，すぐに医療機関へ搬送し，医師の処置を受けさせる。誤嚥を防ぐため回復体位をとらせ，かつ，腸への流出を防ぐ目的から左側臥位とする。

揮発性の有機溶剤は嘔吐によって胃の内容物を排出すると，誤嚥による肺炎を引き起こす危険性があるので無理に吐かせない方がよい。

なお，急性中毒を起こすおそれのある有機溶剤を取り扱う作業場では，何かのはずみで誰かが中毒を起こすかもしれないので，作業者全員が安全衛生教育時に，救急法の心得のある者の指導で心肺蘇生法を習得しておき，事故時にあわてないようにしておくことが必要である。

第2章　化学構造別の有機溶剤の人体への有害性

（1）　**芳香族**…ベンゼンを代表とする環状不飽和有機化合物。ベンゼンは再生不良性貧血などの強い骨髄障害を起こすため特化則の特定第2類物質に指定されている。

①　炭化水素類

＊　特化物第2類・特別管理物質

1. 族	芳香族	
2. 系，類	炭化水素類	
3. 化学構造上の特徴	ベンゼン核の水素をメチル基-CH_3で置換したものがトルエン，キシレン，エチレン基-$CHCH_2$で置換したものがスチレンである	
4. 有機溶剤（管理濃度）	①トルエン $C_6H_5CH_3$（第2種）（皮） ②キシレン $C_6H_4(CH_3)_2$（第2種）（皮） ③スチレン $C_6H_5CHCH_2$（特別有機溶剤＊）（皮） ④エチルベンゼン $C_6H_5C_2H_5$（特別有機溶剤＊）（77頁参照）	(20 ppm) (50 ppm) (20 ppm) (20 ppm)
5. 人体への有害性	高濃度では主として，中枢神経系に作用して，興奮状態を経て，意識消失を起こし，そのままにしておくと死亡する。低濃度の長時間ばく露では，造血障害を起こすといわれている。皮膚・粘膜を刺激する。肝・腎の障害は著明でない。トルエン，スチレンは色覚異常が生じる。スチレン，エチルベンゼンは国際がん研究機関（IARC）において「2B（ヒトに対して発がん性を示す可能性がある）」と評価されている。	
6. 貯　蔵	火気厳禁。電気設備は防爆構造が望ましい。容器は密栓し，通風のよい冷所に保管する。硝酸，過マンガン酸，クロム酸等の強い酸化剤と一緒に置かない。	
7. 作業環境管理	第2種有機溶剤等に定められた，有機溶剤の蒸気の発散源を密閉する設備，局所排気装置またはプッシュプル型換気装置を設ける。作業環境測定を6カ月以内ごとに1回実施する。	
8. 作業管理	換気に留意し，特に臨時作業では十分換気しつつ，必要に応じて保護具（呼吸用保護具，化学防護手袋，保護めがね等）を使用する。特に経皮吸収を防止するため耐透過性の化学防護手袋を使用する。 静電気を生じやすいので，移液等の際にはパイプ，ホース，容器等を接地するとともにボンディングしておく。特にタンクローリー等への積みおろし作業においては，流速を小さくするとともに，ホースの先端をローリー底部にまで下げてから送給を行うか，またはローリー底部から送給する。またこれらを溶剤として塗料で吹付けを行うときには，導電性のホース，静電靴の使用が望ましい。溶剤が入っていたタンク，ドラム缶等を修理する場合は，あらかじめスチーム等で洗浄する等臨時の作業において細心の注意が必要である。	
9. 健康管理	6カ月以内ごとに1回，健康診断を実施する（エチルベンゼンは過去従事させ，現に雇用する者を含む）。 ・共通健診項目および医師が必要と認める項目 ・尿中代謝物として，トルエンは馬尿酸，キシレンはメチル馬尿酸，スチレンおよびエチルベンゼンはマンデル酸の量を測定する。	
10. 備　考	液体，無色，芳香，水に難溶。引火性あり。	
11. 事　例	**(その1)** 木造家屋新築工事現場の脱衣場の壁の下塗り作業中，作業者1名がトルエン中毒のため死亡。出入口以外は全て目張りされ，ほぼ密閉状態だった。 **(その2)** 建造中の船の二重底の塗装作業（溶剤はキシレン）中に，有機溶剤	

	の臭いが強くなったので，10分間ほど休憩し，再び作業を始めたところ，息苦しくなり退避したが１名は死亡し，３名が中毒した。 **(その３)** スチレンの配管交換作業中，直立した配管の中程に逆止弁がありその上側部分に残存していたスチレンモノマーが逆流して配管上端部のフランジから漏えいし，現場にいた作業者３名が薬傷を負った。

②　塩化炭化水素類

1. 族	芳香族	
2. 系，類	塩化炭化水素類	
3. 化学構造上の特徴	ベンゼン核の水素を塩素で置換したもの	
4. 有機溶剤（管理濃度）	①クロルベンゼン C_6H_5Cl（第２種）（皮） ②オルト-ジクロルベンゼン $C_6H_4Cl_2$（第２種）	(10 ppm) (25 ppm)
5. 人体への有害性	皮膚につくと皮膚炎を起こす。蒸気は眼・鼻を刺激する。吸入すると麻酔状態になる。慢性症状として肝臓・腎臓障害がある。	
6. 貯　蔵	火気厳禁。容器は密栓し，漏えいしないように保管する。	
7. 作業環境管理	第２種有機溶剤等に定められた，有機溶剤の蒸気の発散源を密閉する設備，局所排気装置またはプッシュプル型換気装置を設ける。作業環境測定を６カ月以内ごとに１回実施する。	
8. 作業管理	換気に留意し，必要に応じて保護具（呼吸用保護具，化学防護手袋，保護めがね等）を使用する。クロルベンゼンは経皮吸収を防止するため，耐透過性の化学防護手袋を使用する。	
9. 健康管理	６カ月以内ごとに１回，健康診断を実施する。 ・共通健診項目および医師が必要と認める項目 ・肝機能検査	
10. 備　考	液体，無色，芳香，水に難溶。引火性あり。	
11. 事　例	**(その１)** ゴム製品製造工場で，ゴム布地を重ね厚地の製品をつくるため，ゴム布地の接着乾燥作業中，接着剤の溶剤であるクロルベンゼンの蒸気を吸入し，頭痛，めまいを起こして３名が中毒した。 **(その２)** クロルベンゼンに硝酸を添加して，ニトロクロルベンゼンを製造中に反応缶が爆発して２名が死亡し，９名が負傷した。	

③　フェノール類

1. 族	芳香族	
2. 系，類	フェノール類	
3. 化学構造上の特徴	ベンゼン核の水素を水酸基-OHで置換したもの	
4. 有機溶剤（管理濃度）	①クレゾール $C_6H_4(CH_3)OH$（第２種）（皮）	(5 ppm)
5. 人体への有害性	皮膚・粘膜を強く刺激し，火傷（薬傷）を起こす。吸入すると中枢神経を侵す。また肝臓・腎臓を侵す。経皮吸収される。	
6. 貯　蔵	火気厳禁。容器は密栓し，冷暗所に保管する。	
7. 作業環境管理	第２種有機溶剤等に定められた，有機溶剤の蒸気の発散源を密閉する設備，局所排気装置またはプッシュプル型換気装置を設ける。作業環境測定を６カ月以内ごとに１回実施する。	

8. 作業管理	換気に留意し，必要に応じて保護具（呼吸用保護具，化学防護手袋，保護めがね等）を使用する。経皮吸収を防止するため，耐透過性の化学防護手袋を使用する。
9. 健康管理	6カ月以内ごとに1回，健康診断を実施する。 ・共通健診項目および医師が必要と認める項目 ・肝機能検査
10. 備　考	液体，無色，芳香，水に難溶。引火性あり。
11. 事　例	（その1）クレゾールの入ったドラム缶を，はしけ取りしていたとき，缶にき裂が生じたため，ウインチでつり上げた際にクレゾール液が漏れて飛散し，荷役中の作業者4名が薬傷を起こした。

（2）脂肪族（脂環式炭化水素を含む）

①　炭化水素類

1. 族	脂肪族	
2. 系，類	炭化水素類	
3. 化学構造上の特徴	直鎖型の構造を有する	
4. 有機溶剤（管理濃度）	①ノルマルヘキサン $CH_3(CH_2)_4CH_3$（第2種）（皮）	（40 ppm）
5. 人体への有害性	皮膚・粘膜を刺激する。吸入すると頭痛，めまい，高濃度の吸入時には麻酔作用が現れる。また手足の感覚麻ひ，歩行困難など多発性神経炎の症状が起こる。経皮吸収される。	
6. 貯　蔵	火気厳禁。極度に引火しやすい。蒸気は空気より重く床面をはい，遠くへ流れ，低い所に滞留して爆発性混合をつくりやすい。容器は密栓し，冷所に保管する。漏えいの有無を定期的に点検する。	
7. 作業環境管理	第2種有機溶剤等に定められた，有機溶剤の蒸気の発散源を密閉する設備，局所排気装置またはプッシュプル型換気装置を設ける。作業環境測定を6カ月以内ごとに1回実施する。	
8. 作業管理	換気に留意し，必要に応じて保護具（呼吸用保護具，化学防護手袋，保護めがね等）を使用する。経皮吸収を防止するため耐透過性の化学防護手袋を使用する。	
9. 健康管理	6カ月以内ごとに1回，健康診断を実施する。 ・共通健診項目および医師が必要と認める項目 ・尿中代謝物として2,5−ヘキサンジオンの量の検査	
10. 備　考	液体，無色，石油臭，水に不溶。引火性・爆発性あり。 ノルマルヘキサンは沸点68.8℃の単一の物質であるが，市販され実際に使用されているノルマルヘキサンは沸点が67〜69℃の石油の部分で，ノルマルヘキサンのほかに2−メチルペンタン，3−メチルペンタンおよびメチルシクロペンタンが含まれた混合物で，ノルマルヘキサンの含有量は60％前後である。さらにノルマルヘキサンは石油エーテル，石油ベンジン，石油ナフサ，ガソリンなどの主な成分である。	
11. 事　例	（その1）ヘップサンダルの製造作業において，ノルマルヘキサンを主溶剤としたゴムのりを使用し，接着作業を行っていたところ94名が中毒した。その主な障害は知覚および運動の末梢神経障害であり，軽症者は四肢の知覚異常のみであったが，中等症は筋力の低下が現れ，重症になると四肢の筋肉も萎縮した。 （その2）会議室において，新聞折込チラシ掲載の商品撮影のため，有機溶剤（ノルマルヘキサン，シクロヘキサンを含む）を用いて商品の値札を剥がしていたところ，作業者1名が中毒を起こした。	

②　塩化炭化水素類

1.族	脂肪族	
2.系，類	塩化炭化水素類	
3.化学構造上の特徴	炭化水素類の水素を塩素で置換したもの	
4.有機溶剤（管理濃度）	メタン誘導体 ①ジクロロメタン CH_2Cl_2（特別有機溶剤＊）（皮） ②クロロホルム $CHCl_3$（特別有機溶剤＊） ③四塩化炭素 CCl_4（特別有機溶剤＊）（皮）	 (50 ppm) (3 ppm) (5 ppm)
	エタン誘導体 ④1,1,1−トリクロルエタン $C_2H_3Cl_3$（第2種） ⑤1,2−ジクロロエタン $C_2H_4Cl_2$（特別有機溶剤＊） ⑥1,1,2,2−テトラクロロエタン $C_2H_2Cl_4$（特別有機溶剤＊）（皮）	 (200 ppm) (10 ppm) (1 ppm)
	エチレン誘導体 ⑦1,2−ジクロルエチレン $CHCl=CHCl$（第1種） ⑧トリクロロエチレン $CHCl=CCl_2$（特別有機溶剤＊） ⑨テトラクロロエチレン $CCl_2=CCl_2$（特別有機溶剤＊）（皮） プロピレン誘導体 ⑩1,2−ジクロロプロパン $C_3H_6Cl_2$（特別有機溶剤＊）(79頁参照)	 (150 ppm) (10 ppm) (25 ppm) (1 ppm)
5.人体への有害性	塩素化がすすむほど，難燃性あるいは不燃性の有機溶剤としてすぐれた特性も著しいが，同時にその毒性も大となり，麻酔作用，皮膚障害を起こし，肝・腎を侵すものが多い。肝障害性は次の順で大であると報告されている。 四塩化炭素＞クロロホルム＞1,1,2,2−テトラクロロエタン＞トリクロロエチレン＞テトラクロロエチレン＞1,1,1−トリクロルエタン トリクロロエチレン，テトラクロロエチレンには外因性精神病の症例がある。 クロロホルム，四塩化炭素，1,2−ジクロロエタン，1,1,2,2−テトラクロロエタンは国際がん研究機関（IARC）において「2B（ヒトに対して発がん性を示す可能性がある)」，テトラクロロエチレン，ジクロロメタンは「2A（ヒトに対しておそらく発がん性を示す」，トリクロロエチレン，1,2−ジクロロプロパンは「1（ヒトに対して発がん性を示す)」と評価されている。	
6.貯　蔵	亜鉛または錫メッキをした鋼鉄製容器に保管（合成樹脂製は不可）。高温に接しない場所に保管する。ドラム缶を保管する際には直射日光を避け冷所に置く。蒸気は空気より重いので，作業場内に高濃度な吹きだまりができやすく，低所に滞留するため地下室等の換気の悪い場所には保管しない。	
7.作業環境管理	第1種・第2種有機溶剤等に定められた，有機溶剤の蒸気の発散源を密閉する設備，局所排気装置・プッシュプル型換気装置等の設備を設ける。作業環境測定を6カ月以内ごとに1回実施する。	
8.作業管理	換気に留意する。必要に応じて保護具（呼吸用保護具，化学防護手袋，保護めがね等）を使用する。特に経皮吸収に注意を要するテトラクロロエチレン・四塩化炭素・1,1,2,2−テトラクロロエタンは，塩素系有機溶剤に対し耐透過性の化学防護手袋を使用する。	
9.健康管理	6カ月以内ごとに1回，健康診断を実施する（1,2−ジクロロプロパンやジクロロメタンは過去従事させ，現に雇用する者を含む)。 ・共通健診項目および医師が必要と認める項目 ・肝機能検査……1,2−ジクロルエチレン，クロロホルム，四塩化炭素，1,2−ジクロロエタン，1,1,2,2−テトラクロロエタン，テトラクロロエチレン，トリクロロエチレン ・尿中トリクロル酢酸または総三塩化物……1,1,1−トリクロルエタン，テトラクロロエチレン，トリクロロエチレン	
10.備　考	引火の危険が少ない反面，直火や灼熱した金属などによって分解してホスゲンなどの刺激性の強いガスを発生する危険があること，燃えにくいため加温して使用することもあること，液体でも蒸気体でも比重が大きいので，作業場内に	

	高濃度の吹きだまりができやすく，排気・換気に注意を要することなど作業管理上注意すべき点も多い。
11. 事　例	(その1) クリーンルーム内で複写機用感光ドラムにクロロホルム含有の液体材料を塗布する作業に保護具をつけず従事した作業者2名が急性肝炎となった。 (その2) 設備工事の作業者が，水槽内の汚物排除のため，洗浄液（トリクロロエチレン87.5%）を槽内に入れ，12日間経ってから排水して，排気用空気を送りながら水槽の内壁を水洗いしていたところ，作業者2名が中毒症状を起こし，さらに救助に入った4名も中毒を起こした。 (その3) メッキ工場において，超音波自動洗浄装置（ジクロロメタン使用）内部のチェーンベルトコンベヤ修理中に，同装置内部の洗浄槽に製品やかごが落下したため，これらを回収しようとして洗浄槽内に入った被災者が，ジクロロメタンを吸入して中毒となった。1名が死亡。

③　アルコール類

1. 族	脂肪族	
2. 系，類	アルコール類	
3. 化学構造上の特徴	炭化水素類の水素を水酸基－OHで置換したもの	
4. 有機溶剤 （管理濃度）	①メタノール CH_3OH（第2種）（皮） ②イソプロピルアルコール $(CH_3)_2CHOH$（第2種） ③1-ブタノール $CH_3(CH_2)_3OH$（第2種）（皮） ④2-ブタノール $CH_3CH_2CH(OH)CH_3$（第2種） ⑤イソブチルアルコール $(CH_3)_2CHCH_2OH$（第2種） ⑥イソペンチルアルコール $(CH_3)_2CHCH_2CH_2OH$（第2種） ⑦シクロヘキサノール $C_6H_{11}OH$（第2種）（皮） ⑧メチルシクロヘキサノール $CH_3C_6H_{10}OH$（第2種）	(200 ppm) (200 ppm) (25 ppm) (100 ppm) (50 ppm) (100 ppm) (25 ppm) (50 ppm)
5. 人体への有害性	軽い麻酔作用と粘膜刺激作用がある。吸入により悪心，嘔吐，頭痛，めまい等を起こす。毒性は分子量が大きくなるほど大である。慢性障害の危険性はあまり多くない。メタノールのみ視神経障害あり。1-ブタノールは聴覚障害の可能性がある。	
6. 貯　蔵	火気厳禁。容器は密栓し保管する。	
7. 作業環境管理	第2種有機溶剤等に定められた，有機溶剤の蒸気の発散源を密閉する設備，局所排気装置またはプッシュプル型換気装置を設ける。作業環境測定を6カ月以内ごとに1回実施する。	
8. 作業管理	換気に留意し，必要に応じて保護具（呼吸用保護具，化学防護手袋，保護めがね等）を使用する。メタノール，1-ブタノール，シクロヘキサノールは経皮吸収を防止するため，耐透過性の化学防護手袋を使用する。	
9. 健康管理	6カ月以内ごとに1回，健康診断を実施する。 ・共通健診項目および医師が必要と認める項目	
10. 備　考	液体，無色。分子量の小さなアルコールは芳香，水に易溶。分子量の大きなアルコールは油臭，水に難溶あるいは不溶。引火性あり。	
11. 事　例	(その1) 医薬品製造工場で，ビタミン剤を乾燥装置に入れて加熱乾燥中，ビタミン剤の溶剤（イソプロピルアルコール）が蒸発し，乾燥装置内で爆発範囲内の濃度に達し，電熱器から引火爆発し，1名死亡，2名負傷した。 (その2) 生化学分析用ゲル製品の製作工程中，ガラスに接着剤を塗布する作業者5名が，接着剤と水が反応したメタノールにより中毒症状を起こした。 (その3) 被災者Aは新設した消火栓用の貯水槽の防水工事に従事中，下塗剤（キシレン，イソブチルアルコール含有）を内壁に塗る作業中，意識を失った。その2時間後，Aを救助しようとしたBも中毒により意識を失った。	

④　エーテル類

1. 族	脂肪族	
2. 系，類	エーテル類	
3. 化学構造上の特徴	エーテル結合 C–O–C を有するもの	
4. 有機溶剤（管理濃度）	①エチルエーテル $C_2H_5OC_2H_5$（第2種） ②テトラヒドロフラン $(C_2H_4)_2O$（第2種）（皮） ③1,4–ジオキサン $(CH_2CH_2)_2O_2$（特別有機溶剤＊）（皮）	(400 ppm) (50 ppm) (10 ppm)
5. 人体への有害性	麻酔作用が非常に強く，大部分は代謝を受けずに呼気中に出される。 皮膚障害。1,4–ジオキサンは肝機能障害を起こすことがあり，国際がん研究機関（IARC）において「2B（ヒトに対して発がん性を示す可能性がある）」と評価されている。	
6. 貯　蔵	火気厳禁。電気設備は防爆構造にするのが望ましい。容器は密栓し，冷所に保管する。	
7. 作業環境管理	第2種有機溶剤等に定められた，有機溶剤の蒸気の発散源を密閉する設備，局所排気装置またはプッシュプル型換気装置を設ける。作業環境測定を6カ月以内ごとに1回実施する。	
8. 作業管理	換気に留意し，必要に応じて保護具（呼吸用保護具，化学防護手袋，保護めがね等）を使用する。テトラヒドロフラン，1,4–ジオキサンは経皮吸収に注意が必要であり，耐透過性の化学防護手袋を使用する。	
9. 健康管理	6カ月以内ごとに1回，健康診断を実施する。 ・共通健診項目および医師が必要と認める項目 ・肝機能検査……1,4–ジオキサン	
10. 備　考	液体，無色，エーテル臭気。エチルエーテルは水に難溶，1,4–ジオキサンとテトラヒドロフランは水に可溶。引火性が強い。	
11. 事　例	**(その1)** 帯電防止剤，殺虫剤をエアゾール缶に詰める工場で，エアゾール原液の溶剤に使用するエーテルを，手押しポンプで容器に小分けしているとき，その付近にあった火から引火爆発し，5名が負傷した。 **(その2)** ウレタン加工品の製造工程のうち，1,4–ジオキサンやポリウレタン等の添加物を混合した物を押出機を用いて成形加工中，1,4–ジオキサンのガスを吸収し続けたため，肝機能障害を起こした。	

⑤　ケトン類

1. 族	脂肪族	
2. 系，類	ケトン類	
3. 化学構造上の特徴	ケトン基＞C＝O を有するもの	
4. 有機溶剤（管理濃度）	①アセトン CH_3COCH_3（第2種） ②メチルエチルケトン $CH_3COC_2H_5$（第2種）（皮） ③メチル–ノルマル–ブチルケトン $CH_3COC_4H_9$（第2種）（皮） ④シクロヘキサノン $C_6H_{10}O$（第2種）（皮） ⑤メチルシクロヘキサノン $CH_3C_6H_9O$（第2種）（皮） ⑥メチルイソブチルケトン $CH_3COCH_2CH(CH_3)_2$（特別有機溶剤＊）（皮）	(500 ppm) (200 ppm) (5 ppm) (20 ppm) (50 ppm) (20 ppm)
5. 人体への有害性	皮膚・粘膜を刺激する。吸入すると，頭痛，めまい，嘔吐等を起こす。吸収されると，麻酔作用があり，意識を喪失する。ケトンは分子量が大きくなるほど局所刺激作用，麻酔作用は強くなる。メチルイソブチルケトンは国際がん研究機関（IARC）において「2B（ヒトに対して発がん性を示す可能性がある）」	

	と評価されている。
6. 貯　蔵	火気厳禁。電気設備は防爆構造にするのが望ましい。容器は密栓し，冷所に保管する。
7. 作業環境管理	第２種有機溶剤等に定められた，有機溶剤の蒸気の発散源を密閉する設備，局所排気装置またはプッシュプル型換気装置を設ける。作業環境測定を６カ月以内ごとに１回実施する。
8. 作業管理	換気に留意し，必要に応じて保護具（呼吸用保護具，化学防護手袋，保護めがね等）を使用する。経皮吸収（アセトン以外）に注意が必要なものが多いため，耐透過性の化学防護手袋を使用する。
9. 健康管理	６カ月以内ごとに１回，健康診断を実施する。 ・共通健診項目および医師が必要と認める項目
10. 備　考	液体，無色，アセトン臭，アセトンとメチルエチルケトンは水に可溶，それ以外は水に不溶・難溶。引火性あり。
11. 事　例	**（その１）** ビルのエレベーターの落書きをクリーナー（アセトンを含む）を用いて払拭（しょく）する作業を行ったところ，労働者１名が作業日の翌々日より頭痛・嘔吐の症状が顕著となり，検査を受け中毒と診断された。 **（その２）** 皮製安全靴の製造工程において，メチルエチルケトンをしみ込ませたウエスを用いて靴底の払拭（しょく）作業を行ったところ，メチルエチルケトンの蒸気を吸入して１名が中毒を起こした。当該事業場に採用されて３日目であった。

⑥　エステル類

1. 族	脂肪族	
2. 系，類	エステル類	
3. 化学構造上の特徴	カルボン酸－COOH とアルコールの水酸基－OH が脱水反応したもの	
4. 有機溶剤（管理濃度）	①酢酸メチル CH_3COOCH_3（第２種） ②酢酸エチル $CH_3COOC_2H_5$（第２種） ③酢酸ノルマル-プロピル $CH_3COOC_3H_7$（第２種） ④酢酸イソプロピル $CH_3COOCH(CH_3)_2$（第２種） ⑤酢酸ノルマル－ブチル $CH_3COOC_4H_9$（第２種） ⑥酢酸イソブチル $CH_3COOCH_2CH(CH_3)_2$（第２種） ⑦酢酸ノルマル-ペンチル $CH_3COOC_5H_{11}$（第２種） ⑧酢酸イソペンチル $CH_3COOCH_2CH_2CH(CH_3)_2$（第２種）	(200 ppm) (200 ppm) (200 ppm) (100 ppm) (150 ppm) (150 ppm) (50 ppm) (50 ppm)
5. 人体への有害性	高濃度になると粘膜刺激や麻酔作用が現れる。 酢酸エステルは体内ですみやかに加水分解され，酢酸とアルコールとなる。酢酸メチルは体内でメタノールをつくり視神経障害を起こす。	
6. 貯　蔵	火気厳禁。容器は密栓し冷暗所で保管する。	
7. 作業環境管理	第２種有機溶剤等に定められた，有機溶剤の蒸気の発散源を密閉する設備，局所排気装置またはプッシュプル型換気装置を設ける。作業環境測定を６カ月以内ごとに１回実施する。	
8. 作業管理	換気に留意し，必要に応じて保護具（呼吸用保護具，化学防護手袋，保護めがね等）を使用する。	
9. 健康管理	６カ月以内ごとに１回，健康診断を実施する。 ・共通健診項目および医師が必要と認める項目	

10. 備　考	有機溶剤として使われるのは，主として酢酸エステルである。 液体，無色。分子量の小さなアルコールは芳香，水に易溶。分子量の大きなアルコールは油臭，水に難溶あるいは不溶。引火性あり。
11. 事　例	(その1) 床修理工事現場で，コンクリート床を酢酸エチルが主成分の有機溶剤により塗装作業を行ったところ，1名が中毒を起こした。 (その2) シンナー（キシレン，酢酸ブチル等）をしみ込ませた布で墓石の汚れを落とす作業に従事していた際，めまいがして2～3分間作業を休止したところ落ち着いたので作業を続行し，作業終了後退社する途中にめまいと吐き気が激しくなり，急性シンナー中毒と診断された。

⑦ グリコールエーテル類

1. 族	脂肪族	
2. 系，類	グリコールエーテル類	
3. 化学構造上の特徴	エチレングリコール（2価アルコール）のエーテル，またはエステル誘導体	
4. 有機溶剤 （管理濃度）	①エチレングリコールモノメチルエーテル $CH_2OHCH_2OCH_3$（第2種）（皮）（メチルセロソルブ）	(0.1 ppm)
	②エチレングリコールモノエチルエーテル $CH_2OHCH_2OC_2H_5$（第2種）（皮）（セロソルブ）	(5 ppm)
	③エチレングリコールモノ-ノルマル-ブチルエーテル $CH_2OHCH_2OC_4H_9$（第2種）（皮）（ブチルセロソルブ）	(25 ppm)
	④エチレングリコールモノエチルエーテルアセテート C_2H_5-$OCH_2CH_2OCOCH_3$（第2種）（皮）（セロソルブアセテート）	(5 ppm)
5. 人体への有害性	皮膚・眼・のどを刺激し，吸入すると麻酔作用がある。貧血を起こし，また，肝臓・腎臓を侵すことがある。経皮吸収される。 エチレングリコールモノメチルエーテル（メチルセロソルブ）が最も毒性が強い。	
6. 貯　蔵	火気厳禁。容器は密栓し，換気良好な冷暗所に保管する。	
7. 作業環境管理	第2種有機溶剤等に定められた，有機溶剤の蒸気の発散源を密閉する設備，局所排気装置またはプッシュプル型換気装置を設ける。作業環境測定を6カ月以内ごとに1回実施する。	
8. 作業管理	換気に留意し，必要に応じて保護具（呼吸用保護具，化学防護手袋，保護めがね等）を使用する。経皮吸収に注意が必要であり，耐透過性の化学防護手袋を使用する。	
9. 健康管理	6カ月以内ごとに1回，健康診断を実施する。 ・共通健診項目および医師が必要と認める項目 ・貧血検査（血色素量，赤血球数）	
10. 備　考	ラッカー・シンナー，樹脂の溶剤，原料。液体，無臭，高温度では不快臭，水，アルコール，エーテルとよく混和する。 エチレングリコールのモノエーテルをセロソルブと呼ぶ。	
11. 事　例	(その1) 天井裏で電気配線工事を行っていたところ，排気ダクトの破損に気付き，これを補修していたところ，エチレングリコールモノエチルエーテルアセテートの蒸気を吸入して被災した。 (その2) エチレングリコールモノメチルエーテルを含んだ塗料により，槽内を塗装していた者が中毒し倒れた。	

⑧　含硫黄化合物

1. 族および系，類	脂肪族	
2. 化学構造上の特徴	硫黄を含んでいる。	
3. 有機溶剤（管理濃度）	①二硫化炭素 CS_2（第 1 種）（皮）	(1 ppm)
4. 人体への有害性	皮膚・粘膜を刺激する。皮膚から吸収される。吸収されると，強い麻ひ作用があり，特に神経系を侵し，発狂することがある。肝臓・腎臓を侵す。 **急性中毒**：軽症では上機嫌，活発に興奮するが，二硫化炭素環境から離れると多少の頭痛を残す程度で速やかに回復する。さらに症状の強い場合は，酩酊状態となり，頭痛，悪心，嘔吐，失調歩行，めまいなどを伴って多弁，啼泣，時に昏迷に落ち込む。覚醒後いわゆる二日酔症状を呈する。数週～数カ月，時に不治の不全麻ひ，四肢麻ひ，てんかんなど後遺症を続発することがある。重症例では興奮性の初発症状に続いて意識喪失，昏睡状態に陥り，死亡することがある。 **亜急性中毒**：二硫化炭素の濃度が 100～300 ppm で，数日～数週間を経て発生し，頭痛，眠気，不眠の三主徴を呈する。その他自律神経障害と並んで，性的衰弱が目立ち，また消化器症状も多く，食欲不振，激しい腹痛などがある。これらは二硫化炭素環境離脱後は比較的短期間に回復する。 **慢性中毒**：低濃度二硫化炭素に少なくとも数カ月以上～数年ばく露されて初めて現れる。頭痛，頭重，難眠，めまい，食欲不振，全身倦怠，性欲減退，記憶力減退，思考困難，沈うつ傾向，ならびに腱反射亢進などが現れる。その他神経幹に沿った疼痛，圧痛，知覚異常，筋の脱力感，不全麻ひ，諸反射の異常（腱，筋肉等），最もよく侵されるのは下肢の神経である。なお，下肢の冷感，シビレ感などの訴えがある。 低濃度の長期間ばく露では，動脈硬化を進行させ，冠動脈・脳血管疾患のリスクが高くなる。眼底検査で微細動脈瘤を認めることがある。	
5. 貯　蔵	発火しやすいので火気厳禁。電気設備は防爆構造にするのが望ましい。容器は密栓し，冷暗所に保管する。	
6. 作業環境管理	第 1 種有機溶剤業務に定められた，有機溶剤の蒸気の発散源を密閉する設備，局所排気装置またはプッシュプル型換気装置を設ける。作業環境測定を 6 カ月以内ごとに 1 回実施する。	
7. 作業管理	換気に留意する。タンク・蒸留機の掃除・修理作業は，あらかじめ洗浄・ガスパージ・ガス検知等について作業手順を定めておく。なお二硫化炭素は流動する際に帯電するので，装置等は接地しておく。 必要に応じて保護具（呼吸用保護具，化学防護手袋，保護めがね等）を使用する。経皮吸収を防止するため耐透過性の化学防護手袋を使用する。	
8. 健康管理	6 カ月以内ごとに 1 回，健康診断を実施する。 ・共通健診項目および医師が必要と認める項目 ・眼底検査（網膜細動脈瘤を生じるため）	
9. 備　考	液体，無色または淡黄色，不快臭，水に難溶。引火性あり。	
10. 事　例	**(その 1)** セロファン製膜工程の抽出作業に従事していた作業者 1 名が二硫化炭素中毒にかかり意識障害，人格荒廃，言語障害，歩行不能となり，遂に死亡した。 **(その 2)** 紡糸作業に従事していた作業者が二硫化炭素の蒸気のばく露を受け，慢性中毒となった。症状は右半身不随，知覚障害。	

⑨　含窒素化合物

1. 族	脂肪族	
2. 系，類	含窒素化合物	
3. 有機溶剤 （管理濃度）	①N, N−ジメチルホルムアミド HCON$(CH_3)_2$（第2種）（皮）	10 ppm
4. 人体への有害性	皮膚・眼・のどを強く刺激し，高濃度の蒸気を吸入すると，のどの刺激，悪心を起こし，繰り返しばく露では肝臓障害を起こす。経皮吸収される。	
5. 貯　蔵	引火，爆発性があり火気厳禁。容器は密栓し，漏えいしないように保管する。	
6. 作業環境管理	第2種有機溶剤等に定められた，有機溶剤の蒸気の発散源を密閉する設備，局所排気装置またはプッシュプル型換気装置を設ける。作業環境測定を6カ月以内ごとに1回実施する。	
7. 作業管理	換気に留意する。加熱した状態では引火しやすく，また蒸気は空気より重いので，低い所に滞留して爆発性混合ガスを作りやすいことにも注意を要する。またN, N−ジメチルホルムアミドは加熱すると一酸化炭素を生じるので，この害についても留意する必要がある。 作業者の配置に当たっては肝・腎の障害のある者，慢性皮膚障害の既往歴のある者を除外することが望ましい。必要に応じて保護具（呼吸用保護具，化学防護手袋，保護めがね等）を使用する。経皮吸収に注意が必要であり，耐透過性の化学防護手袋を使用する。	
8. 健康管理	6カ月以内ごとに1回，健康診断を実施する。 ・共通健診項目および医師が必要と認める項目 ・肝機能検査 ・尿中のN−メチルホルムアミドの量の検査	
9. 備　考	液体，無色，微アミン臭，エタノール・エーテルに可溶。引火性あり。 人工皮革またはウレタン系合成皮革の処理溶剤などに使用される。	
10. 事　例	**（その1）** ブタジエン抽出塔内部において，残渣物を取り除く清掃作業を行っていたところ，残渣物に含まれていたN, N−ジメチルホルムアミド（抽出物補助溶剤）が塔内部に充満しており，作業を行った11名のうち8名が中毒となった。 **（その2）** 合成皮革製造工場でポリウレタン樹脂の溶剤としてN, N−ジメチルホルムアミドを取り扱っていた作業者19名が中毒した。	

（3）　脂肪族および芳香族炭化水素類の混合物

1. 族および系，類	脂肪族または芳香族炭化水素の混合物
2. 有機溶剤	①ガソリン（第3種） ②コールタールナフサ（第3種） ③石油エーテル（第3種） ④石油ナフサ（第3種） ⑤石油ベンジン（第3種） ⑥テレビン油（第3種） ⑦ミネラルスピリット（第3種）
3. 人体への有害性	皮膚・眼・のどを刺激し，蒸気を吸入すると麻酔作用があり，めまい，吐き気，失神することがある。回復しても二日酔いのような症状が残る。慢性中毒では疲労感，貧血，胃腸障害，神経衰弱のような症状を示す。皮膚からも容易に吸収される。 飲み下すと，吐き気・嘔吐・けいれん・心悸亢進・呼吸困難が起こる。

4. 貯　蔵	引火，爆発性があり火気厳禁。容器は密栓し，冷暗所に保管する。特に小出し容器に蓋をすることを忘れてはならない。
5. 作業環境管理	第3種有機溶剤に定められた設備を設ける。
6. 作業管理	換気に留意する。使用済のドラム缶や容器の溶断等は，内部を十分に洗浄してから行う。必要に応じ保護具（呼吸用保護具，化学防護手袋，保護めがね等）を使用する。 加鉛ガソリンは洗浄その他有機溶剤として使用しない。
7. 健康管理	タンク等の内部の業務は，6カ月以内ごとに1回，健康診断を実施する。 ・共通健診項目および医師が必要と認める項目
8. 備　考	石油を分留して得られるガソリン系の「石油系溶剤」は脂肪族炭化水素と芳香族炭化水素の混合物からなり，ベンゼンを含有するものがある（ベンゼンの含有量が1% を超える場合は，特定化学物質としても取り扱う）。 いずれも第3種である。ただし，第2種が5% を超えて入っている場合は第2種有機溶剤になる。
9. 事　例	**(その1)** ガソリンスタンドにおいて，車両整備用ピットで車からガソリンの抜き取り作業を行っていたところ，それをしゃがんで見学していた1名が，ガソリン蒸気を吸入し中毒となった。 **(その2)** ビルの外壁改修工事において，既存の塗膜を剥離するため，軍手の上に塩化ビニル樹脂製手袋を着用し，剥離剤（石油ナフサなど）をビル外壁に刷毛により塗布後，剥離作業をしたところ，作業者4名が手に痛みを感じ当該部位が水ぶくれ状態となり，化学熱傷と診断された。 **(その3)** 工場改修工事において，4人で，柱，天井および内壁を刷毛とローラーを用いて塗装作業を行い，被災者（学生アルバイト）は，助手として塗装と溶剤（ミネラルスピリット）を混合して3人の容器にくみ渡す作業を行った。翌日になって身体にじん麻疹の症状が現れたため，病院を受診したところ急性じん麻疹および薬物性肝障害と診断された。

※　事例についての引用：中災防編『労働衛生のしおり』，中央労働災害防止協会

（4）　発がんのおそれのある特別有機溶剤

①　エチルベンゼン

エチルベンゼンは化学構造からキシレン，トルエン，スチレンの芳香族炭化水素類とほぼ同様の性質を持つが，動物実験で発がん性や生殖毒性が示されたために特化則の第2類物質（特別管理物質）に指定されている。

エチルベンゼンをその重量の1％を超えて含有する製剤その他の物については，特化則が適用となり，そのうち特別有機溶剤または有機溶剤の含有量の合計が重量の5％を超える製剤その他の物については，準用規定により有機則（準用）があわせて適用となる。

エチルベンゼンの含有量が重量の1％以下の製剤その他の物であって，特別有機溶剤または有機溶剤の含有量の合計が重量の5％を超える製剤その他の物（特化則別表第1第37号）については，準用規定により有機則（準用）が適用となる。

エチルベンゼンは塗料等の溶剤のキシレンに不純物として多く含まれる。エチル

ベンゼンを含む塗料等を使用する塗装作業（エチルベンゼン塗装業務）を通気不十分な屋内等で行うと特に高い濃度にばく露される危険があるので，有機溶剤作業主任者技能講習を修了した者のうちからエチルベンゼン塗装業務に係わる特定化学物質作業主任者を選任しなければならない。

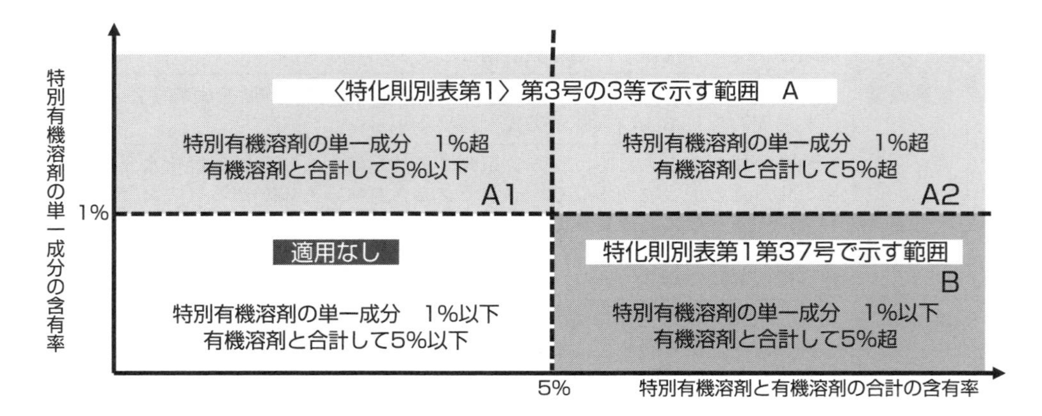

特別有機溶剤等に係る規制の概要

	エチルベンゼンほか特別有機溶剤の含有量	規制の概要
A	特別有機溶剤の含有量が重量の1%を超えるもの（特別有機溶剤と有機則の有機溶剤の合計含有量が重量の5%以下のものはA1，5%を超えるものはA2）	発がん性に着目し，他の特定化学物質と同様の規制を適用。ただし，発散抑制措置，呼吸用保護具等については有機則の規定を準用
B	特別有機溶剤の含有量が重量の1%以内で，かつ特別有機溶剤と有機則の有機溶剤の合計含有量が重量の5%を超えるもの（有機溶剤のみで5%を超えるものは除く）	有機溶剤と同様の規制

1. 族	芳香族	
2. 系，類	炭化水素類	
3. 化学構造上の特徴	ベンゼン核にエチル基$-CH_2CH_3$が置換したもので，脱水素化されるとスチレンとなる。分子式C_8H_{10}はキシレンと同じ。 CH_2 CH_3	
4. エチルベンゼン **（管理濃度）**	エチルベンゼン $C_6H_5C_2H_5$	(20 ppm)
5. 人体への有害性	皮膚や粘膜に接触すると刺激を与える。吸入により気道の炎症を起こし，眼に入ると結膜炎を起こす。高濃度を吸入すると中枢神経に作用し，意識消失する。国際がん研究機関（IARC）において「2B（ヒトに対して発がん性を示す可能性がある）」と評価されている。	
6. 貯　蔵	火気厳禁。容器は密栓し通風のよい冷所に保管する。静電気放電に対する予防措置を講じる。強酸化剤と反応するため，一緒に置かない。	

7. 作業環境管理	屋内作業場では発散源を密閉化する設備，局所排気装置またはプッシュプル型換気装置を設置する。
8. 作業管理	屋内作業場では送気マスクまたは有機ガス用防毒マスクを着用させる。タンク内等の作業では送気マスクを使用させる。保護めがね，化学防護手袋，化学防護服などを用いて皮膚の露出部がないようにすること。
9. 健康管理	雇入れまたは当該業務への配置替えの際およびその後6カ月以内ごとに1回，定期に，エチルベンゼンの特殊健康診断を実施する（過去従事したことがあり，現に雇用している者を含む）。 ・尿中代謝物として，マンデル酸の量を測定する。 ・特定化学物質健康診断個人票は30年間保存する。 ・エチルベンゼンを含めた特別有機溶剤と有機溶剤の合計が5％超える場合，有機則に定める特殊健康診断を実施し，その個人票は5年間保存する。
10. 備　考	常温で無色透明の液体。水にほとんど溶けない。工業用キシレンの成分。引火性あり。スチレン単量体の中間原料，有機合成，溶剤，希釈剤。キシレンに含まれている。
11. 事　例	マンション新築工事に関連して，1階床下の配管用ピットでさび止めの塗装作業をしていた下請け会社の作業者2名と元請の現場監督者が有機溶剤中毒となった。作業方法は，キシレン20％程度を含有する塗料を，キシレン60％程度を含有するシンナーで希釈し，刷毛で塗っていくものであったが，防毒マスクなどの呼吸用保護具や換気装置は全くない状態で行われた。災害発生翌日の気中濃度測定では，エチルベンゼン76 ppm，キシレン348 ppmだった。

②　1,2-ジクロロプロパン

1,2-ジクロロプロパンは，平成24年に明らかになった胆管がん事案の原因物質の一つとして考えられ，労働者の健康障害防止に関するリスク評価の結果に基づき，発がんのおそれのある物質として特化則の第2類物質（特別管理物質）となった。国際がん研究機関（IARC）において「1（ヒトに対して発がん性を示す）」と評価されている。1,2-ジクロロプロパンを用いる洗浄や払拭の業務に当たっては，化学物質の発散を抑制するための設備の設置，作業環境測定の実施，特殊健康診断の実施，作業主任者の選任，作業の記録等を30年保存することなどが義務付けられている。

洗浄または払拭業務において，1,2-ジクロロプロパンをその重量の1％を超えて含有する製剤その他の物については，特化則が適用となり，そのうち特別有機溶剤または有機溶剤の含有量の合計が重量の5％を超える製剤その他の物については，準用規定により有機則（準用）があわせて適用となる。

1,2-ジクロロプロパンの含有量が重量の1％以下の製剤その他の物であって，特別有機溶剤または有機溶剤の含有量の合計が重量の5％を超える製剤その他の物（特化則別表第1第37号）については，準用規定により有機則（準用）が適用となる。

1,2-ジクロロプロパン洗浄・払拭業務については，有機溶剤作業主任者技能講習を修了した者のうちから，特定化学物質作業主任者を選任しなければならない。したがって，有機溶剤作業主任者技能講習修了者は，1,2-ジクロロプロパンの健康影響についても理解しておく必要がある。

1. 族	脂肪族
2. 系，類	塩化炭化水素類
3. 化学構造上の特徴	炭化水素類であるプロパンの水素基を塩素で置換したもの。塩化プロピレン，二塩化プロピレンともいう。 Cl　Cl　H H－C－C－C－H H　H　H
4. 1,2-ジクロロプロパン（管理濃度）	1,2-ジクロロプロパン $C_3H_6Cl_2$　（1 ppm）
5. 人体への有害性	皮膚や粘膜に接触すると刺激を与える。高濃度を吸入すると肝臓，腎臓を障害し，中枢神経系を抑制する。 長期間にわたる高濃度ばく露により胆管がん発症の原因となる蓋然性が高い。 国際がん研究機関（IARC）　1（ヒトに対して発がん性を示す）
6. 貯　蔵	火気厳禁。容器は密栓し通風のよい冷所に保管する。静電気放電に対する予防措置を講じる。
7. 作業環境管理	屋内作業場などにおいて1,2-ジクロロプロパン洗浄・払拭業務に労働者を従事させるときは，1,2-ジクロロプロパンの蒸気に労働者がばく露することを防止するため，発散源を密閉化する設備，局所排気装置またはプッシュプル型換気装置を設置する。
8. 作業管理	1,2-ジクロロプロパンが発散する屋内作業場では，送気マスクまたは有機ガス用防毒マスクを使用させる。タンク内等の作業では送気マスクを着用させる。保護めがね，化学防護手袋，化学防護服などを用いて皮膚の露出部がないようにすること。
9. 健康管理	雇入れまたは当該業務への配置替えの際およびその後6カ月以内ごとに1回，定期に，1,2-ジクロロプロパンの特殊健康診断を実施する（過去従事させ，現に雇用する者を含む)。 特定化学物質健康診断個人票は30年間保存する。 1,2-ジクロロプロパンを含めた特別有機溶剤と有機溶剤の合計が5％超える場合，有機則に定める特殊健康診断を実施し，その個人票は5年間保存する。
10. 備　考	常温で無色透明の液体。水にほとんど溶けない。引火性あり。
11. 事　例	印刷会社で校正印刷に従事する複数の労働者が胆管がんを発症し，死亡者も出ていた。この事業場では1,2-ジクロロプロパンを含む溶剤を洗浄剤として多量に使用しており，通風・換気設備にも問題があった。

③　クロロホルムほか9物質

発がんのおそれのあるクロロホルムほか9物質については，これらの物質を製造または使用して行う有機溶剤業務を対象に，従来有機則で規定していたばく露防止措置に加え，職業がんの予防の観点から特化則の特別管理物質として健康障害防止措置を講じる。具体的には，①作業記録の作成，②記録(特殊健康診断結果の記録，作業環境測定の測定結果と評価結果の記録，作業記録）の30年間の保存，③名称・人体に及ぼす作用・取扱上の注意事項・使用保護具の掲示等の措置を行うことが必要である。

クロロホルムほか9物質のいずれかをその重量の1％を超えて含有する製剤その他の物については，特化則が適用となり，そのうち特別有機溶剤または有機溶剤の含有量の合計が重量の5％を超える製剤その他の物については，準用規定により有機則（準用）があわせて適用となる。

クロロホルムほか9物質のいずれかの含有量が重量の1％以下の製剤その他の物であって，特別有機溶剤または有機溶剤の含有量の合計が重量の5％を超える製剤その他の物（特化則別表第1第37号）については，準用規定により有機則（準用）が適用となる。

クロロホルム等有機溶剤業務では，有機溶剤作業主任者技能講習の修了した者のうちから，特定化学物質作業主任者を選任しなければならない。

1）クロロホルム

性　質	特徴的な異臭のある無色の液体（沸点62℃，蒸気圧21.2 kPa（20℃）
主な用途	フルオロカーボン原料，試薬，抽出溶剤（農薬，医薬品）
有害性	国際がん研究機関（IARC）2B（ヒトに対して発がん性を示す可能性がある）。 マウスを使った2年間の試験で発がん性が認められた。 皮膚腐食性・刺激性，眼に対する重篤な損傷・眼刺激性，肝障害，腎障害，中枢神経障害，呼吸器障害。

2）四塩化炭素

性　質	特徴的な異臭のある無色の液体（沸点76.5℃，蒸気圧12.2 kPa（20℃））
主な用途	他の物質の原料，試験研究または分析
有害性	国際がん研究機関（IARC）2B（ヒトに対して発がん性を示す可能性がある）。 ラットとマウスを使った2年間の試験で発がん性が認められた。 皮膚腐食性・刺激性，眼に対する重篤な損傷・眼刺激性，肝障害，腎障害，中枢神経障害，呼吸器障害。

3）1,4-ジオキサン

性　質	特徴的な異臭のある無色の液体（沸点101℃，蒸気圧5.1 kPa（25℃））
主な用途	抽出・反応用溶剤，塩素系溶剤の安定剤，洗浄用溶剤
有害性	国際がん研究機関（IARC）2B（ヒトに対して発がん性を示す可能性がある）。 ラットとマウスを使った2年間の試験で発がん性が認められた。 肝障害，腎障害，中枢神経障害。

4）1,2-ジクロロエタン（別名二塩化エチレン）

性　質	特徴的な異臭のある無色の液体（沸点83.5℃，蒸気圧10.5 kPa（25℃））
主な用途	塩ビモノマー原料，合成樹脂原料，フィルム洗浄，殺虫剤，医薬品（ビタミン抽出），イオン交換樹脂

有害性	国際がん研究機関（IARC）2B（ヒトに対して発がん性を示す可能性がある）。ラットとマウスを使った2年間の試験で発がん性が認められた。 肝障害，腎障害，神経障害，呼吸器障害，心血管障害，血液障害など。

5）ジクロロメタン（別名二塩化メチレン）

性　質	特徴的な異臭のある無色の液体（沸点40℃，蒸気圧47.4 kPa（20℃））
主な用途	洗浄剤（プリント基板，金属脱脂），医薬・農薬溶剤，エアゾール噴射剤，塗料剥離剤，接着剤
有害性	国際がん研究機関（IARC）2A（ヒトに対しておそらく発がん性を示す）。ラットとマウスを使った2年間の試験で発がん性が認められた。 肝障害，中枢神経障害，呼吸器障害。

6）スチレン

性　質	無色～黄色の液体（沸点145℃，蒸気圧0.7 kPa（20℃））
主な用途	合成原料（ポリスチレン樹脂，ABS樹脂，合成ゴム，不飽和ポリエステル樹脂，塗料樹脂，イオン交換樹脂，化粧品）
有害性	国際がん研究機関（IARC）2B（ヒトに対して発がん性を示す可能性がある）。 生殖毒性，肝障害，神経障害，呼吸器障害，血液障害など。

7）1,1,2,2-テトラクロロエタン（別名四塩化アセチレン）

性　質	クロロホルムに似た異臭のある液体（沸点146.5℃，蒸気圧0.6 kPa（25℃））
主な用途	溶剤
有害性	国際がん研究機関（IARC）2B（ヒトに対して発がん性を示す可能性がある）。マウスを使った試験で発がん性が認められた。 皮膚腐食性・刺激性，眼に対する重篤な損傷・眼刺激性，肝障害，中枢神経障害，呼吸器障害。

8）テトラクロロエチレン（別名パークロルエチレン）

性　質	特徴的な異臭のある無色の液体（沸点121℃，蒸気圧2.5 kPa（25℃））
主な用途	代替フロン合成原料，ドライクリーニング溶剤，脱脂洗浄
有害性	国際がん研究機関（IARC）2A（ヒトに対しておそらく発がん性を示す）。ラットとマウスを使った2年間の試験で発がん性が認められた。 肝障害，中枢神経障害，呼吸器障害。

9）トリクロロエチレン

性　質	特徴的な異臭のある無色の液体（沸点87℃，蒸気圧7.8 kPa（20℃））
主な用途	代替フロン合成原料，脱脂洗浄剤，工業用溶剤，試薬
有害性	国際がん研究機関（IARC）1（ヒトに対して発がん性を示す）。ヒトで腎がん，非ホジキンリンパ腫，肝がんと関連が認められた。 中枢神経障害，生殖毒性。

10）メチルイソブチルケトン（MIBK）

性　質	特徴的な異臭のある無色の液体（沸点117～118℃，蒸気圧2.1 kPa（20℃））
主な用途	合成樹脂，ラッカー溶剤，脱脂油，製薬工業，電気メッキ工業など
有害性	国際がん研究機関（IARC）2B（ヒトに対して発がん性を示す可能性がある）。マウスを使った2年間の試験で発がん性が認められた。 中枢神経障害，末梢神経障害，自律神経障害。

〔参考〕 化学構造別の有機溶剤分類

有機則で定められている44種類および特化則で定められている特別有機溶剤12種類の物質の化学構造別分類と健康障害等の一覧表を参考として掲げる。

［注］1. 消化器障害は誤飲のため記載しない。
2. 毒性の強さは，○>△で示す。
3. 全ての有機溶剤が呼吸器から吸収される。
4. IARC（国際がん研究機関）の発がん性分類
　1　ヒトに対して発がん性を示す。
　2A　ヒトに対しておそらく発がん性を示す。
　2B　ヒトに対して発がん性を示す可能性がある。
　3　ヒトに対する発がん性について分類できない。
5. (皮)は耐透過性の化学防護手袋等の使用を要する。

化学構造別分類	有機溶剤名	有機溶剤の種別	付着・吸収／皮膚／露出／皮膚／かゆみ・炎症（発赤・腫れ・痛み）	付着・吸収／眼／露出／眼／流涙・充血・眼痛	付着・吸収／呼吸器／吸入／鼻／鼻汁過多	付着・吸収／呼吸器／吸入／のど・気管／刺激症状（のどの痛み・せき・たん）	付着・吸収／呼吸器／吸入／肺胞／肺炎・肺水腫	付着・吸収／消化器／嚥下／胃腸／悪心・嘔吐・下痢・腹痛	循環・蓄積／神経／中枢神経／麻酔作用（失神）	循環・蓄積／神経／中枢神経／頭痛・めまい・視力障害・色覚異常	循環・蓄積／神経／中枢神経／精神神経症状（不安・不眠・無気力）	循環・蓄積／神経／自律神経／立ちくらみ・発汗・悪心・腹痛・食欲不振	循環・蓄積／神経／末梢神経／四肢のしびれ・痛み・萎縮・筋力低下	循環・蓄積／造血障害／貧血・めまい	循環・蓄積／肝障害／黄疸・尿の濃黄色・GOT・GPT上昇	循環・蓄積／腎障害／蛋白尿・浮腫（むくみ）	発がん性（IARC）の分類
1. 芳香族炭化水素類	1 トルエン(皮)	第2種	○	○	○				○	○	○	○		○	△	△	
	2 キシレン(皮)	第2種	△	△	△	△			△	△	△	△		○	△	△	
	3 スチレン(皮)＊		○	○	○	△			○	○	○	○	○				2B
	4 エチルベンゼン＊		△	△	△				△	△	△	△		○	△	△	2B
2. 塩化芳香族炭化水素類	1 クロルベンゼン(皮)	第2種	△	△	△				○	○	○	○		△	○	○	
	2 オルト-ジクロルベンゼン	第2種	△	△	△	△			△	△	△	△		△	○	○	
3. フェノール類	1 クレゾール(皮)	第2種	○	○	○				△	△	△	△			○	○	
4. 脂肪族炭化水素類	1 ノルマルヘキサン(皮)	第2種	△	△	△				△	△	△	△	○				
5. 塩化脂肪族炭化水素類	1 1,2-ジクロルエチレン	第1種	△	△	△				○	○	○	○			○	○	
	2 1,1,1-トリクロルエタン	第2種	△	△	△				○	○	○	○			△	△	
	3 ジクロロメタン(皮)＊		○	○	○				○	○	○	○			△		2A
	4 クロロホルム＊		△	△	△				○	○	○	○			○	○	2B
	5 四塩化炭素(皮)＊		△	△	△				○	○	○	○			○	○	2B
	6 1,2-ジクロロエタン＊		○	○	○	○	○		○	○	○	○			○	○	2B
	7 1,1,2,2-テトラクロロエタン(皮)＊		○	○	○				○	○	○	○		○	○	○	2B
	8 トリクロロエチレン＊		○	○	○				○	○	○	○	○	△	○	○	1
	9 テトラクロロエチレン(皮)＊		○	○	○				○	○	○	○			○	○	2A
	10 1,2-ジクロロプロパン＊		○	○	○				○	○	○	○		○	○	○	1

＊　特別有機溶剤（特化物第2類・特別管理物質）

［注］1. 消化器障害は誤飲のため記載しない。
2. 毒性の強さは，○>△で示す。
3. 全ての有機溶剤が呼吸器から吸収される。
4. IARC（国際がん研究機関）の発がん性分類
　1　ヒトに対して発がん性を示す。
　2A　ヒトに対しておそらく発がん性を示す。
　2B　ヒトに対して発がん性を示す可能性がある。
　3　ヒトに対する発がん性について分類できない。
5.（皮）は耐透過性の化学防護手袋等の使用を要する。

			付着・吸収						循環・蓄積								発がん性（IARC）の分類
			皮膚	眼	呼吸器			消化器	神経					造血障害	肝障害	腎障害	
			露出	露出	吸入			嚥下	中枢神経			自律神経	末梢神経				
			皮膚	眼	鼻	のど・気管	肺胞	胃腸									
化学構造別分類	有機溶剤名	有機溶剤の種別	かゆみ・炎症（発赤・腫れ・痛み）	流涙・充血・眼痛	鼻汁過多	刺激症状（のどの痛み・せき・たん）	肺炎・肺水腫	悪心・嘔吐・下痢・腹痛	麻酔作用（失神）	頭痛・めまい・視力障害・色覚異常	精神神経症状（不安・不眠・無気力）	立ちくらみ・発汗・悪心・腹痛・食欲不振	四肢のしびれ・痛み・萎縮・筋力低下	貧血・めまい	黄疸・尿の濃黄色・GOT・GPT上昇	蛋白尿・浮腫（むくみ）	
6. アルコール類	1 メタノール(皮)	第2種	△	△	△				○	○	○	○			△	△	
	2 イソプロピルアルコール	第2種	△	△	△				○	○	○	○			△	△	
	3 1-ブタノール(皮)	第2種	△	△	△				○	○	○	○			△	△	
	4 2-ブタノール	第2種	△	△	△				○	○	○	○			△	△	
	5 イソブチルアルコール	第2種	△	△	△				○	○	○	○			△	△	
	6 イソペンチルアルコール	第2種	△	△	△				○	○	○	○			△	△	
	7 シクロヘキサノール(皮)	第2種	△	△	△				○	○	○	○			△	△	
	8 メチルシクロヘキサノール	第2種	△	△	△				○	○	○	○			△	△	
7. エーテル類	1 エチルエーテル	第2種	△	△	△				○	○	○	○			△	△	
	2 テトラヒドロフラン(皮)	第2種	○	○	○	○			○	○	○	○			△	△	
	3 1,4-ジオキサン(皮)*		○	○	○				△	△	○	△			○	○	2B
8. ケトン類	1 アセトン	第2種	△	△	△	△			○	○	○	○					
	2 メチルエチルケトン(皮)	第2種	○	○	○	○			○	○	○	○					
	3 メチル-ノルマル-ブチルケトン(皮)	第2種	○	○	○				○	○	○	○	○		△		
	4 シクロヘキサノン(皮)	第2種	○	○	○	○			△	△	○	△			△	△	
	5 メチルシクロヘキサノン(皮)	第2種	○	○	○	○			△	△	△	△			△	△	
	6 メチルイソブチルケトン(皮)*		○	○	○	○			○	○	○	○			△		2B
9. エステル類	1 酢酸メチル	第2種	△	△	△		△		○	○	○	○					
	2 酢酸エチル	第2種	△	△	△				○	○	○	○					
	3 酢酸ノルマル-プロピル	第2種	△	△	△				○	○	○	○			△		
	4 酢酸イソプロピル	第2種	△	△	△				○	○	○	○			△		
	5 酢酸ノルマル-ブチル	第2種	△	△	△				○	○	○	○			△		
	6 酢酸イソブチル	第2種	△	△	△				○	○	○	○			△		
	7 酢酸ノルマル-ペンチル	第2種	△	△	△				○	○	○	○			△		
	8 酢酸イソペンチル	第2種	△	△	△				○	○	○	○			△		
10. グリコールエーテル類	1 エチレングリコールモノメチルエーテル(皮)	第2種	△	△	△				○	○	○	○		△	△	○	
	2 エチレングリコールモノエチルエーテル(皮)	第2種	△	△	△				○	○	○	○		△	△	○	
	3 エチレングリコールモノ-ノルマル-ブチルエーテル(皮)	第2種	△	△	△				○	○	○	○		△	△	○	
	4 エチレングリコールモノエチルエーテルアセテート(皮)	第2種	△	△	△				○	○	○	○		△		△	
11. 含硫黄化合物	1 二硫化炭素(皮)	第1種	△	△	△				○	○	○	○	○		○	○	
12. 含窒素化合物	1 N,N-ジメチルホルムアミド(皮)	第2種	○	○	○	○			○	○	○	○			○	○	
13. 脂肪族または芳香族炭化水素の混合物	1 ガソリン	第3種	△	△	△				○	○	○	○	○	○			
	2 コールタールナフサ	第3種	△	△	△				○	○	○	○		○	△	△	
	3 石油エーテル	第3種	△	△	△				○	○	○	○		○			
	4 石油ナフサ	第3種	△	△	△				○	○	○	○		○			
	5 石油ベンジン	第3種	△	○	△				○	○	○	○		○			
	6 テレビン油	第3種	○	○	○				○	○	○	○				○	
	7 ミネラルスピリット	第3種	△	△	△				○	○	○	○		○			

＊　特別有機溶剤（特化物第2類・特別管理物質）

第3編

作業環境の改善方法

各章のポイント

【第1章】有機溶剤の物理化学的性状と危険有害性

□ この章では,作業主任者が効果的な作業環境改善対策を行うために重要である,有機溶剤の空気中における性状，分類について学ぶ。

【第2章】作業環境管理の工学的対策

□ 工学的な作業環境対策としては，①原材料の転換，②生産工程，作業方法の改良による発散防止などの複数の対策があり，具体的対策を選ぶ上では有害物質の種類や発散時の性状，作業の形態などを吟味する必要がある。

【第3章，第4章】局所排気／プッシュプル換気

□ 局所排気またはプッシュプル換気は，有機溶剤が発散する工程で，作業者の手作業が必要などの理由で発散源を密閉できない場合に有効な対策である。

【第5章】全体換気

□ 全体換気は，給気口から入ったきれいな空気が有機溶剤で汚染された空気と混合希釈を繰り返しながら換気扇に吸引排気され，有機溶剤の平均濃度を下げる方法である。

【第6章】局所排気装置等の点検

□ 局所排気装置等の性能を維持するためには，常に点検・検査を行いその結果に基づいて適切なメンテナンスを行うことが重要である。

【第7章】特別規則の規定による多様な発散防止抑制措置

□ 作業主任者は多様な発散防止抑制措置の構造，作用等をよく理解し，作業者が正しい作業方法を守って作業するよう指導しなければならない。

【第8章】化学物質の自律的な管理による多様な発散防止抑制措置

□ 化学物質の自律的な管理に委ねてよいとされる認定要件を知る。

【第9章】作業環境測定と評価

□ 作業主任者は作業環境測定士が適切な測定を行えるよう作業等に関する十分な情報を提供し，また測定結果の評価（管理区分）の意味をよく理解し，作業者が正しい作業方法を守って作業するよう指導しなければならない。

第１章　有機溶剤の物理化学的性状と危険有害性

有機溶剤は，一般に揮発性が高く，蒸気の比重が空気より大きく拡散しにくいために，通気不十分な場所で取り扱うと高濃度で滞留しやすい。また，一部の塩素系溶剤を除いたほとんどすべての有機溶剤には引火性があり，表面から蒸発した蒸気が空気と一定の割合で混合すると爆発性混合ガスをつくる。したがって，有機溶剤を取り扱う際には，健康に対する有害性と同時に，火災危険性に対しても特別の注意を払わなければならない。作業主任者は，有機溶剤の危険有害性に関連して次のようなことを理解し，作業者を指導することが必要である。

1　有機溶剤の蒸発

有機溶剤の入った容器を開けると特有の臭いがする。これは，有機溶剤が表面で気化して蒸気になって空気中に発散しているからである。

前述のように，有機溶剤は，一般に揮発性が高く，特に吹付け作業のようにこまかい霧状になっているときや，塗装作業のように塗り広げられているときは表面から短時間に大量の蒸気が発生する。また，有機溶剤蒸気の比重は空気より大きく拡散しにくいために，風通しの悪い室内等で取り扱うと空気中に高濃度で滞留しやすい。このために閉め切った室内での塗装作業などでは，急性中毒事故の危険が大きい（第２編参照）。

2　沸点と蒸気圧，蒸発速度と蒸気濃度の関係

液体が沸騰して気体になる温度を沸点という。有機溶剤の沸点は約50℃から200℃まで溶剤の種類によってさまざまである。温度が一定の場合に液体に接する空気中にどれくらいの濃度の蒸気が発生するかを表す値を，その温度における飽和蒸気圧という。温度が一定の場合，比較すると，沸点の低い有機溶剤ほど飽和蒸気圧が高く，蒸発速度も大きい。また，温度が高いほど飽和蒸気圧は高くなり蒸発速度も大きくなるので，温度が高いほど高濃度の蒸気を発散する（図3-1）。

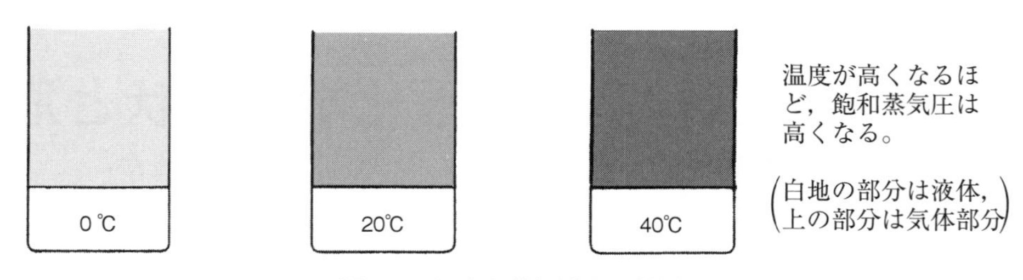

図3-1　温度と蒸気濃度の関係

したがって，有機溶剤や有機溶剤を含む塗料等を高温の場所に置いたり，直射日光の当たる場所に置くと危険である。

3　蒸気の比重

気体の重量が同じ体積の空気の何倍かを表す値を比重（蒸気比重）という。空気の比重を1とすると，有機溶剤蒸気の比重は，最も小さいメタノールで1.1，最も大きいテトラクロロエチレン（特別有機溶剤）で5.7であり，一般的には空気の約2倍から5倍の比重がある。空気より比重が大きいということは，風通しの悪い室内等空気の動きの少ない場所では低いところに滞留しやすいということである。

たとえば閉め切った室内で壁面の塗装をすると，発散した蒸気は壁面に沿って流れ下り床に近いところに滞留する。また，有機溶剤の入った容器を開放したまま放置すると，有機溶剤蒸気は容器の開口部からあふれ床面をはって拡散する。床にピット，溝などの凹所があると特に高い濃度の蒸気が滞留して危険である（**図3-2**）。

滞留した蒸気はその後時間が経つにつれて拡散して上昇し作業場全体の空気を汚染するが，直ちに立っている作業者の顔の高さまで高濃度になることはないので，立っていて激しい臭気を感じなくても，不用意にしゃがんだり，低いところに入ったりすることは危険である。発散源から離れたピット等凹部に落とした工具を拾おうとして急性中毒にかかった例がある。作業主任者は，鼻でひどい臭気を感じなくても足元には高濃度の有機溶剤蒸気が滞留している危険があることを労働者に教えなくてはならない。

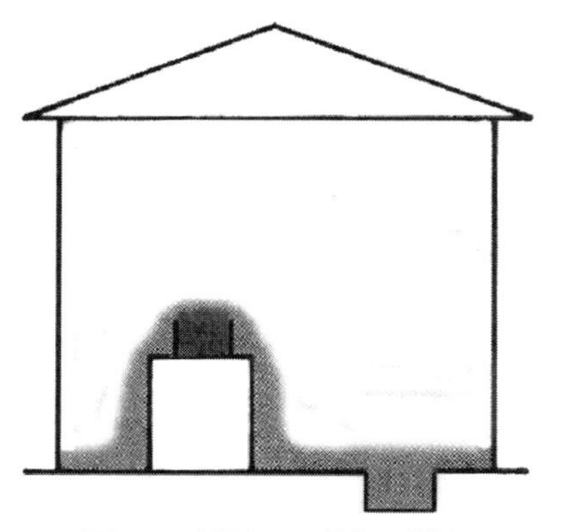

図3-2　低所への蒸気の滞留

4　引火性，爆発限界，引火点と発火点

特別有機溶剤のトリクロロエチレンなど一部の塩素系溶剤は空気中では燃えないが，そのほかのほとんどの有機溶剤蒸気は可燃性であり，適当な割合で空気と混合すると爆発性混合ガスとなり，発火源があれば引火爆発する。可燃性の蒸気が空気と混合して爆発性となる最小濃度を爆発下限界，最大濃度を爆発上限界，爆発下限界と爆発上限界の間を爆発範囲という。爆発下限界が低いものほど，爆発範囲が広いものほど爆発性混合ガスをつくりやすく，引火爆発の危険が大きい（**図3–3**）。

※空気中では不燃性の塩素系有機溶剤の蒸気も，酸素過剰の雰囲気中では可燃性となり引火爆発するので注意を要する。

引火点とは，可燃性蒸気の飽和蒸気圧に相当する濃度（飽和蒸気濃度）が爆発下限界と等しくなる温度のことで，有機溶剤の温度が引火点を超えると，液面に接する蒸気濃度は爆発下限界を超えて引火爆発の危険を生じる。したがって，引火点が常温以下の有機溶剤には，常に引火爆発の危険があると考えなければならない。

発火点とは，空気と混合した可燃性蒸気が火花とか火炎のような目に見える発火源が無くても発火する温度のことで，自然発火温度とも呼ばれる。発火点以上に熱せられている機械設備等の表面や，溶接後温度が下がる前の鋼材等に有機溶剤蒸気が触れると火災爆発の危険を生じる。発火点が最も低い有機溶剤は第１種有機溶剤の二硫化炭素で 90℃，次いで低いのが第２種有機溶剤のエチルエーテルで 160℃であり，そのほかの有機溶剤の発火点は約 200℃ から 600℃ くらいとなっている。したがって，有機溶剤取扱い場所では摩擦などによる機械設備の過熱，暖房機表面の過熱，溶接後の高温の材料などに特に注意する必要がある。

また，有機溶剤蒸気は静電気の放電火花でも容易に発火するので，溶剤を容器に

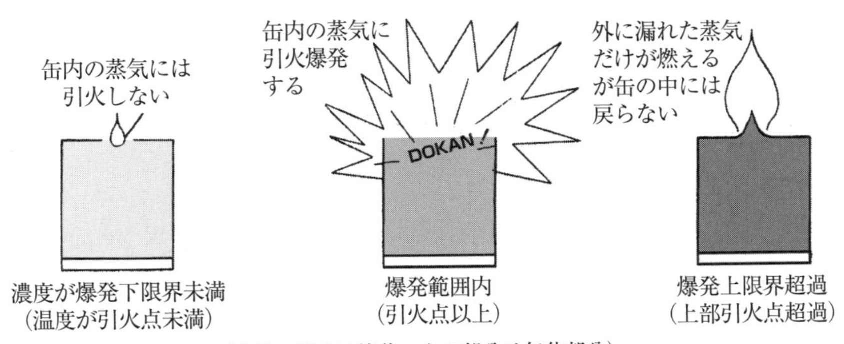

図3–3　爆発限界と引火点

移注する際，また運搬する際には静電気を蓄積させないよう容器等をボンディング（電気的につなぐこと）・接地する必要があり，人体や衣服の帯電にも注意する必要がある。

5　塩素系溶剤の熱分解によるホスゲンの発生

特別有機溶剤のクロロホルム，四塩化炭素，トリクロロエチレン，テトラクロロエチレン，第2種有機溶剤の1,1,1-トリクロルエタンなど，塩素系溶剤は，空気中で加熱されると酸化されて猛毒のホスゲン（$COCl_2$）を生成する。

①塩素系溶剤が付着した布を焼却炉で焼却中にホスゲンが生成した，②塗装工場で脱脂洗浄槽から発散したトリクロロエチレン蒸気が隣接した熱風乾燥炉に吸い込まれて多量のホスゲンを生成し，乾燥炉の出口で製品を取り出していた作業者に激しいせきと肺障害が見られた，という例がある。

なお，塩素系溶剤の蒸気が酸素過剰の雰囲気中では可燃性となり引火爆発の危険を生じることは上記4の※のとおりである。

6　液の比重と水溶性（水和性）

ほとんどの有機溶剤は，水より比重が小さく，水に溶けないために，排水溝などに流れ込むと水面に浮かんで遠くまで広がり，思わぬところで引火して火災になることがある。また火災の際に不注意に注水すると水面に浮かんで燃え広がり，かえって火災を拡大することがある。

したがって，廃溶剤や余った塗料を下水などに棄てないこと，有機溶剤作業場には万一の火災に備えて初期消火用に二酸化炭素消火器，粉末消火器，泡消火器等，取り扱う有機溶剤に有効な消火器を備えることが必要である。

7　混合溶剤の蒸発

抽出用，脱脂洗浄用，反応用の目的には単一成分の溶剤が使用されることが多いが，そのほかの用途には，複数の成分の混合物（混合溶剤）が使用されることが多い。塗料用，接着剤用，印刷インク用等に使用されるシンナーは，強い溶解力を持つ主溶剤に加えて，主溶剤の溶解力を助ける助溶剤，粘度を調整する希釈剤など性質の違う数種類の成分を混合したもので，塗料用シンナーの場合には，急激な蒸発をおさえて空気中の水分の凝縮による塗膜の白化（ブラッシング）を防ぐ蒸発抑制剤（リターダー）をそれに加えた混合溶剤である。

混合溶剤から発散する蒸気の組成は，一般に溶剤そのものの組成と同じではない。それは，混合溶剤の各成分の蒸気圧，蒸発速度が異なるためで，たとえば**表 3–1** のスプレー用塗料用シンナー（トルエン 66%，酢酸エチル，酢酸ノルマル–ブチル各 14%，1–ブタノール 4%，セロソルブ 2%）を蒸発させると，最初は低沸点成分の酢酸エチル，トルエンを主とした蒸気が発散し，半分くらい蒸発すると酢酸エチルはなくなってトルエン蒸気だけになり，蒸発が進むに従って次々と高沸点成分が出てくる（**図 3–4**）。

したがって，このシンナーを塗装工場で使用すると，塗料の調合，希釈などの作業では酢酸エチルとトルエンが約半分ずつ混合して蒸発し，吹付け塗装の場所では酢酸エチルとトルエンが１：１ないし１：２の割合で，自然乾燥の場所ではトルエンに少量の酢酸ノルマル－ブチルが混合して蒸発し，最後に乾燥炉に入って焼き付けの際にトルエンと酢酸ノルマル－ブチルが１：１で混合し，これに高沸点成分の 1–ブタノールとセロソルブが加わって蒸発する。

表 3–1　塗料用シンナーの配合例

成分＼用途	刷毛塗り用	スプレー用	スプレー用（リターダー）	ハイソリッドラッカー用
酢酸エチル	–	14%	–	10%
酢酸ノルマル－ブチル	–	14%	–	20%
酢酸ノルマル－ペンチル（酢酸ノルマル－アミル）	–	–	30%	–
エチルアルコール	10%	–	–	–
イソプロピルアルコール	10%	–	–	–
1-ブタノール	–	4%	–	10%
メチルエチルケトン	–	–	–	30%
トルエン	–	66%	–	30%
エチレングリコールモノエチルエーテル（セロソルブ）	–	2%	10%	–
エチレングリコールモノエチルエーテルアセテート（セロソルブアセテート）	35%	–	–	–
テレビン油	45%	–	–	–
ソルベントナフサ	–		60%	–

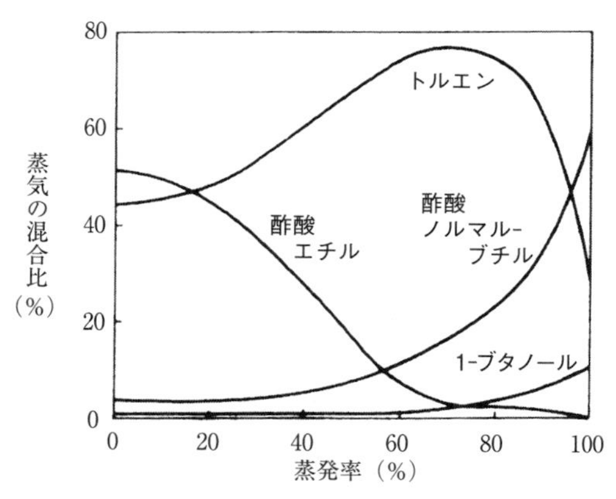

図3-4　混合溶剤（シンナー）の蒸発

（沼野『労働衛生』中央労働災害防止協会，1967年）

第1種または第2種有機溶剤，特別有機溶剤等の危険有害性のある物を一定量含有する物を入れる容器などには，安衛法の規定に基づき名称，人体に及ぼす作用等の危険有害性情報，絵表示による標章，貯蔵または取扱い上の注意事項などを表示することになっている。また，メーカー（譲渡・提供する者）はこれらの情報を文書（SDS－安全データシート）等でユーザー（相手方）に通知しなければならないことが法令で定められている。

作業主任者は，これら危険有害性に関する情報を確認するとともに自分の作業場でどのような種類の有機溶剤が使用されているかその内容を常に把握し，労働者にそれらの危険有害性と取り扱う際の注意事項を教えることが望ましい。

第 2 章　作業環境管理の工学的対策

1　工学的作業環境対策

工学的な作業環境対策として次のような方法が広く使われている。

① 有機溶剤そのものの使用を止めるか，より有害性の少ないほかの溶剤に転換する（原材料の転換）

② 生産工程，作業方法を改良して発散を防ぐ

③ 有機溶剤の消費量をできるだけ少なくする

④ 発散源となる設備を密閉構造にする

⑤ 自動化，遠隔操作で有機溶剤と作業者を隔離する

⑥ 局所排気・プッシュプル換気で有機溶剤蒸気の拡散を防ぐ

⑦ 全体換気で希釈して有機溶剤蒸気の濃度を低くする

これらの方法のうち①は最も根本的な対策でそれだけでも大きな効果が期待できるが，一般にたとえば，②の生産工程の改良によって発散を減らすとともに⑥の局所排気を行って周囲への拡散を防ぐ，④の密閉設備または⑥の局所排気と⑦の全体換気を併用して密閉設備から漏れた蒸気または局所排気で捕捉しきれなかった蒸気を全体換気で希釈して濃度を下げ作業者のばく露を減らすというように，複数の方法を組み合わせて実施する方が少ないコストで高い効果を得られることが多い。

これらの中から具体的に対策を選ぶ際には，有機溶剤の種類，揮発性等の性質，消費量，作業の形態などによって対策の適・不適があり，同じ対策がいつでも同じ効果を生むとは限らないこと，本編第 9 章の作業環境測定結果とは別に有機則第 5 条（第 1 種有機溶剤等又は第 2 種有機溶剤等に係る設備）および第 6 条（第 3 種有機溶剤等に係る設備）に基づき必要な設備を設けることに留意する必要がある。また，特別有機溶剤業務に係わる設備等については，有機則の規定が準用される（特化則第 38 条の 8）。有機溶剤業務には手作業が多いので，作業がしにくくならないように配慮しないと作業環境対策が作業者に受け入れられないことがある。

これらの対策の効果は，①外付け式フードの開口部から離れたところで作業する，②有機溶剤の入っている容器の蓋を開け放しにする，③有機溶剤のしみ込んだウエ

スを置き放しにする，などの不適切な作業により失われてしまうので，作業者が不適切な作業をしないよう作業主任者が常に指導する必要がある。また，空気中の有機溶剤蒸気の濃度を低く抑えることにより，呼吸を通しての体内侵入だけでなく，間接的に皮膚・粘膜を通しての接触・体内摂取を減らす効果も期待できる。

臨時の作業，屋外作業等で環境改善対策を屋内常時作業と同等には十分に行えない場合には，保護具の使用が有効な対策であるが，保護具の効果には限界があるので，環境改善の努力を怠ったまま保護具の使用に頼るべきではない。

2　有機溶剤の使用の中止・有害性の低い溶剤への転換

有機溶剤に限らず健康に有害な物質の使用を止めてより有害でない物質に転換することができれば，これが最良の対策である。

有機溶剤ではないが，石綿，黄りんマッチ，ベンジジン，ベンゼンゴムのり等は有害性が極めて高いが，有害性の低い代用品があり，現在では安衛法第55条の規定により製造，使用が禁止されている。

また，たとえ法律で禁止されていなくても，有害性の高い溶剤はより有害性の低い溶剤に転換を図る。この仕事は主として生産技術者が担当するが，作業の実態をよく知る作業主任者が衛生管理スタッフと協力してリスクアセスメント（危険有害性の特定）を行うことが望ましい。なお，特別規則の対象となっていないからといって，必ずしも，有害性が低いというわけではないことに留意し，物質の有害性についてはSDSで確認することが重要である。

有機則等の規制対象物質だけでなくSDS交付義務対象である通知対象物すべてについて，新規に採用する際や作業手順を変更する際にリスクアセスメントを実施することが義務付けられている。

原材料の転換が見かけ上コスト高になることもあるが，職業性疾病発生に伴う人的，経済的損失，企業の信用失墜を考えれば，こういった懸念は問題外といえよう。また，原材料の転換によって多少作業がしにくくなったり能率が落ちることがあるかもしれないが，作業主任者は，作業者自身に自分の健康を守るために必要であることを理解させ，協力させなければならない。

転換の例を次にあげる。

①　金属製品の脱脂洗浄にトリクロロエチレン（特別有機溶剤）を使用していたものを，界面活性剤系の洗浄剤に転換した。

② 接着剤の溶剤にトルエンを使用していたものを，ゴム揮発油（工業ガソリン2号）に転換した。

③ 塗料用シンナーにトルエン，キシレンを使用していたものを，ミネラルスピリット（工業ガソリン4号）に転換した。

④ 半導体ウエハーの洗浄に1,1,1−トリクロルエタンを使用していたものを，フロン系溶剤に転換した。さらにその後純水を噴霧氷結させてできる微細な氷片による吹付け洗浄に転換した。

⑤ オフセット印刷の湿し水にメタノールを使っていたのを，エタノールに転換した。さらにエタノールの使用も止めた。

⑥ 有機溶剤を含む塗料や印刷インクを水性塗料，水性インクに転換した。

水性塗料，水性インクも樹脂分を溶解するためにアルコール系（メタノール，イソプロピルアルコール等），エチレングリコール系（エチレングリコールモノエチルエーテル，エチレングリコールモノエチルエーテルアセテート等）の有機溶剤を含有しているが，これらの成分は水でうすめると蒸発の割合を示す分圧が小さくなって蒸発しにくくなるので，水性塗料，水性インクへの転換は有効な対策である。ただし，これらの成分の含有量が5%を超えると，有機溶剤蒸気を発散しにくくても第2種有機溶剤等としての規制を受けることに留意しなければならない。

3　生産工程，作業方法の改良による発散防止

生産工程や作業方法を変えたり，その順序を入れ換えることによって有機溶剤を使わずにすませたり，発散を止めたり，減らすことができる。この仕事も主として生産技術者が担当するが，作業の実態をよく知る作業主任者の協力が必要である。

主要な例を次にあげる。

① トリクロロエチレン（特別有機溶剤）や1,1,1−トリクロルエタンを使って金属部品等を洗浄する脱脂洗浄作業は，開放槽の内側上部を冷却パイプで囲んだ水冷式の逆流凝縮器付蒸気洗浄装置を使うことが多いが，製品の引き上げが速すぎると有機溶剤が物に付いたまま出てきてしまう。

物を取り出す際には冷却パイプの高さでいったん止め，よく乾くまで待って取り出すように作業手順を定めて指導することが必要である（**図3−5**）。

② 伸線工程で，材料の線材にコーティングされた潤滑剤の樹脂を取り除くため

ここでいったん止め，溶剤が全部蒸発して物が乾くまで待って引き上げれば，溶剤は槽の外に出ない。

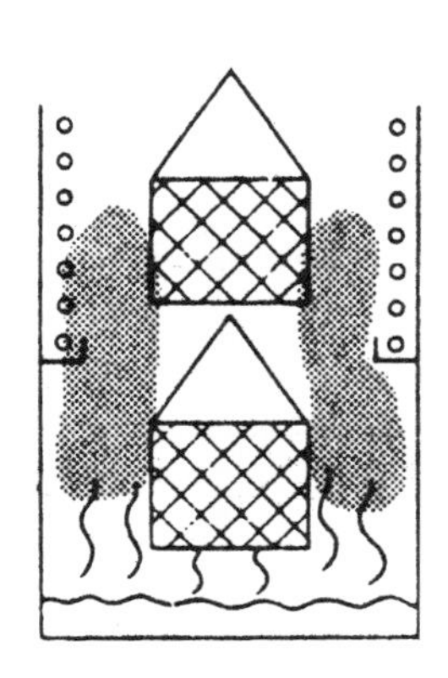

図 3-5　洗浄作業の作業手順改良例

写真 3-1　洗浄作業を密閉構造の連続式超音波洗浄装置に替えた例

に，トリクロロエチレン（特別有機溶剤）を使って開放槽で温浴と蒸気洗浄をしていたのを，密閉構造の連続式超音波洗浄装置に替えた。トリクロロエチレン蒸気が発散しなくなっただけでなく，伸線から巻き取りまでの全工程が連続自動化され人件費を大幅に削減することができた（**写真 3-1**）。

③　大豆油を溶剤抽出する工程で，抽出後に残留溶剤を含む湿った大豆かすをコンベヤーで隣接工場に運んで乾燥していたものを，密閉室内で乾燥して溶剤を回収してから運ぶように改めた。このため溶剤の回収率が向上し，火災の危険も減った。

4　有機溶剤消費量の減少対策

発生源対策として次に考えられるのは有機溶剤の消費量を減らすことである。ウエス等に溶剤を付けて油や汚れを拭き取る払拭（しょく）作業では，作業者は効率よく拭き取るためにと思い溶剤をたくさん付けて作業を行おうとするが，実際に実験してみるとごく少量の溶剤でも十分拭き取れるので，作業主任者は必要以上に溶剤を消費しないように指導しなければならない。

有機則第2条および第3条は，屋内作業場等において，作業時間が1時間（通風が不十分な屋内作業場は除く）または1日（通風が不十分な屋内作業場）における有機溶剤等の消費量が少量の場合における法令の適用除外を定めたものであるが（詳細は第5編第3章1(5)参照），有機溶剤作業主任者は少量であっても身体に及ぼす影響だけでなく火災等の危険性があることにも注意し，消費量の減少対策を講じるとともに，当該物質に係る安全データシート（SDS）等をもとに，自主的な安全衛生管理を行う必要がある。

5　発散源となる設備の密閉・囲い込み

（1）　密閉構造

密閉構造というのは，多少内部が加圧状態になっても有機溶剤蒸気が外に漏れ出さない構造をいう。したがって接合部はできるだけフランジ構造とし，パッキング（ガスケット）を挟んでボルト締めにする。単に容器に蓋をしただけでは密閉構造とはいえない。塗料や溶剤，化学薬品のメーカーで化学反応，混合，ろ過などに使われる設備は密閉構造にしやすい。

写真3-2　密閉構造の反応容器（オートクレーブ）とスクリューコンベヤーの例

密閉構造の設備（有機溶剤の蒸気の発散源を密閉する設備）への原料，生成物の出し入れはパイプラインか密閉構造のコンベヤーを使う。攪拌（かくはん）

機のシャフト等の貫通部にはグランドパッキンと呼ばれるパッキングを詰めてねじで締めつけるか，O-リング，リップシールなどのパッキングを使って気密性を保つ（**写真3-2**）。

密閉構造の設備は，接合部，貫通部の漏れが起きないようにパッキング（ガスケット），ねじ締めの状態を作業主任者が定期的に点検しなければならない。また，清掃等のために密閉設備のマンホールを開く場合には，後述する局所排気を併用し，必要な場合には作業者に有効な呼吸用保護具を使用させなければならない。

（2）　包囲構造

包囲構造というのは，発散源をカバー等の構造物で囲い，内部の空気を吸引してカバーの隙(すき)間等に吸引気流をつくって有機溶剤蒸気の漏れ出しを防ぐ構造である（それだけでは蒸気の発散を防止できないことが多いので，局所排気装置等を併用することがほとんど）。完全な密閉構造にできない設備も，稼働中常に手を入れる必要がないものは包囲構造にできる。包囲構造は後述の局所排気装置の囲い式フードの一種と考えることもできる。

写真3-3は，有機溶剤でグラビア印刷用ロール（シリンダー）を洗う洗浄槽を包囲構造にした例である。洗浄槽には逆流凝縮器を付けても，物の取り出しの際に有機溶剤蒸気が流出することが多い。写真の例では，槽の上縁の後側に側方吸引スロット型のフードを取り付けて，蓋を開いたときにはフードの上に立ち上がった蓋がフランジとなって乱れ気流を防ぎ，蓋を閉じた状態ではフードは槽の外側の空気を吸引する。

こうすると洗浄中は槽から外に漏れ出した有機溶剤蒸気だけがフードに吸引され，槽の内部を排気しないので有機溶剤の無駄な蒸発を防止できる。

(1)　蓋を閉めて運転中

(2)　蓋を開いた状態

写真3-3　蓋を付けて包囲構造にした洗浄槽の例

包囲構造の設備は，隙(すき)間からの漏れが起きないように吸引気流の状態を定期的に点検する必要がある。

6　自動化，遠隔操作による有機溶剤作業工程の隔離

作業者から有機溶剤の生産工程を隔離する方法には，隔壁のような設備による物理的隔離，気流を利用した空間的隔離，工程の組み方による時間的隔離がある。

（1）　物理的隔離

有機溶剤の発散源になる機械装置が自動化され，正常な稼働状態では作業者が近付く必要がない場合には壁，パーティション等で仕切って作業者と隔離することが可能である。

写真 3–4 は，稼働中高濃度のトルエン蒸気を発散する塗布機（ロールコーター）をガラス製のパーティションでつくった区画内に設置した例である。

この例では区画内のトルエン濃度は測定器によって常時監視され，稼働中は 2,000 ppm（爆発下限界の４分の１以下）に保つためにゆるやかな全体換気が行われ，パーティションのドアには濃度が有害でない濃度以下に下がらなければ解錠されないようにインターロックが施されている。

機械の調整等の非定常作業のために区画内に入る場合には，まず塗布機の運転とトルエンを含むコーティング液の送給を停止し，全体換気の能力を上げ，トルエン蒸気の濃度が下がってインターロックが解錠されてから立ち入る。運転開始の場合は，作業者が区画外に出てドアを閉じて施錠しインターロックをリセットしなければ，機械の運転とコーティング液の送給が開始できないようになっている。

この例のように，物理的隔離を有効に行うためには設備だけでなく，立入りの際の適切な作業手順を定めて守らせるといった作業主任者の指導が重要である。

写真 3–4　パーティションを使った隔離の例

また，パーティションの隙(すき)間からの有機溶剤蒸気の漏れ出しを防ぐために，全体換気の給・排気能力を区画内がわずかに減圧状態になるように調整しているので，作

業主任者は本編第6章で解説する発煙法を使って，隙間からの漏れ出しがないことを定期的に点検しなければならない。

なお，有機溶剤等を製造または取り扱う事業場では，作業場以外の場所に休憩設備を設けなければならない（安衛則第614条）が，作業場と休憩設備を別の建屋にできない場合には，有機溶剤蒸気の侵入を防ぐとともに休憩設備内にきれいな外気が常に導入されているように給気扇の配置にも留意する必要がある。

（2）　空間的隔離

写真3–5は塗装用ロボットを使って，作業者から吹付け塗装の箇所を空間的に隔離した例である。作業者はロボットから約5m離れた場所にいて，被塗装物を送給用コンベヤーに載せながらロボットの状態を監視している。ロボットの前方には塗装ブースが設置され，0.2m/sくらいのゆるやかな気流が作業者の方からロボットを通って流れるよう排気が行われている。作業者と発散源の間にこの程度の距離を確保できていれば，この程度の気流でも有機溶剤蒸気が作業者のところまで拡散することはなく，空間的隔離の目的は十分達せられる。

写真3–5　塗装用ロボットを使った隔離の例

この例のように，空間的隔離を有効に行うためには，ただ距離を離すだけでなく，ゆるやかな給気または排気を行って作業者のいる方から発散源に向かう気流をつくり，有機溶剤蒸気が作業者の方に流れないようにすることが重要である。

また作業主任者は作業者に対し，作業開始に先立って換気装置をスタートさせ作業終了後もしばらくは稼働を続けさせることや作業中に発散源より風下側に立ち入らないよう指導しなければならない。

（3）　時間的隔離

時間的隔離というのは，有機溶剤蒸気を発散する工程の進行中は作業者が発散源に近付かず，発散する工程が終わり濃度が十分に下がってから近付くという方法で，有機溶剤蒸気を発散する時間帯が限られている場合に有効であるが，発散工程終了後有機溶剤蒸気濃度を下げるためには全体換気等の対策と，工程に合わせた適切な作業手順を定めて守らせることが重要である。

第3章　局所排気

局所排気またはプッシュプル換気（第4章）は，有機溶剤を発散する工程で，作業者の手作業が必要などの理由で発散源を完全に密閉できない場合に有効な対策である。なお，特別有機溶剤作業箇所に設置する局所排気装置，プッシュプル型換気装置の構造，性能等の要件には有機則の規定が適用される。

1　局所排気装置

局所排気の定義は，「発散源に近いところに空気の吸込口（フード）を設けて，局部的かつ定常的な吸込み気流をつくり，有機溶剤蒸気が周囲に拡散する前になるべく発散したときのままの高濃度の状態で吸い込み，作業者が汚染された空気にばく露されないようにする。また，吸い込んだ空気中の有機溶剤蒸気をできるだけ除去してから排出する」ことである。

局所排気は，**図3-6**に示すような構造の局所排気装置を使って行われる。この装置は，ファンを運転して吸込み気流を起こし，発散した有機溶剤蒸気を周囲の空気と一緒にフードに吸い込む。フードは発散源を囲む（囲い式）か，囲いにできない場合はできるだけ近い位置に設ける（外付け式）。フードで吸い込んだ空気はダクトで運び，空気清浄装置（排気処理装置）で有機溶剤蒸気を取り除き，きれいにな

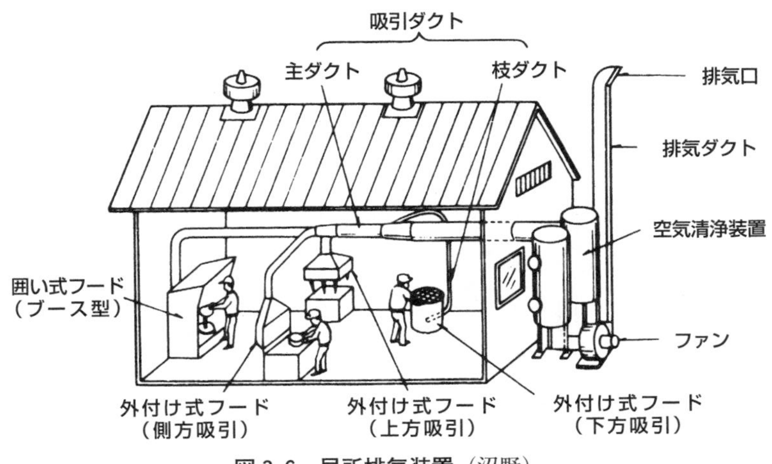

図3-6　局所排気装置（沼野）

った空気を排気ダクトから大気中に放出するしくみになっている。

2　フードの型式

局所排気を効果的に行うためには，発散源の形，大きさ，作業の状況に適合した形と大きさのフードを使うことが重要である。局所排気装置のフードには，気流の力で有害物質をフードに吸引する捕捉フードと，有害物質の方からフードに飛び込んでくるレシーバ式フードがある。捕捉フードには囲い式，外付け式がある（**図 3–7，写真 3–6**）。

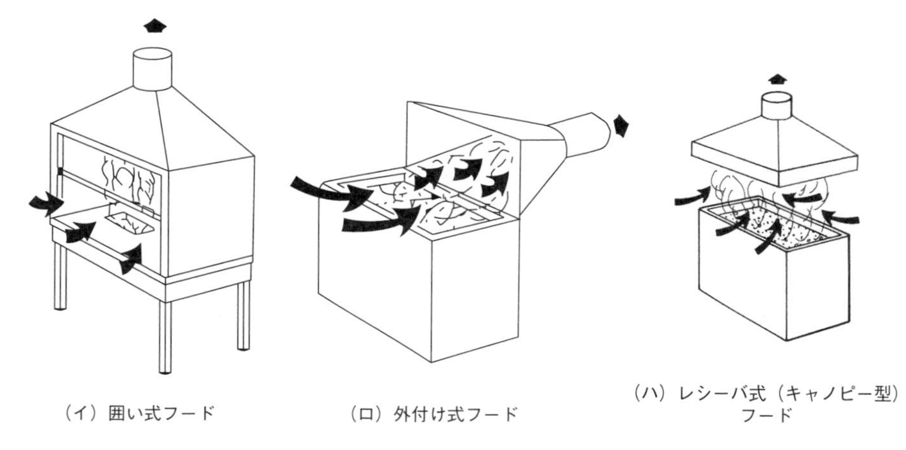

図 3–7　フードの３つの型式

発散源がフードの構造で包囲されているものを囲い式フードという。囲い式フードは，開口部に吸込み気流をつくって，囲いの内側で発散した有機溶剤蒸気が開口面の外に漏れ出さないようにコントロールするもので，外の乱れ気流の影響を受けず，小さい排風量で大きな効果が得られる，最も効果的なフードである。

囲い式フードの開口部の小さいものはカバー型，大きいものはブース型と呼ばれる。ただし，開口の大きさの厳密な区別はない。吹付け塗装作業に使われる塗装ブースは囲い式フードの代表的なものである。

囲い式フードの内側には高濃度の有機溶剤蒸気があるので，作業主任者は作業者が作業中に囲いの中に立ち入ったり，顔を入れないように指導しなければならない。

外付け式フードは，開口面の外にある発散源の周囲に吸込み気流をつくって，まわりの空気と一緒に有機溶剤蒸気を吸引するもので，まわりの空気を一緒に吸引するために排風量を大きくしないと十分な能力が得られない。また，まわりの乱れ気流の影響を受けやすく，囲い式に比べ効率がよくない。

（イ）塗装ブース（囲い式）

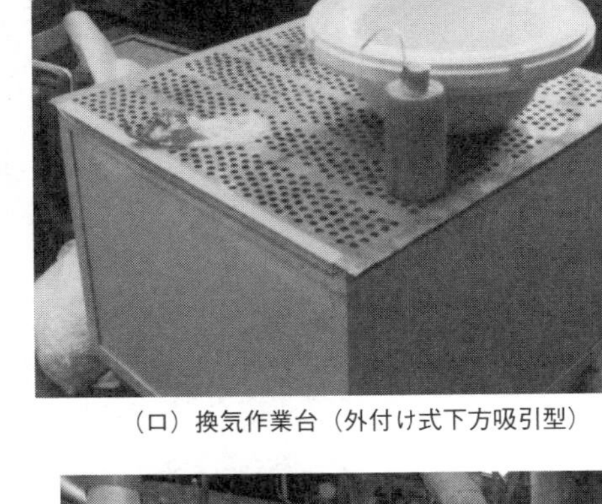

（ロ）換気作業台（外付け式下方吸引型）

（ハ）円形（外付け式側方吸引型）

（ニ）キャノピー（外付け式上方吸引型）

写真 3-6　いろいろな型式のフードの例

外付け式フードは吸込み気流の向きによって，下方吸引型，側方吸引型，上方吸引型に分類される。

下方吸引型の換気作業台はグリッドが用いられることが多いのでグリッド型とも呼ばれ，塗装，洗浄，払拭（しょく），接着などの手作業に適する。

側方吸引型には円形，長方形などいろいろな形があり，あらゆる作業に使われる。

キャノピーと呼ばれる外付け式上方吸引型は，一見作業の邪魔にならないように見えるため有効視されがちであるが，本来は熱による上昇気流や煙を発散源の上方で捕らえるレシーバ式フードとして使われるべきものであり，空気より比重が大きい有機溶剤蒸気に対しては効果が期待できない。また手作業では顔が発散源の上にくるので上方吸引型のフードでは高濃度の有機溶剤蒸気にばく露される危険がある。**写真 3-7** はキャノピーと作業台の間を難燃性塩ビフィルムで囲んで囲い式に改造し，局排効果が向上した例である。上方吸引型でなくても，作業者が発散源とフードの間に立ち入ると，フードに吸引される高濃度の有機溶剤蒸気にばく露される危険があるので，作業主任者は作業者が作業中に発散源とフードの間に立ち入った

写真3–7　キャノピーを囲い式に改造した例

り顔を入れないように指導しなければならない。

3　制御風速

空気の動きがなければ有機溶剤蒸気は発散源から四方八方に拡散する（図3–8(イ)）が，発散源の片側にフードを設けて吸引気流をつくると有機溶剤蒸気はフードの方に吸い寄せられ，開口面からX離れた捕捉点より左側には拡散しなくなる（図3–8(ロ)）。

有機溶剤蒸気を捕捉点で捉えて，完全にフードに吸い込むために必要な気流の速

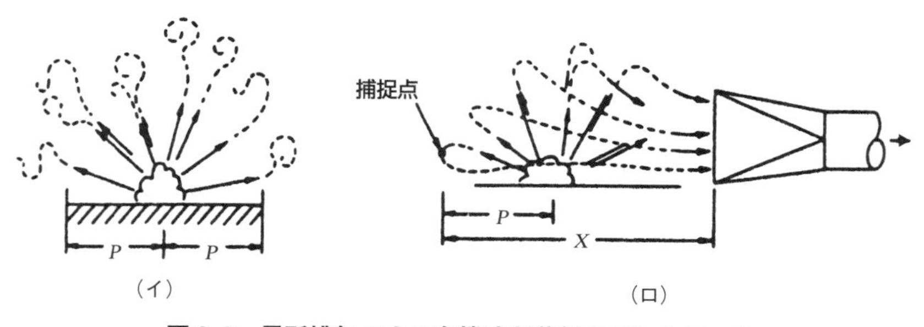

図3–8　局所排気による有機溶剤蒸気のコントロール

表3–2　有機則に定められた制御風速（有機則第16条第1項）

フードの型式（吸引方向）	制御風速（m/s）
囲い式	0.4
外付け式（下方吸引型）	0.5
〃　　（側方吸引型）	0.5
〃　　（上方吸引型）	1.0

度を制御風速という。有機則では，制御風速を**表 3–2** のように定めており，局所排気装置を計画する際にはこの制御風速が得られるように排風量を計画する。制御風速を与える捕捉点は，外付け式フードの場合には，フードの開口面から最も離れた作業位置，囲い式フードの場合には開口面上で風速が最小となる位置とする。

4　排　風　量

フードから吸い込む空気の量を排風量という。吸込み気流の速度は排風量に比例する。制御風速の気流をつくるために必要な排風量は，**表 3–3** の式で計算する。

表 3–3　フードの排風量計算式（沼野）

フードの型式	例　図	排風量　Q（m^3/min）
①　囲い式	開口面積：$A\,(m^2) = L\,(m) \times W\,(m)$　$A = \frac{\pi}{4} \cdot d^2$	$Q = 60 \cdot A \cdot V_0$ $= 60 \cdot A \cdot V_c \cdot k$ V_0：開口面の平均的風速(m/s) V_c：制御風速(m/s) k：風速の不均一に対する補正係数
②　外付け式 自由空間に設けた円形または長方形フード	$A = \frac{\pi}{4} \cdot d^2$　$A = L \cdot W$ 距離：X (m)　縦横比：$W/L > 0.2$	$Q = 60 \cdot V_c \cdot (10X^2 + A)$
③　外付け式 自由空間に設けたフランジ付き円形または長方形フード	$A = \frac{\pi}{4} \cdot d^2$　$A = L \cdot W$ $W/L > 0.2$	$Q = 60 \cdot 0.75 \cdot V_c \cdot (10X^2 + A)$
④　外付け式 床，テーブル，壁等に接して設けたフランジ付き長方形フード	$A = L \cdot W$ $W/L > 0.2$	$Q = 60 \cdot 0.75 \cdot V_c \cdot (5X^2 + A)$

表3–3の①の右欄の式で分かるように，囲い式フードの排風量は開口面積に比例するので，囲い式フードを有効に使うためには開口面を小さくした方がよい。また，開口面が大きいと開口面上の吸込み風速にムラが生じ，補正係数 k も大きくなるので，この点からも開口面積は小さい方がよい。

囲い式フードの開口面にビニールカーテン等を取り付けて使うのはこのためであって，作業の邪魔だからといって巻き上げたり切り取ったりすると，十分な速度の吸込み気流が得られなくなる。作業主任者は作業者がこのようなことをしないように指導しなければならない。

また，囲い式フードの制御風速は囲いの中の有機溶剤蒸気を外に出さないための気流の速度であって，開口面の外にある有機溶剤蒸気を吸引するには不十分である。作業主任者は囲い式フードを使う作業で作業者が開口面の外で有機溶剤蒸気を発散させないように指導しなければならない。

また，表3–3の②の右欄の式で分かるように，外付け式フードの排風量は開口面から捕捉点までの距離 X の2乗にほぼ比例するので，発散源となる作業位置が開口面から離れると吸込み風速は急激に小さくなってしまう。外付け式フードを使う作業では，作業主任者は作業者に対してできるだけフードの開口面の近くで作業するよう指導しなければならない。

表3–3の③の右欄の式は，外付け式フードの開口面のまわりにフランジを取り付けると，フードの後から来る気流を止めて，制御風速を得るために必要な排風量を25%（フランジの大きさにより異なる）少なくできることを表している。したがって外付け式フードにはできるだけフランジを取り付けて使わせることが望ましい。

表3–3の④の右欄の式はフランジ付きの外付け式フードが床，テーブル，壁等に接していると，片側から流れ込む気流を止めて排風量を少なくできることを表している。床，テーブル，壁だけでなく，フードの横につい立て，カーテン等を置いても同じ効果が得られる。また，つい立て，カーテンには横から来る乱れ気流の影響を小さくする効果もあるので，乱れ気流のある場所で外付け式フードを使う場合にはつい立て，カーテン等を設けるとよい。

また，給気が不足して室内が減圧状態になると，局所排気装置の排風量が確保できない。窓等の開口が少ない建物には排風量に見合う給気を確保できる給気口を設ける必要がある。

5　ダクト

ダクトの中を空気が流れるときには，壁と空気の摩擦や気流の向きの変化などによる通気抵抗（圧力損失）を生じる。摩擦による圧力損失はダクトの長さが長いほど大きい。また，ダクトの曲がりの部分（ベンド）では気流の向きの変化のために大きな圧力損失を生じる。局所排気装置の稼働に要するエネルギーは圧力損失が大きいほど大きくなり，ランニングコストが高くなる。したがって，ダクトは長さができるだけ短く，ベンドの数ができるだけ少なくなるように配置するべきである。

また，ダクトの断面積が大きいほど圧力損失は小さくてすむが，気流速度が小さくなるために立上がりベンドの部分に粉じんが堆積しやすくなる。排気の対象が有機溶剤蒸気だけで粉じんの堆積の危険が無い場合には，ダクトを太くした方が有利である。以前は流速を 10 m/s 前後にすることが推奨されていたが，最近ではエネルギー節約の見地からさらに小さい流速が推奨されている。

最近では施工やレイアウト変更のしやすさからフレキシブルダクトがよく使われるが，フレキシブルダクトは破損しやすいので無理な力が掛からないような配置と，頻繁な点検補修が必要である。

6　ダンパーによる排風量の調整

複数のフードを１本のダクトに接続して排気する場合には，フードごとに調整ダンパー（ボリュームダンパー）を取り付け，ダンパーの開き角度を調整して各フードの排風量のバランスをとることが行われる。調整ダンパーは調整を完了した時点でペイントロック等の方法で固定してあるが，不用意に動かすと排風量のバランスがくずれるので動かしてはならない（**写真 3-8**）。

写真 3-8　調整ダンパーの例

7　空気清浄装置

有機則には空気清浄装置に関する具体的な規定がないが，労働安全衛生規則（以下，「安衛則」という。）第579条は「事業者は，有害物を含む排気を排出する局所排気装置その他の設備については，当該有害物の種類に応じて，吸収，燃焼，集じんその他の有効な方式による排気処理装置を設けなければならない」と定めている。また，大気汚染防止法の規定に基づく条例で排気口濃度の基準を定めている地方自治体もある。したがって，有機溶剤蒸気を排出する局所排気装置，プッシュプル型換気装置には空気清浄装置を設けて排気をできるだけきれいにして排出し，大気汚染と地球温暖化を防止することが必要である。

有機溶剤用の空気清浄装置には，活性炭に吸着して除去する活性炭吸着方式，排気にLPガス，灯油等の燃料を加えてインシネレーターと呼ばれる炉の中で燃やす直接燃焼方式，加熱した白金ロジュウム系の触媒層に接触させて酸化分解する触媒燃焼方式などが使われる。

活性炭吸着方式は捕集効率が高く，特に塩素系の溶剤に対しては水蒸気により簡単に脱着，再生できるので回収装置として使用される。ただし，バッチ式のものは初期費用は小さいが，定期的に活性炭を交換する必要があり，そのためのランニングコストがかかる。

燃焼方式は，大量の二酸化炭素（CO_2）を放出するので地球温暖化の原因となり今後はだんだん使われなくなるものと考えられる。

8　ファン（排風機）と排気口

ファンには，大きく分けて軸流式と遠心式があり，遠心式には中の羽根車の形により多翼ファン，ラジアルファン，ターボファンなどの型式がある。

ファンは圧力損失にうち勝つ静圧が出せるもので，かつ必要排風量が出せるものを選ばなければならない。局所排気装置には一般に遠心式が使われ，軸流式は主として全体換気用に使われる。

また，羽根車の損傷，腐食，有機溶剤蒸気の爆発の危険を避けるために，空気清浄装置を設ける局所排気装置のファンは，空気清浄装置を通過した後の，有機溶剤蒸気を含まない空気の通る位置に設置すること。

排気口は，排気による作業場の再汚染を防止するために，直接屋外に排気できる位置に設けなければならない。また，空気清浄装置を設けない場合で排気口濃度が管理濃度の2分の1以上の場合には排気口の高さを屋根から1.5m以上にしなければならない（第5編第3章の3(3)参照）。

9　局所排気装置を有効に使うための条件

有機溶剤作業で局所排気装置を有効に使うための条件をまとめると以下のとおりである。

① 発散源の形，大きさ，作業の状況に適合した形と大きさのフードを使うことが重要である。

② フードは乱れ気流の影響を受けにくい囲い式がよい。

③ 囲い式フードを使う作業では，開口面の外で有機溶剤蒸気を発散させないよう作業者を指導しなければならない。

④ 囲い式フードの内側には高濃度の有機溶剤蒸気があるので，中に立ち入ったり顔を入れないように作業者を指導しなければならない。

⑤ 囲い式フードの開口面に取り付けたビニールカーテン等を，作業の邪魔だからといって巻き上げたり切り取ったりしないよう作業者を指導しなければならない。

⑥ 外付け式フードを使う作業では，作業者に対してできるだけフードの開口面の近くで作業するよう指導しなければならない。

⑦ 乱れ気流のある場所で外付け式フードを使う場合にはつい立て，カーテン等を設けるとよい。

⑧ キャノピーと呼ばれる外付け式上方吸引型は，空気より比重が大きい有機溶剤蒸気に対しては効果が期待できないので使わない方がよい。

⑨ 作業者が発散源とフードの間に立ち入ると，フードに吸引される高濃度の有機溶剤蒸気にばく露する危険があるので，そのような立入りをしないよう作業者を指導しなければならない。

⑩ 調整ダンパーを不用意に動かしてはならない。

⑪ 排風量に見合う給気を確保する。

第４章　プッシュプル換気

1　プッシュプル型換気装置

局所排気装置は発散源に近いところにフードを設けるために作業性が悪くなることがある。また，外付け式フードの場合には乱れ気流の影響を受けて効果が失われることがある。

作業性を損なわずに乱れ気流の影響を避ける１つの方法として，**図 3–9** のようにフードの吸込み気流のまわりを同じ向きのゆるやかな吹出し気流で包んで乱れ気流を吸収し，同時に有機溶剤蒸気を吹出し気流の力で発散源からフードの近くまで運んで吸い込みやすくする方法がある。これがプッシュプル換気である。

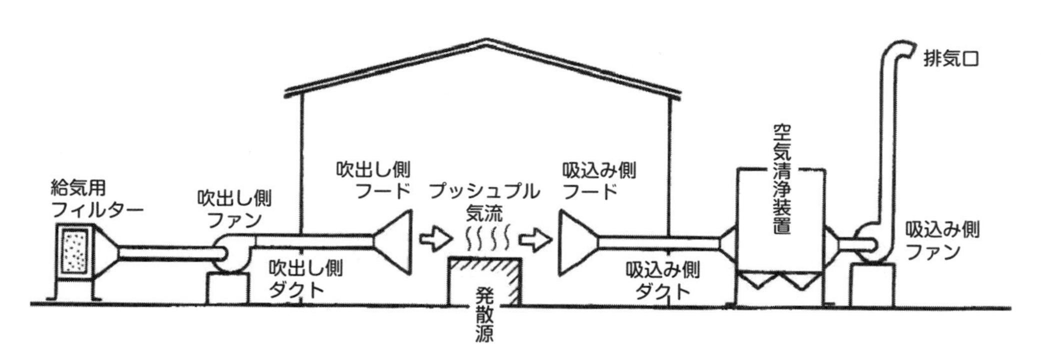

図 3–9　プッシュプル型換気装置（沼野）

プッシュプル換気は，有機溶剤の発散源を挟んで向き合うように２つのフードを設け，片方を吹出し用（プッシュフード），もう片方を吸込み用（プルフード）として使い，２つのフードの間につくられた一様な気流によって発散した有機溶剤蒸気をかきまぜることなく流して吸引する理想的な換気の方法で，平均 0.2 m/s 以上というゆるやかな気流で汚染をコントロールでき，また，フードを発散源から離れた位置に設置できるので，強い気流による品質低下を嫌う作業，発散源が大きい作業，発散源が移動する作業，たとえば大型の物の塗装作業用やグラビア印刷機用などに使われる。

プッシュプル型換気装置には，自動車塗装用ブースのように，周囲を壁で囲んで

（イ）密閉式（下降流型）

（ロ）開放式（下降流型）

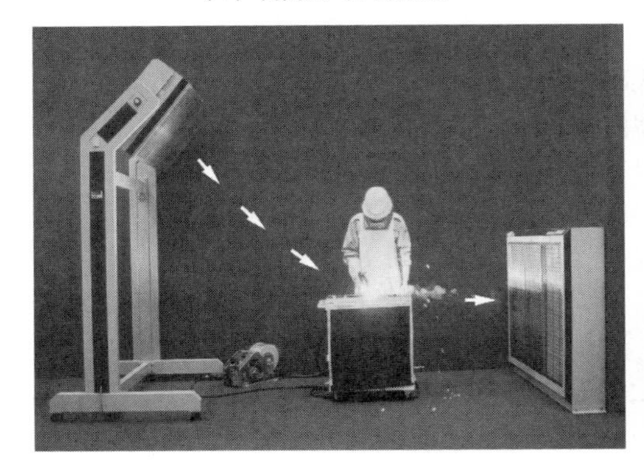

（ハ）開放式（斜降流型）

（ニ）開放式（水平流型）

写真3-9　いろいろな型式のプッシュプル型換気装置

外との空気の出入りをなくし，作業室（ブース）内全体に一様なプッシュプル気流をつくる密閉式と，ブースなしで室内空間の一部に一様なプッシュプル気流をつくる開放式があり，さらに気流の向きによって下降流型（天井→床），斜降流型（天井→側壁または側壁上部→反対側の側壁下部），水平流型（側壁→反対側の側壁）がある（**写真3-9**）。また，密閉式にはプッシュファン，プッシュフードのない「送風機無し」というものがあるが，これは性能の決め方が異なるだけで構造的には囲い式フードの局所排気装置と同じである。ただし，この場合はプッシュプル換気の要件である気流の一様性を確保する必要がある。

2　プッシュプル型換気装置の構造と性能

吹出し側フードと吸込み側フードの間のプッシュプル気流の通る区域を換気区域，吸込み側フードの開口面から最も離れた発散源を通りプッシュプル気流の方向と直角な換気区域の断面を捕捉面と呼ぶ（**図3-10**）。ダクト，空気清浄装置，ファンについては局所排気装置と同じである。

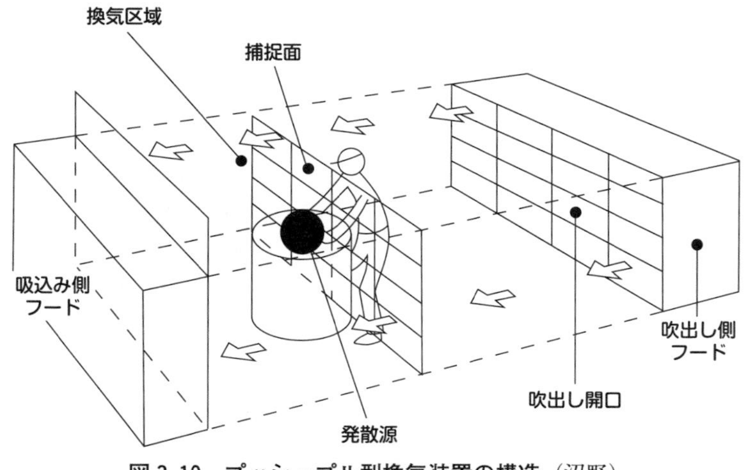

図3-10　プッシュプル型換気装置の構造（沼野）

プッシュプル換気を効果的に行うためには，

① 有機溶剤の発散源を平均0.2 m/s以上のゆるやかで，かつ一様に流れる気流で包み込むこと

② 密閉式の場合は，吸込み側フード（送風機無しの場合はブースの開口部）を除く天井，壁，床が密閉されていること

③ 開放式の場合には，発散源が換気区域の中にあること

④ 発散源から吸込み側フードに流れる空気を作業者が吸入するおそれがないこと（そのために下降流型とするか，吸込み側フードをできるだけ発散源に近い位置に設置すること）

⑤ 作業主任者は，作業者が発散源と吸込み側フードの間に立ち入らないように指導すること

が重要である。

また，プッシュプル型換気装置の性能は，

① 捕捉面を16等分してその中心で測った平均風速が0.2 m/s以上であること

② 16等分した各四辺形の中心の速度が平均風速の2分の1以上1.5倍以下であること

③ 換気区域と換気区域の外の境界における気流が全部吸込み側フードに向かって流れること

と定められている。

開放式プッシュプル型換気装置で上記③の条件を満足するためには吸込み風量が吹出し風量より大きくなるよう，吹出し側と吸込み側の気流量のバランスを保つこ

とが重要である。

また，プッシュプル型換気装置に似た名称のものに有機溶剤等の入った開放槽(そう)の開口部にエアカーテンを作って有機溶剤蒸気の漏れ出しを防ぐプッシュプル型局所換気装置と，ブース型フードの開口面にエアカーテンを作って有機溶剤蒸気の漏れ出しを防ぐプッシュプル型しゃ断装置と呼ばれるものがある。これら2つの設備の有機則上の取扱いは，プッシュプル型局所換気装置は有機則第12条第2号の開放槽の開口部に設ける「逆流凝縮機等」の「等」に該当する局所排気装置の代替設備であること，また，プッシュプル型しゃ断装置は局所排気装置等の設備に加えて補助的な設備として設置するものであることが通達によって定められており，告示で要件が定められ法令上局所排気装置と同等に取り扱われるプッシュプル型換気装置ではない。

第５章　全体換気

全体換気は希釈換気とも呼ばれ，給気口から入ったきれいな空気は，有機溶剤で汚染された空気と混合希釈をくり返しながら，換気扇に吸引排気され，その結果有機溶剤の平均濃度を下げる方法である（図 3-11）。

全体換気では発散源より風下側の濃度が平均濃度より高くなる危険があるので，有害性の大きい第１種と第２種有機溶剤を取り扱う屋内作業場所では，臨時の作業，短時間の作業，壁，床，天井の塗装等の例外を除き，もっぱら密閉設備または局所排気で漏れ出した有機溶剤蒸気を希釈する目的で使われる。有害性の小さい第３種に対してはタンク等の内部での吹付け作業を除き全体換気でもよいと定められている。

全体換気には壁付き換気扇が使用される。天井扇（電動ベンチレータ）は有機溶剤の排気には不適当であり，天井扇を設ける場合は給気用に使用するべきである。

また，しばしば見掛けることであるが，開放された窓のすぐ上の壁に換気扇を取り付けたために，窓から入った空気がそのまま換気扇に短絡してしまい，作業場内がまったく換気されないことがある。換気扇のそばの窓は閉め，反対側の窓を開けて給気口とするべきである。

全体換気を効果的に行うためには，

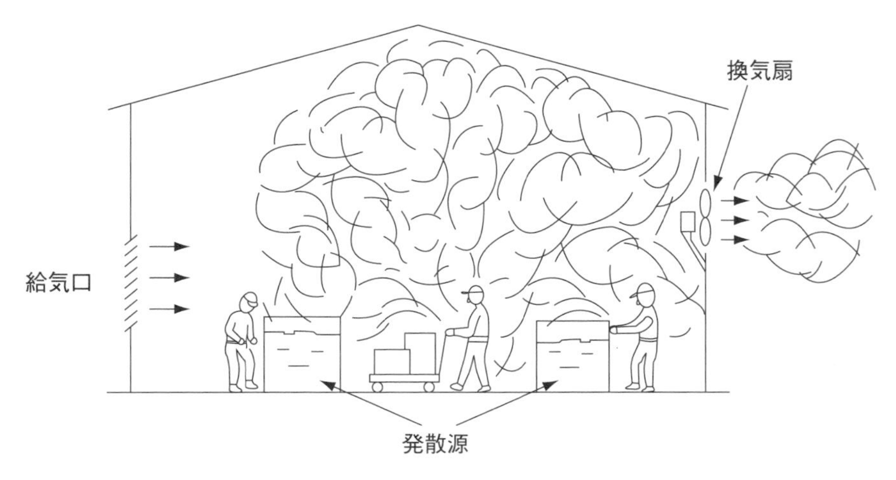

図 3-11　全体換気（沼野）

① 希釈に必要な換気量を確保すること
② 給気口と換気扇は，給気が作業場全体を通って排気されるように配置すること（そのために大容量の換気扇を1台設置するより小容量の換気扇を複数分散して設置する方がよい）
③ 換気扇はできるだけ床に近い低い位置に設置すること
④ 発散源をできるだけ換気扇の近くに集めること
⑤ 作業主任者は，作業者が発散源より風下側に行かないように指導すること
⑥ 必要な場合には有効な呼吸用保護具を使用させること

などが重要である。

全体換気に一般的に使われる換気扇は，発生できる圧力が低いために，壁に取り付けた場合，壁の外側から排気口に風が吹き付けると十分な排気ができない。外の風の影響を避けるために短い排気ダクトを設けて屋根より高い位置に排気したり，より積極的には建物の両側に回転の向きを反転できるタイプの換気扇を取り付けて，その日の風向きに合わせて風上側を給気用，風下側を排気用にするといった工夫が必要である。

また，タンク内や狭い室内で塗装等の作業を行う場合には，**写真3–10**のようなポータブルファンとスパイラル風管と呼ばれる可搬式のダクトを使う方法により全体換気を行うことができる。

写真3–10　ポータブルファンとスパイラル風管を使う全体換気

第6章　局所排気装置等の点検

1　点検と定期自主検査

局所排気装置等の性能を維持するためには，常に点検・検査を行い点検・検査の結果に基づいて適切なメンテナンスを行うことが重要である。点検・検査と呼ばれるものには，「はじめて使用するとき，又は分解して改造若しくは修理を行ったときの点検」，「定期自主検査」，「作業主任者が行う点検」の3つがある。

「はじめて使用するとき，又は分解して改造若しくは修理を行ったときの点検」は，設備が当初の計画通りにできているか，性能は確保されているかを確認することを目的としている。また，「定期自主検査」は，その後1年以内ごとに1回，設備が損傷していないか，性能は維持されているかを調べることを目的としている。

これらの点検・検査については，項目と異常が見つかった場合の補修の義務，および定期自主検査結果の3年間の記録保存が有機則に定められており，具体的な方法については性能の確認（吸気および排気の能力の検査）はフードの吸込み風速を測定して規定の制御風速と比較する方法で行うことになる。そのほかの項目についても「局所排気装置の定期自主検査指針」（平成20年3月27日厚生労働省自主検査指針公示第1号）等に具体的な方法が定められている。

これらの点検・検査には，局所排気装置等に関する高度の知識と，熱線微風速計など高価な測定器具を必要とするので，専門の設備担当部署のある事業場でなければ，事業場内で実施することは難しい。

このうち「はじめて使用する際の点検」は，設備施工を依頼した業者から，当然完成検査が行われ検査成績書が発行されるので，これを保存すればよい。

「定期自主検査」については，施工した業者に依頼するか，作業環境測定機関に依頼して作業環境測定に先立って検査してもらい，日常点検や検査において異常が見つかったときは直ちに補修を行った上で作業環境測定を実施するのがよい。

2　作業主任者が行う点検

（1）　点検項目

「作業主任者が行う点検」は，有機則第19条の2に「局所排気装置，プッシュプル型換気装置又は全体換気装置を1月を超えない期間ごとに点検すること。」と定められており，次の定期自主検査までの間性能を維持することを目的として行う月例点検であり，点検項目，記録の保存については特に規定されていない。点検は検査項目の中から必要にして実施可能なものをピックアップして実施することとなるが，点検の内容（昭和53年8月31日基発第479号）は，装置の主要部分の損傷，脱落，腐食，異常音等の有無，効果の確認などを行うことになる。点検チェックリストの例を**表3-4**（119頁）に示す。

（2）　発煙法による吸引効果の確認

点検項目の1つである装置の効果の確認は，定期自主検査の吸気および排気の能力の検査に対応するもので，煙の流れを観察する発煙法を使い，煙が完全にフードに吸い込まれるなら吸気および排気の能力があるものと判定する。

発煙法にはスモークテスターと呼ばれる気流検査器を使う（**写真3-11**）。ほとんどの有機溶剤には引火性があるので，たばこや線香の煙を使用してはならない。

スモークテスターの発煙管は，ガラス管に発煙剤（無水塩化第二スズ等）をしみ込ませた軽石の粒を詰めて両端を溶封したもので，使う時に両端を切り取って付属のゴム球をつなぎ，ゴム球をゆっくりとつぶして空気を通すと，発煙剤と空気中の水分が化学反応をして酸化第二スズ等の非常にこまかい結晶と塩化水素が生成し，これが煙のように見える。火気を使わないので引火の危険がない。

(a)　0.4 m/s の場合

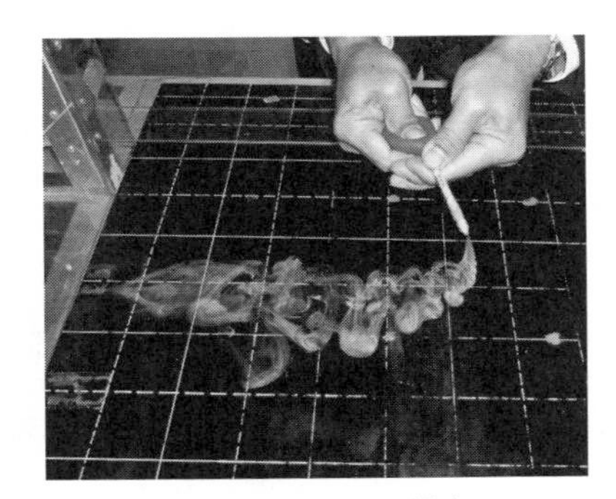

(b)　0.2 m/s の場合

写真3-11　スモークテスターによる気流のチェック

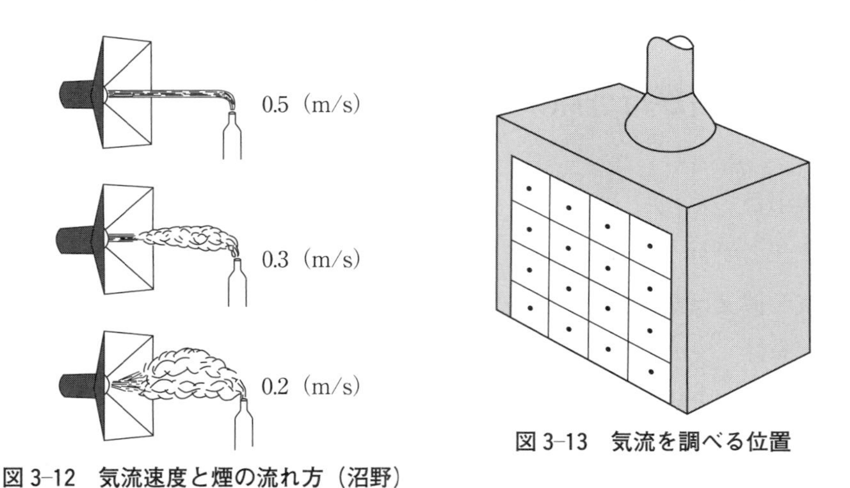

図3-12　気流速度と煙の流れ方（沼野）

図3-13　気流を調べる位置

気流の速度によって煙の流れ方が変化するので，慣れるとおおよその気流速度を判断することもできる（**図3-12**）。

スモークテスターの煙には塩化水素が含まれていて刺激性があるので，吸わないように注意しなければならない。煙を出して気流を観察する位置は，局所排気装置の囲い式フードの場合は，開口面を縦横4つずつ16等分し，それぞれの中心で煙の流れ方を観察する（**図3-13**）。開口面が小さい場合には中心と4分割した各部分の中心の計5カ所でもよい。

発煙管は気流の向きと直角に持ち，ゴム球をゆっくりつぶして，発生した煙が全部フードに吸い込まれるなら吸気および排気の能力があるものと判定する。

吸気能力が不十分な場合には，理由として開口面の大きさに対して排風量が不足していることが考えられる（本編第3章の4参照）。開口面をできるだけ小さくする工夫が必要である。

外付け式フードの場合には，煙を出す位置は制御風速の測定と同じ，フードの開口面から最も離れた作業位置である。まず，作業者に普段通りの作業をさせてどこが最も離れた作業位置であるかを確認し，その位置で煙を出して煙の流れ方を観察する。煙が全部フードに吸い込まれるなら吸気および排気の能力があるものと判定する。

煙がフードに吸い込まれずに拡散して消えてしまう場合には，フードの開口面に少し近い点で再度煙を出して，煙が全部吸い込まれる位置を探す。作業者には「煙が吸い込まれないということは，有機溶剤蒸気も吸い込まれずに拡散しており，作業中にばく露される危険がある。」ことを説明して，煙が吸い込まれる位置まで発散源をフードに近づけて作業するように指導する。

表 3-4　局所排気装置点検チェックリストの例

局排装置週次点検記録（　年　月～　年　月）												
設置作業場所												
局排系統 No.												
系統略図												
点検月日	／	／	／	／	／	／	／	／	／	／	／	／
点検者氏名												
フード①												
破損･変形･腐食･摩耗												
吸込気流の状況												
ダンパー①の開度												
フード②												
破損･変形･腐食･摩耗												
吸込気流の状況												
ダンパー②の開度												
ベンド①												
破損･変形･腐食･摩耗												
接続部のゆるみ･もれ込み												
粉じんの堆積												
ダクト①												
破損・変形・腐食・摩耗												
接続部のゆるみ･もれ込み												
粉じんの堆積												
ベンド②												
破損・変形・腐食・摩耗												
接続部のゆるみ･もれ込み												
粉じんの堆積												
ダクト②												
破損・変形・腐食・摩耗												
接続部のゆるみ･もれ込み												
粉じんの堆積												

ダクト③												
破損·変形·腐食·摩耗												
接続部のゆるみ·もれ込み												
粉じんの堆積												
合　流												
破損·変形·腐食·摩耗												
接続部のゆるみ·もれ込み												
粉じんの堆積												
ダクト④												
破損·変形·腐食·摩耗												
接続部のゆるみ·もれ込み												
粉じんの堆積												
空気清浄装置												
破損·変形·腐食·摩耗												
パッキングの損傷·もれ込み												
活性炭の有効期限												
ダクト⑤												
（中略）												
接続部のゆるみ·もれ込み												
粉じんの堆積												
排風機												
破損·変形·腐食·摩耗												
接続部のゆるみ·もれ込み												
異音・振動・過熱												
ダクト⑧												
破損·変形·腐食·摩耗												
接続部のゆるみ·もれ込み												
粉じんの堆積												
ベンド⑤												
破損·変形·腐食·摩耗												
接続部のゆるみ·もれ込み												
粉じんの堆積												
排気口												
破損·変形·腐食·摩耗												
ガラリへの粉じんの付着												
粉じんの堆積												

報告月日	／	／	／	／	／	／	／	／	／	／	／	／
確認印												

乱れ気流の影響で煙がフードに吸い込まれずに横流れする場合は，窓から風が流れ込んでいるなら窓を閉めるか，つい立てやカーテンを利用して発散源とフードの間に風が当たらないようにする。

密閉式プッシュプル型換気装置の場合は捕捉面を縦横4つずつ16等分し，それぞれの四辺形の中心で煙を出し，全部の位置で煙が同じような速さで吸込み側フードに向かって流れることを確認する。

開放式プッシュプル型換気装置の場合には，捕捉面上の煙の流れのほか，換気区域の外側の数カ所で煙を出して，全部の煙が吸込み側フードに吸い込まれることを確認する。煙が吸い込まれない場合は，吸込み側の排風量の不足か，吹出し側の給気量と吸込み側の排風量のアンバランスが原因である。

（3）　目視による損傷等の点検

主要部分の損傷，脱落，腐食の有無，異常音等の有無は，まずフード，ダクト，空気清浄装置，ファン，排気口を順に外から観察して，へこみ，変形，破損，摩耗腐食による穴あき，接続箇所のゆるみなどの目視点検を行う。

ダクト内の粉じんの堆積は，立上がりのベンド部分で起こりやすい。ダクトの外側を細い木か竹の棒で軽く叩いて，にぶい音がするなら粉じんの堆積が疑われる。

ダクトの継ぎ目の漏れ込み（隙間）は，静かな場所では吸込み音で見つけることができるが，一般にはスモークテスターを使って，煙が継ぎ目に吸い込まれないことを確認する。

排風機の異音は，機械的な故障が起きていることを示すもので，速やかに専門家に依頼してくわしい検査を行うことが必要である。

（4）　全体換気装置の点検

①　排気ファンの状態

排気ファンの回転方向は正しいか，電源スイッチをON/OFFして目視観察する。工事の際の誤配線等によって排気ファンの回転の向きが逆になっていると外気が室内に逆流する。外気の逆流は無風の状態で発煙法を使って観察する。

また，排気ファンの羽根に損傷はないか，汚れ等が付着していないか，回転によって異常音が発生していないか，点検する。

②　排気能力

全体換気の排気には一般に壁付き換気扇が使用される。局所排気装置等の吸引効果の確認と同様，換気扇の直前で発煙法を使って気流を観察し，煙が完全に換気扇に吸い込まれるなら排気能力があるものと判定する。

排気能力不十分の原因の多くは給気不足である。窓等を給気に利用している場合には窓を閉め切らず給気に必要な面積を開放する。

③　給気フィルター

吸気口に埃除けのフィルターを付けている場合にはフィルターの点検を行い，必要に応じて掃除する。フィルターを清掃しても排気能力が不足の場合には給気用の換気扇を設置して強制的に給気することもある。

④　排気の逆流

壁付き換気扇は発生できる圧力が低いため，取り付けた壁の外側から風が吹き付けると十分な排気ができず外気が室内に逆流することがある。逆流は排気ファンの運転状態で発煙法を使って観察する。

逆流に対する対策は排気扇の外側に短い排気ダクトを設けて屋根より高い位置に排気する。

⑤　局所排気の妨害

全体換気の気流が局所排気装置のフードの吸込みを妨害している場合には，つい立てやカーテンを設けて発散源とフードの間に風が当たらないようにする。

（５）　密閉設備等の点検

①　接合部等の目視点検

密閉構造の製造設備等のフランジ等の接合部，攪拌（かくはん）機軸のグランドパッキン（ガスケット）について，変形してはみ出していないか，損傷していないかを目視点検する。

②　発煙法による漏れ出しの点検

内部が加圧されている状態でスモークテスターの煙をフランジ接合部等に吹き付け，漏れ出しがないかを目視で点検する。

③　圧力保持の点検

内部が加圧されている状態で配管等のバルブをすべて締め切り，一定時間経過後に内部の圧力が下がっていないことを確認する。

④　増し締め

フランジ接合部のガスケットの変形，ボルトの片締めによる漏れ出しが発見された場合には，対面するフランジ面間の距離が全周で等しくなるように増締めを行う。片締めを防ぐには対面するフランジ面間の距離を測りながら対角線上の位置にあるボルトを交互に均等な力で徐々に締め付ける。できればトルクレンチを使用して締付けトルクが等しくなるようにするとよい。

⑤　包囲構造設備の点検

密閉式の構造（包囲構造）の設備の点検は囲い式フードの局所排気装置の点検に準じる。

（6）　点検の際の安全措置

高所に設置されたダクト，排気口等の点検に際しては墜落転落防止措置を講じる。機械設備等の稼働中に点検を行うことが危険な場合には機械設備等を停止した状態で点検する等，安全の確保に十分配慮すること。

3　点検の事後措置

局所排気装置等の吸込み不足の主な原因としては，ファンそのものの能力不足のほか，次のようなことが考えられる。

①　発散源から外付け式フードの開口面までの距離が離れすぎる。

②　囲い式フードの開口面を広げた。

③　フードの開口面の近くに置かれた物が気流を妨害している。

④　乱れ気流の影響が大きい。

⑤　ダクト内に粉じんが堆(たい)積して通気抵抗が増えている。

⑥　ダンパー調整が不適当である。

⑦　吸込みダクトの途中に漏れがあり，大量の空気が途中から漏れ込んでいる。

⑧　フードの形，大きさがその作業に向いていない。

⑨　給気が不足して室内が減圧状態になっている。

⑩　3相交流電動機の配線が入れ替わったために，ファンが逆回転している。

点検で，たとえばダクトの漏れが発見された場合にはダクトにあいた小さな穴を粘着テープでふさぐ，ダクトのつなぎ目のフランジを増し締めする，隙(すき)間をコーキング材でふさぐなど，作業主任者が自分で補修できるものは補修し，できないものは速やかに上司に報告して会社の責任で補修を行う。

ファンの風量が足りない場合，ファンの電源に周波数調節用のインバーターが組み込まれていれば周波数を調整して回転を上げ，風量を増やすことが容易にできる。

また，囲い式フード（ブース型を含む）の外で有機溶剤を発散させる，囲い式フード（ブース型）のカーテンを巻き上げたり取り外す，外付け式フードの開口面から離れたところで作業するなど，作業者の作業の仕方に問題があるという場合には，局所排気装置等を有効に稼働させた上で作業方法や作業手順の見直しを行うとともに，どうすれば作業者自身が有害物質にばく露されずに作業できるか，正しい作業方法について教えて守らせることが作業主任者の仕事である。

第 7 章　特別規則の規定による多様な発散防止抑制措置

平成 24 年 7 月に施行された有機則の改正により，それまで発散源を密閉する設備，局所排気装置またはプッシュプル型換気装置の設置が義務付けられていた作業場所に，労働基準監督署長の許可を受ければ作業環境測定結果の評価を第 1 管理区分に維持できるものであればどんな対策（多様な発散防止抑制措置）でも許されることになった（有機則第 13 条の 3)。

多様な発散防止抑制措置の例として，有機溶剤蒸気を吸着等の方法で濃度を低減するもの，包囲構造の設備の開口部にエアカーテンを設ける等気流を工夫することにより有機溶剤蒸気の発散を防止するものなどが考えられるが，作業方法，作業者の立ち位置，作業姿勢等が不適切であると発散防止抑制の効果が失われることがあるので，作業主任者は発散防止抑制措置の構造，作用等をよく理解し，作業者が正しい作業方法を守って作業するよう指導しなければならない。

第8章　化学物質の自律的な管理による多様な発散防止抑制措置

令和5年4月に施行される特別規則（有機則等）の改正により，化学物質管理の水準が一定以上であると所轄都道府県労働局長が認定した事業場は，その認定に関する特別規則（有機則等）について個別規制の適用を除外し，特別規則の適用物質の管理を多様な発散防止抑制措置の選択による自律的な管理（リスクアセスメントに基づく管理）に委ねることができることとなった（有機則第4条の2）。

認定の主な要件としては，次の措置が必要とされる。

① 専属の化学物質管理専門家（29頁参照）が配置されていること。

② 過去3年間に，特別規則が適用される化学物質等による死亡休業災害がないこと。

③ 過去3年間に，特別規則に基づき行われた作業環境測定の結果がすべて第1管理区分であったこと。

④ 過去3年間に，特別規則に基づき行われた特殊健康診断の結果，新たに異常所見が認められる者がいなかったこと。

第 9 章　作業環境測定と評価

1　作業環境測定

局所排気装置等の設備が十分に機能を発揮しており，作業者が正しい作業の仕方を守っているならば，作業環境は十分安全な状態に保たれるはずである。安衛法は，作業環境管理の歯止めとして，第 1 種または第 2 種有機溶剤等を製造し，または取り扱う屋内作業場について，6 月以内ごとに 1 回，定期的に作業環境測定を行い，その結果を評価し，問題があると判断された場合には直ちに原因を調べ，施設・設備の整備や作業工程・方法の改善などの必要な措置を講じることを事業者の義務と定めている。

作業環境測定には，測定の計画を立てる「デザイン」，分析用の空気試料を捕集する「サンプリング」，捕集した空気中の有機溶剤濃度を測定する「分析」の 3 つの仕事があり，作業環境測定士が作業環境測定基準に定められた方法で行うことが定められている。自社に作業環境測定士がいない場合は各都道府県労働局に登録されている作業環境測定機関に委託して測定してもらうことになる。

作業環境測定は作業環境測定士の仕事であるが，作業場所の環境状態を正しく評価するためには，測定のデザインが適切に行われることが重要であり，そのために作業主任者が作業現場のくわしい状況や作業内容等の情報を作業環境測定士に提供することが必要である。

2　測定のデザインと作業主任者

(1)　単位作業場所

作業環境測定基準によると，測定は「単位作業場所」ごとに行うことと定められている。単位作業場所とは，有機溶剤作業が行われる作業場の区域のうちで，①作業中の作業者の行動範囲と，②有機溶剤蒸気の濃度の分布状況を考慮して，作業環境管理が必要と考えられる区域のことである。

その理由は，有機溶剤蒸気へのばく露防止を目的に行う作業環境管理の趣旨から，作業中に作業者が行く可能性がある場所で，かつ測定すれば有機溶剤蒸気が検出される可能性のある範囲を作業環境管理の対象にする必要性があるからである。

作業環境測定士，特に社外の作業環境測定機関から派遣されてきた作業環境測定士にとって，各事業場で行われる有機溶剤作業の現状について十分な知識があるとは限らない。その場所で行われる作業をよく知る作業主任者が，①作業中に作業者が行動する区域はどこで，作業者が行くことのない区域はどこなのか，②どこで，どんな作業をするか，③有機溶剤蒸気を発散する可能性のある設備はどれか，④どこで，どういうときに溶剤の臭気を感じることがあるのかなど，必要な情報を提供することによって，作業環境測定士は適切な単位作業場所の範囲を決めることができる。

(2) A測定の意味と測定点，測定時刻

単位作業場所の平均的な有機溶剤蒸気の濃度の分布を調べるための測定を「A測定」という。A測定は，作為的な測定点の選定を防ぐために，単位作業場所の中に無作為に選んだ5点以上の測定点で行うことが，作業環境測定基準に定められている。測定点を無作為に選ぶ方法として等間隔系統抽出という方法があり，よく使われる測定点の決め方として，6m以下の等間隔で引いた縦，横の平行線の交点のうち，設備等があって測定が著しく困難な位置を除いたすべての交点を測定点とする方法（**図3-14**(1)），）また，狭い単位作業場所では対角線を引いて中心の1点と対角線上の4点を測定点とする方法（**図3-14**(2)）が使われる。

1測定点のサンプリング時間は連続した10分間以上と定められ，また平均的な濃度分布を求めるために，1単位作業場所の測定は1時間以上かけて行うこととされているので，測定点の決め方によっては，サンプリングが作業の邪魔になることもある。A測定は定常的な作業が行われている状態で行わなければならないので，サンプリングが邪魔になって普段と違う作業をしたのでは意味がない。作業主任者

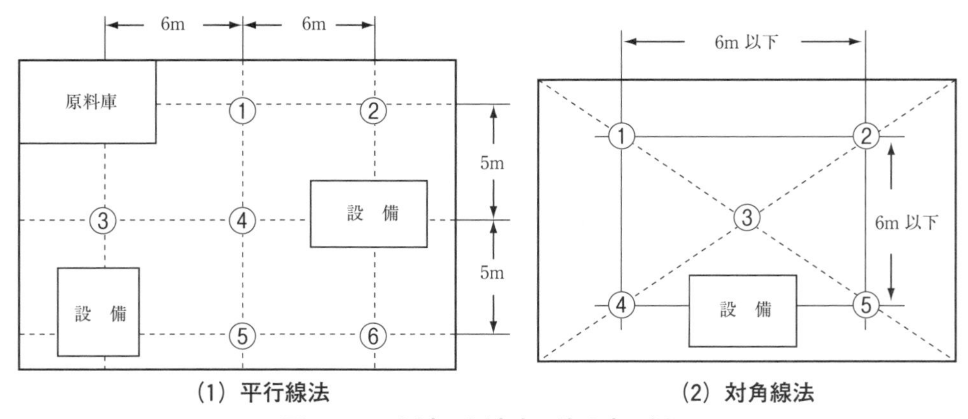

(1) 平行線法　(2) 対角線法

図3-14 A測定の測定点の決め方の例

は，作業環境測定士と事前に十分打ち合わせて，サンプリングの位置が定常的な作業の邪魔にならないように，測定点を決めてもらうとともに，作業者に対しては測定中普段通りの作業を続けるように指導しなければならない。

（3） B 測定の意味と測定点，測定時刻

発散源の近くで作業する作業者の高濃度ばく露の危険性を調べるための測定を「B 測定」という。後述（3　作業環境測定結果の評価と作業主任者）のとおり，「A 測定」では問題が無くても，発散源に近い場所では高濃度である場合があり，作業者が高い濃度にばく露される危険性が見逃される場合がある。

単位作業場所の中で次のような作業が行われる場合には，A 測定のほかに B 測定を行わなければならない。

① 作業者が発散源と一緒に移動しながら行う作業（移動作業），たとえばスプレーガンを持って移動しながら大きい物の表面を吹付け塗装する作業

② 作業者が発散源の近くにいて，有機溶剤蒸気を発散する作業を間欠的に行う作業（間欠作業），たとえば作業開始時に，有機溶剤が入っている設備の蓋を開いて原材料を投入する作業や，溶剤が入っている設備の内部を点検する作業

③ 作業者が，一定の場所で行う有機溶剤蒸気を発散する作業（固定作業），たとえば作業台の上で有機溶剤で物を拭いたり，洗浄する作業，容器の内側を溶剤で洗浄する作業，有機溶剤を使う洗浄槽から製品を取り出す作業

B 測定の対象となる作業は常時行われているとは限らないために，時には作業環境測定士が見落とすこともある。作業主任者は，測定のデザインに際して，くわしい作業内容等の情報を作業環境測定士に提供し，B 測定の必要性を判断してもらうことが重要である。

B 測定は，作業方法，作業姿勢，有機溶剤蒸気の発散状況等から判断して，有機溶剤蒸気の濃度が最大になると考えられる作業位置で，濃度が最大になると考えられる時を含む 10 分間，A 測定と同じ方法で測定する。

B 測定の対象となる有機溶剤取扱い作業が，A 測定の実施時間中に行われているとは限らない。A 測定の実施時間とは別に，そのような作業が行われる時に実施すればよい。場合によっては，B 測定のために特別にそのような作業を再現させて測定しても構わない。

（4） C 測定，D 測定

作業環境測定基準の改正（令和 3 年 4 月 1 日施行）により，塗装作業等有機溶剤の発散源の場所が一定しない作業が行われる単位作業場所については，A 測定に

写真3-12　個人サンプラー（パーソナルサンプラー）を装着した吹付け塗装作業者

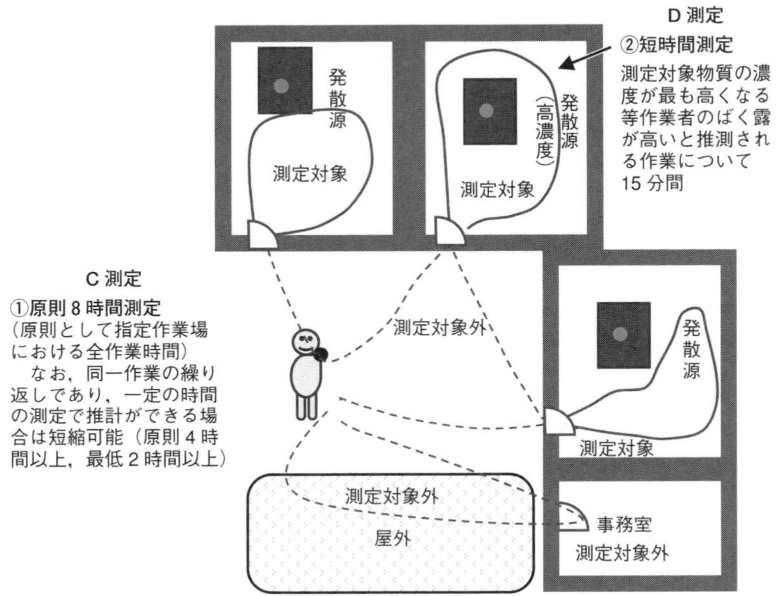

図3-15　個人サンプラーによる測定
（出典：厚生労働省「令和4年化学物質管理に係る専門家検討会中間取りまとめ」）

代えて5人以上の作業者の身体に個人サンプラー（パーソナルサンプラー）（**写真3-12**）を装着し全作業時間（最低2時間以上）試料を採取するC測定，有機溶剤の発散源に近接する場所で作業が行われる単位作業場所については，B測定に代えて作業者の身体に個人サンプラーを装着し濃度が最も高くなると思われる時間に15分間試料空気を採取するD測定を行うことができることになった（**図3-15**）。

3　作業環境測定結果の評価と作業主任者

作業環境測定の結果の評価は，作業環境評価基準に定められた方法で，単位作業場所ごとに，A測定の結果を統計的に処理して得られる2つの評価値およびB測定の結果を管理濃度（参考資料 4 参照）と比較して行う。なお，「管理濃度」とは学会等の勧告する許容濃度（ばく露限界）等をもとに，作業環境管理技術の実用可能性その他作業環境管理に関する国際的動向なども考慮して，行政的な見地から定められた作業環境状態を評価するための指標である。

評価を行う者は作業環境測定士でなくてもよいこととされているが，評価のために必要な数値の処理には相当な知識を必要とすることから，作業環境測定士が評価まで行うことが一般的である。

評価の結果は，**表 3–5**，**表 3–6** のとおり 3 つの管理区分で表される。

簡単にいうと，第 1 管理区分は環境が良好で現在の管理を続ければよい状態，第 2 管理区分は直ちに健康に影響は無いと判断されるが，なお改善の余地がある状態，第 3 管理区分は健康に対する影響も考えられるので，直ちに原因を調べて改善する必要がある状態を表している。

作業環境測定と評価の結果は，「作業環境測定結果報告書」に記載され，衛生委員会に報告審議されることとされているが，作業主任者は，管理区分など「作業環境測定結果報告書」に記載されている内容を理解し，作業者に評価結果を伝え，自

表 3–5　作業環境管理区分の意味

管理区分	平均的な環境状態（A 測定・C 測定）	高濃度ばく露の危険（B 測定・D 測定）
第 1 管理区分	管理濃度を超える危険率が 100 分の 5 より小さい	発散源に近い作業位置の最高濃度が管理濃度より低い
第 2 管理区分	平均濃度が管理濃度以下	発散源に近い作業位置の最高濃度が管理濃度の 1.5 倍以下
第 3 管理区分	平均濃度が管理濃度を超える	発散源に近い作業位置の最高濃度が管理濃度の 1.5 倍を超える

表 3–6　作業環境管理区分と講ずべき措置

管理区分	講ずべき措置
第 1 管理区分	現在の管理状態の継続的維持に努める
第 2 管理区分	施設，設備，作業工程または作業方法の点検を行い，その結果に基づき，作業環境を改善するために必要な措置を講ずるように努める
第 3 管理区分	①　施設，設備，作業工程または作業方法の点検を行い，その結果に基づき，作業環境を改善するために必要な措置を講ずる ②　作業者に有効な呼吸用保護具を使用させる ③　産業医が必要と認めた場合には，健康診断の実施その他労働者の健康の保持を図るために必要な措置を講ずる ④　環境改善の措置を講じた後再度作業環境測定を行い，第 1 または第 2 管理区分になったことを確認する

分達が働いている作業場所の環境がどのような状態にあるのか，そのままの状態で作業を続けてよいのか，改善を要する問題があるのか，問題がある場合にはどのような改善措置を必要とするのかなどを，報告書に書かれている作業環境測定士のコメントを参考にしながら，労働者に対し十分に説明して理解させ，作業方法等の改善が必要な場合には積極的な協力が得られるよう指導することが重要である。

なお，測定の結果が第2管理区分または第3管理区分と評価された作業場所については，評価の結果と改善のために講じた措置を掲示等の方法で労働者に周知させなければならない。

また，生殖毒性等女性に対して有害なトリクロロエチレン等12種類の有機溶剤（特別有機溶剤を含む）について，第3管理区分と評価された屋内作業場，船舶の内部，有機溶剤を入れたことのあるタンクの内部等で送気マスクまたは有機ガス用防毒マスクの使用が義務付けられている作業では女性の就労が禁止されている（女性労働基準規則第2条，第3条）。

4　作業環境測定結果の第3管理区分に対する措置

令和4年5月に公布され，令和6年4月に施行される有機則の改正により，事業者は，有機則等の特別規則による作業環境測定の評価の結果，第3管理区分に区分された場所については，作業環境改善等，次の措置を講じなければならないこととなる。

⑴　作業環境測定の評価結果が第3管理区分に区分された場合の措置（**図3-16**）

①　作業場所の作業環境の改善の可否と，改善できる場合の改善方策について，外部の作業環境管理専門家（29頁参照）の意見を聴くこと。

②　作業場所の作業環境改善が可能な場合，必要な改善措置を講じ，その効果を確認するための濃度測定を行い，結果を評価する。

⑵　上記①の結果，作業環境管理専門家が改善困難と判断した場合及び上記②の再測定評価の結果が第3管理区分に区分された場合の措置

①　個人サンプリング測定等による化学物質の濃度測定を行い，その結果に応じて作業者に有効な呼吸用保護具を使用させること。

②　呼吸用保護具が適切に装着されていることを確認すること。

③　保護具着用管理責任者（28頁参照）を選任し，呼吸用保護具の管理，有機溶剤作業主任者の職務に対する指導等を担当させること。

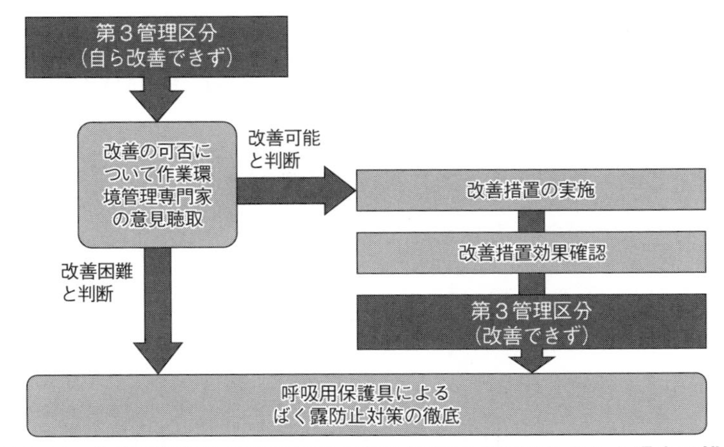

図 3-16　作業環境測定の評価結果が第3管理区分に区分された場合の措置
（出典：厚生労働省）

④　作業環境管理専門家の意見の概要および改善措置と濃度測定の評価の結果を作業者に周知すること。

⑤　上記措置を講じたときは，遅滞なくこの措置の内容を所轄労働基準監督署に届け出ること。

⑶　⑵の場所の評価結果が改善するまでの間の措置

①　6カ月以内ごとに1回，定期に，個人サンプリング測定等による化学物質の濃度測定を行い，その結果に応じて労働者に有効な呼吸用保護具を使用させること。

②　1年以内ごとに1回，定期に，呼吸用保護具が適切に装着されていることを確認すること。

⑷　その他

①　作業環境測定の結果，第3管理区分に区分され，改善措置を講ずるまでの間の応急的な呼吸用保護具についても，有効な呼吸用保護具を使用させること。

②　個人サンプリング測定等による測定結果，測定結果の評価結果，呼吸用保護具の装着確認結果を保存すること。

③　個人サンプリング測定による測定結果に応じて有効な呼吸用保護具等の措置を講じた場合は，作業環境測定基準（安衛法第65条第1項，第2項）に基づく作業環境測定を行うことは要しないとされる見込みである（令和5年4月公布，令和6年1月施行予定）。

5　個人サンプリング法の適用対象作業場と適用対象物質の改正

作業環境測定基準の改正により次に掲げる作業環境測定は，新たに個人サンプリング法により行うことができる見込みである。

① 粉じん（遊離けい酸の含有率が極めて高いものを除く）の濃度の測定
② 安衛令に掲げる特定化学物質のうち15物質※の濃度の測定
※アクリロニトリル，エチレンオキシド，オーラミン，オルト-トルイジン，酸化プロピレン，三酸化二アンチモン，ジメチル-2,2-ジクロロビニルホスフェイト，臭化メチル，ナフタレン，パラ-ジメチルアミノアゾベンゼン，ベンゼン，ホルムアルデヒド，マゼンタ，リフラクトリーセラミックファイバー，硫酸ジメチル
③ 安衛令に掲げる第1種および第2種有機溶剤（特別有機溶剤を含む）の濃度の測定

参考文献

1) 沼野雄志『新　やさしい局排設計教室』（第7版）中央労働災害防止協会，2019年
2) 日本作業環境測定協会編『新訂　作業環境測定のための労働衛生の知識』（公社）日本作業環境測定協会，2005年
3) 写真は沼野撮影によるもの。ただし，写真3-9「いろいろな型式のプッシュプル型換気装置(ロ)～(ニ)」は興研㈱の提供による。

（参考）管理濃度，許容濃度等について

管理濃度

管理濃度は，作業環境管理を進める過程で，有害物質に関する作業環境の状態を評価するために，作業環境測定基準に従って単位作業場所について実施した測定結果から，単位作業場所の作業環境管理の良否を判断する際の管理区分を決定するための指標であり，厚生労働省告示の「作業環境評価基準」（昭和63年労働省告示第79号，最終改正：令和2年厚生労働省告示第192号）で定められている。

許容濃度

許容濃度とは，労働者が1日8時間，週間40時間程度，肉体的に激しくない労働強度で有害物質にばく露される場合に，当該有害物質の平均ばく露濃度がこの数値以下であれば，ほとんどすべての労働者に健康上の悪い影響が見られないと判断される濃度であり，法令ではなく日本産業衛生学会が勧告している。

ばく露時間が短い，あるいは労働強度が弱い場合でも，許容濃度を超えるばく露は避けるべきである。

なお，ばく露濃度とは呼吸用保護具を装着していない状態で，労働者が作業中に吸入するであろう空気中の当該物質の濃度である。

第４編

労働衛生保護具

各章のポイント

【第１章】概説

□　有機溶剤に係る業務で使用する労働衛生保護具について知る。

【第２章】呼吸用保護具の種類と防護係数

□　この章では，呼吸用保護具の種類・選択方法，防護係数について学ぶ。

【第３章】防毒マスク

□　この章では，防毒マスクの種類・構造や選択・保守管理に当たっての留意点について学ぶ。

【第４章】送気マスク

□　この章では，送気マスクの種類・構造や使用の際の注意事項について学ぶ。

□　空気呼吸器は自給式呼吸器の一種であり，災害時の救出作業等の緊急時に使用される。

【第５章】化学防護衣類等

□　この章では，化学防護手袋・化学防護服や保護めがね等の種類や使用の際の注意事項について学ぶ。

第1章　概　　説

有機溶剤による健康障害を防ぐには，作業環境の改善をまず第一に行うことが必要である。しかし，臨時の作業等で十分な作業環境の改善の効果が期待できないような場合や，あるいは作業環境の改善を進めた上でさらに作業者の有機溶剤へのばく露を低減させたい場合に労働衛生保護具を使用するのが，正しい保護具の使い方である。ばく露の危険性のある作業環境をそのままにしておいて，初めから保護具に頼ろうとすることは誤りである。

有機溶剤に係る業務で使用する労働衛生保護具には，吸入による健康障害や急性中毒を防止するための，有機ガス用防毒マスク，送気マスク等の呼吸用保護具と，皮膚接触による吸収，皮膚障害を防ぐために使用有機溶剤に対して透過しにくい素材の化学防護手袋，化学防護服，化学防護長靴等の化学防護衣類，および眼を保護する保護めがねがある。

これらの保護具は作業者の健康と生命を守る大切なものである。そのため有機溶剤用（有機ガス用）の防毒マスクについては，「防毒マスクの規格」（平成12年労働省告示第88号，最終改正：平成13年厚生労働省告示第299号）に基づく国家検定が義務付けられており，また，保護具については**表4-1**の日本産業規格（JIS規格）によって構造と性能が規定されている。防毒マスクは，平成17年2月7日（最終改正：平成30年4月26日）に厚生労働省から「防毒マスクの選択，使用等について」，化学防護手袋については平成29年1月12日に「化学防護手袋の選択，使用等について」という通達が出されているので，参照する必要がある（参考資料5，7参照）。

作業主任者は，保護具の使用状況を監視する職務を確実に遂行しなければならない。具体的には，以下の事項が重要になる。

①　保護具共通

・防毒マスクは検定合格標章のついた保護具を選定し，その他はJIS規格に適合する保護具（表4-1）を選ぶ。

・保護具の適正な選択，装着，交換および廃棄方法等について理解する。

②　呼吸用保護具

・有機溶剤の吸入ばく露を防護するために，用途に適した呼吸用保護具を使用させる。

・防毒マスクは作業者の顔にあった面体の呼吸用保護具を選定し，当該防毒マスクの取扱説明書，ガイドブック，パンフレット等に基づき，適正な装着方法，使用方法，および顔面と面体の密着性の確認方法について十分な教育や訓練を行い，使用の都度，作業開始に先立って作業者が実行していることを確認する。

・ろ過材，吸収缶はいつまでも使用できるものではなく，適切な交換が必要である。

③　化学防護手袋，化学防護服，保護めがね

・有機溶剤の経皮吸収による有害性を確認する。日本産業衛生学会の許容濃度に（皮）表示やACGIHのTLVsに（Skin）表示が記載されている物質を使用するときは化学防護手袋，化学防護服や保護めがね等の使用を考慮する。

・使用する有機溶剤に対する化学防護手袋，化学防護服の耐透過時間をふまえて，作業現場での化学防護手袋，化学防護服の使用可能時間をあらかじめ設定し，その設定時間を限度に化学防護手袋・化学防護服を使用させる。

表4-1　有機溶剤による健康障害防止用保護具の日本産業規格

JIS T 8152	防毒マスク
JIS T 8153	送気マスク
JIS T 8154	有毒ガス用電動ファン付き呼吸用保護具
JIS T 8115	化学防護服
JIS T 8116	化学防護手袋
JIS T 8117	化学防護長靴
JIS T 8147	保護めがね

〔参考〕

表4-1にあるJIS T 8154有毒ガス用電動ファン付き呼吸用保護具は，令和5年春に国家検定化される予定である。国家検定品の名称は「防毒機能を有する電動ファン付き呼吸用保護具」になる見込みである。

第 2 章　呼吸用保護具の種類と防護係数

1　呼吸用保護具の種類

呼吸用保護具は種類によって，使用できる環境条件や，対象物質，使用可能時間等が異なり，通常の作業用か火災・爆発・その他の事故時の救出用かなどの用途によっても異なるので，使用に際しては用途に適した正しい選択をしなければならない。

呼吸用保護具は，大きく分けて，ろ過式（作業者周囲の有害物質をマスクのろ過材や吸収缶により除去し，有害物質の含まれない空気を呼吸に使用する形式）と，給気式（離れた位置からホースを通して新鮮な空気を呼吸に使用する，または，空気または酸素ボンベを作業者が携行しボンベ内の空気または酸素を呼吸に使用する形式）がある（図 4-1）。

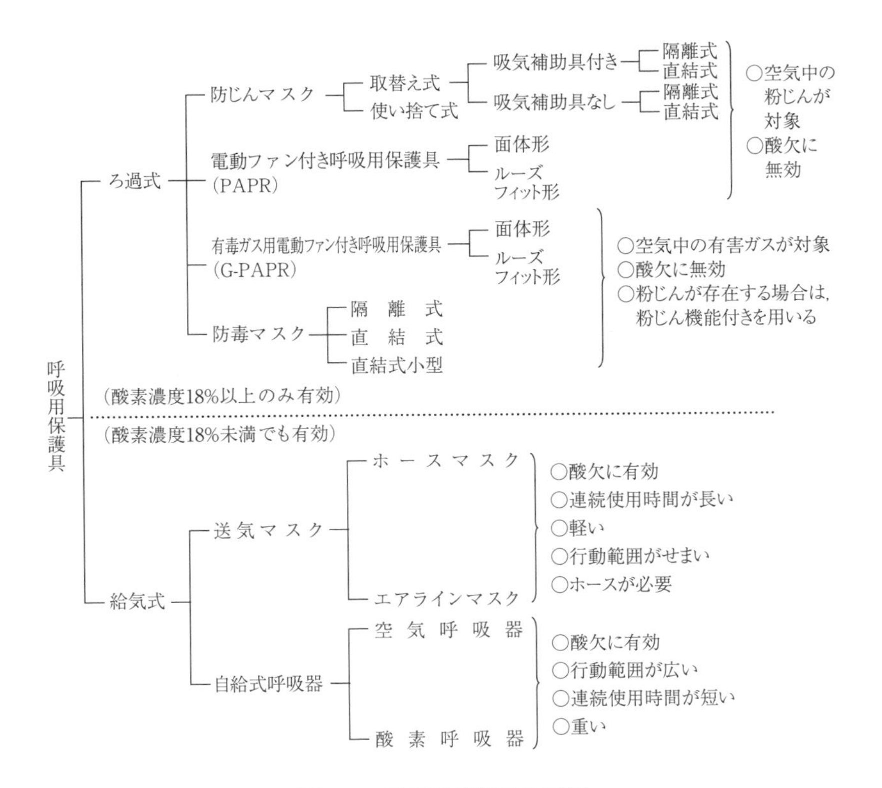

図 4-1　呼吸用保護具の種類

(1) 防毒マスク

防毒マスクは，作業環境中の有害なガス，蒸気を吸入することにより発生する中毒等の健康障害を防止するため，ガス，蒸気を吸収缶で除去する保護具である。防毒マスク（ハロゲンガス用，有機ガス用，一酸化炭素用，アンモニア用，亜硫酸ガス用）については，厚生労働大臣または登録型式検定機関の行う型式検定に合格したものを使用しなければならない。

(2) 送気マスク

送気マスクは，清浄な空気を有害な環境以外からパイプ，ホース等により作業者に給気する呼吸用保護具である。送気マスクには，自然の大気を空気源とするホースマスクと圧縮空気を空気源とするエアラインマスクおよび複合式エアラインマスクがある。

(3) 自給式呼吸器

自給式呼吸器は，清浄な空気または酸素を携行し，それを給気する呼吸用保護具で，圧縮空気を使用する空気呼吸器と酸素を使用する酸素呼吸器がある。

(4) 防じんマスク

防じんマスクは，作業環境中に浮遊する粉じん，ミスト，ヒューム等の粒子状物質を吸入することにより発生するじん肺などの呼吸器障害を防止するため，粒子状物質をろ過材で除去する保護具である。平成30年5月より，吸気補助具付き防じんマスクも防じんマスクとして分類された。厚生労働大臣または登録型式検定機関の行う型式検定に合格したものを使用しなければならない。

(5) 電動ファン付き呼吸用保護具（PAPR）

電動ファン付き呼吸用保護具は，作業環境中に浮遊する粉じん，ミスト，ヒューム等の粒子状物質をろ過材で清浄化した空気を，電動ファンにより作業者に供給する呼吸用保護具である。厚生労働大臣または登録型式検定機関の行う型式検定に合格したものを使用しなければならない。

(6) 有毒ガス用電動ファン付き呼吸用保護具（G-PAPR）

有毒ガス用電動ファン付き呼吸用保護具は，電動ファン付き呼吸用保護具のろ過材を，有毒なガス，蒸気を除去する吸収缶に替えたものである。

特徴は，電動ファン付き呼吸用保護具と同じである。

2　呼吸用保護具の選択方法

呼吸用保護具の選択は作業現場における作業環境等の状況に対応して行う必要があり，その方法を**図4-2**に示す。

① 空気中の酸素濃度が18%未満である作業場，あるいは酸素濃度が分からない作業場では，ろ過式呼吸用保護具を使用できない。

② 空気中の酸素濃度が18%以上あり，有害物質の種類が分からない場合は，送気マスクまたは自給式呼吸器を使用する。

③ 気体状物質のときは使用する吸収缶に限界があるため，ガスまたは蒸気の濃度が2%以下（図4-2の（注）参照）である場合のみ，防毒マスクを使用することができる。

有機溶剤を取り扱う作業では，対象物質に適した防毒マスクまたは送気マスクを使用する。自給式呼吸器は災害時の救出作業等の緊急時に用いるもので，通常の有機溶剤作業に使用するのは適当ではない。

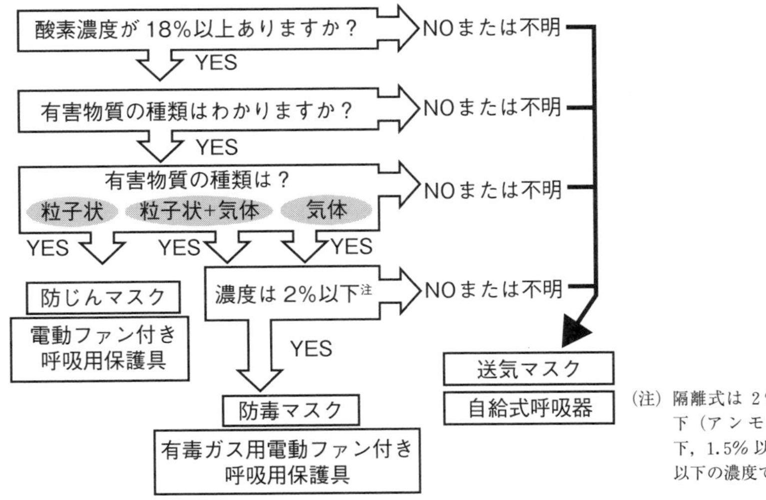

（注）隔離式は2%以下，直結式は1%以下（アンモニアはそれぞれ3%以下，1.5%以下），直結式小型は0.1%以下の濃度で使用可。

図4-2　呼吸用保護具の選択方法

3　防護係数，指定防護係数

呼吸用保護具を装着したときに有害物質からどのくらい防護できるかを示すものとして防護係数がある。防護係数とは呼吸用保護具の防護性能を表す数値であり，次の式で表すことができる。

$$PF = \frac{C_0}{C_i}$$

PF：防護係数　C_0：面体等の外側の有害物質濃度

C_i：面体等の内側の有害物質濃度

すなわち，防護係数が高いほど，マスク内への有害物質の漏れ込みが少ないことを示し，作業者のばく露が少ない呼吸用保護具といえる。また，C_iを有機溶剤の管理濃度やばく露限界（日本産業衛生学会の許容濃度，米国ACGIHのTLVsなど）とし，防護係数を乗じることにより，C_0，すなわち，呼吸用保護具がどの程度作業環境濃度あるいはばく露濃度まで使用できるかが予想できる。

指定防護係数は，実験結果から算定された多数の防護係数値の代表値である。訓練された着用者が，正常に機能する呼吸用保護具を正しく着用した場合に，少なくとも得られると期待される防護係数を示している。JIS T 8150（呼吸用保護具の選択，使用及び保守管理方法）にある指定防護係数を**表4-2**に示す。

表4-2　指定防護係数一覧

呼吸用保護具の種類				指定防護係数	備考
防じんマスク	取替え式	全面形面体	RS3又はRL3	50	RS 1，RS 2，RS 3，RL 1，RL 2，RL 3，DS 1，DS 2，DS 3，DL 1，DL 2及びDL 3は，防じんマスクの規格（昭和63年労働省告示第19号）第1条第3項の規定による区分であること。
			RS2又はRL2	14	
			RS1又はRL1	4	
		半面形面体	RS3又はRL3	10	
			RS2又はRL2	10	
			RS1又はRL1	4	
	使い捨て式		DS3又はDL3	10	
			DS2又はDL2	10	
			DS1又はDL1	4	
電動ファン付き呼吸用保護具	全面形面体	S級	PS3又はPL3	1,000	S級，A級及びB級は，電動ファン付き呼吸用保護具の規格（平成26年厚生労働省告示第455号）第1条第4項の規定による区分であること。PS1，PS2，PS3，PL1，PL2及びPL3は，同条第5項の規定による区分であること。
		A級	PS2又はPL2	90	
		A級又はB級	PS1又はPL1	19	
	半面形面体	S級	PS3又はPL3	50	
		A級	PS2又はPL2	33	
		A級又はB級	PS1又はPL1	14	
	フード形又はフェイスシールド形	S級	PS3又はPL3	25	
		A級		20	
		S級又はA級	PS2又はPL2	20	
		S級，A級又はB級	PS1又はPL1	11	
その他の呼吸用保護具	循環式呼吸器	全面形面体	圧縮酸素形かつ陽圧形	10,000	
			圧縮酸素形かつ陰圧形	50	
			酸素発生形	50	
		半面形面体	圧縮酸素形かつ陽圧形	50	
			圧縮酸素形かつ陰圧形	10	
			酸素発生形	10	
	空気呼吸器	全面形面体	プレッシャデマンド形	10,000	
			デマンド形	50	
		半面形面体	プレッシャデマンド形	50	
			デマンド形	10	
	エアラインマスク	全面形面体	プレッシャデマンド形	1,000	
			デマンド形	50	
			一定流量形	1,000	
		半面形面体	プレッシャデマンド形	50	
			デマンド形	10	
			一定流量形	50	
		フード形又はフェイスシールド形	一定流量形	25	
	ホースマスク	全面形面体	電動送風機形	1,000	
			手動送風機形又は肺力吸引形	50	
		半面形面体	電動送風機形	50	
			手動送風機形又は肺力吸引形	10	
		フード形又はフェイスシールド形	電動送風機形	25	
半面形面体を有する電動ファン付き呼吸用保護具		S級かつPS3又はPL3		300	S級は，電動ファン付き呼吸用保護具の規格（平成26年厚生労働省告示第455号）第1条 第4項，PS3及びPL3は，同条第5項の規定による区分であること。
フード形の電動ファン付き呼吸用保護具				1,000	
フェイスシールド形の電動ファン付き呼吸用保護具				300	
フード形のエアラインマスク		一定流量形		1,000	

（令和2年厚生労働省告示第286号別表1～4より）

第3章　防毒マスク

1　防毒マスクの構造と選定

防毒マスクは，その形状および使用の範囲により隔離式防毒マスク，直結式防毒マスクおよび直結式小型防毒マスクの3種類（**写真 4-1**）があり，さらに面体は，その形状により全面形，半面形に区分される。

防毒マスク用吸収缶の種類は**写真 4-2** のとおりであり，防毒マスクの使用の範囲については「防毒マスクの規格」（平成2年労働省告示第68号）により**表 4-3** のとおりとなっている。

有害性の高い有機溶剤蒸気が高濃度で存在する場合，吸収缶の能力は対応できて

（隔離式・全面形）

（直結式・全面形）

（直結式小型・半面形）

写真 4-1　防毒マスクの例

（隔離式用）

（直結式用）

（直結式小型用）

写真 4-2　防毒マスク用吸収缶の例

表4-3　防毒マスクの使用区分

種　　類	使用の範囲（ガスまたは蒸気の濃度）
隔　離　式	2%（アンモニアにあっては3%）以下の大気中で使用するもの
直　結　式	1%（アンモニアにあっては1.5%）以下の大気中で使用するもの
直結式小型	0.1% 以下の大気中で使用する非緊急用のもの

(注) ①　酸素濃度が18% に満たない場所で使用することは認められない。この場合は，給気式呼吸用保護具を使用する。
②　使用の範囲を超える濃度の場所では使用しないこと。
③　顔面と面体の接顔部は十分気密が保たれるように装着すること。
④　吸収缶の使用限度時間（破過時間）を超えて使用しないこと。

も，作業者の顔とマスク面体との接顔部の間からの漏れ（本章の3参照）やマスク排気弁からの漏れなど，ごくわずかな漏れであってもばく露を防ぐことはできない。装着者のマスク内濃度が有機溶剤のばく露限界以下の範囲でマスクを使用する必要がある。

2　吸　収　缶

吸収缶は，その種類ごとに有効な適応ガスが定まっており，外部側面が**表4-4**のとおり色分けされるとともに，色分け以外の方法によりその種類が表示されている。有機溶剤を使用する職場で使用する吸収缶の色は黒で，文字で「有機ガス用」と表示されている（写真4-2）。

また，それぞれの種類ごとに，防じん機能を有しないもの（フィルタ無し）と防じん機能を有するもの（フィルタ付き）があり，防じん機能を有する防毒マスクにあっては，吸収缶のろ過材がある部分に白線が入っている。

ガスまたは蒸気状の有害物質が粉じん等と混在している作業環境中では，粉じん等を捕集する防じん機能を有する防毒マスクを使用させる。

防じん機能を有する防毒マスクの粒子捕集効率による区分と等級別記号を**表4-5**に示す。

作業環境中の粉じん等の種類，発散状況，作業時のばく露の危険性の程度等を考慮した上で，適切な区分のものを選ぶ必要がある。一般の粉じんには固体の試験粒子を用いた粒子捕集効率試験に合格した吸収缶（S1，S2およびS3）を選び，粉じん等にオイルミスト等が混じって存在する場合は，液体の試験粒子を用いた粒子捕集効率試験に合格した吸収缶（L1，L2およびL3）を選ぶ。粒子捕集効率が高いほど，粉じん等をよく捕集できる。

表 4-4　吸収缶の色

種　　類	色	種　　類	色
★ハロゲンガス用	灰/黒	硫化水素用	黄
酸性ガス用	灰	臭化メチル用	茶
★有機ガス用	黒	水銀用	オリーブ
★一酸化炭素用	赤	ホルムアルデヒド用	オリーブ
一酸化炭素・有機ガス用	赤/黒	リン化水素用	オリーブ
★アンモニア用	緑	エチレンオキシド用	オリーブ
★亜硫酸ガス用	黄赤	メタノール用	オリーブ
シアン化水素用(青酸用)	青		

★印は国家検定実施品

表 4-5　粒子捕集効率による区分と等級別記号

粒子捕集効率(%)	等級別記号	
	DOP 粒子による試験	NaCl 粒子による試験
99.9 以上	L 3	S 3
95.0 以上	L 2	S 2
80.0 以上	L 1	S 1

※DOP：フタル酸ジオクチル，
NaCl：塩化ナトリウム

吸収缶の除毒能力には限界がある。吸収剤に有毒ガスが捕集されていくと，ある時間から捕集しきれなくなり，有毒ガスは吸収剤で捕集されずに通過してしまう。この状態を「破過」と呼ぶ。

吸収缶の破過時間（吸収缶が破過状態になるまでの時間）は，おおよそ有機溶剤の濃度に反比例し，高濃度の場合には，短時間で能力を失ってしまう（**図 4-3**）。

有機ガス用防毒マスクの吸収缶は，有機ガスの種類により「防毒マスクの規格」第7条に規定される除毒能力試験の試験ガス（シクロヘキサン）と異なる破過時間を示す場合がある。**図 4-4** のように沸点と破過時間に相関がみられ，沸点の低いメタノール，ジクロロメタン（特別有機溶剤），二硫化炭素，アセトン等については，試験ガス（シクロヘキサン）に比べて破過時間が著しく短くなるので注意が必要である。

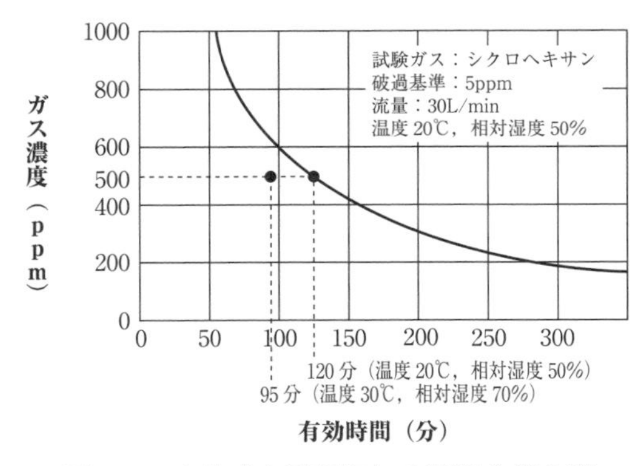

図 4-3　直結式小型吸収缶の破過曲線の例

実線で示した温度 20℃，相対湿度 50% の有効時間に比べ，温度 30℃，相対湿度 70% になると，500 ppm のガス濃度で 95 分と短くなることを示している。

また，防毒マスクを使用する環境の温度，相対湿度によっても，吸収缶の破過時間が短くなる場合がある（図 4-3 参照）。有機ガス用防毒マスクの吸収缶は，一般に当該吸収缶を使用する環境の温度，湿度が高いほど破過時間が短くなる傾向があり，使用する有機溶剤の沸点が低いほど，その傾向が顕著である。作業主任者は環境の温度，相対湿度の変化により吸収缶が有効に機能しなくな

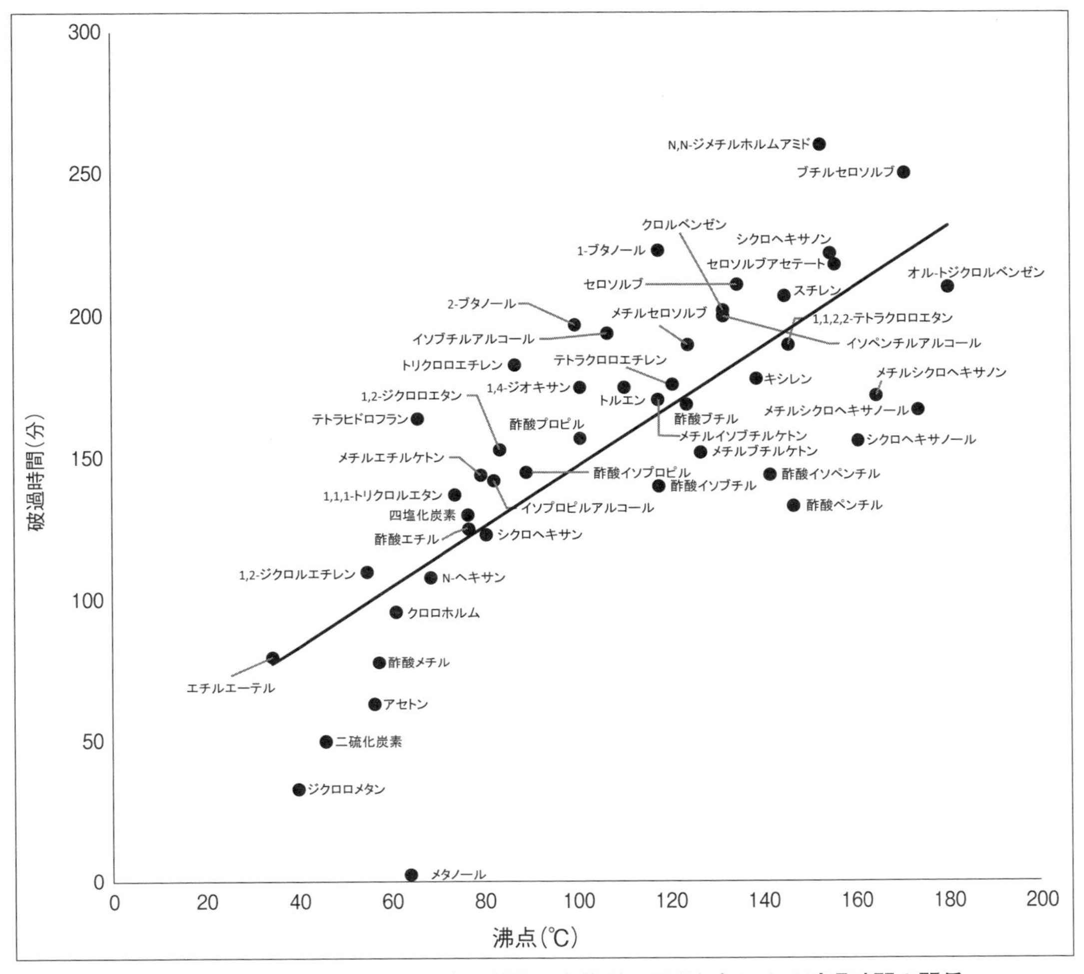

図 4-4　46 種類の有機溶剤の沸点に対する有機ガス用吸収缶による破過時間の関係

(出典：田中茂等：有機溶剤蒸気 46 物質に対する有機ガス用吸収缶の破過時間,『産業医学』35 巻 4 号, 290-291 p (1993) 一部改変)

有機溶剤 300 ppm の有機溶剤濃度を温度 20℃, 相対湿度 50%, 流量 30 L/分で通気し, 破過濃度 5 ppm が得られる時間を求めた。

ることがあることを理解し, 作業者に説明しなければならない。

有機ガス用吸収缶の破過は, 使用している有機溶剤の種類や濃度, 環境中の温度や相対湿度, そして作業者の呼吸量などの因子で大きく変化する。そのため, 作業者が吸収缶の破過を予測し, 交換時期を推定するのはなかなか難しい。ここでは 2 つの方法について説明する。

(1)　吸収缶から漏れ出てくる有機溶剤の臭気により確認する方法

有機溶剤の臭気等を感知できる濃度がばく露限界より著しく小さい物質に限り行ってよいとされ, アセトン, クレゾール, 酢酸イソブチル, 酢酸イソプロピル, 酢酸エチル, 酢酸ブチル, 酢酸プロピル, スチレン(特別有機溶剤), 1-ブタノール, 2-

ブタノール，メチルイソブチルケトン（特別有機溶剤），メチルエチルケトンなどの例が挙げられている（参考資料5の第1の3(4)参照)。この方法では，面体と顔面からの接触面からの漏洩（えい）による臭気との区別ができない，嗅覚には個人差があること等を考慮する必要がある。

(2)　吸収缶に添付されているシクロヘキサンの破過曲線図を参照する方法

使用する有機溶剤により破過時間が異なるため，補正が必要である。そこで，図4-4より，シクロヘキサンの破過時間に対する各有機溶剤の破過時間の比率（相対破過比：RBT）を求め，シクロヘキサンに対する相対破過比を求めた結果を**表4-6**に示す。

まず，作業者のばく露濃度（あるいは作業環境測定のB測定での有機溶剤濃度）より，シクロヘキサンによる破過曲線図を利用し，シクロヘキサンによる破過時間（A分）を求める。次に，使用している有機溶剤の相対破過比をA分に乗じることにより，破過時間を推定することができる。混合有機溶剤の場合は，一番破過時間の短い物質が最初に破過することを踏まえることが必要である。

【例】　アセトン濃度0.01%（100 ppm）の場合の推定破過時間を求める場合

表4-6を利用すると，アセトンの相対破過比は0.51であることが分かる。シクロヘキサン濃度が0.01%（100 ppm）のとき破過時間が300分であるとすると，

アセトンに対する推定破過時間

＝シクロヘキサンに対する破過時間×相対破過比

＝300（分）×0.51

＝153（分）

となる。作業主任者は，作業者に対して吸収缶の使用時間が153分に達する前に交換するように指導する。

表4-6　シクロヘキサンに対する相対破過比（RBT）例

有機溶剤名	RBT	有機溶剤名	RBT	有機溶剤名	RBT
N,N-ジメチルホルムアミド	2.11	キシレン	1.42	酢酸イソブチル	1.14
ブチルセロソルブ	2.03	トルエン	1.42	1,1,1-トリクロルエタン	1.11
1-ブタノール	1.81	1,4-ジオキサン＊	1.42	酢酸ペンチル	1.08
シクロヘキサノン	1.80	メチルイソブチルケトン＊	1.40	四塩化炭素＊	1.06
セロソルブアセテート	1.77	メチルシクロヘキサノン	1.40	酢酸エチル	1.02
セロソルブ	1.71	酢酸ブチル	1.37	1,2-ジクロルエチレン	0.89
オルト-ジクロルベンゼン	1.70	メチルシクロヘキサノール	1.36	N-ヘキサン	0.88
スチレン＊	1.68	テトラヒドロフラン	1.33	クロロホルム＊	0.78
クロルベンゼン	1.64	酢酸プロピル	1.28	エチルエーテル	0.65
イソペンチルアルコール	1.63	シクロヘキサノール	1.27	酢酸メチル	0.63
2-ブタノール	1.60	1,2-ジクロロエタン＊	1.24	アセトン	0.51
イソブチルアルコール	1.58	メチルブチルケトン	1.24	二硫化炭素	0.41
1,1,2,2-テトラクロロエタン＊	1.54	酢酸イソプロピル	1.18	ジクロロメタン＊	0.23
メチルセロソルブ	1.54	メチルエチルケトン	1.17	メタノール	0.02
トリクロロエチレン＊	1.49	酢酸イソペンチル	1.17		
テトラクロロエチレン＊	1.43	イソプロピルアルコール	1.15		

＊特別有機溶剤（特定化学物質）

3　作業者の顔に密着性の良い面体の選定

作業者によって顔の形状が異なるため，作業者の顔面に合う密着性のよい面体の防毒マスクを選定することが重要である。作業者がマスクを装着して吸入したとき，吸気時に面体内が陰圧（マイナス圧）となり，顔面との密着性が悪いマスクを選定すると，環境中の有機溶剤蒸気が面体との隙間から侵入し，作業者は有機溶剤蒸気を吸入することになる。

マスクを選定する方法として，陰圧法によるシールチェックがある。これは，マスクを装着し，空気取り入れ口（吸収缶の入口部分）を，メーカーが市販しているフィットチェッカーあるいは，作業者の手のひらでふさいで，吸気したとき苦しくなり，面体が吸いつく（密着する）ようなマスクを選定する（**図 4-5，図 4-6，図 4-7**）。これらの方法によって，マスクを装着するたびごとにチェックすることも重要である。

吸気口にフィットチェッカーを取り付けて息を吸うとき，瞬間的に吸うのではなく，2～3 秒の時間をかけてゆっくりと息を吸い，苦しくなれば，空気の漏れ込みが少ないことを示す。

図 4-5　フィットチェッカーを用いたシールチェック

吸気口を手のひらでふさぐときは，押し付けて面体が押されないように，反対の手で面体を押さえながら息を吸い，苦しくなれば空気の漏れ込みが少ないことを示す。

図 4-6　手のひらを用いたシールチェック

図 4-7　隔離式吸収缶では連結管をつぶしてシールチェック

隔離式吸収缶では連結管をつぶしてシールチェックを行う方法が有効である。

4　防毒マスクの使用と管理の方法

事業者は，作業に適した防毒マスクを選択し，防毒マスクを着用する作業者に対し，当該防毒マスクの取扱説明書等に基づき，防毒マスクの適正な装着方法，使用方法および顔面と面体の密着性の確認方法について十分な教育や訓練を行う。

防毒マスクの選択，使用等に当たっては，次に掲げる事項について特に留意する必要がある（参考資料 5 参照）。

（1）　防毒マスクの選定に当たっての留意点

① 防毒マスクは型式検定合格標章により型式検定合格品であることを確認する（**図 4-8** 参照）。

② 防毒マスクの性能が記載されている取扱説明書等を参考にそれぞれの作業に適した防毒マスクを選ぶ。

③ 着用者の顔面と防毒マスクの面体との密着が十分でなく漏れがあると，有害物質の吸入を防ぐ効果が低下するため，防毒マスクの面体は，着用者の顔面に合った形状および寸法の接顔部を有するものを選択する。また，顔面への密着性の良否を確認すること。顔面との密着性はフィットチェッカー等を用いて確

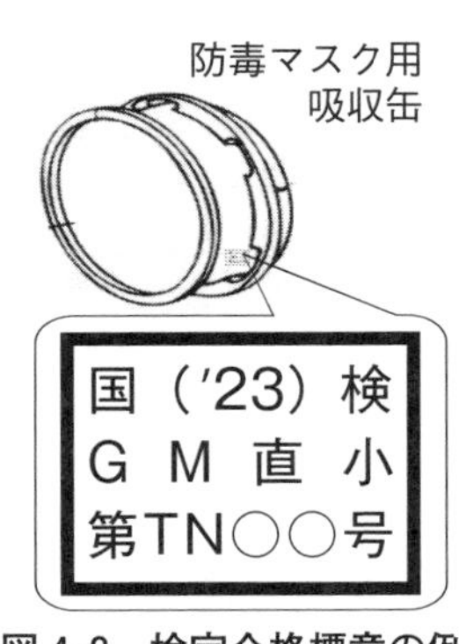

図 4-8　検定合格標章の例

認することができる。

（２）　防毒マスクの使用に当たっての留意点

① 防毒マスクは，酸素濃度18％未満の場所では使用してはならない。このような場所では給気式呼吸用保護具を使用する。

② 防毒マスクを着用しての作業は，通常より呼吸器系等に負荷がかかることから，呼吸器系等に疾患がある者については，防毒マスクを着用しての作業が適当であるか否かについて，産業医等に確認する。

③ 防毒マスクを着用する前には，その都度，吸気弁や排気弁における亀裂，変形の有無等の点検を行う。

④ 防毒マスクの使用時間について，当該防毒マスクの取扱説明書等および破過曲線図，製造者への照会結果等に基づいて，作業場所における空気中に存在する有害物質の濃度ならびに作業場所における温度および湿度に対して余裕のある使用限度時間をあらかじめ設定し，その設定時間を限度に防毒マスクを使用する。

⑤ 防毒マスクの使用中に有害物質の臭気等を感知した場合は，直ちに着用状態の確認を行い，必要に応じて吸収缶を交換する。

⑥ 一度使用した吸収缶は，破過曲線図，使用時間記録カード等により，十分な除毒能力が残存していることを確認できるものについてのみ，再使用する。

⑦ 顔面と面体の接顔部の位置，しめひもの位置および締め方等を適切にする。

⑧ 着用後，防毒マスクの内部への空気の漏れ込みがないことをフィットチェッカー等で確認する。

⑨ タオル等を当てたり，面体の接顔部に「接顔メリヤス」等を使用したり，着用者のひげ，もみあげ，前髪等が面体の接顔部と顔面の間に入り込んだり，排気弁の作動を妨害するような状態で防毒マスクを使用することは，有害物質が面体の接顔部から面体内へ漏れ込むおそれがあるため，行わない。

⑩ 防じんマスクの使用が義務付けられている業務であって防毒マスクの使用が必要な場合には，防じん機能を有する防毒マスクを使用する。

また，吹付け塗装作業等のように，防じんマスクの使用の義務付けがない業務であっても，有機溶剤の蒸気と塗料の粒子等の粉じんとが混在している場合については，防じん機能を有する防毒マスクを使用することが望ましい。

（３）　防毒マスクの保守管理上の留意点

① 予備の防毒マスク，吸収缶その他の部品を常時備え付け，適時交換して使用

できるようにする。

② 使用後は有害物質および湿気の少ない場所で，面体，吸気弁，排気弁，しめひも等の破損，亀裂，変形等の状況および吸収缶の固定不良，破損等の状況を点検するとともに，手入れを行う。

③ 破損，亀裂もしくは著しい変形を生じた場合または粘着性が認められた場合等には，部品を交換するか，廃棄する。

④ 点検後，直射日光の当たらない，湿気の少ない清潔な場所に専用の保管場所を設け，管理状況が容易に確認できるように保管すること。なお，保管に当たっては，積み重ね，折り曲げ等により面体，連結管，しめひも等について，亀裂，変形等の異常を生じないようにする。

⑤ 使用済みの吸収缶の廃棄に当たっては，吸収剤が飛散しないように容器または袋に詰めた状態で廃棄する。

参考として，「防毒マスクの検定合格品の掲載ホームページ」「有機ガス用防毒マスク点検チェックリスト」を掲げる。

【参考1】 防毒マスクの検定合格品の掲載ホームページ

防毒マスクの検定合格品については，公益社団法人産業安全技術協会のホームページ（https://www.tiis.or.jp/）に一覧表が掲載されている。

【参考2】 有機ガス用防毒マスク点検チェックリスト

※作業者向けの「選び方・使い方」に関するチェックリスト（抜粋）

作業場名：			作業名：		
点検日時：　年　月　日（　）　：			判　定：○または×		
項目		チェックポイント	判定基準	判定	コメント
選び方	1	マスクの正しい選び方の教育を受けていますか。	教育を受けた。		教育を受けることが必要です。
	2	マスクと吸収缶には国家検定合格標章が付いていますか。	付いている。		国家検定合格品を使ってください。
	3	使用環境の濃度により，使用できるマスクが異なることを知っていますか。	知っている。		
	4	使用環境の濃度により使用できる吸収缶が異なることを知っていますか。	知っている。		直結式小型は0.1%，直結式は1%（アンモニアにあっては1.5%），隔離式は2%（アンモニアにあっては3%）以下で使用できます。
	5	作業環境に適した吸収缶を選びましたか。	作業環境に適した吸収缶を選んでいる。		適した吸収缶を選んでください。
	6	マスクの使用環境には粉じん等が混在していますか。	混在していない。		粉じん等が混在している場合には，防じん機能付きの吸収缶のものを使用しましょう。
	7	自分の顔に合った大きさのマスク面体を使っていますか。	知っている。		シールチェックを実施して面体を選びましょう。
使い方	8	マスクは使用前の点検をしていますか。	行っている。		行いましょう。
		・面体，排気弁，吸気弁，排気弁座がこわれたり，変形したり，キズなどはありませんか。	こわれていたり，変形したりしていない。		こわれている部品，あるいはマスクを取り替えてください。
		・吸気弁，排気弁および弁座に粉じん等が付着していませんか。	付着していない。		粉じん等が付着しているときには清掃するか，交換しましょう。
		・吸気弁・排気弁は弁座に正しく固定されていますか。	正しく固定されている。		取扱説明書に従って正しくつけましょう。
		・排気弁はきちんと閉じますか。	きちんと閉じている。		シールチェックで確認しましょう。
		・排気弁・吸気弁はきちんと動いていますか。	きちんと動いている。		不具合があるときには交換しましょう。
		・しめひもは十分に伸び縮みしますか。	十分に伸び縮みする。		伸びきってしまう前に取替えましょう。
	9	吸収缶は使用前の点検をしていますか。	行っている。		行いましょう。
		・吸収缶はきちんと取り付けられていますか。	きちんと取り付けている。		
		・吸収缶に水が浸入したり，破損または変形していませんか。	していない。		
		・吸収缶から変なにおいはしていませんか。	していない。		
		・ろ過材を分けることのできる吸収缶の場合，ろ過材はきちんと取り付けていますか。	きちんと取り付けている。		
		・未使用の吸収缶の場合，保存期限を過ぎていませんか。	過ぎていない。		
		・未使用の吸収缶の場合，包装が破れたりしていませんか。	破れていない。		
		・吸収缶は有効期限を過ぎたり，破過していませんか。	有効期限内で破過していない。		有効期限を過ぎているまたは破過している場合は新品に取り替えてください。
	10	長時間の作業に対しては，予備のマスク，または吸収缶を用意していますか。	用意している。		用意しましょう。
	11	面体は安定する状態で着けていますか。	安定して着けている。		
	12	シールチェックを行い，漏れのないことを確かめていますか。	確かめている。		確かめましょう。

項目	No.	チェックポイント	判定基準	判定	コメント
使用上の注意・交換時期	13	タオルなどを顔に当てた上から面体を着けていませんか。	タオルなどの上から面体を着けていない。		タオルなどの上から着けないでください（漏れの原因となります）。
	14	メリヤスカバーを使っていませんか。	メリヤスカバーは使っていない。		防毒マスクにメリヤスカバーを使ってはいけません（漏れの原因となります）。
	15	ひげや髪の毛が接顔部に触れていませんか。	触れていない。		できるだけひげは剃りましょう。着けた時に髪の毛などが入り込まないように注意してください。
	16	しめひもは所定の位置に安定した状態で着けていますか。	安定して着けている。		メーカーの取扱説明書に従って正しく着けてください。
	17	しめひもは十分に伸び縮みしますか。	伸び縮みする。		伸びる前に新品に取り替えてください。
	18	しめひもは作り直したりしていませんか。	作り直していない。		作り直さないでください。
	19	マスクを首元にぶら下げて移動などしていませんか。	していない。		やめましょう（有害物質がマスク内部に付着し危険です）。
	20	吸収缶は高温，多湿度環境で使用すると破過時間が短くなることを知っていますか。	知っている。		高温，多湿度環境では，破過時間が短くなりますので早めに新しいものと取り替えましょう。
	21	使用中に臭気を感じたら，安全な場所で新しい吸収缶と取り替えていますか。	取り替えている。		臭気を感じたら破過していますので，至急安全な場所で新しい吸収缶と取り替えてください。
	22	吸収缶は破過時間の前に取り替えていますか。	取り替えている。		破過時間の前に取り替えてください。取り替え時期を決めている場合は，取り替え基準に従って取り替えてください。
保守・管理	23	面体をきれいにしていますか（汚れを取り除く）。	きれいにしている。		メーカーの取扱説明書に従い行ってください。
	24	吸気弁，排気弁をきれいにしていますか。	きれいにしている。		
	25	面体，排気弁，吸気弁，弁座，ろ過材，しめひもは必要に応じて取り替えていますか。	必要に応じて取り替えている。		
	26	使用した吸収缶を保管する場合，栓のあるものは密栓し，ないものは容器または袋に入れて密閉していますか。	密栓または密閉して保管している。		密閉して乾燥した冷暗所に保管してください。
	27	吸収缶は密閉し，衝撃を与えないような乾燥した冷暗所に保管していますか。	保管している。		
	28	使用後のマスクは直射日光の当たらない，清潔な涼しい場所に保管していますか。	保管している。		直射日光の当たらない，清潔な涼しい場所に保管してください。その他，メーカーの取扱説明書に従ってください。
	29	隔離式マスクについては，連結管を強く折り曲げて保管していませんか。	強く折り曲げないで保管している。		強く折り曲げて保管すると，亀裂・変形の原因になります。
	30	マスクを積み重ねて保管していませんか。	積み重ねて保管していない。		積み重ねると，重さによりマスクが変形することがあります。やめましょう。
	31	決められた場所，方法で捨てていますか。	決められた方法で捨てている。		決められた捨て方で指定の場所に捨ててください。
	32	使用済み吸収缶は，吸収剤に吸着した有害物質が出ないように密閉して捨てていますか。	密閉して捨てている。		
	33	防じん機能付き吸収缶を捨てる場合，ろ過材に付いた粉じんが飛ばないように，袋にいれたりして二次的に吸い込むのを防いでいますか。	行っている。		

資料出所：田中茂『2016-17年版 そのまま使える安全衛生保護具チェックリスト集』中央労働災害防止協会，2016（一部改変）

第 4 章　送気マスク

送気マスクは，行動範囲は限られるが，酸素欠乏環境およびそのおそれがある場所でも使用することができ，軽くて連続使用時間が長く，一定の場所での長時間の作業に適している。

送気マスクには，自然の大気を空気源とするホースマスクと，圧縮空気を空気源とするエアラインマスクおよび複合式エアラインマスク（総称して「AL マスク」という）がある（**写真 4-3，表 4-7**）。

肺力吸引形ホースマスク

一定流量形エアラインマスク

複合式エアラインマスク
（プレッシャデマンド形）

写真 4-3　送気マスクの例

表 4-7　送気マスクの種類（JIS T 8153-2002）

<table>
<tr><th colspan="2">種類</th><th colspan="2">形　　式</th><th>使用する面体等の種類</th></tr>
<tr><td colspan="2" rowspan="3">ホースマスク</td><td colspan="2">肺力吸引形</td><td>面体</td></tr>
<tr><td rowspan="2">送風機形</td><td>電動</td><td>面体，フェイスシールド，フード</td></tr>
<tr><td>手動</td><td>面体</td></tr>
<tr><td rowspan="5">AL マスク</td><td rowspan="3">エアライン
マスク</td><td colspan="2">一定流量形</td><td>面体，フェイスシールド，フード</td></tr>
<tr><td colspan="2">デマンド形</td><td>面体</td></tr>
<tr><td colspan="2">プレッシャデマンド形</td><td>面体</td></tr>
<tr><td rowspan="2">複合式エア
ラインマスク</td><td colspan="2">デマンド形</td><td>面体</td></tr>
<tr><td colspan="2">プレッシャデマンド形</td><td>面体</td></tr>
</table>

1　ホースマスク

① 肺力吸引形ホースマスクは，ホースの末端の空気取入口を新鮮な空気のところに固定し，ホース，面体を通じ，着用者の自己肺力によって吸気させる構造のもので，面体，連結管，ハーネス，ホース(原則として内径19 mm以上，長さ10 m以下のもの)，空気取入口等から構成されている（**図4–9**)。

② 肺力吸引形ホースマスクは呼吸に伴ってホース，面体内が減圧されるため，顔面と面体との接顔部，接手，排気弁等に漏れがあると有害物質が侵入するので，あまり危険度の高いところでは使わないほうがよい。

③ 肺力吸引形ホースマスクの空気取入口には目の粗い金網のフィルタしか入っていないので，酸素欠乏空気，有害ガス，悪臭，ほこり等が侵入するおそれのない作業環境から離れた場所に，ホースを引っ張っても簡単に倒れたり，外れたりしないようしっかりと固定して使用する。

④ 送風機形ホースマスクは，手動または電動の送風機を新鮮な空気のあるところに固定し，ホース，面体等を通じて送気する構造で，中間に流量調節装置(手動送風機を用いる場合は空気調節袋で差し支えない）を備えている。

⑤ 送風機は酸素欠乏空気，有害ガス，悪臭，ほこり等がなく，新鮮な空気が得られる場所を選んで設置し，運転する。

⑥ 電動送風機は長時間運転すると，フィルタにほこりが付着して通気抵抗が増え，送気量が減ったり，モーターが過熱することがあるから，フィルタは定期的に点検し，汚れていたら水でゆすぎ洗いし，乾燥する。

⑦ 電動送風機の使用中は，電源の接続を抜かれないように，コードのプラグには,「送気マスク運転中」の表示をする。

⑧ 2つ以上のホースを同時に接続して使える電動送風機の場合，使用していない接続口には，付属のキャップをすること。

また風量を変えられる型式の場合にはホースの数と長さに応じて適当な風量を調節して使用する。

⑨ 電動送風機の回転数を調節できない構造のもので,送気量が多過ぎる場合は,ホースと連結管の中間の流量調節装置を回して送気量を調節し，呼吸しやすい圧力にして使用する。

⑩ 電動送風機（**写真4–4**）は一般に防爆構造ではないので，メタンガス，LP

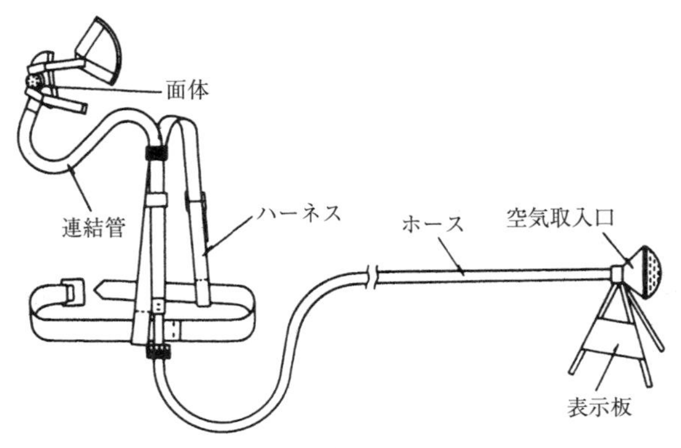

(1) 肺力吸引形ホースマスク

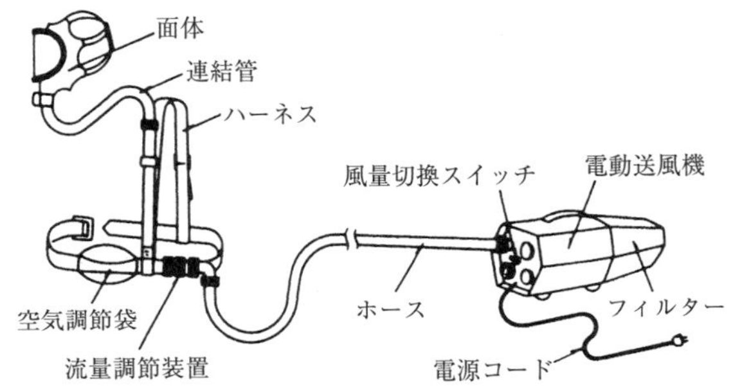

(2) 電動送風機形ホースマスク

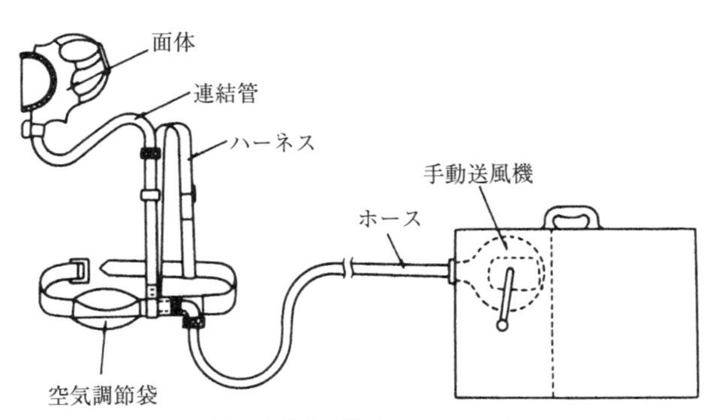

(3) 手動送風機形ホースマスク

図 4-9　ホースマスクの構造例

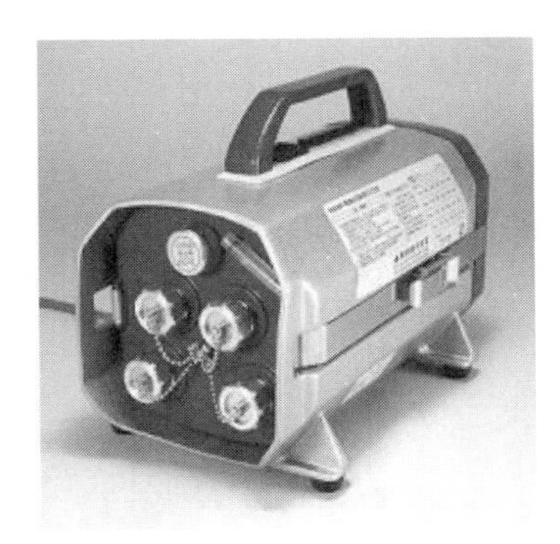

写真 4-4　電動送風機

ガス，その他の可燃性ガスの濃度が爆発下限界を超えるおそれのある危険区域に持ち込んで使用してはならない。

⑪　手動送風機を回す仕事は相当疲れるので，長時間連続使用する場合には2名以上で交替して行う。

2　エアラインマスクおよび複合式エアラインマスク

①　一定流量形エアラインマスク（**図4-10**(1)）は，圧縮空気管，高圧空気容器，空気圧縮機等からの圧縮空気を，中圧ホース，面体等を通じて着用者に送気する構造のもので，中間に流量調節装置とろ過装置が設けられている。

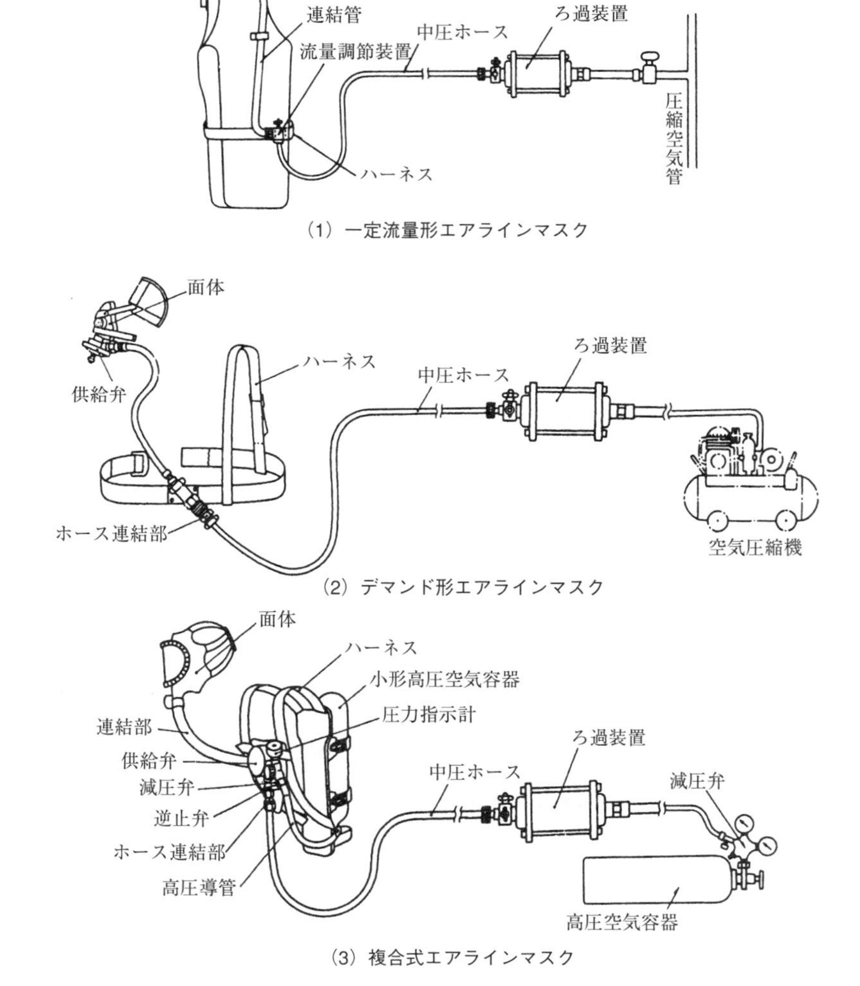

図4-10　エアラインマスクの構造例

② 一定流量形エアラインマスクで，連結管がよじれたりして詰まるとエアラインからの圧力が連結管にかかる欠点がある。使用中に連結管がよじれたため中圧ホースに圧力がかかって破裂した事故例がある。

③ デマンド形およびプレッシャデマンド形エアラインマスク（**図 4–10**（2））は，圧縮空気を送気する方式のもので，供給弁を設け，着用者の呼吸の需要量に応じて面体内に送気するものである。

④ 複合式エアラインマスク（**図 4–10**（3））は，デマンド形エアラインマスクまたはプレッシャデマンド形エアラインマスクに，高圧空気容器を取り付けたもので，通常の状態では，デマンド形エアラインマスクまたはプレッシャデマンド形エアラインマスクとして使い，給気が途絶したような緊急時に携行した高圧空気容器からの給気を受け，空気呼吸器として使いながら脱出するもので，極めて危険度の高い場所ではこの方式がよい。

⑤ エアラインマスクの空気源としては，圧縮空気管，高圧空気容器，空気圧縮機等を使用する。空気は清浄な空気を使用する。空気の品質については JIS T 8150 で示されている。

⑥ 送気マスクに使用する面体には**写真 4–5** に示すような種々の形のものがある。一般には作業環境濃度あるいはばく露濃度が高い場合には，指定防護係数（本編第1章 143 頁，表 4–2 参照）をふまえて全面形面体が使用され，半面形面体，フェイスシールド形面体あるいはフード形面体が使用されるのは環境濃度が低い場合である。

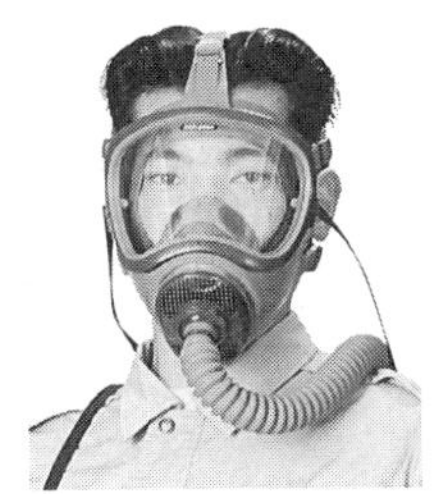
（全面形面体）

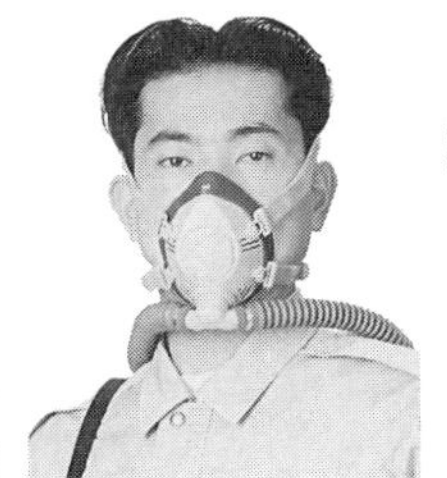
（半面形面体）

（フェイスシールド形面体）

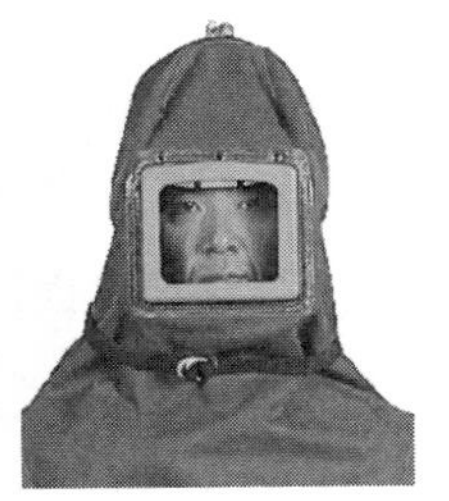
（フード形面体）

写真 4–5　送気マスク用面体等の例

3　送気マスク使用の際の注意事項

送気マスクを使用するに当たっては，次の点に留意する必要がある。

① 使用前は面体から空気源に至るまで入念に点検する。

② 監視者を選任する。監視者は専任とし，作業者と電源からホースまで十分に監視できる人員とする。原則として2名以上とし，監視分担を明記しておく。

③ 送風機の電源スイッチまたは電源コンセント等必要箇所には，「送気マスク使用中」の明瞭な標識を掲げておく。

④ 作業中の必要な合図を定め，作業者と監視者は熟知しておく。

⑤ タンク内または類似の作業をする場合には，墜落制止用器具の使用，あるいは救出の準備をしておく。

⑥ 空気源は常に清浄な空気が得られる安全な場所を選定する。

⑦ ホースは所定の長さ以上にせず，屈曲，切断，押しつぶれ等が起きない場所を選定して設置する。

⑧ マスクを装着したら面体の気密テストを行うとともに作業強度も加味して，送風量その他の再チェックをする。

⑨ マスクまたはフード内は陽圧になるように送気する（空気調節袋が常にふくらんでいること等を目安にする）。

⑩ 徐々に有害環境に入っていく。

⑪ 作業中に送気量の減少，ガス臭または油臭，水分の流入，送気の温度上昇等異常を感じたら，直ちに退避して点検する（故障時の脱出方法やその所要時間をあらかじめ考えておく）。

⑫ 空気圧縮機は故障その他による加熱で一酸化炭素が発生することがあるので，一酸化炭素検知警報装置を設置することが望ましい。

なお，送気マスクが使用されていたが，顔面と面体との間に隙(すき)間が生じていたことや空気供給量が少なかったことなどが原因と思われる労働災害が発生したため，厚生労働省は通達を通じて送気マスクの使用について指導する要請を行った。以下その概要を示す（通達は参考資料6に掲載）。

1）　送気マスクの防護性能（防護係数）に応じた適切な選択

使用する送気マスクの防護係数が作業場の濃度倍率（有害物質の濃度と許容濃度

等のばく露限界値との比）と比べ，十分大きなものであることを確認する。

2）　面体等に供給する空気量の確保

作業に応じて呼吸しやすい空気供給量に調節することに加え，十分な防護性能を得るために，空気供給量を多めに調節する。

3）　ホースの閉塞などへの対処

十分な強度を持つホースを選択すること，ホースの監視者（流量の確認，ホースの折れ曲がりを監視するとともに，ホースの引き回しの介助を行う者）を配置する。給気が停止した際の警報装置の設置，面体を持つ送気マスクでは，個人用警報装置付きのエアラインマスク，空気源に異常が生じた際，自動的に切り替わる緊急時給気切替警報装置に接続したエアラインマスクの使用が望ましい。

4）　作業時間の管理及び巡視

長時間の連続作業を行わないよう連続作業時間に上限を定め，適宜休憩時間を設ける。

5）　緊急時の連絡方法の確保

長時間の連続作業を単独で行う場合には，異常が発生した時に救助を求めるブザーや連絡用のトランシーバー等の連絡方法を備える。

6）　送気マスクの使用方法に関する教育の実施

雇入れ時または配置転換時に，送気マスクの正しい装着方法および顔面への密着性の確認方法について，作業者に教育を行う。

4　送気マスクの点検等

送気マスクは，使用前に必ず作業主任者が点検を行って，異常のないことを確認してから使用すること。また１カ月に１回定期点検，整備を行って常に正しく使用できる状態に保つことが望ましい。

参考として，「エアラインマスク点検チェックリスト」「空気呼吸器」を掲げる。

【参考3】　エアラインマスク点検チェックリスト

項目		チェックポイント	判定基準	判定	コメント
使い方	1	マスクの使用前の点検をしていますか。	している。		行いましょう。
		・面体・吸気弁・排気弁・排気弁座がこわれたり，変形したり，キズなどはありませんか。	こわれていたり，変形したりしていない。		こわれている部品を交換するか，マスクを新しいものと交換してください。
		・吸気弁・排気弁は弁座に正しく取り付けられていますか。	正しく取り付けられている。		取扱説明書に従って正しく取り付けてください。
		・排気弁はきちんと閉じますか。	きちんと閉じている。		陰圧法によるシールチェックで確認してください。
		・吸気弁・排気弁はきちんと動いていますか。	きちんと動いている。		不具合がある場合は交換しましょう。
		・しめひもは十分に伸び縮みしますか。	十分に伸び縮みしている。		伸びきってしまう前に交換しましょう。
		・しめひもは作り直していませんか。	作り直していない。		作り直さないでください。
	2	しめひもは所定の位置に安定した状態で付けていますか。	安定して付けている。		取扱説明書に従って正しく取り付けてください。
	3	面体は安定する状態で着けていますか。	安定して着けている。		
	4	マスクを着けるごとにシールチェックをして，漏れのないことを確かめていますか。	確かめている。		シールチェックを行いましょう。
使用上の注意	5	ひげや髪の毛が接顔部に触れていませんか。	触れていない。		漏れの原因になります。ひげは剃りましょう。髪の毛が入り込まないよう注意しましょう。
	6	送風量は十分か確認していますか。	確認している。		
	7	送気に異臭等はありませんか。	異臭はない。		
	8	空気の供給源の管理をしていますか。	している。		
	9	作業中にホースがからまったり，折れ曲がったりしないような措置をしていますか。	している。		
	10	ホースがタイヤ等で踏まれないように対策していますか。	している。		
	11	給気の圧力が低下した際の警報装置は備えていますか。	備えている。		
	12	IDLH*の場合，複合式を使用していますか。	使用している。		
保守・管理	13	面体をきれいにしていますか。	きれいにしている。		取扱説明書に従って手入れしましょう。
	14	吸気弁，排気弁をきれいにしていますか。	きれいにしている。		
	15	面体・吸気弁・排気弁・しめひもは必要に応じて交換していますか。	交換している。		
	16	使用後のマスクは直射日光の当たらない，清潔で涼しい場所に保管していますか。	保管している。		取扱説明書に従って管理しましょう。
	17	マスクを積み重ねて保管していませんか。	積み重ねていない。		積み重ねると変形するので，やめましょう。
	18	その他，取扱説明書の点検項目のリストに従った保守・管理を行っていますか。	行っている。		劣化している部品は交換してください。異常がある場合はメーカーに相談してください。

*IDLH：Immediately Dangerous to Life or Health 生命または健康に対する差し迫った危険

資料出所：田中茂『2016-17年版 そのまま使える安全衛生保護具チェックリスト集』中央労働災害防止協会，2016（一部改変）

【参考 4】　空気呼吸器

空気呼吸器は自給式呼吸器の一種であり，災害時の救出作業等の緊急時に用いられる。

清浄な空気をボンベに詰めて背負って危険場所に携行して，その空気を呼吸しようとするのが空気呼吸器である。

空気呼吸器については JIS T 8155 がある。その構造の概要は**図 4-11** に示す。

空気呼吸器の種類は，デマンド形とプレッシャデマンド形の 2 種類があり，デマンド弁は吸気により開き，吸気を停止した時および排気の時は閉じる弁で，プレッシャデマンド弁は，外気圧より一定圧だけ常に面体内を陽圧になるように設計された弁で，面体内が一定陽圧以下になると作動する弁である。

空気呼吸器は以上の主要部のほかボンベ内の圧力を示す圧力指示計，使用限界を知らせる警報器，調整器故障の際の非常用のバイパス弁，ハーネス等により構成されている。

有効使用時間はボンベの容量によって異なり約 10～80 分くらいまでの各種類があるが，空気の消費量は使用者の体力や作業条件（労働強度）によって変わり，したがって同一品種の空気呼吸器でも条件によって有効使用時間が変わるので注意を要する。

その他メーカーによっては通信装置，通話装置付きマスクや被災者救出用の予備マスクを備えたものもある。

自給式呼吸器は防毒マスクなどに比べて使用方法，保守管理方法が複雑である。救出作業用等として備えておく場合でもその取扱方法について十分訓練を行い習熟しておくとともに，常に使用できる状態に管理しておくことが必要である。

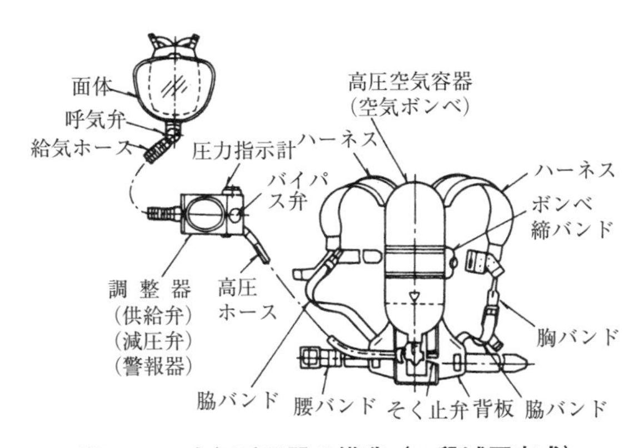

図 4-11　空気呼吸器の構造（二段減圧方式）

第5章　化学防護衣類等

化学防護衣類等は，有機溶剤が皮膚，眼に付着することによる障害，および皮膚から吸収されて起こす中毒を防ぐ目的で使用される（安衛則第594条）。したがって，液体ならびにガスを透過しにくい材質のものを選ぶことが大切である。

化学防護衣類等には，化学防護手袋，化学防護服および化学防護長靴があり，また，眼や顔を保護するための保護めがね等がある（**写真4-6**）。

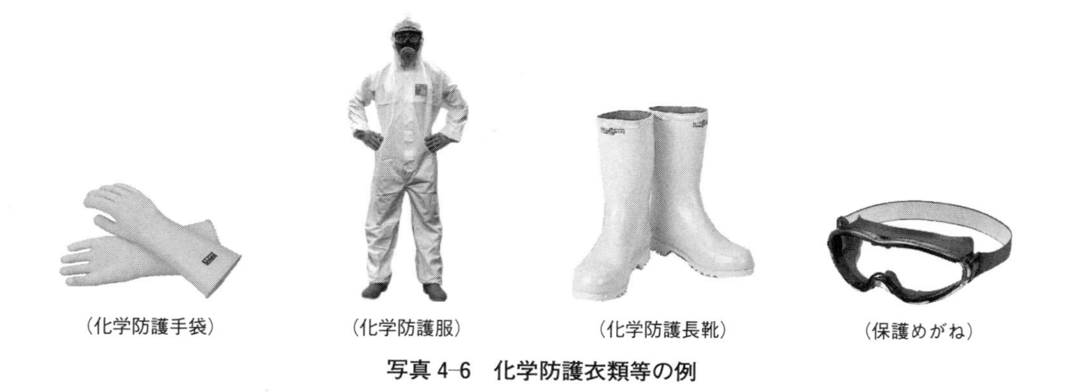

写真4-6　化学防護衣類等の例

1　化学防護手袋，化学防護服，化学防護長靴等の選び方

化学防護衣類等を正しく選定，使用するために，

・JIS規格に適合する保護具を選ぶ。

・使用する化学物質に対して，特に透過しにくい素材を選定する。

・作業および作業者にあった保護具を選定する。

・作業者への保護具の装着，使用，管理について教育，訓練を実施する。

等が大切である。

（1）JIS規格適合品とは

試験内容のうち，特に「耐劣化性」「耐浸透性」「耐透過性」を考慮することが必要である。

a　耐劣化性

化学物質が保護具に接触することにより，素材に物理的変化が生じないこと（膨

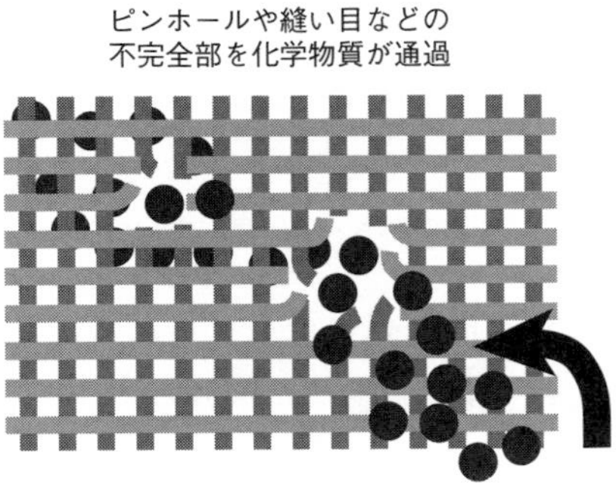

ピンホールや縫い目などの
不完全部を化学物質が通過

図 4-12　浸透の原理

化学物質が分子レベルで素材の中を通過

図 4-13　透過の原理

潤，硬化，破穴，分解等)。

b　耐浸透性

化学物質が液状で，素材に浸透しないこと（ピンホール，縫い目などからの侵入がないこと（**図 4-12**））。

c　耐透過性

化学物質が分子レベル（気体として）で，素材を透過しにくいこと。すなわち，「透過」とは，保護具に化学物質が接触・吸収され，内部に分子（ガス）の状態で拡散，移動をおこし，すり抜けるように素材の裏面（皮膚と接触する面）に到達してしまう現象をいう（**図 4-13**）。

（2）　透過試験

透過試験は2つの隔室よりなり，隔室間に試験片を挟み，一方の隔室に試験物質を入れ，もう一方の隔室に一定流量で乾燥空気を導入し，出口側に透過してくる試験物質（気体）を経時的に測定し，基準の濃度（0.1 μg/cm²/分）が検出されるまでの時間を透過時間として求める。すなわち，「保護具の素材の単位表面積×1分間当たりに検出される量」が0.1 μg，すなわち0.1 μg/cm²/分に達するまでの時間を求めるものである（**図 4-14**）。

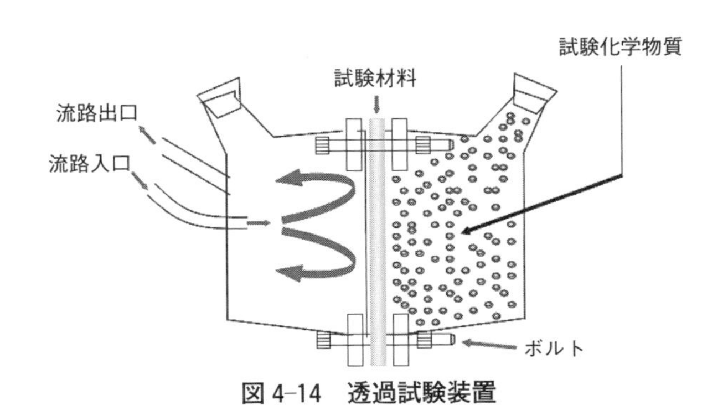

図 4-14　透過試験装置

例えば，手袋着用で化学物質を取り扱い続けた場合，手袋内部に透過が始まる時間を求めることに相当する。透過時間を超過して使用すると，透過した化学物質が手の皮膚の部分と接触し，皮膚から経皮吸収が始まることを意味する大変重要な因子である。この透過性は眼で確認することができないため，やっかいである。そして，化学物質と手袋や服の素材ごとに異なるため，保護具を選定するためには大変重要な情報となる。その情報を得るためには，保護具メーカーに確認することが必要となる。

2　化学防護手袋

(1)　化学防護手袋の種類

平成27年，オルト－トルイジン（OTD）（特定化学物質）を取り扱っていた顔料製造工場で労働者ら5名に膀胱がんが発症した。原因究明のため労働安全衛生総合研究所が調査を実施したところ，尿中にOTDが検出されたものの，個人ばく露濃度（吸入ばく露）は許容濃度と比較し低値であった。当該工場で使用していた化学防護手袋である天然ゴム製のOTDに対する透過時間をJIS規格に従って試験した結果，平均105分と短く，これに対し手袋の交換頻度は平均42日と，透過した手袋を長期間使用していたことが示唆された。すなわち，使用手袋がOTDの透過時間を考慮せず選定されており，同一手袋を長い期間使用していたことにより，長期間にわたって経皮吸収によるOTDばく露が生じていたことを示唆する結果であった。

化学物質を取り扱っている事業場では，手袋への使用化学物質の透過を認識せず，同一手袋を長期間使用していることがある。このため，手袋を装着しているにもかかわらず，手袋を透過して化学物質による経皮吸収ばく露を生じていることが危惧される。一方，大学や研究機関においても，手袋は使用する化学物質の透過を考慮して選定することが行われず薄手で安価のものを使用している状況も見られる。作業現場での手袋の使用において化学物質の透過に関与する因子としては，使用手袋(素材，厚さ等)，使用化学物質（種類，取扱量等)，作業方法，作業時間等があげられる。

手袋の材質としては，ゴム製とプラスチック製の2種類があり，代表的なものだけをあげても，ゴム製は，天然ゴム，シリコン製，ニトリル製，ブチル製，ネオプレン製，ポリウレタン製，バイトン製が，また，プラスチック製は，ポリ塩化ビニル製，ポリエチレン製，ポリビニルアルコール（PVA）製，エチレン－ビニルアルコール共重合体（EVOH）製，複合素材製など，多くの素材の手袋が市販されている。

表4-8（168頁）に参考として，手袋メーカーにより公表されている化学防護手袋の素材による有機溶剤の透過時間の例を示す。

（2） 化学防護手袋の選択，使用および管理の方法

化学防護手袋の選択，使用等に当たっては，次に掲げる事項について特に留意する必要がある。

化学防護手袋を選択し，化学防護手袋を着用する作業者に対し，当該化学防護手袋の取扱説明書等に基づき，化学防護手袋の適正な装着方法および使用方法について十分な教育や訓練を行うとともに，作業者がそれらを実行していることを確認する。

① 化学防護手袋の選択について

使用化学物質に対して，耐劣化，耐浸透および耐透過をふまえて選定する。事業場で使用している化学物質が取扱説明書等に記載されていないときは，製造者等に事業場で使用されている化学物質の組成，作業内容，作業時間等を伝え，適切な化学防護手袋の選択に関する助言を得て選ぶこと。特に化学防護手袋は素材によって，化学物質に対する透過時間が大きく異なるため，使用する化学物質に対する透過時間を確認することが望ましい。

② 化学防護手袋の使用，保守管理等について

ア 化学防護手袋を着用する前には，その都度，傷，穴あき，亀裂等の外観上の問題がないことを確認するとともに，化学防護手袋の内側に空気を吹き込むなどにより，穴あきがないことを確認する。

イ 使用する化学防護手袋の透過時間をふまえて，作業に対して余裕のある使用可能時間をあらかじめ設定し，その設定時間を限度に化学防護手袋を使用する。なお，化学防護手袋に付着した化学物質は透過が進行し続けるので，作業を中断しても使用可能時間は延長しないことに留意する。また，乾燥，洗浄等を行っても化学防護手袋の内部に侵入している化学物質は除去できないため，使用可能時間を超えた化学防護手袋は再使用しない。

ウ 化学防護手袋を脱ぐときは，付着している化学物質が，身体に付着しないよう，できるだけ化学物質の付着面が内側になるように外し，取り扱った化学物質の安全データシート（SDS），法令等に従って適切に廃棄する。

表4-8 化学防護手袋による透過時間例（分）

化学物質	手袋素材	透過時間	手袋素材	透過時間	手袋素材	透過時間
CAS番号：67-64-1 化学物質名：アセトン	〈Ansell製2019年度〉					
	バリアー（PE-PA-PE）	＞480	ニトリル	＜10	ネオプレン	10
	ポリビニルアルコール	143	ポリ塩化ビニル	＜5	天然ゴム	10～30
	ネオプレン／天然ゴム	＜10	ブチルゴム	240～480	バイトン／ブチル	93
	〈North製2013年度〉					
	シルバーシールド（PE-EVAL-PE）	＞480	バイトン	0	ブチルゴム	＞1020
			ニトリルラテックス	5	天然ゴム	5
	〈重松製作所2018年度〉					
	フッ素ゴム	＜10	天然ゴム	31～60	ウレタン	＜10
	〈ダイヤゴム2018年度〉					
	EVOH（PA-EVOH-PA）	＞480	ブチルゴム	＞480	フッ素ゴム	＜1
	〈ショウワグローブ2019年度〉					
	クロロプレン	＞10	塩化ビニル	1～5		
	〈Micro Flex製（薄手）2019年度〉					
	ニトリル／ネオプレン	3	ニトリル	＜10		
CAS番号：67-66-3 化学物質名：クロロホルム	〈Ansell製2019年度〉					
	バリアー（PE-PA-PE）	10～30	ニトリル	＜10	ネオプレン	＜10
	ポリビニルアルコール	240～480	ポリ塩化ビニル	＜10	天然ゴム	＜10
	ネオプレン／天然ゴム	＜10	ブチルゴム	＜10	バイトン／ブチル	120～240
	〈North製2013年度〉					
	シルバーシールド（PE-EVAL-PE）	＞480	バイトン	570	ブチルゴム	—
			ニトリルラテックス	4	天然ゴム	—
	〈重松製作所2018年度〉					
	フッ素ゴム	—	天然ゴム	—	ウレタン	—
	〈ダイヤゴム2018年度〉					
	EVOH（PA-EVOH-PA）	＞480	ブチルゴム	—	フッ素ゴム	—
	〈ショウワグローブ2019年度〉					
	クロロプレン	6～10	塩化ビニル	—		
	〈Micro Flex製（薄手）2019年度〉					
	ニトリル／ネオプレン	＜10	ニトリル	＜10		
CAS番号：75-09-2 化学物質名：ジクロロメタン	〈Ansell製2019年度〉					
	バリアー（PE-PA-PE）	20	ニトリル	＜10	ネオプレン	＜10
	ポリビニルアルコール	＞480	ポリ塩化ビニル	＜10	天然ゴム	＜10
	ネオプレン／天然ゴム	＜10	ブチルゴム	＜10	バイトン／ブチル	36
	〈North製2013年度〉					
	シルバーシールド（PE-EVAL-PE）	＞480	バイトン	60	ブチルゴム	—
			ニトリルラテックス	4	天然ゴム	—
	〈重松製作所2018年度〉					
	フッ素ゴム	＜10	天然ゴム	＜10	ウレタン	＜10
	〈ダイヤゴム2018年度〉					
	EVOH（PA-EVOH-PA）	＞480	ブチルゴム	＜10	フッ素ゴム	60
	〈ショウワグローブ2019年度〉					
	クロロプレン	6～10	塩化ビニル	1～5		
	〈Micro Flex製（薄手）2019年度〉					
	ニトリル／ネオプレン	1	ニトリル	1		

（出典：田中茂：保護具選定のためのケミカルインデックス（2018年版一部改変））

エ　予備の化学防護手袋を常時備え付け，適時交換して使用できるようにすること。

オ　化学防護手袋を保管する際は，直射日光や高温多湿を避け，冷暗所に保管する。

カ　オゾンを発生する機器（モーター類，殺菌灯等）の近くに保管しない。

3　化学防護服

（1）　化学防護服の種類

化学防護服は酸，アルカリ，有機薬品，その他の気体および液体並びに粒子状の化学物質を取り扱う作業に従事するときに着用する。JIS規格では，化学物質の透過および／または浸透の防止を目的として使用する防護服ついて規定している（**図4–15，写真4–7**）。

①　気密服（タイプ1）

手，足および頭部を含め全身を防護する全身化学防護服で，服内部を気密に保つ構造の全身化学防護服。

a　自給式呼吸器内装形気密服（タイプ1a）

自給式呼吸器を服内に装着する気密服。

b　自給式呼吸器外装形気密服（タイプ1b）

自給式呼吸器を服外に装着する気密服。

c　送気式気密服（タイプ1c）

服外から呼吸用空気を取り入れる構造の気密服（呼吸用保護具併用形を含む）。

②　陽圧服（タイプ2）

手，足および頭部を含め全身を防護する全身化学防護服で，外部から服内部を陽圧に保つ呼吸用空気を取り入れる構造の非気密形全身化学防護服。

③　液体防護用密閉服（タイプ3）

液体化学物質から着用者を防護するため，服の異なる部分間，服と手袋間および服とフットウエア間が耐液体密閉接合した構造の全身化学防護服。

④　スプレー防護用密閉服（タイプ4）

液体スプレー状化学物質から着用者を防護するため，服の異なる部分間，服と手袋および服とフットウエア間が耐スプレー密閉接合した構造の全身化学防

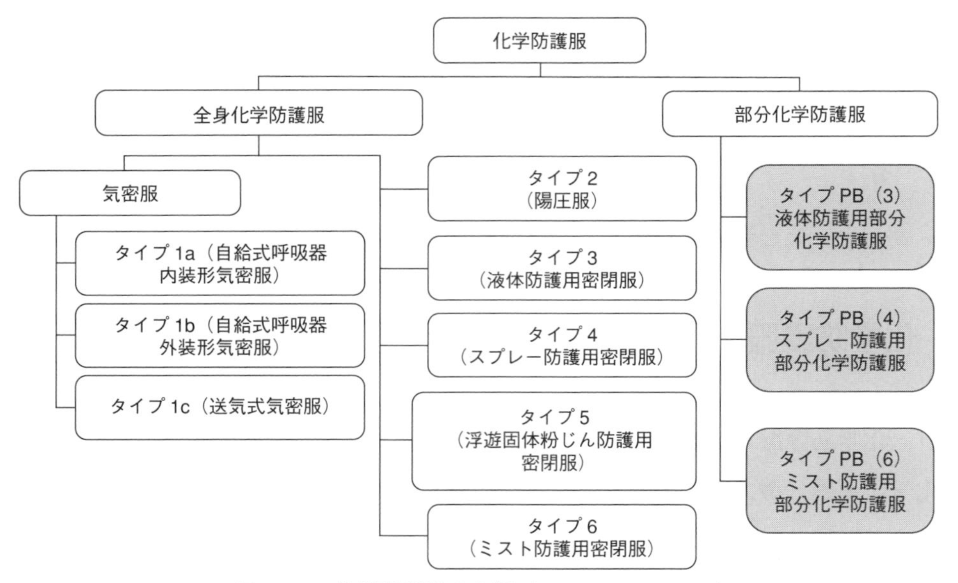

図4-15　化学防護服の分類（JIS T 8115 : 2015）

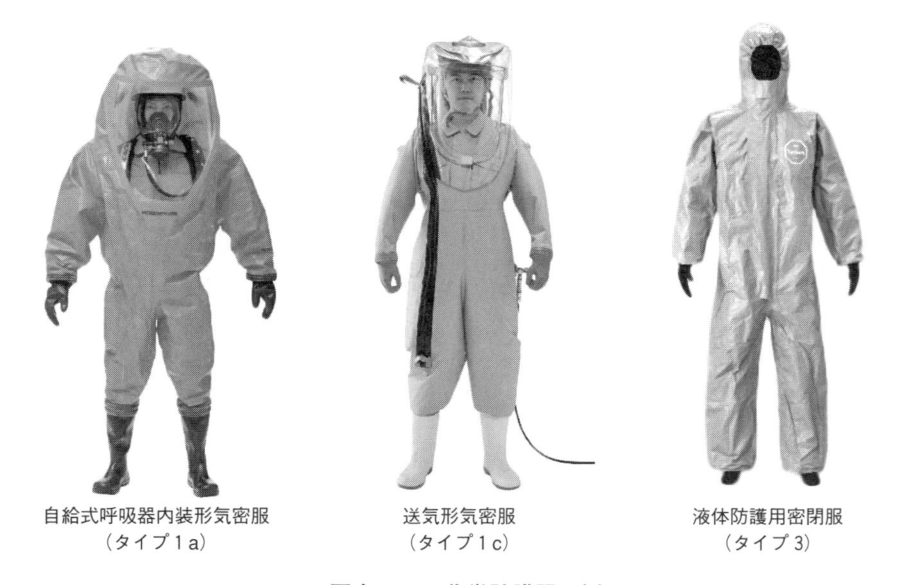

写真4-7　化学防護服の例

護服。

⑤　浮遊固体粉じん防護用密閉服（タイプ5）

浮遊固体粉じんから着用者を防護するための全身化学防護服。

⑥　ミスト防護用密閉服（タイプ6）

ミスト状液体化学物質から着用者を防護するため，服の異なる部分間，服と手袋間および服とフットウエア間が耐ミスト密閉接合した構造の全身化学防護服。

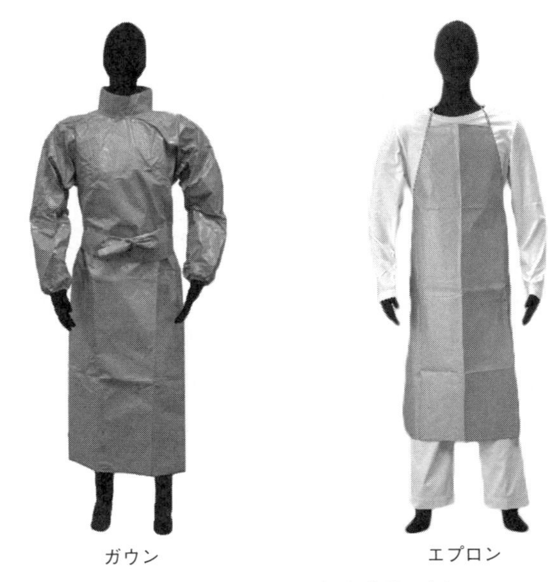

写真 4-8　部分化学防護服の例

（2）　部分化学防護服

化学防護服の素材を用いてガウンやエプロンなどが市販されている。作業性や使用化学物質の耐透過性のデータをふまえて使用を考える必要がある（**写真 4-8**）。

（3）　使用上，保守管理上の留意点

化学防護服を使用するときは熱中症対策品を使用し，暑熱対策を実施する。

①　着脱時の留意点

・時計，アクセサリー，ボールペン等，防護服を破損させるおそれのある物は外させる。

・介助者とともに着脱させる。

・メーカーが示す着脱手順を参照しながら着衣・脱衣させる。

・脱衣は，汚染物質が防護服外側に付着している可能性が高いため，二次汚染を起こさないよう，防護服の外側が内側になるよう丸め込みながら，静かに脱衣させる（丸め込めない場合は，できるだけ外側に触らないように慎重に脱ぐ）。

②　保守・管理・廃棄の留意点

・高温多湿でなく日光が当たらない等，メーカーが推奨している保管条件が望ましい。

・再使用可能製品は洗濯表示内容を確認する。

・メーカーの推奨している保守基準，修理方法，汚染除去方法等をふまえる。

・二次汚染を起こさないような廃棄手順を行う。

・ばく露した物質に応じた国および自治体の廃棄基準をふまえて廃棄させる。

4　保護めがね等

有機溶剤および有機溶剤を含む塗料等を取り扱う際に，飛沫が作業者の眼や顔に飛散することによるばく露を防止するために，保護めがね等を使用する。保護めがねの種類と顔面保護具を**写真 4-9** に示す。有機溶剤は液体と気体によるばく露が予想されるためゴグル形が望ましい。作業によってはスペクタクル形（めがね脇からの侵入を防ぐサイドシールド付き），顔面保護具（防災面）も使用可能である。保護めがねは，作業者の顔に合うものを選ばなければならない。

写真 4-9　保護めがね等　（ゴグル形，スペクタクル形，顔面保護具）

写真提供：興研㈱，㈱重松製作所，㈱トーアボージン，山本光学㈱，㈱理研オプテック（五十音順）

参考文献

1）田中茂『知っておきたい保護具のはなし』（第1版）中央労働災害防止協会，2017
2）田中茂『正しく着用　労働衛生保護具の使い方』中央労働災害防止協会，2011
3）日本保安用品協会編・著『保護具ハンドブック』中央労働災害防止協会，2011
4）田中茂『2016-17 年版 そのまま使える安全衛生保護具チェックリスト集』中央労働災害防止協会，2016
5）田中茂『皮膚からの吸収・ばく露を防ぐ！－オルト-トルイジンばく露による膀胱がん発生から学ぶ－』中央労働災害防止協会，2017

第5編

関　係　法　令

各章のポイント

【第1章】法令の意義

□　法律，政令，省令とは何かなど，関係法令を学ぶ上での基本事項についてまとめている。

【第2章】労働安全衛生法のあらまし

□　有機溶剤作業に関連する労働安全衛生法の概略を説明している。

【第3章】有機溶剤中毒予防規則のあらまし

□　有機溶剤中毒予防規則の概略を説明している。

【第4章】有機溶剤中毒予防規則

□　有機溶剤中毒予防規則の条文に必要な解説を加えている。

【第5章】特別有機溶剤等に関する規制

□　特別有機溶剤等に関する規制の対象や内容について学ぶ。

第１章　法令の意義

1　法律，政令，省令

国民を代表する立法機関である国会が制定した「法律」と，法律の委任を受けて内閣が制定した「政令」および専門の行政機関が制定した「省令」などの「命令」を合わせて一般に「法令」と呼ぶ。

たとえば，工場や建設工事の現場などの事業場には，放置すれば労働災害の発生につながるような危険有害因子（リスク）が常に存在する。例として，ある事業場で労働者に有機溶剤のトルエンを大量に含有する塗料を使って塗装作業をさせる場合に，もし労働者にその有害性や健康障害を防ぐ方法を教育しなかったり，正しい作業方法を守らせる指導監督を怠ったり，作業に使う設備に欠陥があったりすると有機溶剤中毒などの労働災害が発生する危険がある。そこで，このような危険を取り除いて労働者に安全で健康的な作業を行わせるために，会社の最高責任者である事業者（法律上の事業者は会社そのものだが，一般的には会社の代表者である社長が事業者の義務を負っているものと解釈される。）には，法令に定められたいろいろな対策を講じて労働災害を防止する義務がある。

事業者も国民であり，民主主義のもとで国民に義務を負わせるには，国民を代表する立法機関である国会が制定した「法律」によるべきであり，労働安全衛生に関する法律として「労働安全衛生法」がある。

しかし，たとえば専門的，技術的なことなどについては，日々変化する社会情勢，進歩する技術に関する事項等をいちいち法律で定めていたのでは社会情勢の変化に対応できない。むしろ，そうした専門的，技術的な事項については，それぞれ専門の行政機関に任せることが適当であろう。

そこで，法律を実施するための規定や，法律を補充したり，法律の規定を具体化したり，より詳細に解釈する権限が行政機関に与えられている。これを「法律」による「命令」への「委任」といい，政府の定める命令を「政令」，行政機関の長である大臣が定める「命令」を「省令」（厚生労働大臣が定める命令は「厚生労働省令」）と呼ぶ。

2　労働安全衛生法と政令，省令

労働安全衛生法における政令とは，具体的には「労働安全衛生法施行令」で，労働安全衛生法の各条における規定の適用範囲，用語の定義などを定めている。また，省令には，すべての事業場に適用される事項の詳細等を定める「労働安全衛生規則」と，特定の設備や，特定の業務等を行う事業場だけに適用される「特別規則」がある。有機溶剤業務を行う事業場だけに適用される設備や管理に関する詳細な事項を定める「特別規則」が「有機溶剤中毒予防規則」と「特定化学物質障害予防規則」である。

3　告示，公示と通達

法律，政令，省令とともにさらに詳細な事項について具体的に定めて国民に知らせることを「告示」あるいは「公示」という。技術基準などは一般に告示として公表される。告示は厳密には法令とは異なるが法令の一部を構成するものといえる。また，法令，告示に関して，上級の行政機関が下級の機関に対し（たとえば厚生労働省労働基準局長が都道府県労働局長に対し）て，法令の内容を解説するとか，指示を与えるために発する通知を「通達」という。通達は法令ではないが，法令を正しく理解するためには「通達」も知る必要がある。法令，告示の内容を解説する通達は「解釈例規」として公表されている。

4　作業主任者と法令

作業主任者が職務を行うためには，「有機則」や「特化則」と関係する法令，告示，通達についての理解が必要である。

ただし，法令は，社会情勢の変化や技術の進歩に応じて新しい内容が加えられるなどの改正が行われる。作業主任者は「有機則」および「特化則」と関係法令の目的と必要な条文の意味をよく理解するとともに，今後の改正にも対応できるように「法（＝法律）」，「令（＝政令，省令）」，「告示」，「通達」の関係を理解し，作業者の指導に応用することが重要である。

以下に例として，作業主任者の資格と選任に関係する「法」，「令」（政令，省令)，「告示」，「通達」について解説する。

(1)　法（労働安全衛生法）

法第14条は「作業主任者」に関して次のように定めている。

> **労働安全衛生法**
> （作業主任者）
> **第14条**　事業者は，高圧室内作業その他の労働災害を防止するための管理を必要とする作業で，**政令**で定めるものについては，都道府県労働局長の免許を受けた者又は都道府県労働局長の登録を受けた者が行う技能講習を修了した者のうちから，**厚生労働省令**で定めるところにより，当該作業の区分に応じて，作業主任者を選任し，その者に当該作業に従事する労働者の指揮その他の**厚生労働省令**で定める事項を行わせなければならない。

このように法第14条は「作業主任者」に関して，事業者に対して最も基本となる「労働災害を防止するための管理を必要とする作業のうちあるものに『作業主任者』を選任しなければならない」ことと「その者に当該作業に従事する労働者の指揮その他の事項を行わせなければならない」ことを定め，具体的に作業主任者の選任を要する作業は「政令」に委任している。また，政令で定められた作業主任者を選任しなければならない作業ごとに「作業主任者」となるべき者の資格は「都道府県労働局長の免許を受けた者」か「都道府県労働局長の登録を受けた者が行う技能講習を修了した者」のどちらかであるが，作業主任者の選任を要する作業の中でも，その危険・有害性の程度が異なるため，そのどちらにするかは「厚生労働省令」で定めることとしている。さらに，「作業主任者」の職務も作業ごとにまちまちであるため，法では作業主任者としては，どの作業にも共通な「当該作業に従事する労働者の指揮」を例示した上で，その他のそれぞれの作業に特有な必要とされる事項もあわせて「厚生労働省令」に委任して定めることとしている。

(2)　政令（労働安全衛生法施行令）

作業主任者の選任を要する作業の範囲を定めた「政令」であるが，この場合の「政令」は「労働安全衛生法施行令」で，具体的には同施行令第6条に作業主任者を選任しなければならない作業を列挙し，有機溶剤関係については第22号に次のように定められている。

> **労働安全衛生法施行令**
> （作業主任者を選任すべき作業）
> **第6条**　法第14条の**政令**で定める作業は，次のとおりとする。
> 1～17　略

18 別表第3に掲げる特定化学物質を製造し，又は取り扱う作業（試験研究のため取り扱う作業及び同表第2号3の3，11の2，13の2，15，15の2，18の2から18の4まで，19の2から19の4まで，22の2から22の5まで，23の2，33の2若しくは34の3に掲げる物又は同号37に掲げる物で同号3の3，11の2，13の2，15，15の2，18の2から18の4まで，19の2から19の4まで，22の2から22の5まで，23の2，33の2若しくは34の3に係るものを製造し，又は取り扱う作業で厚生労働省令で定めるものを除く。）

19～21 略

22 屋内作業場又はタンク，船倉若しくは坑の内部その他の**厚生労働省令**で定める場所において別表第6の2に掲げる有機溶剤（当該有機溶剤と当該有機溶剤以外の物との混合物で，当該有機溶剤を当該混合物の重量の5パーセントを超えて含有するものを含む。第21条第10号及び第22条第1項第6号において同じ。）を製造し，又は取り扱う業務で，**厚生労働省令**で定めるものに係る作業

23 略

なお，上記第6条第22号の条文中「別表第6の2」は，法規制の対象となる「有機溶剤」を定めたものである。また，最初の「厚生労働省令で定める場所」は有機則第1条第2項に定められている。後の「厚生労働省令で定めるものに係る作業」は有機則第19条第1項に定められている。これらは有機則の適用に関するものであるから第3章（有機溶剤中毒予防規則のあらまし）にまとめて述べることとする。

同様に，上記第6条第18号の条文中「別表第3」は，「特別有機溶剤」を含めた「特定化学物質」を定めたものである。条文のカッコ内にある「同表第2号3の3，（…中略）34の3に係るものを製造し，又は取り扱う作業で厚生労働省令で定めるものを除く。」とあるのは，特別有機溶剤の製造・取扱い作業のうち，洗浄・払拭作業など一部の作業のみが対象となるためである。詳しくは第5章（特別有機溶剤等に関する規制）で述べることとする。

（3） 省令（厚生労働省令）

① 作業主任者の選任

上記（1）に述べた法第14条には2カ所の「厚生労働省令」がある。最初の「厚生労働省令」は，安衛則第16条第1項（同規則別表第1）に，政令により指定された作業主任者を選任しなければならない作業ごとに当該作業主任者となりうる者の資格および当該作業主任者の名称を定めている。具体的には，安衛法施行令別表第3の「特定化学物質」のうち，特化則により「特別有機溶剤」とされるものに関わる作業および同施行令別表第6の2の「有機

溶剤」に関わる作業について，作業主任者となるべき者の資格として「有機溶剤作業主任者技能講習を修了した者」と定め，その名称をそれぞれ「有機溶剤作業主任者」「特定化学物質作業主任者（特別有機溶剤関係）」としている。

労働安全衛生規則

（作業主任者の選任）

第16条　法第14条の規定による作業主任者の選任は，別表第1の上欄(編注：左欄)に掲げる作業の区分に応じて，同表の中欄に掲げる資格を有する者のうちから行なうものとし，その作業主任者の名称は，同表の下欄(編注：右欄)に掲げるとおりとする。―第2項(略)―

別表第1（第16条，第17条関係）（抄）

作業の区分	資格を有する者	名　　称
令第6条第18号の作業のうち，特別有機溶剤又は令別表第3第2号37に掲げる物で特別有機溶剤に係るものを製造し，又は取り扱う作業	有機溶剤作業主任者技能講習を修了した者	特定化学物質作業主任者（特別有機溶剤等関係）
令第6条第22号の作業	有機溶剤作業主任者技能講習を修了した者	有機溶剤作業主任者

また，作業主任者に関して上記の第16条のほか，次の2条を置いている。

労働安全衛生規則

（作業主任者の職務の分担）

第17条　事業者は，別表第1の上欄(編注：左欄)に掲げる一の作業を同一の場所で行なう場合において，当該作業に係る作業主任者を2人以上選任したときは，それぞれの作業主任者の職務の分担を定めなければならない。

（作業主任者の氏名等の周知）

第18条　事業者は，作業主任者を選任したときは，当該作業主任者の氏名及びその者に行なわせる事項を作業場の見やすい箇所に掲示する等により関係労働者に周知させなければならない。

なお，上記安衛則の定めとは別に，有機溶剤作業主任者を選任すべき業務と有機溶剤作業主任者の資格について有機則第19条に，特定化学物質作業主任者（特別有機溶剤）の選任業務と資格は，特化則第27条および第28条に定めがある。これについては第3章の4「管理」（209頁）に述べる。

② 作業主任者の職務

次に上記(1)に述べた法第14条の2カ所の「厚生労働省令」のうち後の「厚

生労働省令」は，法に定められている「当該作業に従事する労働者の指揮」をはじめ，それぞれの作業の作業主任者に必要な職務は「厚生労働省令」に委任している。有機溶剤関係では有機則第19条の2に，特別有機溶剤関係では特化則第28条に「作業主任者の職務」の定めを置いている。具体的には，労働者が有機溶剤により汚染されないよう作業の方法を決定し，労働者を指揮することや保護具の使用状況を監視することなどの職務についての定めがあり，これについては第3章の4「管理」（209頁）に述べる。

（4） 告示／公示

告示は法令の規定に基づき主に技術的な事柄について各省大臣が定めるもので，具体的には，たとえば安衛法第65条第2項に「作業環境測定は，厚生労働大臣の定める作業環境測定基準に従つて行われなければならない。」と定められている。この「厚生労働大臣の定める作業環境測定基準」は，昭和51年労働省告示第46号（最終改正：令和2年厚生労働省告示第397号）として「作業環境測定基準」という告示が公布されている。

（5） 通 達

通達は，本来，上級官庁から下級官庁に対して行政運営方針や法令の解釈・運用等を示す文書をいう。有機則関係においても多くの解釈通達が出されている。有機則を正しく理解するためには，通達にも留意する必要がある。

第2章　労働安全衛生法のあらまし

労働安全衛生法は，労働条件の最低基準を定めている労働基準法と相まって，

① 事業所内における安全衛生管理の責任体制の明確化

② 危害防止基準の確立

③ 事業者の自主的安全衛生活動の促進

等の措置を講ずる等の総合的，計画的な対策を推進することにより，労働者の安全と健康を確保し，さらに快適な職場環境の形成を促進することを目的として昭和47年に制定された。

その後何回も改正が行われて現在に至っている。

労働安全衛生法は，労働安全衛生法施行令，労働安全衛生規則等で適用の細部を定め，有機溶剤業務について事業者の講ずべき措置の基準を有機溶剤中毒予防規則で細かく定めている。労働安全衛生法と関係法令のうち，労働衛生に係わる法令の関係を示すと**図5-1**のようになる。

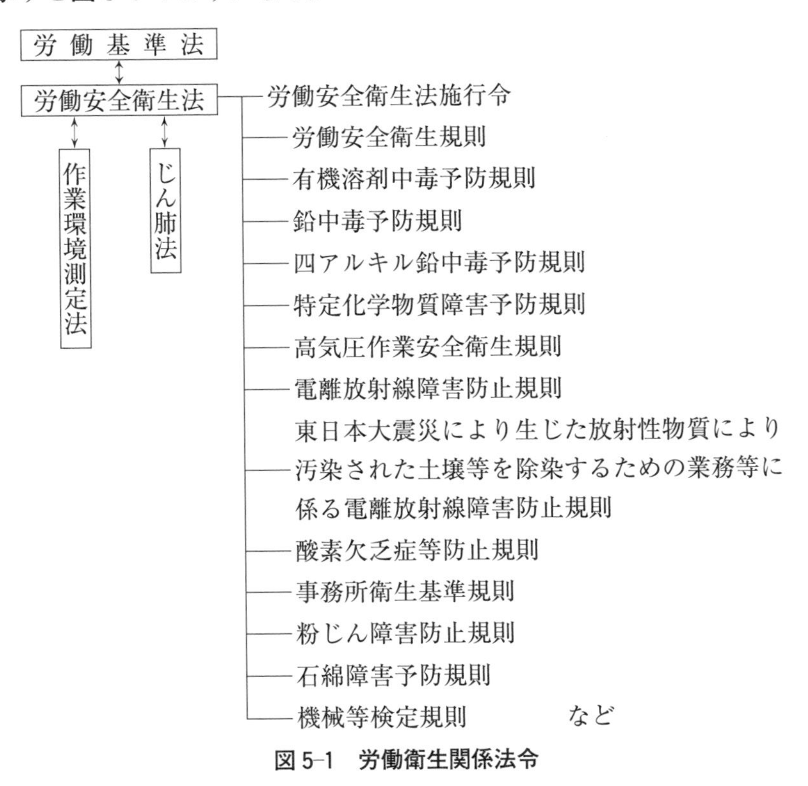

図5-1　労働衛生関係法令

1　総則（第1条～第5条）

この法律の目的，法律に出てくる用語の定義，事業者の責務，労働者の協力，事業者に関する規定の適用について定めている。

（目　的）

第1条　この法律は，労働基準法（昭和22年法律第49号）と相まつて，労働災害の防止のための危害防止基準の確立，責任体制の明確化及び自主的活動の促進の措置を講ずる等その防止に関する総合的計画的な対策を推進することにより職場における労働者の安全と健康を確保するとともに，快適な職場環境の形成を促進することを目的とする。

（定　義）

第2条　この法律において，次の各号に掲げる用語の意義は，それぞれ当該各号に定めるところによる。

1　労働災害　労働者の就業に係る建設物，設備，原材料，ガス，蒸気，粉じん等により，又は作業行動その他業務に起因して，労働者が負傷し，疾病にかかり，又は死亡することをいう。

2　労働者　労働基準法第9条に規定する労働者（同居の親族のみを使用する事業又は事務所に使用される者及び家事使用人を除く。）をいう。

3　事業者　事業を行う者で，労働者を使用するものをいう。

3の2　化学物質　元素及び化合物をいう。

4　作業環境測定　作業環境の実態をは握するため空気環境その他の作業環境について行うデザイン，サンプリング及び分析（解析を含む。）をいう。

（事業者等の責務）

第3条　事業者は，単にこの法律で定める労働災害の防止のための最低基準を守るだけでなく，快適な職場環境の実現と労働条件の改善を通じて職場における労働者の安全と健康を確保するようにしなければならない。また，事業者は，国が実施する労働災害の防止に関する施策に協力するようにしなければならない。

②　機械，器具その他の設備を設計し，製造し，若しくは輸入する者，原材料を製造し，若しくは輸入する者又は建設物を建設し，若しくは設計する者は，これらの物の設計，製造，輸入又は建設に際して，これらの物が使用されることによる労働災害の発生の防止に資するように努めなければならない。（以下略）

第4条　労働者は，労働災害を防止するため必要な事項を守るほか，事業者その他の関係者が実施する労働災害の防止に関する措置に協力するように努めなければならない。

2　労働災害防止計画（第 6 条～第 9 条）

労働災害の防止に関する総合的計画的な対策を図るために，厚生労働大臣が策定する「労働災害防止計画」の策定等について定めている。

3　安全衛生管理体制（第 10 条～第 19 条の 3）

企業の安全衛生活動を確立させ，的確に促進させるために，安衛法では組織的な安全衛生管理体制について規定しており，安全衛生組織には次の 2 通りのものがある。

（1）　労働災害を防止するための一般的な安全衛生管理組織

これには①総括安全衛生管理者，②安全管理者，③衛生管理者（衛生工学衛生管理者を含む），④安全衛生推進者（衛生推進者を含む），⑤産業医，⑥作業主任者があり，安全衛生に関する調査審議機関として，安全委員会および衛生委員会ならびに安全衛生委員会がある。

安衛法では，安全衛生管理が企業の生産ラインと一体的に運営されることを期待し，一定規模以上の事業場には当該事業の実施を統括管理する者をもって総括安全衛生管理者に充てさせることとしている。総括安全衛生管理者には安全管理者，衛生管理者等の指揮をさせるとともに次の業務を統括管理させることが第 10 条に規定されている（ i からivは安衛法第 10 条に規定されており，v から viiは法の委任により安衛則第 3 条の 2 に定められている）。

i　労働者の危険又は健康障害を防止するための措置に関すること。

ii　労働者の安全又は衛生のための教育の実施に関すること。

iii　健康診断の実施その他健康の保持増進のための措置に関すること。

iv　労働災害の原因の調査及び再発防止対策に関すること。

v　安全衛生に関する方針の表明に関すること。

vi　危険性又は有害性等の調査及びその結果に基づき講ずる措置に関すること（リスクアセスメント）

vii　安全衛生に関する計画の作成，実施，評価及び改善に関すること。

また，安全管理者および衛生管理者は，上記 i からviiまでの業務の安全面および労働衛生面の実務管理者として位置づけられており，安全衛生推進者，産業医についてもその役割が明確に規定されている。

作業主任者については，第1章のとおり第14条に規定されている。

（2）　一の場所において，請負契約関係下にある数事業場が混在して事業を行うことから生ずる労働災害を防止するための安全衛生管理組織

これには①統括安全衛生責任者，②元方安全衛生管理者，③店社安全衛生管理者，④安全衛生責任者があり，また，関係請負人を含めての協議組織がある。

統括安全衛生責任者は，当該場所においてその事業の実施を統括管理する者をもって充てることとし，その職務として当該場所において各事業場の労働者が混在して働くことによって生ずる労働災害を防止するための事項を統括管理することになっている（建設業および造船業）。

また，建設業の統括安全衛生責任者を選任した事業場は，元方安全衛生管理者を置き，統括安全衛生責任者の職務のうち技術的事項を管理させることとなっている。

統括安全衛生責任者および元方安全衛生管理者を選任しなくてもよい場合であっても，一定のもの（中小規模の建設現場）については店社安全衛生管理者を選任し，当該場所において，各事業場の労働者が混在して働くことによって生ずる労働災害を防止するための事項に関する必要措置を担当する者に対し指導を行う，毎月1回建設現場を巡回する等の業務を行わせることになっている。

さらに，下請事業における安全衛生責任体制を確立するため，統括安全衛生責任者を選任すべき事業者以外の請負人においては，安全衛生責任者を置き，統括安全衛生責任者からの指示，連絡等を受け，これを関係者に伝達する等の措置を取らせることとしている。

なお，法第19条の2には，労働災害防止のための業務に従事する者に対し，その業務に関する能力の向上を図るための教育を受けさせるよう努めることが規定されている。有機溶剤作業主任者も，5年ごとの定期または随時に，この能力向上教育を受講することが望ましいとされている。

4　労働者の危険又は健康障害を防止するための措置（第20条～第36条）

労働災害防止の基礎となる，いわゆる危害防止基準を定めたもので，①事業者の講ずべき措置，②厚生労働大臣による技術上の指針の公表，③事業者の行うべき調査等，④元方事業者の講ずべき措置，⑤注文者の講ずべき措置，⑥機械等貸与者等の講ずべき措置，⑦建築物貸与者の講ずべき措置，⑧重量物の重量表示などが定められている。

これらのうち有機溶剤作業主任者に関係が深いのは，健康障害を防止するために必要な措置を定めた第22条である。

第22条　事業者は，次の健康障害を防止するため必要な措置を講じなければならない。
1　原材料，ガス，蒸気，粉じん，酸素欠乏空気，病原体等による健康障害
2～3　略
4　排気，排液又は残さい物による健康障害

有機則第2章～第4章・第7章・第8章は，この安衛法第22条の規定を根拠として定められている。

なお，この規定による保護対象は，自社以外の労働者にも及ぶことから，作業を請け負わせる一人親方および同じ場所で作業を行う労働者以外の人も対象となる（法第22条）。

化学物質等の危険性または有害性等の調査（リスクアセスメント）を実施し，その結果に基づいて労働者への危険または健康障害を防止するための必要な措置を講ずることについては，安全衛生管理を進める上で今日的な重要事項となっているが，これに関しては参考資料を参照すること。

なお，化学物質のリスクアセスメントについては，法第28条の2によりすべての化学物質についてリスクアセスメント実施の努力義務が課せられ，そのうちの通知対象物については，法第57条の3により，その実施が義務とされている。

（事業者の行うべき調査等）
第28条の2　事業者は，厚生労働省令で定めるところにより，建設物，設備，原材料，ガス，蒸気，粉じん等による，又は作業行動その他業務に起因する危険性又は有害性等（第57条第1項の政令で定める物及び第57条の2第1項に規定する通知対象物による危険性又は有害性等を除く。）を調査し，その結果に基づいて，この法律又はこれに基づく命令の規定による措置を講ずるほか，労働者の危険又は健康障害を防止するため必要な措置を講ずるように努めなければならない。ただし，当該調査のうち，化学物質，化学物質を含有する製剤その他の物で労働者の危険又は健康障害を生ずるおそれのあるものに係るもの以外のものについては，製造業その他厚生労働省令で定める業種に属する事業者に限る。
②　厚生労働大臣は，前条第1項及び第3項に定めるもののほか，前項の措置に関して，その適切かつ有効な実施を図るため必要な指針を公表するものとする。
③　厚生労働大臣は，前項の指針に従い，事業者又はその団体に対し，必要な指導，援助等

を行うことができる。

5 機械等並びに危険物及び有害物に関する規制（第37条～第58条）

機械等に関する安全を確保するためには，製造，流通段階において一定の基準を設けることが必要であり，①特に危険な作業を必要とする機械等（特定機械）の製造の許可，検査についての規制，②特定機械以外の機械等で危険な作業を必要とするものの規制，③機械等の検定，④定期自主検査の規定が設けられている。

また，危険有害物に関する規制では，①製造等の禁止，②製造の許可，③表示，④文書の交付，⑤化学物質のリスクアセスメント，⑥化学物質の有害性の調査の規定が置かれている。

（1） 譲渡等の制限

機械，器具その他の設備による危険から労働災害を防止するためには，製造，流通段階において一定の基準により規制することが重要である。そこで安衛法では，危険もしくは有害な作業を必要とするもの，危険な場所において使用するものまたは危険または健康障害を防止するため使用するもののうち一定のものは，厚生労働大臣の定める規格または安全装置を具備しなければ譲渡し，貸与し，または設置してはならないこととしている。

（2） 型式検定・個別検定

(1)の機械等のうち，さらに一定のものについては個別検定または型式検定を受けなければならないこととされている。

有機溶剤業務に関連する器具としては，有機ガス用防毒マスクについて厚生労働大臣の定める規格を具備し，型式検定に合格したものでなければならないこととされている。

なお，令和5年春に有機ガス用の防毒機能を有する電動ファン付き呼吸用保護具も型式検定の対象となる見込みである。

（3） 定期自主検査

一定の機械等について使用開始後一定の期間ごとに定期的に所定の機能を維持していることを確認するために検査を行わなければならないこととされている。

有機溶剤業務を行う場所に設ける局所排気装置，プッシュプル型換気装置については，定期に自主検査を行うべきことを定めており，具体的には有機則に規定されている。

（4）　危険物および化学物質に関する規制

①　製造禁止・許可

ベンジジン等労働者に重度の健康障害を生ずる物で政令で定められているものは，原則として製造し，譲渡し，提供し，または使用してはならないこととし，ジクロルベンジジン等，労働者に重度の健康障害を生ずるおそれのある物で政令で定めるものを製造しようとする者は，あらかじめ厚生労働大臣の許可を受けなければならないこととされている。

②　表　示（表示対象物質）

爆発性の物，発火性の物，引火性の物その他労働者に危険を生ずるおそれのある物もしくは健康障害を生ずるおそれのある物で一定のものを容器に入れ，または包装して，譲渡し，または提供する者は，その名称等を表示しなければならないこととされている。

表示対象物質および③の通知対象物は674物質（令和5年4月現在）が対象とされている（それぞれの対象物ごとに裾切り値が定められている。通知対象物の裾切り値とは異なっているので注意）（参考資料12参照）。なお，これらの対象は令和6年4月には903物質となり，さらに数年後には約2,900物質になるとされている。

③　文書の交付等（通知対象物）

化学物質による労働災害には，その化学物質の有害性の情報が伝達されていないことや化学物質管理の方法が確立していないことが主な原因となって発生したものが多い現状にかんがみ，化学物質による労働災害を防止するためには，労働現場における化学物質の有害性等の情報を確実に伝達し，この情報を基に労働現場において化学物質を適切に管理することが重要である。

そこで労働者に危険もしくは健康障害を生ずるおそれのある物で政令で定めるもの（対象物質は②の表示対象物質と同じであるが，含有物の裾切値の異なるものがある。）を譲渡し，または提供する者は，文書の交付その他の方法により，その名称，成分およびその含有量，物理的および化学的性質，人体に及ぼす作用等の事項について，譲渡し，または提供する相手方に通知しなければならないこととされている。

なお，上記の表示対象物質，通知対象物以外の危険・有害とされる化学物質についても，同様な表示や文書の交付を行うよう努めなければならないこととされている（法令上は，法第28条の2に基づく化学物質のリスクアセスメントのスムーズな実施のための情報提供）。

④ 通知対象物についてのリスクアセスメントの実施

表示対象物質（上記②）および通知対象物（上記③）については，リスクアセスメントの実施が義務付けられている。

（第57条第1項の政令で定める物及び通知対象物について事業者が行うべき調査等）

第57条の3 事業者は，厚生労働省令で定めるところにより，第57条第1項の政令で定める物及び通知対象物による危険性又は有害性等を調査しなければならない。

② 事業者は，前項の調査の結果に基づいて，この法律又はこれに基づく命令の規定による措置を講ずるほか，労働者の危険又は健康障害を防止するため必要な措置を講ずるように努めなければならない。

③ 厚生労働大臣は，第28条第1項及び第3項に定めるもののほか，前二項の措置に関して，その適切かつ有効な実施を図るため必要な指針を公表するものとする。

④ 厚生労働大臣は，前項の指針に従い，事業者又はその団体に対し，必要な指導，援助等を行うことができる。

なお，②の表示，③の文書の交付等および④の通知対象物についてのリスクアセスメントの実施は，化学物質の自律的な管理（194頁参照）の中心をなすものである。

⑤ 有害性調査

日本国内にこれまで存在しなかった化学物質（新規化学物質）を新たに製造，輸入しようとする事業者は，事前に一定の有害性調査を行い，その結果を厚生労働大臣に届け出なければならないこととされている。

また，がん等重度の健康障害を労働者に生ずるおそれのある化学物質について，当該化学物質による労働者の健康障害を防止する必要があるとき，厚生労働大臣は，当該化学物質を製造し，または使用している者等に対して一定の有害性調査を行いその結果を報告すべきことを指示できると定めている。

6 労働者の就業に当たっての措置（第59条～第63条）

労働災害を防止するためには，特に労働衛生関係の場合，労働者が有害原因にばく露されないように施設の整備をはじめ健康管理上のいろいろな措置を講ずることが必要であるが，併せて作業につく労働者に対する安全衛生教育の徹底等も極めて重要なことである。このような観点から安衛法では，新規雇入れ時のほか，作業内容変更時においても安全衛生教育を行うべきことを定め，また，危険・有害な業務（省令で定めるもの）につかせるときに特別教育を行わなければならないことを定め，さらに，職長その他の現場監督者に対する安全衛生教育についても規定している。

この章では，安全衛生教育のほか，クレーン，移動式クレーン等のように危険・有害な業務（政令に定めるもの）についての就業制限を定めている。

7　健康の保持増進のための措置（第64条～第71条）

（1）作業環境測定の実施（本編第3章5「測定」参照）

作業環境の実態を絶えず正確に把握しておくことは，職場における健康管理の第一歩として欠くべからざるものである。作業環境測定は，作業環境の現状を認識し，作業環境を改善する端緒となるとともに，作業環境の改善のためにとられた措置の効果を確認する機能を有するものであって作業環境管理の基礎的な要素である。安衛法第65条では有害な業務を行う屋内作業場その他の作業場で特に作業環境管理上重要なものについて事業者に作業環境測定の義務を課し，当該作業環境測定は作業環境測定基準に従って行わなければならないこととされている。

（作業環境測定）

第65条　事業者は，有害な業務を行う屋内作業場その他の作業場で，政令で定めるものについて，厚生労働省令で定めるところにより，必要な作業環境測定を行い，及びその結果を記録しておかなければならない。

②　前項の規定による作業環境測定は，厚生労働大臣の定める作業環境測定基準に従つて行わなければならない。

③～⑤　略

（2）作業環境測定結果の評価とそれに基づく環境管理

作業環境測定を実施した場合に，その結果を評価し，その評価に基づいて，労働者の健康を保持するために必要があると認められるときは，施設または設備の設置または整備，健康診断の実施等適切な措置をとらなければならないこととしている。さらに，その評価は「厚生労働大臣の定める作業環境評価基準」に従って行うこととされている。

（作業環境測定の結果の評価等）

第65条の2　事業者は，前条第1項又は第5項の規定による作業環境測定の結果の評価に基づいて，労働者の健康を保持するため必要があると認められるときは，厚生労働省令で定めるところにより，施設又は設備の設置又は整備，健康診断の実施その他の適切な措置を講じなければならない。

②　事業者は，前項の措置を行うに当たつては，厚生労働省令で定めるところにより，厚生労働大臣の定める作業環境評価基準に従つて行わなければならない。

③　事業者は，前項の規定による作業環境測定の結果の評価を行つたときは，厚生労働省令で定めるところにより，その結果を記録しておかなければならない。

（3）　健康診断の実施

労働者の疾病の早期発見と予防を目的として安衛法第66条では，事業者に労働者を対象とする健康診断の実施を義務付けているが，その健康診断には次のような種類がある。

ア　すべての労働者を対象とした「一般健康診断」

イ　有害業務に従事する労働者に対する「特殊健康診断」

ウ　一定の有害業務に従事した後，配置転換した労働者に対する「特殊健康診断」

エ　有害業務に従事する労働者に対する歯科医師による健康診断

オ　都道府県労働局長が指示する臨時の健康診断

屋内作業場等の場所において有機溶剤取扱い業務に従事する労働者に対しては上記イ「特殊健康診断」を実施しなければならないこととなる。

健康診断の実施後における必要な措置等において，特に留意すべき点は以下のとおりである。

（健康診断）

第66条　事業者は，労働者に対し，厚生労働省令で定めるところにより，医師による健康診断〈編注：一部略〉を行わなければならない。

②　事業者は，有害な業務で，政令に定めるものに従事する労働者に対し，厚生労働省令で定めるところにより，医師による特別の項目についての健康診断を行なわなければならない。有害な業務で，政令で定めるものに従事させたことのある労働者で，現に使用しているものについても，同様とする。

③　事業者は，有害な業務で，政令で定めるものに従事する労働者に対し，厚生労働省令で定めるところにより，歯科医師による健康診断を行なわなければならない。

④　都道府県労働局長は，労働者の健康を保持するため必要があると認めるときは，労働衛生指導医の意見に基づき，厚生労働省令で定めるところにより，事業者に対し，臨時の健

康診断の実施その他必要な事項を指示することができる。
⑤　労働者は前各項の規定により事業者が行なう健康診断を受けなければならない。ただし，事業者の指定した医師又は歯科医師が行なう健康診断を受けることを希望しない場合において，他の医師又は歯科医師の行なうこれらの規定による健康診断に相当する健康診断を受け，その結果を証明する書面を事業者に提出したときは，この限りではない。

（4）　健康診断の事後措置

事業者は，健康診断の結果，所見があると診断された労働者について，その労働者の健康を保持するために必要な措置について，3月以内に医師または歯科医師の意見を聴かなければならないこととされ，その意見を勘案して必要があると認めるときは，その労働者の実情を考慮して，就業場所の変更等の措置を講じなければならないこととされている。

また，事業者は，健康診断を実施したときは，遅滞なく，労働者に結果を通知しなければならない。

（5）　面接指導等

脳血管疾患および虚血性心疾患等の発症が長時間労働との関連性が強いとする医学的知見を踏まえ，これらの疾病の発症を予防するため，事業者は，長時間労働を行う労働者に対して医師による面接指導を行わなければならないこととされている。

（6）　健康管理手帳

職業がんやじん肺のように発症までの潜伏期間が長く，また，重篤な結果を起こす疾病にかかるおそれのある者に対しては（3）のウに述べたとおり，有害業務に従事したことのある労働者で現に使用しているものを対象とした特殊健康診断を実施することとしているが，そのうち，法令で定める要件に該当する者に対し健康管理手帳を交付し離職後も政府が健康診断を実施することとされている。

その他，第7章には保健指導，心理的な負担の程度を把握するための検査等（ストレスチェック制度），面接指導，健康管理手帳，受動喫煙の防止，病者の就業禁止，健康教育，健康の保持増進のための指針の公表等の規定がある。

8　快適な職場環境の形成のための措置（第71条の2～第71条の4）

労働者がその生活時間の多くを過ごす職場について，疲労やストレスを感じることが少ない快適な職場環境を形成する必要がある。安衛法では，事業者が講ずる措置について規定するとともに，国は，快適な職場環境の形成のための指針を公表することとしている。

9 免許等（第72条～第77条）

危険・有害業務であり労働災害を防止するために管理を必要とする作業について選任を義務付けられている作業主任者や特殊な業務に就く者に必要とされる資格，技能講習，試験等についての規定がなされている。

10 事業場の安全又は衛生に関する改善措置等（第78条～第87条）

労働災害の防止を図るため，総合的な改善措置を講ずる必要がある事業場については，都道府県労働局長が安全衛生改善計画の作成を指示し，その自主的活動によって安全衛生状態の改善を進めることが制度化されている。

この際，企業外の民間有識者の安全および労働衛生についての知識を活用し，企業における安全衛生についての診断や指導に対する需要に応ずるため，労働安全・労働衛生コンサルタント制度が設けられている。

一定期間内に重大な労働災害を同一企業の複数の事業場で繰り返して発生させた企業に対し，厚生労働大臣が特別安全衛生改善計画の策定を指示することができる制度が創設された。また，企業が計画の作成指示や変更指示に従わない場合や計画を実施しない場合には，厚生労働大臣が当該事業者に勧告を行い，勧告に従わない場合は企業名を公表する仕組みが創設された。

また，安全衛生改善計画を作成した事業場がそれを実施するため，改築費，代替機械の購入，設置費等の経費が要る場合には，その要する経費について，国は，金融上の措置，技術上の助言等の援助を行うように努めることになっている。

11 監督等，雑則および罰則（第88条～第123条）

（1） 計画の届出

一定の機械等を設置し，もしくは移転し，またはこれらの主要構造部分を変更しようとする事業者は，当該計画を事前に労働基準監督署長に届け出る義務を課し，事前に法令違反がないかどうかの審査が行われることとなっている。

計画の届出をすべき機械等の範囲は，安衛則第85条および同規則別表第7に規定されている。そのうち，有機則に係るものとして，同規則の規定に基づいて設置する有機溶剤の蒸気の発散源を密閉する設備，局所排気装置，プッシュプル型換気装置および全体換気装置がある。

また，事業者の自主的安全衛生活動の取組みを促進するため，労働安全衛生マネジメントシステムを踏まえて事業所における危険性・有害性の調査ならびに安全衛生計画の策定および当該計画の実施・評価・改善等の措置を適切に行っており，その水準が高いと所轄労働基準監督署長が認めた事業者に対しては計画の届出の義務が免除されることとされている。建設業に属する仕事のうち，重大な労働災害を生ずるおそれがある，特に大規模な仕事に係わるものについては，その計画の届出を工事開始の日の30日前までに行うこと，その他の一定の仕事については工事開始の日の14日前までに所轄労働基準監督署長に行うこと，およびそれらの工事または仕事のうち一定のものの計画については，その作成時に有資格者を参画させなければならないこととされている。

(2)　罰　則

安衛法は，その厳正な運用を担保するため，違反に対する罰則についての規定を置いている。同法は，事業者責任主義を採用し，その第122条で両罰規定を設けており，各条が定めた措置義務者（事業者等）の違反について，違反の実行行為者（法人の代表者や使用人その他の従事者）と法人等の両方が罰せられることとなる（法人等に対しては罰金刑）。なお，安衛法第20条から第25条に規定される事業者の講じた危害防止措置または救護措置等に関し，第26条により労働者は遵守義務を負い，これに違反した場合も罰金刑が科せられる。

なお，有機則などの省令にはそれぞれ根拠となる安衛法の条文があり，当然のことながら，省令への違反は根拠法の違反となる。この場合，根拠法の条文が罰則対象ならば同様に罰則の対象となる。

〔参考〕労働安全衛生規則中の化学物質の自律的な管理に関する規制の主なもの

令和4年5月に安衛則の改正が行われ，化学物質管理は物質ごとに定められたばく露防止措置を守る法令順守型から，リスクアセスメント結果をもとに事業者が管理方法を決定する自律的な管理へと手法を変えることが求められることになった。

（1）　化学物質管理者の選任（第12条の5）　（令和6年4月1日施行）

①　選任が必要な事業場

安衛法第57条の2の通知対象物（以下「リスクアセスメント対象物」という。）を製造，取扱い，または譲渡提供をする事業場（業種・規模要件なし）

・個別の作業現場ごとではなく，工場，店社，営業所等事業場ごとに選任すれば可
・一般消費者の生活の用に供される製品のみを取り扱う事業場は，対象外
・事業場の状況に応じ，複数名を選任することもある。

②　化学物質管理者の要件

・リスクアセスメント対象物の製造事業場：厚生労働省告示に定められた専門的講習（12時間）の修了者
・リスクアセスメント対象物を取り扱う事業場（製造事業場以外）：法令上の資格要件は定められていないが，厚生労働省通達に示された専門的講習に準ずる講習（6時間）を受講することが望ましい。

③　化学物質管理者の職務

・ラベル・SDS等の確認
・化学物質に関わるリスクアセスメントの実施管理
・リスクアセスメント結果に基づくばく露防止措置の選択，実施の管理
・化学物質の自律的な管理に関わる各種記録の作成・保存
・化学物質の自律的な管理に関わる労働者への周知，教育
・ラベル・SDSの作成（リスクアセスメント対象物の製造事業場の場合）
・リスクアセスメント対象物による労働災害が発生した場合の対応

④　化学物質管理者を選任すべき事由が発生した日から14日以内に選任すること

⑤　化学物質管理者を選任したときは，当該化学物質管理者の氏名を事業場の

見やすい箇所に掲示すること等により関係労働者に周知させなければならない。

(2) 保護具着用管理責任者の選任（第12条の6）　（令和6年4月1日施行）

① 選任が必要な事業場

リスクアセスメントに基づく措置として労働者に保護具を使用させる事業場

② 選任要件

法令上特に要件は定められていないが，化学物質の管理に関わる業務を適切に実施できる能力を有する者

厚生労働省の通達では，次の者および6時間の講習を受講した者が望ましいとしている。

ア　化学物質管理専門家の要件に該当する者

イ　作業環境管理専門家の要件に該当する者

ウ　労働衛生コンサルタント試験に合格した者

エ　第1種衛生管理者免許または衛生工学衛生管理者免許を受けた者

オ　作業主任者の資格を有する者（それぞれの作業）

カ　安全衛生推進者養成講習修了者

③ 職　務

有効な保護具の選択，労働者の使用状況の管理その他保護具の管理に関わる業務

具体的には，

ア　保護具の適正な選択に関すること

イ　労働者の保護具の適正な使用に関すること

ウ　保護具の保守管理に関すること

また，厚生労働省は，これらの職務を行うに当たっては，平成17年2月7日基発第0207006号「防じんマスクの選択，使用等について」，平成17年2月7日基発第0207007号「防毒マスクの選択，使用等について」および平成29年1月12日基発0112第6号「化学防護手袋の選択，使用等について」に基づき対応する必要があることに留意することとしている。

④ 保護具着用管理責任者を選任したときは，当該保護具着用管理責任者の氏名を事業場の見やすい箇所に掲示すること等により関係労働者に周知させなければならない。

（3）衛生委員会の付議事項（第22条）

（①：令和5年4月1日施行，②～④：令和6年4月1日施行）

衛生委員会の付議事項に，次の①～④の事項が追加され，化学物質の自律的な管理の実施状況の調査審議を行うことを義務付けられた。なお，衛生委員会の設置義務のない労働者数50人未満の事業場も，安衛則第23条の2に基づき，下記の事項について，関係労働者からの意見聴取の機会を設けなければならない。

① 労働者が化学物質にばく露される程度を最小限度にするために講ずる措置に関すること

② 濃度基準値の設定物質について，労働者がばく露される程度を濃度基準値以下とするために講ずる措置に関すること

③ リスクアセスメントの結果に基づき事業者が自ら選択して講ずるばく露防止措置の一環として実施した健康診断の結果とその結果に基づき講ずる措置に関すること

④ 濃度基準値設定物質について，労働者が濃度基準値を超えてばく露したおそれがあるときに実施した健康診断の結果とその結果に基づき講ずる措置に関すること

（4）化学物質を事業場内で別容器で保管する場合の措置（第33条の2）

（令和5年4月1日施行）

安衛法第57条で譲渡・提供時のラベル表示が義務付けられている化学物質（ラベル表示対象物）について，譲渡・提供時以外も，次の場合は，ラベル表示・文書の交付その他の方法で，内容物の名称やその危険性・有害性情報を伝達しなければならない。

・ラベル表示対象物を，他の容器に移し替えて保管する場合
・自ら製造したラベル表示対象物を，容器に入れて保管する場合

（5）リスクアセスメントの結果等の記録の作成と保存（第34条の2の8）

（令和5年4月1日施行）

リスクアセスメントの結果と，その結果に基づき事業者が講ずる労働者の健康障害を防止するための措置の内容等は，関係労働者に周知するとともに，記録を作成し，次のリスクアセスメント実施までの期間（ただし，最低3年間）保存しなければなならない。

（６）　労働災害発生事業場等への労働基準監督署長による指示（第34条の2の10）

（令和６年４月１日施行）

労働災害の発生またはそのおそれのある事業場について，労働基準監督署長が，その事業場で化学物質の管理が適切に行われていない疑いがあると判断した場合は，事業場の事業者に対し，改善を指示することがある。

改善の指示を受けた事業者は，化学物質管理専門家（要件は厚生労働省告示で示されている）から，リスクアセスメントの結果に基づき講じた措置の有効性の確認と望ましい改善措置に関する助言を受けた上で，１カ月以内に改善計画を作成し，労働基準監督署長に報告し，必要な改善措置を実施しなければならない。

（７）　がん等の遅発性疾病の把握強化（第97条の2）　（令和５年４月１日施行）

化学物質を製造し，または取り扱う同一事業場で，１年以内に複数の労働者が同種のがんに罹患したことを把握したときは，その罹患が業務に起因する可能性について医師の意見を聴かなければならない。

また，医師がその罹患が業務に起因するものと疑われると判断した場合は，遅滞なく，その労働者の従事業務の内容等を，所轄都道府県労働局長に報告しなければならない。

（８）　リスクアセスメント対象物に関する事業者の義務（第577条の2，第577条の3）

（①ア，②の①アに関する部分，③：令和５年４月１日施行，
①イ，②の①イに関する部分：令和６年４月１日施行）

①　労働者がリスクアセスメント対象物にばく露される濃度の低減措置

ア　労働者がリスクアセスメント対象物にばく露される程度を，以下の方法等で最小限度にしなければならない。

i　代替物等を使用する。

ii　発散源を密閉する設備，局所排気装置または全体換気装置を設置し，稼働する。

iii　作業の方法を改善する。

iv　有効な呼吸用保護具を使用する。

イ　リスクアセスメント対象物のうち，一定程度のばく露に抑えることで労働者に健康障害を生ずるおそれがない物質として厚生労働大臣が定める物質（濃度基準値設定物質）は，労働者がばく露される程度を，厚生労働大

臣が定める濃度の基準（濃度基準値）以下としなければならない。

② ①に基づく措置の内容と労働者のばく露の状況についての労働者の意見聴取，記録作成・保存

①に基づく措置の内容と労働者のばく露の状況を，労働者の意見を聴く機会を設け，記録を作成し，3年間保存しなければならない。

ただし，がん原性のある物質として厚生労働大臣が定めるもの（がん原性物質）は30年間保存する。

③ リスクアセスメント対象物以外の物質にばく露される濃度を最小限とする努力義務

①のアのリスクアセスメント対象物以外の物質も，労働者がばく露される程度を，①のアｉ～ivの方法等で，最小限度にするように努めなければならない。

（9） 皮膚等障害物質等への直接接触の防止（第594条の2，第594条の3）

（①，②：令和5年4月1日施行（努力義務），①：令和6年4月1日施行（義務））

皮膚・眼刺激性，皮膚腐食性または皮膚から吸収され健康障害を引き起こしうる化学物質と当該物質を含有する製剤を製造し，または取り扱う業務に労働者を従事させる場合には，その物質の有害性に応じて，労働者に障害等防止用保護具を使用させなければならない。

① 健康障害を起こすおそれのあることが明らかな物質を製造し，または取り扱う業務に従事する労働者に対しては，保護めがね，不浸透性の保護衣，保護手袋または履物等適切な保護具を使用する。

② 健康障害を起こすおそれがないことが明らかなもの以外の物質を製造し，または取り扱う業務に従事する労働者（①の労働者を除く）に対しては，保護めがね，不浸透性の保護衣，保護手袋または履物等適切な保護具を使用する。

第 3 章　有機溶剤中毒予防規則のあらまし

有機溶剤は，物質をよく溶かす性質を有しており，塗装，洗浄等の作業に広く使用されている。一方，有機溶剤は，蒸発しやすく，脂肪を溶かすことから呼吸器や皮膚から人の体に吸収され，中枢神経等に作用して有機溶剤を取り扱う労働者に対して急性中毒や慢性中毒等の健康障害を発生させてきた。

このような有機溶剤による中毒を予防するため，昭和 35 年に当時の労働基準法に基づく労働省令として有機則が制定され，その後，昭和 47 年の安衛法の施行に伴い，同法に基づく労働省令となった。

有機則は，昭和 35 年に制定されて以来，その後の産業の進展や科学技術の発展に伴って，新しい有機溶剤の職場への導入や，有機溶剤の人体に対する影響の新しい知見などに基づき規制内容に必要な措置が採られて今日に至っている。

なお，本章では，有機則の内容を理解するに当たり基本的な項目の概説をするにとどめ，条文の掲載も最小限のものとしたが，規定内容を十分に把握するためには必ず有機則および関係法令の条文に目を通すこと（有機則の条文は全文を次章に掲載）。

1　総則（第 1 条―第 4 条の 2）

有機則第 1 章では，有機則の適用等を明らかにするための定義（第 1 条），使用する有機溶剤の量が少量の場合等における有機則の適用除外の規定（第 2～3 条）等が定められている。

なお，有機則は以下に記述する(1)「有機溶剤等」を用いて，(2)「有機溶剤業務」を，(3)「屋内作業場等」において行う場合に適用される。

（1）　有機溶剤等（第 1 条）

有機溶剤とは，一般には物質を溶解する性質をもつ有機化合物のことで多種類存在するが，有機則においては安衛法施行令別表第 6 の 2 に掲げられている「有機溶剤」をいい，具体的には同表に名称のあげられている 44 種類の有機溶剤とそれらの物のみから成る混合物のことをいう。

また，有機溶剤等とは，有機溶剤とともに有機溶剤含有物（有機溶剤と有機溶剤以外の物との混合物で，有機溶剤を当該混合物の重量の5%を超えて含有するもの）も含むものであると定義し，有機則における規制対象を明示している（第1項第1号および第2号）。これは，有機溶剤そのものではなくてもトルエン入り塗料のように有機溶剤が入っている物を取り扱う場合には含有量等により程度の差異はあるものの有機溶剤中毒の危険性があることによる。

有機則では，有機溶剤等を第1種から第3種に区分している。安衛法施行令別表第6の2に名称のあげられている有機溶剤には，アセトン，二硫化炭素のように「単一物質」とガソリン，石油エーテルのように多くの炭化水素の「混合物」がある。単一物質である有機溶剤のうち有害性の程度が比較的高くしかも蒸気圧が高いもの（比較的早く作業環境中の空気を汚染しやすくするもの）を「第1種有機溶剤等」，第1種以外の単一物質である有機溶剤を「第2種有機溶剤等」としている。また，多くの炭化水素が混合状態となっている石油系および植物系溶剤であって沸点がおおむね200℃以下のものを「第3種有機溶剤等」に区分している。それぞれの区分に対応する有機溶剤等は**表5-1**のとおりであり，有機則ではこれら3つのグループ分けに従った規制を設けている。

表5-1　第1種・第2種・第3種有機溶剤等

	第1種有機溶剤等	第2種有機溶剤等		第3種有機溶剤等
有機溶剤等	イ 1　1,2-ジクロルエチレン（別名二塩化アセチレン） 2　二硫化炭素	イ 1　アセトン 2　イソブチルアルコール 3　イソプロピルアルコール 4　イソペンチルアルコール（別名イソアミルアルコール） 5　エチルエーテル 6　エチレングリコールモノエチルエーテル（別名セロソルブ） 7　エチレングリコールモノエチルエーテルアセテート（別名セロソルブアセテート）	8　エチレングリコールモノ-ノルマル-ブチルエーテル（別名ブチルセロソルブ） 9　エチレングリコールモノメチルエーテル（別名メチルセロソルブ） 10　オルト-ジクロルベンゼン 11　キシレン 12　クレゾール 13　クロルベンゼン 14　酢酸イソブチル 15　酢酸イソプロピル 16　酢酸イソペンチル（別名酢酸イソアミル）	イ 1　ガソリン 2　コールタールナフサ（ソルベントナフサを含む。） 3　石油エーテル 4　石油ナフサ 5　石油ベンジン 6　テレビン油 7　ミネラルスピリット（ミネラルシンナー，ペトロリウムスピリット，ホワイトスピリットおよびミネラルターペンを含む。）

	ロ **イ**に掲げる物のみから成る混合物	17　酢酸エチル 18　酢酸ノルマル-ブチル 19　酢酸ノルマル-プロピル 20　酢酸ノルマル-ペンチル（別名酢酸ノルマル-アミル） 21　酢酸メチル 22　シクロヘキサノール 23　シクロヘキサノン 24　N･N-ジメチルホルムアミド 25　テトラヒドロフラン 26　1,1,1-トリクロルエタン 27　トルエン 28　ノルマルヘキサン 29　1-ブタノール 30　2-ブタノール 31　メタノール 32　メチルエチルケトン 33　メチルシクロヘキサノール 34　メチルシクロヘキサノン 35　メチル-ノルマル-ブチルケトン	**ロ** **イ**に掲げる物のみから成る混合物
	ハ **イ**に掲げる物と当該物以外の物との混合物で，**イ**に掲げる物を当該混合物の重量の5%を超えて含有するもの	**ロ** **イ**に掲げる物のみから成る混合物	**ハ** 第1種有機溶剤等の欄の**イ**に掲げる物，第2種有機溶剤等の欄の**イ**に掲げる物及び本欄の**イ**に掲げる物のみから成る混合物（第1種有機溶剤等の欄の**イ**に掲げる物，第2種有機溶剤等の欄の**イ**に掲げる物を当該混合物の重量の5%を超えて含有するものを除く。）
		ハ **イ**に掲げる物と当該物以外の物との混合物で，**イ**に掲げる物または左欄の**イ**に掲げる物を当該混合物の重量の5%を超えて含有するもの（左欄**ハ**に掲げる物を除く。）	
含有物	**有機溶剤含有物** 有機溶剤と有機溶剤以外の物との混合物で，有機溶剤を当該混合物の重量の5%を超えて含有するもの		

(2)　有機溶剤業務

有機則に定める有機溶剤業務とは，換気，保護具の着用等の措置を講じなければ，これに従事する労働者が有機溶剤による中毒にかかるおそれのあると一般的に認められる業務を列挙し，以下の12の業務を定めている（第1条第1項第6号）。

① 有機溶剤等を製造する工程における有機溶剤等のろ過，混合，攪拌（かくはん），加熱又は容器若しくは設備への注入の業務
② 染料，医薬品，農薬，化学繊維，合成樹脂，有機顔料，油脂，香料，甘味料，火薬，写真薬品，ゴム若しくは可塑剤又はこれらのものの中間体を製造する工程における有機溶剤等のろ過，混合，攪拌（かくはん）又は加熱の業務
③ 有機溶剤含有物を用いて行う印刷の業務
④ 有機溶剤含有物を用いて行う文字の書込み又は描画の業務
⑤ 有機溶剤等を用いて行うつや出し，防水その他物の面の加工の業務
⑥ 接着のためにする有機溶剤等の塗布の業務
⑦ 接着のために有機溶剤等を塗布された物の接着の業務
⑧ 有機溶剤等を用いて行う洗浄（⑫に掲げる業務に該当する洗浄の業務を除く。）又は払しよくの業務

⑨　有機溶剤含有物を用いて行う塗装の業務（⑫に掲げる業務に該当する塗装の業務を除く。）
⑩　有機溶剤等が付着している物の乾燥の業務
⑪　有機溶剤等を用いて行う試験又は研究の業務
⑫　有機溶剤等を入れたことのあるタンク（有機溶剤の蒸気の発散するおそれがないものを除く。）の内部における業務

（3）　屋内作業場等

屋内作業場等とは，屋内作業場または船舶の内部等の厚生労働省令で定める場所をいう（第2条第1項第1号）。厚生労働省令では次の11の場所であると定めている（第1条第2項）。

①　船舶の内部
②　車両の内部
③　タンクの内部
④　ピットの内部
⑤　坑の内部
⑥　ずい道の内部
⑦　暗きょ又はマンホールの内部
⑧　箱桁（げた）の内部
⑨　ダクトの内部
⑩　水管の内部
⑪　屋内作業場及び①～⑩に掲げる場所のほか，通風が不十分な場所

（4）　タンク等の内部

タンク等の内部とは，①通風不十分な屋内作業場，②通風不十分な船舶の内部，③通風不十分な車両の内部のほか上記(3)の③～⑪に掲げる場所をいう。

（5）　適用除外（第2条～第4条の2）

有機溶剤業務を行う場合であっても，有機溶剤等の許容消費量を超えなければ有機則の大部分または一部分について適用が除外される。有機溶剤等の消費量が一時的にその許容消費量を超えない場合において，設備の設置および性能（第2章，第3章），有機溶剤等の掲示および表示（第24条，第25条），保護具（第7章）等に関する規定の適用除外を規定したものが第2条であり，有機溶剤等の消費量が一定期間にわたりその許容消費量を超えない場合において，測定（第5章）や健康診断（第6章）等に関する規定についても追加的に適用除外を規定したものが第3条である。

許容消費量は，屋内作業場等のうちタンク等の内部以外の場所については1時間値で，またタンク等の内部については1日量で表されている。これらの計算は，有機溶剤等の区分による係数に作業場の気積を乗じて得た値とする（第2条）（参考資料19参照）。

なお，有機則の大部分についての適用が除外される場合（第3条）は，上記のとおり経常的に許容消費量を超えない場合であって，所轄労働基準監督署長の認定を

必要とする。第3条の適用除外において，事故の場合の退避，有機溶剤等の貯蔵および空容器の処理は，除外の対象外となっている。

(適用除外)

① 屋内作業場等のうちタンク等の内部以外の場所において，作業時間1時間に消費する有機溶剤等の量が次の表に掲げる許容消費量を超えないとき。

② タンク等の内部において，1日に消費する有機溶剤等の量が次の表に掲げる許容消費量を超えないとき。

消費する有機溶剤等の区分	有機溶剤等の許容消費量
第1種有機溶剤等	$W=\frac{1}{15}\times A$
第2種有機溶剤等	$W=\frac{2}{5}\times A$
第3種有機溶剤等	$W=\frac{3}{2}\times A$

備考　W：有機溶剤等の許容消費量（単位 g）

A：作業場の気積(床面から4mを超える高さにある空間を除く。単位 m^3)。ただし，気積が150 m^3 を超える場合は150 m^3 とする。

(6)　管理の水準が一定以上の事業場の適用除外（第4条の2）

有機則の対象となる化学物質に関わる管理の水準が一定以上であると所轄労働基準監督署長が認定した事業場は，健康診断および保護具に関する規定を除く有機則に定められた個別規制の適用が除外され，当該化学物質の管理を，事業者による自律的な管理（リスクアセスメントに基づく管理）に委ねられる。

2　設備（第5条―第13条の3）

安衛法第22条に基づき有機溶剤業務を行う場合に発散する有機溶剤の蒸気により作業場内の空気が汚染されることを防止するための，それに必要な設備の設置を有機溶剤の区分，作業場所および業務の形態に応じて定めている(**表5-2**)。

(1)　第1種有機溶剤等または第2種有機溶剤等にかかる設備（第5条）

屋内作業場等（上記1(3)参照）において第1種有機溶剤等または第2種有機溶剤等に係る有機溶剤業務に労働者を従事させる場合の作業環境の汚染を防止するための措置，具体的には有機溶剤の蒸気の発散源を密閉する設備，局所排気装置またはプッシュプル型換気装置の設置の義務付けについて定めている。

(2)　第3種有機溶剤等に係る設備について（第6条）

タンク等の内部（上記1(4)参照）において第3種有機溶剤等に係る有機溶

表 5-2　有機則における設備の設置等

<table>
<tr><td colspan="3">有機溶剤業務の種類
設置すべき設備
作業場の種類</td><td colspan="2">第1種有機溶剤等または第2種有機溶剤等を用いて行う有機溶剤業務注)1</td><td colspan="2">第3種有機溶剤等を用いて行う有機溶剤業務</td></tr>
<tr><td colspan="2" rowspan="4">屋内作業場等のうちタンク等の内部以外の場所</td><td>密閉設備</td><td>○</td><td rowspan="3">のいずれか</td><td colspan="2" rowspan="4"></td></tr>
<tr><td>局所排気装置</td><td>○</td></tr>
<tr><td>プッシュプル型換気装置</td><td>○</td></tr>
<tr><td>全体換気装置</td><td colspan="2">×</td></tr>
<tr><td rowspan="8">タンク等の内部</td><td rowspan="4">吹付け作業</td><td>密閉設備</td><td>○</td><td rowspan="3">のいずれか</td><td>○</td><td rowspan="3">のいずれか</td></tr>
<tr><td>局所排気装置</td><td>○</td><td>○</td></tr>
<tr><td>プッシュプル型換気装置</td><td>○</td><td>○</td></tr>
<tr><td>全体換気装置</td><td colspan="2">×</td><td colspan="2">×</td></tr>
<tr><td rowspan="4">吹付け以外の作業</td><td>密閉設備</td><td>○</td><td rowspan="3">のいずれか</td><td>○</td><td rowspan="4">のいずれか注)2</td></tr>
<tr><td>局所排気装置</td><td>○</td><td>○</td></tr>
<tr><td>プッシュプル型換気装置</td><td>○</td><td>○</td></tr>
<tr><td>全体換気装置</td><td colspan="2">×</td><td>○</td></tr>
</table>

注)1　有機溶剤等を入れたことのあるタンクの内部における業務は，原則として第2章の設備に関する規定は適用されなくて，第32条第1項により従事させる労働者には送気マスクを使用させなければならない。

注)2　全体換気装置を設置している場合は，タンク等の内部で吹付け以外の作業を行う場合にあわせて，呼吸用保護具（送気マスクまたは防毒マスク）を使用させなければならない。

剤業務に労働者を従事させる場合の措置，具体的には有機溶剤の蒸気の発散源を密閉する設備，局所排気装置，プッシュプル型換気装置の設置または全体換気装置の設置のいずれかの措置をとることの義務付けについて定めている。

また，吹付けによる作業とそれ以外の作業について分けて定めている。

（3）　設備に関する規制の適用除外と特例

ア　屋内作業場の周壁が開放されている場合（第7条）

周壁の2側面以上，かつ，周壁の面積の半分以上が直接外気に向かって開放されていて，その屋内作業場に通風を阻害する壁，つい立その他の物がない場合には，上記2(1)の設備の設置についての適用が除外される。

イ　臨時に有機溶剤業務を行う場合（第8条）

屋内作業場等のうちタンク等の内部以外の場所において臨時に有機溶剤業務を行う場合は上記2(1)の設備の設置についての適用が除外される。

タンク等の内部において臨時に有機溶剤業務を行う場合において，全体換気装置を設けた場合は，密閉設備，局所排気装置およびプッシュプル型換気装置を設けないことができる。

ウ　短時間有機溶剤業務を行う場合の設備の特例（第9条）

屋内作業場等のうちタンク等の内部以外の場所における有機溶剤業務に要する時間が短時間であり，かつ，全体換気装置を設けたときは，密閉設備，局所排気装置およびプッシュプル型換気装置を設けないことができる。

タンク等の内部における有機溶剤業務に要する時間が短時間であり，かつ，送気マスクを備えたとき（当該場所における有機溶剤業務の一部を請負人に請け負わせる場合にあっては，当該場所における有機溶剤業務が短時間であり，送気マスクを備え，かつ，当該請負人に対し，送気マスクを備える必要がある旨周知させるとき）は，密閉設備，局所排気装置，プッシュプル型換気装置および全体換気装置を設けないことができる。

エ　局所排気装置等の設置が困難な場合における設備の特例（第10条）

屋内作業場等の壁，床または天井についての有機溶剤業務を行う場合において，有機溶剤の発散面が広いため，密閉設備，局所排気装置またはプッシュプル型換気装置を設けることが困難であり，かつ，全体換気装置を設けたときは，これらの設備を設けないことができる。

オ　他の屋内作業場から隔離されている場合の設備の特例（第11条）

屋内作業場において，反応槽その他の有機溶剤業務を行う設備が常置されており，他の屋内作業場から隔離され，かつ，労働者が常時立ち入る必要のない場合において，全体換気装置を設けたときは，密閉設備，局所排気装置およびプッシュプル型換気装置を設けないことができる。

カ　代替設備の設置に伴う設備の特例（第12条）

蒸気を拡散させない等の代替設備を設けた場合には，密閉設備，局所排気装置，プッシュプル型換気装置および全体換気装置を設けないことができる。

なお，上記イ～オにおいて全体換気装置による代替を認めることとした代わりに，送気マスクまたは有機ガス用防毒マスクの使用が義務付けられている（下記7(2)第33条参照）。

（4） 労働基準監督署長の許可に係る設備の特例

ア 法令に定められた設備の設置が困難なとき（第13条）

有機溶剤の発散面が広いため，密閉設備，局所排気装置またはプッシュプル型換気装置を設けることが困難なときは，所轄労働基準監督署長の設備についての設置免除の許可を受けた場合はこれらの設備を設けないことができる。

イ 発散防止抑制措置の導入（第13条の2・第13条の3）

表5-2のとおり屋内作業場において第1種有機溶剤等または第2種有機溶剤等に係る有機溶剤業務に労働者を従事させるときには，原則として発散源を密閉する設備，局所排気装置またはプッシュプル型換気装置を設置することを定めているが，一定の条件の下では所轄労働基準監督署長の許可を受けて，原則以外の発散防止抑制措置の導入等が認められている。

3 換気装置の性能等（第14条―第18条の3）

局所排気装置等については適正な機能を保持するため具備すべき要件が定められている。

（1） 局所排気装置のフード等（第14条）

局所排気装置の有効な稼働効果を確保するために，そのフードについては，①有機溶剤の蒸気の発散源ごとに設けられていること，②外付け式のフードは，有機溶剤の蒸気の発散源にできるだけ近い位置に設けられていること，③作業方法，有機溶剤の蒸気の発散状況，有機溶剤の蒸気の比重などからみて，当該有機溶剤の蒸気を吸引するのに適した型式と大きさのものであることの構造上の要件を満たす必要がある。

また，局所排気装置のダクトは，長さができるだけ短く，ベンドの数ができるだけ少ないものにする必要がある。

（2） 排風機等（第15条）

空気清浄装置を設けた局所排気装置の排風機は，清浄後の空気が通る位置（吸引された有機溶剤の蒸気等による爆発のおそれがなく，かつ，ファンの腐食のおそれがないときは除く。）に，全体換気装置の送風機または排風機は，できるだけ有機溶剤の蒸気の発散源に近い位置に設けなければならない。

（3） 排気口（第15条の2）

局所排気装置，プッシュプル型換気装置，全体換気装置または排気管等から

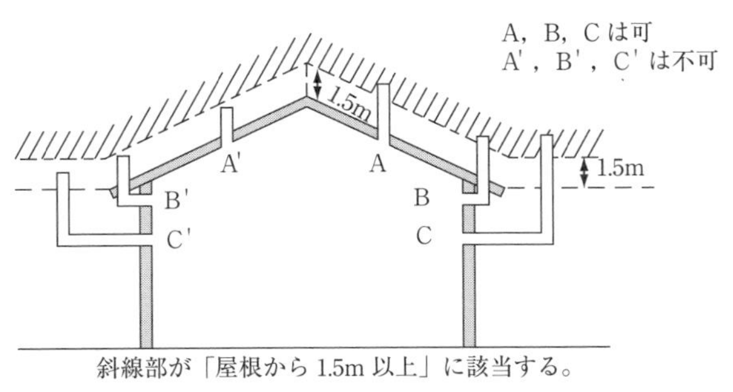

図 5-2 「屋根から 1.5 m 以上」の意味

排出される有機溶剤の蒸気により，当該局所排気装置等の設置されている作業場が再汚染されることを防止することはもとより，当該作業場以外の作業場が再汚染されることをも防止するため，当該排気口は直接外気に向かって開放しなければならない。また，空気清浄装置を設けていない局所排気装置もしくはプッシュプル型換気装置（屋内作業場に設けるものに限る。）または排気管等の排気口の高さは，屋根から 1.5 m 以上としなければならない。

なお，上記「屋根から 1.5 m 以上」とは，当該屋根から垂直に 1.5 m 上に引いた屋根との平行線より上であることをいい，排気口を側壁から出す場合には軒先から 1.5 m 上に引いた水平線より上であることをいう。これを図示すると**図 5-2** のとおりである。

また，当該排気口から排出される有機溶剤の濃度が厚生労働大臣が定める濃度（平成 9 年労働省告示第 20 号，最終改正平成 12 年労働省告示第 120 号）に満たない場合は，上記措置を講ずるに及ばない。

（4） 局所排気装置の性能（第 16 条）

局所排気装置の性能については，フードの型式に応じて制御風速を次の表のとおり定めている（**表 5-3**）。

表 5-3　局所排気装置の制御風速

型　　式		制御風速（メートル/秒）
囲い式フード		0.4
外付け式フード	側方吸引型	0.5
	下方吸引型	0.5
	上方吸引型	1.0

なお，制御風速とは，有機溶剤蒸気の拡散の限界点または拡散範囲の特定点

において，当該蒸気またはこれにより汚染された空気を捕捉し，これらをフードの開口部に入れるために必要な最小風速をいう。

また，表における制御風速は，局所排気装置のすべてのフードを開放した場合の制御風速をいい，①囲いフードにあっては，フードの開口面における最小風速，②外付け式フードにあっては，当該フードにより有機溶剤の蒸気を吸引しようとする範囲内における当該フードの開口面から最も離れた作業位置の風速をいうこととされている。

ただし，第3種有機溶剤等に関する設備または臨時にもしくは短時間有機溶剤業務を行う場合等の局所排気装置の性能は，有機溶剤の区分に応じた全体換気装置の必要換気量(下記(6))に等しくなるまで下げた制御風速を出せばよい。

(5) プッシュプル型換気装置の性能等（第16条の2）

プッシュプル型換気装置については，厚生労働大臣が定める要件が必要とされている。その要件は平成9年労働省告示第21号（最終改正平成12年労働省告示第120号）に構造と性能に関して具体的な要件が示されている。

(6) 全体換気装置の性能（第17条）

全体換気装置の性能については，1分間当たりの換気量（Q：単位m^3）が次のとおり定められている。その計算方法は，有機溶剤等の区分に応じて定められている係数に，1時間当たりの有機溶剤等の消費量（W：単位g）を乗じたものである。

第1種有機溶剤等　Q＝0.3 W

第2種有機溶剤等　Q＝0.04 W

第3種有機溶剤等　Q＝0.01 W

(7) 換気装置の稼働（第18条）

局所排気装置，プッシュプル型換気装置または全体換気装置は，有機溶剤業務を行う間,規定されている性能以上で稼働させなければならないとしている。

また，これらの装置は，バッフルを設けて換気を妨害する気流を排除する等これらの装置を有効に稼働させるための必要な措置を講じなければならないこととされている。

なお，有機溶剤業務の一部を請負人に請け負わせるときは，当該請負人が有機溶剤業務に従事する間，規定された性能以上で稼働させること等について配慮しなければならない。

(8)　局所排気装置の稼働の特例（第18条の2，第18条の3）

過去1年6カ月間，法定の作業環境測定を実施し，その評価の結果，3回以上第1管理区分が継続した場合であって，局所排気装置の稼働の特例許可を受けるため，必要な能力を有する者のうちから確認者を選任し，制御風速が安定していることおよび局所排気装置のフード開口面から最も離れた作業位置で有機溶剤の蒸気を吸引できることを確認させることならびに労働者に呼吸用保護具を使用させることを要件として試験的に制御風速未満で稼働できる。

なお，作業の一部を請負人に請け負わせるときは，当該請負人が当該作業に従事する間，同様な措置が取られるよう配慮すること。

以上における試験的稼働で第1管理区分が確保されたときは，所轄労働基準監督署長の許可を受ければ，上記(7)の規定にかかわらず，その制御風速（特例制御風速）で局所排気装置を稼働させることができる。

4　管理（第19条—第27条）

有機溶剤中毒を防止するためには，日常の作業についての適正な管理が必要であり，その概要は次のとおりである。

(1)　有機溶剤作業主任者の選任および職務（第19条，第19条の2）

有機溶剤作業主任者の選任および職務については，第1編第1章の1または本編第1章の4のとおり，屋内作業場等において有機溶剤業務を行う場合（適用除外に該当する場合と試験または研究の業務を行う場合を除く。）には，有機溶剤作業主任者技能講習修了者のうちから，有機溶剤作業主任者を選任し，次の職務を行わせなければならないこととされている。

なお，特定化学物質の「特別有機溶剤」[注)]に係る特化則の「特定化学物質作業主任者」は有機溶剤作業主任者技能講習を修了した者の中から選任しなければならないこととされている（本編第1章4の（3）参照）。

注）「エチルベンゼン」「1,2−ジクロロプロパン」「クロロホルム」「四塩化炭素」「1,4−ジオキサン」「1,2−ジクロロエタン」「ジクロロメタン」「スチレン」「1,1,2,2−テトラクロロエタン」「テトラクロロエチレン」「トリクロロエチレン」および「メチルイソブチルケトン」（本編第5章参照）。

① 作業に従事する労働者が有機溶剤により汚染され，又はこれを吸入しないように，作業の方法を決定し，労働者を指揮すること。
② 局所排気装置，プッシュプル型換気装置又は全体換気装置を1月を超えない期間ごとに点検すること。
③ 保護具の使用状況を監視すること。
④ タンクの内部において有機溶剤業務に労働者が従事するときは，第26条各号に定める措置が講じられていることを確認すること。

①の「作業方法」には，労働者の健康障害の予防に必要な事項に限るものであり，具体的には局所排気装置，プッシュプル型換気装置，全体換気装置の起動，停止，監視，調整等の要領，有機溶剤等の送給，取り出し，サンプリング等の方法，有機溶剤等によって生じた汚染の除去方法，有機溶剤を含有している廃棄物の処理方法，作業相互間の連絡，合図の方法等が含まれる。

また，②の「点検する」とは，局所排気装置，プッシュプル型換気装置または全体換気装置について，有機則第2章の「設備」および第3章の「換気装置の性能等」に規定されている健康障害予防のための措置に係る事項を中心に点検することをいい，具体的には装置の主要部分の損傷，脱落，腐食，異常音等の異常の有無，装置の効果の確認等を行うことである。

③の「保護具の使用状況の監視」は，労働者が必要に応じて適切な保護具を使用しているかどうかを監視するものである。

さらに，④の「タンクの内部で行う有機溶剤業務」については，有機溶剤による急性中毒の発生のおそれが大きいため，これを防止するため，作業に際して取るべき措置が定められているので，このような作業を行う場合には，これらの措置が確実に講じられているかどうかを確認することが有機溶剤作業主任者の職務の1つに定められているものである。

（2） 局所排気装置およびプッシュプル型換気装置の定期自主検査（第20条～第23条）

局所排気装置およびプッシュプル型換気装置については，1年以内ごとに1回，定期に自主検査を行うこと，また，その結果を記録し，3年間保存することが定められている。

（3） 掲　示（第24条）

屋内作業場等において労働者を有機溶剤業務に従事させる場合には，有機溶剤等に関する次の事項を見やすい場所に掲示しなければならないこととされている。

① 有機溶剤により生ずるおそれのある疾病の種類およびその症状

② 取扱い上の注意事項

③ 中毒発生時の応急処置

④ 法令により呼吸用保護具を使用しなければならない場所にあっては，有効な呼吸用保護具を使用しなければならない旨および使用すべき呼吸用保護具

掲示の内容および方法は，「有機溶剤中毒予防規則第24条第1項の規定により掲示すべき事項の内容及び掲示方法を定める告示」により示されていたが，最新のデジタル技術等の活用も見据え，掲示方法等については改めて通達等で具体化される見込みである（令和5年3月下旬予定）。

（4） 有機溶剤等の区分の表示（第25条）

作業に従事する者が容易に知ることができるよう有機溶剤等の区分を次のように色分けおよび色分け以外の方法により見やすい場所に表示しなければならない。

色分けによる有機溶剤の区分は，①第1種有機溶剤等は「赤」，第2種有機溶剤等は「黄」，および第3種有機溶剤等は「青」とすることとされている（**図5-3**）。

なお，表示に当たっては，取り扱っている有機溶剤等の区分を色別で表示するだけでなく，当該区分に応じた色のほか，当該区分を文字等でも記載しなければならない。

（5） タンク内作業（第26条）

タンクの内部において有機溶剤業務に労働者を従事させるときは，①作業開始前にタンクのマンホールその他有機溶剤等が流入するおそれのない開口部をすべて開放すること。なお，作業の一部を請負人に請け負わせる場合，同様な

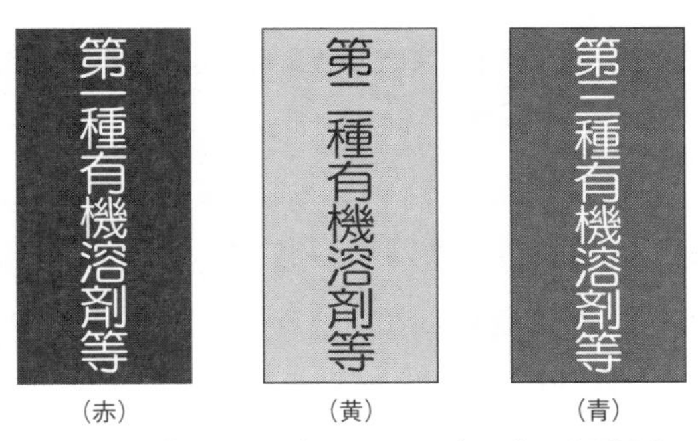

図5-3 「有機溶剤等の区分の表示」の標識例

措置が取られること等について配慮すること。②事故が発生したときの退避設備または器具等を整備することの措置を講じなければならないこととされている。作業の一部を請負人に請け負わせるときは，同様な措置を取らなければならない旨を周知させること。

その他，作業後の身体汚染除去，有機溶剤等を入れたことのあるタンクについて水または水蒸気等を用いた内壁洗浄とタンクに水を満たしたのちに排出を行うこと等の作業開始前の措置について規定されている。この場合についても，作業の一部を請負人に請け負わせる場合，同様な措置が取られること等について配慮すること。

(6)　事故の場合の退避等（第27条）

事故が発生した場合の退避等について規定している。

5　測定（第28条―第28条の4）

作業環境の実態を絶えず正確に把握しておくことは，職場における健康管理の第一歩として欠くべからざるものである。作業環境測定は，作業環境の現状を認識し，作業環境を改善する端緒となるとともに，作業環境の改善のためにとられた措置の効果を確認する機能を有するものであって作業環境管理の基礎的な要素である。

安衛法第65条では有害な業務を行う屋内作業場その他の作業場で特に作業環境管理上重要なものについて事業者に作業環境測定の義務を課し（第1項），当該作業環境測定は作業環境測定基準に従って行わなければならない（第2項）こととしている。

（作業環境測定）
第65条　事業者は，有害な業務を行う屋内作業場その他の作業場で，政令で定めるものについて，厚生労働省令で定めるところにより，必要な作業環境測定を行い，及びその結果を記録しておかなければならない。
②　前項の規定による作業環境測定は，厚生労働大臣の定める作業環境測定基準に従つて行わなければならない。
③～⑤　略

安衛法第65条第1項により作業環境測定を行わなければならない作業場の範囲は安衛法施行令第21条に定められている。有機溶剤関係については，その第10号に「別表第6の2に掲げる有機溶剤を製造し，又は取り扱う業務で厚生労働省令で定めるものを行う屋内作業場」と定めている。

(1)　作業環境測定を行うべき作業場（第28条）

安衛法第65条第1項の規定により作業環境測定を行うべき作業場は，安衛法施行令第21条第10号により「有機溶剤を製造し，又は取り扱う業務を行う屋内作業場」のうち厚生労働省令で定めるものを行う屋内作業場とされている。

この規定を受けて有機則第28条では，作業環境測定を行うべき作業場は，第1種および第2種有機溶剤等に係る有機溶剤業務を行う屋内作業場としている。

(2)　作業環境測定の実施

安衛法第65条第1項では，上記(1)の作業場について「厚生労働省令で定めるところにより，必要な作業環境測定を行い，及びその結果を記録しておかなければならない」と規定している。この厚生労働省令の定めは，有機則第28条第2項および第3項に，6月以内ごとに1回，空気中の有機溶剤の濃度を定期的に測定し，次の事項について記録し，3年間保存しなければならないことを定めている。

なお，この測定は，作業環境測定士（(4)参照）が作業環境測定基準に従って行わなければならない。

①　測定日時
②　測定方法
③　測定箇所
④　測定条件
⑤　測定結果
⑥　測定を実施した者の氏名
⑦　測定結果に基づいて当該有機溶剤による労働者の健康障害の予防措置を講じたときは，当該措置の概要

(3)　作業環境測定基準に従った測定

安衛法第65条第2項には「作業環境測定は，厚生労働大臣の定める作業環境測定基準に従って行わなければならない」と定められている。この「厚生労働大臣の定める作業環境測定基準」は，昭和51年労働省告示第46号（最終改正令和2年厚生労働省告示第397号）に定められている（「作業環境測定基準(抄)」は参考資料3に掲載）。

(4)　作業環境測定士による作業環境測定

作業環境測定法第3条第1項により「指定作業場」に係わる安衛法第65条第1項の作業環境測定は「作業環境測定士」によって行われなくてはならないこととされており，有機溶剤業務に係わる作業場は，作業環境測定法施行令第1条により指定作業場とされている。したがって，有機則第28条の測定は，作業環境測定士によって実施されなければならない。

（5） 作業環境測定結果の評価（第28条の2）

安衛法第65条の2では，作業環境測定を実施した場合に，その結果を評価し，その評価に基づいて，労働者の健康を保持するために必要があると認められるときは，施設または設備の設置または整備，健康診断の実施等適切な措置をとらなければならないこととしている（第1項）。さらに第2項では，その評価は厚生労働大臣の定める「作業環境評価基準」に従って行うこととされている。

（作業環境測定の結果の評価等）

第65条の2　事業者は，前条第1項又は第5項の規定による作業環境測定の結果の評価に基づいて，労働者の健康を保持するため必要があると認められるときは，厚生労働省令で定めるところにより，施設又は設備の設置又は整備，健康診断の実施その他の適切な措置を講じなければならない。

②　事業者は，前項の評価を行うに当たつては，厚生労働省令で定めるところにより，厚生労働大臣の定める作業環境評価基準に従つて行わなければならない。

③　事業者は，前項の規定による作業環境測定の結果の評価を行つたときは，厚生労働省令で定めるところにより，その結果を記録しておかなければならない。

有機則第28条の2では，作業環境測定を行ったときは，その都度，速やかに，作業環境評価基準に従って，作業環境管理の状態に応じ，第1管理区分，第2管理区分または第3管理区分に区分することにより，測定結果の評価を行わなければならないこととされている（作業環境管理区分と講ずべき措置については第3編第9章3を参照）。

また，評価を行った場合には，①評価日時，②評価箇所，③評価結果，④評価を実施した者の氏名に関する事項を記録し，3年間保存しなければならない。

なお，厚生労働大臣の定める作業環境評価基準は，昭和63年労働省告示第79号（最終改正令和2年厚生労働省告示第192号）に定められている（「作業環境評価基準（抄）」は参考資料4に掲載）。

（6） 評価の結果に基づく措置（第28条の3，第28条の4）

評価の結果，第3管理区分に区分された場所について，次の措置を講じなければならないこと（特に①および②は直ちに行うこと）とされている。

①　施設，設備，作業工程または作業方法の点検

②　点検結果に基づき，施設または設備の設置または整備，作業工程または作業方法の改善等，作業環境を改善し，第1管理区分または第2管理区分

とするため必要な措置

③　改善措置の効果を確認するための測定および評価の実施

④　有効な呼吸用保護具の使用，健康診断の実施等労働者の健康の保持を図るため必要な措置

なお，第3管理区分に区分された場所において作業する自社の労働者以外の者に対し，当該場所については，有効な呼吸用保護具を使用する必要がある旨を周知させなければならない。

また，第2管理区分に区分された場所については，上記①の点検および②の必要な措置を講ずるよう努めなければならない。

なお，評価の結果が第1管理区分でなかったときは，各作業場の見やすい場所に掲示する等，労働者に周知しなければならない。

（7）　作業環境測定の評価結果が第3管理区分に区分された場合の措置（第28条の3の2，第28条の3の3）

（令和6年4月1日施行）

①　作業環境測定の評価結果が第3管理区分に区分された場合は，次の措置を取らなければならない。

ア　当該作業場所の作業環境の改善の可否と，改善できる場合の改善方策について，外部の作業環境管理専門家の意見を聴くこと。

イ　アの結果，当該場所の作業環境の改善が可能な場合，必要な改善措置を講じ，その効果を確認するための濃度測定を行い，結果を評価すること。

②　①のアで作業環境管理専門家が改善困難と判断した場合と①のイの測定評価の結果が第3管理区分に区分された場合は，次の措置を取らなければならない。

ア　個人サンプリング測定等による化学物質の濃度測定を行い，その結果に応じて労働者に有効な呼吸用保護具を使用させること。

イ　アの呼吸用保護具が適切に装着されていることを確認すること。

ウ　保護具着用管理責任者を選任し，アおよびイの管理，有機溶剤作業主任者の職務に対する指導（いずれも呼吸用保護具に関する事項に限る。）等を担当させること。

エ　①のアの作業環境管理専門家の意見の概要と，①のイの措置と評価の結果を労働者に周知すること。

オ　上記措置を講じたときは，遅滞なくこの措置の内容を所轄労働基準監督

署に届け出ること。

③　②の場所の評価結果が改善するまでの間の義務

ア　6月以内ごとに1回，定期に，個人サンプリング測定等による化学物質の濃度測定を行い，その結果に応じて労働者に有効な呼吸用保護具を使用させること。

イ　1年以内ごとに1回，定期に，呼吸用保護具が適切に装着されていることを確認すること。

④　その他

ア　作業環境測定の結果，第3管理区分に区分され，上記①および②の措置を講ずるまでの間の応急的な呼吸用保護具についても，有効な呼吸用保護具を使用させること。

イ　②のアおよび③のアで実施した個人サンプリング測定等による測定結果，測定結果の評価結果を3年間保存すること。

ウ　②のイおよび③のイで実施した呼吸用保護具の装着確認結果を3年間保存すること。

6　健康診断（第29条―第31条）

（1）　健康診断の実施（第29条，第30条，第30条の2）

本編第2章の該当箇所における説明のとおり「健康診断」には，一般健康診断と特殊健康診断とがあるが，有機則に基づく健康診断は，安衛法第66条第2項前段（本編第2章7(3)イ）の規定に基づく「特殊健康診断」である。

有機則では，屋内作業場等（第3種有機溶剤等にあっては，タンク等の内部に限る）における有機溶剤業務に常時従事する労働者については，雇入れの際，当該業務への配置替えの際およびその後6月以内ごとに1回，定期に，次の項目について医師による健康診断を行わなければならないこととされている。

①　業務の経歴の調査

②　作業条件の簡易な調査

③　有機溶剤による健康障害の既往歴ならびに自覚症状および他覚症状の既往歴の有無の検査，一定の有機溶剤等に関する有機溶剤業務を行う場合においては既往の検査結果の調査や既往の異常所見の有無の調査（詳しくは第4章の有機則の条文）

④　有機溶剤による自覚症状または他覚症状と通常認められる症状の有無の検査

また，上記①から④のほか，一定の有機溶剤等については当該有機溶剤等の区分に応じてそれぞれの項目について健康診断を行わなければならない。ただし，尿中の有機溶剤の代謝物の量の検査については，前回の健康診断において，当該健康診断を受けた者については，医師が必要でないと認めるときは，当該項目を省略することができる。

さらに，医師が必要と認めるものについては，次の項目の全部または一部について健康診断を行わなければならない。

①　作業条件の調査

②　貧血検査

③　肝機能検査

④　腎（じん）機能検査

⑤　神経学的検査

これらの健康診断の結果を記録し，これを5年間保存しなければならない。

健康診断の結果，診断項目に異常の所見があると診断された労働者がいる場合には，その労働者の健康を保持するために必要な措置について，事業者は，医師の意見を聴き，その意見を健康診断個人票に記載しなければならない。

また，医師から意見聴取を行う上で必要となる労働者の業務に関する情報を求められたときは，速やかに，これを提供しなければならない。

（2）　健康診断結果の通知（第30条の2の2）

健康診断を受けた労働者に対し，遅滞なく，当該健康診断の結果を通知しなければならない。

（3）　健康診断結果報告（第30条の3）

健康診断を行ったときは，遅滞なく，有機溶剤等健康診断結果報告書を所轄労働基準監督署長に提出しなければならない。

（4）　緊急診断（第30条の4）

労働者が有機溶剤により著しく汚染され，またはこれを多量に吸入したときは，速やかに医師による診察または処置を受けさせなければならない。

なお，有機溶剤業務の一部を請負人に請け負わせるときは，同様な措置を取る必要がある旨を周知させなければならない。

(5) ばく露の程度が低い場合における健康診断の実施頻度の緩和（第29条第6項）

有機溶剤に関する特殊健康診断の実施頻度について，作業環境測定やばく露防止対策が適切に実施されている場合には，通常6月以内ごとに1回実施することとされている当該健康診断を1年以内ごとに1回に緩和できる。

7 保護具（第32条―第34条）

有機溶剤用の呼吸用保護具の種類（送気マスクおよび有機ガス用防毒マスク等）とその選択方法等については，第4編第1章の記載を参照すること。

(1) 送気マスクの使用（第32条）

次の業務に労働者を従事させる場合は，送気マスクを使用させなければならない。業務の一部を請負人に請け負わせるときは，同様な措置を取る必要がある旨を周知させなければならない。

① 有機溶剤等を入れたことのあるタンクの内部における業務

② 有機溶剤業務に要する時間が短時間であり，かつ，密閉設備，局所排気装置，プッシュプル型換気装置および全体換気装置を設けないで行うタンク等の内部における業務

(2) 送気マスクまたは有機ガス用防毒マスクの使用（第33条）

次の業務に労働者を従事させる場合は，送気マスクまたは有機ガス用防毒マスクを使用させなければならない。業務の一部を請負人に請け負わせるときは，同様な措置を取る必要がある旨を周知させなければならない。

① 全体換気装置を設けて第3種有機溶剤等に係る有機溶剤業務を行うタンク等の内部における業務

② 全体換気装置を設けて臨時に有機溶剤業務を行うタンク等の内部における業務

③ 全体換気装置を設けて短時間吹付けによる有機溶剤業務を行う屋内作業場等のうちタンク等の内部以外の場所における業務

④ 有機溶剤の発散面が広く，密閉設備，局所排気装置およびプッシュプル型換気装置を設けることが困難なため，全体換気装置を設けて壁，床または天井について有機溶剤業務を行う屋内作業場等における業務

⑤ 有機溶剤業務を行うための設備が常置されており，他の屋内作業場から

隔離され，かつ，労働者が常時立ち入る必要がない屋内作業場等において全体換気装置を設けて行う業務

⑥　プッシュプル型換気装置を設け，ブース内の気流を乱すおそれのある形状を有する物について有機溶剤業務を行う屋内作業場等における業務

⑦　屋内作業場等において密閉設備を開く業務

(3)　保護具の数等（第33条の2）

保護具は必要な数量を備え，常時有効かつ清潔に保持しなければならない。

(4)　労働者の使用義務（第34条）

労働者にも保護具の使用義務は課せられている。

8　有機溶剤の貯蔵及び空容器の処理（第35条・第36条）

(1)　有機溶剤等の貯蔵（第35条）

有機溶剤等を屋内に貯蔵する場合には，ふたまたは栓をした堅固な容器に入れ，貯蔵場所には，関係者以外が立ち入ることを防ぐ設備および蒸気を屋外に排出させる設備を設けなければならない。

(2)　空容器の処理（第36条）

有機溶剤等を入れてあった空容器で有機溶剤の蒸気が発散するおそれのある容器については，当該容器を密閉するかまたは屋外の一定の場所に集積しておかなければならない。

9　有機溶剤作業主任者技能講習（第37条）

有機溶剤作業主任者技能講習は，都道府県労働局長またはその登録する登録教習機関が行い，講習は学科講習である。

講習科目は，次のとおりである。

①　有機溶剤による健康障害およびその予防措置に関する知識

②　作業環境の改善方法に関する知識

③　保護具に関する知識

④　関係法令

技能講習修了証について

有機溶剤作業主任者技能講習を修了すると，その講習を実施した登録教習機関より，技能講習修了証が交付される。この修了証は，当該技能講習を修了したことを証明する書面となるので，大事に保管しておく。

もしも，修了証を紛失するなど滅失・損傷してしまった場合には，修了証の交付を受けた登録教習機関に技能講習修了証再交付申込書など必要書類を提出して，再交付を受けなければならない（安衛則第82条第1項）。

また，氏名を変更した場合には，技能講習修了証書替申込書など必要書類を同様の登録教習機関に提出し，書き替えを受ける（安衛則第82条第2項）。

なお，修了証の交付を受けた登録教習機関が技能講習の業務を廃止していた場合は，「技能講習修了証明書 発行事務局」（電話03-3452-3371）に帳簿が引き渡されている場合のみ，同事務局より技能講習修了証明書が交付される。また，技能講習を行った登録教習機関が分からなくなってしまった場合も，同様に帳簿が引き渡されていれば，同事務局に資格照会をすればわかる場合もあるので，問い合わせる。

第4章　有機溶剤中毒予防規則

（昭和47年9月30日労働省令第36号）

（最終改正：令和4年5月31日厚生労働省令第91号）

目　次

第1章　総　則

（定義等）

第1条　この省令において，次の各号に掲げる用語の意義は，それぞれ当該各号に定めるところによる。

1　有機溶剤　労働安全衛生法施行令（以下「令」という。）別表第6の2に掲げる有機溶剤をいう。

2　有機溶剤等　有機溶剤又は有機溶剤含有物（有機溶剤と有機溶剤以外の物との混合物で，有機溶剤を当該混合物の重量の5パーセントを超えて含有するものをいう。第6号において同じ。）をいう。

3　第1種有機溶剤等　有機溶剤等のうち次に掲げる物をいう。

イ　令別表第6の2第28号又は第38号に掲げる物

ロ　イに掲げる物のみから成る混合物

ハ　イに掲げる物と当該物以外の物との混合物で，イに掲げる物を当該混合物の重量の5パーセントを超えて含有するもの

4　第2種有機溶剤等　有機溶剤等のうち次に掲げる物をいう。

イ　令別表第6の2第1号から第13号まで，第15号から第22号まで，第24号，第25号，第30号，第34号，第35号，第37号，第39号から第42号

まで又は第44号から第47号までに掲げる物

ロ　イに掲げる物のみから成る混合物

ハ　イに掲げる物と当該物以外の物との混合物で，イに掲げる物又は前号イに掲げる物を当該混合物の重量の5パーセントを超えて含有するもの（前号ハに掲げる物を除く。）

5　第3種有機溶剤等　有機溶剤等のうち第1種有機溶剤等及び第2種有機溶剤等以外の物をいう。

6　有機溶剤業務　次の各号に掲げる業務をいう。

イ　有機溶剤等を製造する工程における有機溶剤等のろ過，混合，攪拌（かくはん），加熱又は容器若しくは設備への注入の業務

ロ　染料，医薬品，農薬，化学繊維，合成樹脂，有機顔料，油脂，香料，甘味料，火薬，写真薬品，ゴム若しくは可塑剤又はこれらのものの中間体を製造する工程における有機溶剤等のろ過，混合，攪拌（かくはん）又は加熱の業務

ハ　有機溶剤含有物を用いて行う印刷の業務

ニ　有機溶剤含有物を用いて行う文字の書込み又は描画の業務

ホ　有機溶剤等を用いて行うつや出し，防水その他物の面の加工の業務

ヘ　接着のためにする有機溶剤等の塗布の業務

ト　接着のために有機溶剤等を塗布された物の接着の業務

チ　有機溶剤等を用いて行う洗浄（ヲに掲げる業務に該当する洗浄の業務を除く。）又は払しよくの業務

リ　有機溶剤含有物を用いて行う塗装の業務（ヲに掲げる業務に該当する塗装の業務を除く。）

ヌ　有機溶剤等が付着している物の乾燥の業務

ル　有機溶剤等を用いて行う試験又は研究の業務

ヲ　有機溶剤等を入れたことのあるタンク（有機溶剤の蒸気の発散するおそれがないものを除く。以下同じ。）の内部における業務

②　令第6条第22号及び第22条第1項第6号の厚生労働省令で定める場所は，次のとおりとする。

1　船舶の内部

2　車両の内部

3　タンクの内部

4　ピットの内部

5　坑の内部

6　ずい道の内部

7　暗きよ又はマンホールの内部

8　箱桁（けた）の内部

9　ダクトの内部

10　水管の内部
11　屋内作業場及び前各号に掲げる場所のほか，通風が不十分な場所

解　説

第１項は，この規則において使用される「有機溶剤」，「有機溶剤等」，「第１種有機溶剤等」，「第２種有機溶剤等」，「第３種有機溶剤等」および「有機溶剤業務」の各用語についてその意義が明らかにされている。また，第２項では，この規則の適用される作業場所の範囲が示されている。

（適用の除外）

第２条　第２章，第３章，第４章中第19条，第19条の２及び第24条から第26条まで，第７章並びに第９章の規定は，事業者が前条第１項第６号ハからルまでのいずれかに掲げる業務に労働者を従事させる場合において，次の各号のいずれかに該当するときは，当該業務については，適用しない。

1　屋内作業場等（屋内作業場又は前条第２項各号に掲げる場所をいう。以下同じ。）のうちタンク等の内部（地下室の内部その他通風が不十分な屋内作業場，船倉の内部その他通風が不十分な船舶の内部，保冷貨車の内部その他通風が不十分な車両の内部又は前条第２項第３号から第11号までに掲げる場所をいう。以下同じ。）以外の場所において当該業務に労働者を従事させる場合で，作業時間１時間に消費する有機溶剤等の量が，次の表の上欄〔編注：左欄〕に掲げる区分に応じて，それぞれ同表の下欄〔編注：右欄〕に掲げる式により計算した量（以下「有機溶剤等の許容消費量」という。）を超えないとき。

消費する有機溶剤等の区分	有機溶剤等の許容消費量
第１種有機溶剤等	W＝1/15×A
第２種有機溶剤等	W＝2/5×A
第３種有機溶剤等	W＝3/2×A

備考　この表において，W及びAは，それぞれ次の数値を表わすものとする。
W＝有機溶剤等の許容消費量（単位　グラム）
A＝作業場の気積（床面から４メートルを超える高さにある空間を除く。単位　立方メートル）。ただし，気積が150立方メートルを超える場合は，150立方メートルとする。

2　タンク等の内部において当該業務に労働者を従事させる場合で，１日に消費する有機溶剤等の量が有機溶剤等の許容消費量を超えないとき。

②　前項第１号の作業時間１時間に消費する有機溶剤等の量及び同項第２号の１日に消費する有機溶剤等の量は，次の各号に掲げる有機溶剤業務に応じて，それぞれ当該各号に掲げるものとする。この場合において，前条第１項第６号トに掲げる業務が同号へに掲げる業務に引き続いて同一の作業場において行われるとき，

又は同号ヌに掲げる業務が乾燥しようとする物に有機溶剤等を付着させる業務に引き続いて同一の作業場において行われるときは，同号ト又はヌに掲げる業務において消費する有機溶剤等の量は，除外して計算するものとする。

1　前条第1項第6号ハからヘまで，チ，リ又はルのいずれかに掲げる業務　前項第1号の場合にあつては作業時間1時間に，同項第2号の場合にあつては1日に，それぞれ消費する有機溶剤等の量に厚生労働大臣が別に定める数値を乗じて得た量

2　前条第1項第6号ト又はヌに掲げる業務　前項第1号の場合にあつては作業時間1時間に，同項第2号の場合にあつては1日に，それぞれ接着し，又は乾燥する物に塗布され，又は付着している有機溶剤等の量に厚生労働大臣が別に定める数値を乗じて得た量

第3条　この省令（第4章中第27条及び第8章を除く。）は，事業者が第1条第1項第6号ハからルまでのいずれかに掲げる業務に労働者を従事させる場合において，次の各号のいずれかに該当するときは，当該業務については，適用しない。この場合において，事業者は，当該事業場の所在地を管轄する労働基準監督署長（以下「所轄労働基準監督署長」という。）の認定を受けなければならない。

1　屋内作業場等のうちタンク等の内部以外の場所において当該業務に労働者を従事させる場合で，作業時間1時間に消費する有機溶剤等の量が有機溶剤等の許容消費量を常態として超えないとき。

2　タンク等の内部において当該業務に労働者を従事させる場合で，1日に消費する有機溶剤等の量が有機溶剤等の許容消費量を常に超えないとき。

②　前条第2項の規定は，前項第1号の作業時間1時間に消費する有機溶剤等の量及び同項第2号の1日に消費する有機溶剤等の量について準用する。

解　説

有機溶剤等の消費量が少量の場合における適用除外が規定されたものである。第2条は，作業時間1時間または1日に消費する有機溶剤等の量が有機溶剤等の許容消費量を超えない状態が一時的なものであっても適用されるのに対して，第3条は，常態としてか，または常にそのような常態にある場合に限り適用される。

なお，第2条の「作業時間1時間に消費する有機溶剤等」の量は，1日に消費する有機溶剤等の量を当該日の有機溶剤業務を行う作業時間で除した平均値として算出して差し支えない。

また，第2条第1項中の「通風が不十分な屋内作業場」とは，天井，床および周壁の総面積に対する直接外気に向かって開放されている窓その他の開口部の面積の比率が3%以下の屋内作業場をいう。

第3条第1項第1号中,「常態として超えないとき」とは，一時的に超えることはあっても，通常の状態として超えなければ足りる趣旨である。これに対し，同項第2号においては「常に超えないとき」とされているのは，タンク等の内部のような通風が不十分な場所においては，一時的に超える場合であっても，急性中毒が発生するおそれがあるからである。

（認定の申請手続等）

第4条　前条第1項の認定（以下この条において「認定」という。）を受けようとする事業者は，有機溶剤中毒予防規則一部適用除外認定申請書（様式第1号）に作業場の見取図を添えて，所轄労働基準監督署長に提出しなければならない。

② 所轄労働基準監督署長は，前項の申請書の提出を受けた場合において，認定をし，又はしないことを決定したときは，遅滞なく，文書でその旨を当該事業者に通知しなければならない。

③ 認定を受けた事業者は，当該認定に係る業務が前条第1項各号のいずれかに該当しなくなつたときは，遅滞なく，文書で，その旨を所轄労働基準監督署長に報告しなければならない。

④ 所轄労働基準監督署長は，認定を受けた業務が前条第1項各号のいずれかに該当しなくなつたとき，及び前項の報告を受けたときは，遅滞なく，当該認定を取り消すものとする。

解　説

第3条の「認定」は，一定の期間を限り行われるものでないことから，当該認定が取り消されない限り形式的には存在し続ける。そのため，第3項の規定は，認定後に業務内容の変更等により，認定事由に該当する事実が存在しなくなった場合は，事業者に遅滞なくその旨を所轄労働基準監督署長に報告する義務を課し，当該報告を受けた労働基準監督署長が，速やかに当該認定を取り消すことができるようにする趣旨である。

（化学物質の管理が一定の水準にある場合の適用除外）

第4条の2　この省令（第6章及び第7章の規定（第32条及び第33条の保護具に係る規定に限る。）を除く。）は，事業場が次の各号（令第22条第1項第6号の業務に労働者が常時従事していない事業場については，第4号を除く。）に該当すると当該事業場の所在地を管轄する都道府県労働局長（以下この条において「所轄都道府県労働局長」という。）が認定したときは，第28条第1項の業務（第2条第1項の規定により，第2章，第3章，第4章中第19条，第19条の2及び第24条から第26条まで，第7章並びに第9章の規定が適用されない業務を除く。）については，適用しない。

1　事業場における化学物質の管理について必要な知識及び技能を有する者として厚生労働大臣が定めるもの（第5号において「化学物質管理専門家」という。）であつて，当該事業場に専属の者が配置され，当該者が当該事業場における次に掲げる事項を管理していること。

イ　有機溶剤に係る労働安全衛生規則（昭和47年労働省令第32号）第34条の2の7第1項に規定するリスクアセスメントの実施に関すること。

ロ　イのリスクアセスメントの結果に基づく措置その他当該事業場における有機溶剤による労働者の健康障害を予防するため必要な措置の内容及びその実

施に関すること。

2　過去3年間に当該事業場において有機溶剤等による労働者が死亡する労働災害又は休業の日数が4日以上の労働災害が発生していないこと。

3　過去3年間に当該事業場の作業場所について行われた第28条の2第1項の規定による評価の結果が全て第1管理区分に区分されたこと。

4　過去3年間に当該事業場の労働者について行われた第29条第2項，第3項又は第5項の健康診断の結果，新たに有機溶剤による異常所見があると認められる労働者が発見されなかつたこと。

5　過去3年間に1回以上，労働安全衛生規則第34条の2の8第1項第3号及び第4号に掲げる事項について，化学物質管理専門家（当該事業場に属さない者に限る。）による評価を受け，当該評価の結果，当該事業場において有機溶剤による労働者の健康障害を予防するため必要な措置が適切に講じられていると認められること。

6　過去3年間に事業者が当該事業場について労働安全衛生法（以下「法」という。）及びこれに基づく命令に違反していないこと。

②　前項の認定（以下この条において単に「認定」という。）を受けようとする事業場の事業者は，有機溶剤中毒予防規則適用除外認定申請書（様式第1号の2）により，当該認定に係る事業場が同項第1号及び第3号から第5号までに該当することを確認できる書面を添えて，所轄都道府県労働局長に提出しなければならない。

③　所轄都道府県労働局長は，前項の申請書の提出を受けた場合において，認定をし，又はしないことを決定したときは，遅滞なく，文書で，その旨を当該申請書を提出した事業者に通知しなければならない。

④　認定は，3年ごとにその更新を受けなければ，その期間の経過によつて，その効力を失う。

⑤　第1項から第3項までの規定は，前項の認定の更新について準用する。

⑥　認定を受けた事業者は，当該認定に係る事業場が第1項第1号から第5号までに掲げる事項のいずれかに該当しなくなつたときは，遅滞なく，文書で，その旨を所轄都道府県労働局長に報告しなければならない。

⑦　所轄都道府県労働局長は，認定を受けた事業者が次のいずれかに該当するに至つたときは，その認定を取り消すことができる。

1　認定に係る事業場が第1項各号に掲げる事項のいずれかに適合しなくなつたと認めるとき。

2　不正の手段により認定又はその更新を受けたとき。

3　有機溶剤に係る法第22条及び第57条の3第2項の措置が適切に講じられていないと認めるとき。

⑧　前三項の場合における第1項第3号の規定の適用については，同号中「過去3

年間に当該事業場の作業場所について行われた第 28 条の 2 第 1 項の規定による評価の結果が全て第 1 管理区分に区分された」とあるのは，「過去 3 年間の当該事業場の作業場所に係る作業環境が第 28 条の 2 第 1 項の第 1 管理区分に相当する水準にある」とする。

解　説

第 4 条の 2 第 1 項は，事業者による化学物質の自律的な管理を促進するという考え方に基づき，作業環境測定の対象となる化学物質を取り扱う業務等について，化学物質管理の水準が一定以上であると所轄都道府県労働局長が認める事業場に対して，当該化学物質に適用される特化則等の特別則の規定の一部の適用を除外することを定めたものである。適用除外の対象とならない規定は，特殊健康診断に係る規定および保護具の使用に係る規定である。なお，作業環境測定の対象となる化学物質以外の化学物質に係る業務等については，本規定による適用除外の対象とならない。

また，所轄都道府県労働局長が有機則で示す適用除外の要件のいずれかを満たさないと認めるときには，適用除外の認定は取消しの対象となる。適用除外が取り消された場合，適用除外となっていた当該化学物質に係る業務等に対する有機則の規定が再び適用される。

第 4 条の 2 第 1 項第 1 号の「化学物質管理専門家」については，作業場の規模や取り扱う化学物質の種類，量に応じた必要な人数が事業場に専属の者として配置されている必要がある。

第 4 条の 2 第 1 項第 2 号の「過去 3 年間」とは，申請時を起点として遡った 3 年間をいう。

第 4 条の 2 第 1 項第 3 号については，申請に係る事業場において，申請に係る有機則において作業環境測定が義務付けられているすべての化学物質等について有機則等の規定に基づき作業環境測定を実施し，作業環境の測定結果に基づく評価が第 1 管理区分であることを過去 3 年間維持している必要がある。

第 4 条の 2 第 1 項第 4 号については，申請に係る事業場において，申請に係る有機則において健康診断の実施が義務付けられているすべての化学物質等について，過去 3 年間の健康診断で異常所見がある労働者が一人も発見されないことが求められる。なお，安衛則に基づく定期健康診断の項目だけでは，特定化学物質等による異常所見かどうかの判断が困難であるため，安衛則の定期健康診断における異常所見については，適用除外の要件とはしないこと。

第 4 条の 2 第 1 項第 5 号については，客観性を担保する観点から，認定を申請する事業場に属さない化学物質管理専門家から，安衛則第 34 条の 2 の 8 第 1 項第 3 号および第 4 号に掲げるリスクアセスメントの結果やその結果に基づき事業者が講ずる労働者の危険または健康障害を防止するため必要な措置の内容に対する評価を受けた結果，当該事業場における化学物質による健康障害防止措置が適切に講じられていると認められることを求めるものである。なお，本規定の評価については，ISO（JIS Q）45001 の認証等の取得を求める趣旨ではない。

第 4 条の 2 第 1 項第 6 号については，過去 3 年間に事業者が当該事業場について法およびこれに基づく命令に違反していないことを要件とするが，軽微な違反まで含む趣旨ではない。なお，法およびそれに基づく命令の違反により送検されている場合，労働基準監督機関から使用停止等命令を受けた場合，または労働基準監督機関から違反の是正の勧告を受けたにもかかわらず期限までに是正措置を行わなかった場合は，軽微な違反には含まれない。

第4条の2第5項から第7項までの場合における第4条の2第1項第3号の規定の適用については，過去3年の期間，申請に係る当該物質に係る作業環境測定の結果に基づく評価が，第1管理区分に相当する水準を維持していることを何らかの手段で評価し，その評価結果について，当該事業場に属さない化学物質管理専門家の評価を受ける必要がある。なお，第1管理区分に相当する水準を維持していることを評価する方法には，個人ばく露測定の結果による評価，作業環境測定の結果による評価または数理モデルによる評価が含まれる。これらの評価の方法については，別途示すところに留意する必要がある。

第2章　設　備

（第1種有機溶剤等又は第2種有機溶剤等に係る設備）

第5条　事業者は，屋内作業場等において，第1種有機溶剤等又は第2種有機溶剤等に係る有機溶剤業務（第1条第1項第6号ヲに掲げる業務を除く。以下この条及び第13条の2第1項において同じ。）に労働者を従事させるときは，当該有機溶剤業務を行う作業場所に，有機溶剤の蒸気の発散源を密閉する設備，局所排気装置又はプッシュプル型換気装置を設けなければならない。

解　説

第1種有機溶剤等および第2種有機溶剤等に係る有機溶剤業務を行う場合にとるべき設備の原則として，有機溶剤の発散源を密閉する設備，局所排気装置またはプッシュプル型換気装置の設置が規定されたものである。

① 有機溶剤業務のうち，第1条第1項第6号ヲの業務（有機溶剤等を入れたことのあるタンクの内部における業務）については，本条の規定は適用されない。この業務は，内壁等に有機溶剤等が付着しているタンク内において行われるものであり，有機溶剤の蒸気の発散源を密閉する設備や局所排気装置等を設けることが不可能であるか，または設けてもその効果が期待されないためである。その代わり当該業務については，設備の設置に代わり第32条により，労働者に送気マスクを使用させなければならないこととされている。

② 「有機溶剤業務を行う作業場所」とは，当該作業場内における個々の作業場所を指す。したがって，屋内作業場内にさらに塗装室等が設けられているときは，当該塗装室等が作業場所となる。

③ 同一作業場内に有機溶剤業務を行う作業場所が2箇所以上ある場合には，それぞれの場所に本条の規定による設備を設けなければならないが，局所排気装置の場合は，そのフードがそれぞれの作業場所に設けられていれば足りるものである。

（第3種有機溶剤等に係る設備）

第6条　事業者は，タンク等の内部において，第3種有機溶剤等に係る有機溶剤業務（第1条第1項第6号ヲに掲げる業務及び吹付けによる有機溶剤業務を除く。）

に労働者を従事させるときは，当該有機溶剤業務を行う作業場所に，有機溶剤の蒸気の発散源を密閉する設備，局所排気装置，プッシュプル型換気装置又は全体換気装置を設けなければならない。

② 事業者は，タンク等の内部において，吹付けによる第3種有機溶剤等に係る有機溶剤業務に労働者を従事させるときは，当該有機溶剤業務を行う作業場所に，有機溶剤の蒸気の発散源を密閉する設備，局所排気装置又はプッシュプル型換気装置を設けなければならない。

解　説

第3種有機溶剤等に係る有機溶剤業務を行う場合にとるべき設備の原則が規定されたもので，第3種有機溶剤等の場合，タンク等の内部（タンクの内部だけではない）が対象となる。

第1項は，タンク等の内部において第3種有機溶剤等に関する吹付け以外の業務を行う場合の規定であり，有機溶剤の発散源を密閉する設備，局所排気装置またはプッシュプル型換気装置の設置のほか，全体換気装置を設置することも認められている。また，第1項では，第5条の場合と同じように有機溶剤業務のうち，第1条第1項第6号ヲの業務（有機溶剤等を入れたことのあるタンクの内部における業務）については除外されているが，設備の設置義務が免除される代わりに第32条の規定により，労働者に送気マスクを使用させなければならないことも同じである。

第2項は，タンク等の内部において第3種有機溶剤等を用いて吹付けの業務を行う場合の規定で，第1項とは異なり，全体換気装置の設置は認められない。

（屋内作業場の周壁が開放されている場合の適用除外）

第7条　次の各号に該当する屋内作業場において，事業者が有機溶剤業務に労働者を従事させるときは，第5条の規定は，適用しない。

1　周壁の2側面以上，かつ，周壁の面積の半分以上が直接外気に向つて開放されていること。

2　当該屋内作業場に通風を阻害する壁，つい立その他の物がないこと。

解　説

本条の第1号および第2号のいずれの条件も満たす屋内作業場は，通風状態が良好と考えられるものであるから，当該作業場において第1種有機溶剤等および第2種有機溶剤等に係る有機溶剤業務を行う場合に第5条の規定の適用が除外される。

本条が第5条の適用除外のみを規定しているのは，第6条が適用されるのは通風状態の悪い作業場所（タンク等の内部）であるから，もともと本条のような作業場所は考えられないからである。

なお，第1号の「直接外気に向って開放されている」とは，屋内作業場の側面に壁その他の障壁が設けられておらず，かつ，開放された側面から水平距離4m以内に建物その他通風を阻害するものがないことをいう。

また，第2号の「その他の物」には，通風を阻害する懸垂幕，被塗装物，機械装置等が含まれる。

（臨時に有機溶剤業務を行う場合の適用除外等）

第8条 臨時に有機溶剤業務を行う事業者が屋内作業場等のうちタンク等の内部以外の場所における当該有機溶剤業務に労働者を従事させるときは，第5条の規定は，適用しない。

② 臨時に有機溶剤業務を行う事業者がタンク等の内部における当該有機溶剤業務に労働者を従事させる場合において，全体換気装置を設けたときは，第5条又は第6条第2項の規定にかかわらず，有機溶剤の蒸気の発散源を密閉する設備，局所排気装置及びプッシュプル型換気装置を設けないことができる。

解説

第1項および第2項の「臨時に有機溶剤業務を行う」とは，当該事業場において通常行っている本来の業務のほかに，一時的な必要に応じて本来の業務以外の有機溶剤業務を行うことをいう。そのような場合に第5条や第6条第2項に規定されている有機溶剤の発散源を密閉する設備，局所排気装置またはプッシュプル型換気装置を設けることは事実上困難と考えられる。そのため全体換気装置を設置し，かつ，第33条により労働者に送気マスクまたは有機ガス用防毒マスクを使用させることでも可とされたものである。

（短時間有機溶剤業務を行う場合の設備の特例）

第9条 事業者は，屋内作業場等のうちタンク等の内部以外の場所において有機溶剤業務に労働者を従事させる場合において，当該場所における有機溶剤業務に要する時間が短時間であり，かつ，全体換気装置を設けたときは，第5条の規定にかかわらず，有機溶剤の蒸気の発散源を密閉する設備，局所排気装置及びプッシュプル型換気装置を設けないことができる。

② 事業者は，タンク等の内部において有機溶剤業務に労働者を従事させる場合において，当該場所における有機溶剤業務に要する時間が短時間であり，かつ，送気マスクを備えたとき（当該場所における有機溶剤業務の一部を請負人に請け負わせる場合にあつては，当該場所における有機溶剤業務に要する時間が短時間であり，送気マスクを備え，かつ，当該請負人に対し，送気マスクを備える必要がある旨を周知させるとき）は，第5条又は第6条の規定にかかわらず，有機溶剤の蒸気の発散源を密閉する設備，局所排気装置，プッシュプル型換気装置及び全体換気装置を設けないことができる。

解説

第1項および第2項の「当該場所における有機溶剤業務に要する時間が短時間」とは，出張して行う有機溶剤業務のように，当該場所において一時的に行われる有機溶剤業務に要する時間が短時間であることをいう。そのような場合に，第8条の場合と同様，第5条や第6条第2項に規定されている有機溶剤の発散源を密閉する設備，局所排気装置またはプッシュプル型換気装置を設けることは事実上困難と考えられる。そのため全体換気装置を設置し，かつ，第33条により労働者に送気マスクまたは有機ガス用防毒マスクを使用させることでも可とされたものである。
　なお，同一の場所において短時間の有機溶剤業務を繰り返し行う場合，例えば屋内作業場に設けられた塗装室等の一定の場所において毎日有機溶剤業務を行う場合は，1日の作業時間が短くても本条の「短時間有機溶剤業務を行う場合」には該当しない。
　また，第1項および第2項の「短時間」とは，おおむね3時間を限度とするものと解されている。

（局所排気装置等の設置が困難な場合における設備の特例）

第10条　事業者は，屋内作業場等の壁，床又は天井について行う有機溶剤業務に労働者を従事させる場合において，有機溶剤の蒸気の発散面が広いため第5条又は第6条第2項の規定による設備の設置が困難であり，かつ，全体換気装置を設けたときは，有機溶剤の蒸気の発散源を密閉する設備，局所排気装置及びプッシュプル型換気装置を設けないことができる。

解　説

　建設現場での塗装工事など有機溶剤等の発散面の面積が広くて第5条および第6条第2項により求められている局所排気装置やプッシュプル型換気装置等の設置が困難な場合もある。そのような場合に全体換気装置を設け，かつ，第33条により労働者に送気マスクまたは有機ガス用防毒マスクを使用させることでも可とされたものである。
　なお，この場合，「発散面が広い」とあるのは，通常携行することのできる局所排気装置によっては有機溶剤の蒸気を吸引することができない程度のものをいう。

（他の屋内作業場から隔離されている屋内作業場における設備の特例）

第11条　事業者は，反応槽（そう）その他の有機溶剤業務を行うための設備が常置されており，他の屋内作業場から隔離され，かつ，労働者が常時立ち入る必要がない屋内作業場において当該設備による有機溶剤業務に労働者を従事させる場合において，全体換気装置を設けたときは，第5条又は第6条第2項の規定にかかわらず，有機溶剤の蒸気の発散源を密閉する設備，局所排気装置及びプッシュプル型換気装置を設けないことができる。

解　説

　他の屋内作業場から隔離されている屋内作業場，たとえば反応槽等が常置してある屋内作業場が他の屋内作業場から独立した別棟のものであるか，他の屋内作業場と同一棟内にあっても，発散する有機溶剤の蒸気が他の屋内作業場へ拡散しないよう，両者の間が天井に達する壁等をもって遮断されている場合には，第5条や第6条第2項に規定されている有機溶剤の発散源を密閉する設備，局所排気装置またはプッシュプル型換気装置に替えて全体換気装置とすることができるとされたものである。当該設備による有機溶剤業務に労働者を従事させるときは，第33条の規定により，労働者に送気マスクまたは有機ガス用防毒マスクを使用させなければならないこととされている。

（代替設備の設置に伴う設備の特例）

第12条　事業者は，次の各号のいずれかに該当するときは，第5条又は第6条第1項の規定にかかわらず，有機溶剤の蒸気の発散源を密閉する設備，局所排気装置，プッシュプル型換気装置及び全体換気装置を設けないことができる。

1　赤外線乾燥炉その他温熱を伴う設備を使用する有機溶剤業務に労働者を従事させる場合において，当該設備から作業場へ有機溶剤の蒸気が拡散しないように，発散する有機溶剤の蒸気を温熱により生ずる上昇気流を利用して作業場外に排出する排気管等を設けたとき。

2　有機溶剤等が入つている開放槽（そう）について，有機溶剤の蒸気が作業場へ拡散しないよう，有機溶剤等の表面を水等で覆（おお）い，又は槽（そう）の開口部に逆流凝縮機等を設けたとき。

解　説

有機溶剤の蒸気の発散源を密閉する設備，局所排気装置および全体換気装置以外に，有機溶剤の蒸気による空気の汚染防止に関してこれらの設備と同等以上の効果をもつ設備を設けた場合は，それをもって，これらの設備の設置に代えることができると定められたものである。本条の場合は，第5条や第6条第2項の規定により設ける設備と同等以上の効果をもつものであるから，第8条から前条までの場合と異なり呼吸用保護具の使用は義務付けられない。

（労働基準監督署長の許可に係る設備の特例）

第13条　事業者は，屋内作業場等において有機溶剤業務に労働者を従事させる場合において，有機溶剤の蒸気の発散面が広いため第5条又は第6条第2項の規定による設備の設置が困難なときは，所轄労働基準監督署長の許可を受けて，有機溶剤の蒸気の発散源を密閉する設備，局所排気装置及びプッシュプル型換気装置を設けないことができる。

②　前項の許可を受けようとする事業者は，局所排気装置等特例許可申請書（様式第2号）に作業場の見取図を添えて，所轄労働基準監督署長に提出しなければならない。

③　所轄労働基準監督署長は，前項の申請書の提出を受けた場合において，第1項の許可をし，又はしないことを決定したときは，遅滞なく，文書で，その旨を当該事業者に通知しなければならない。

第13条の2　事業者は，第5条の規定にかかわらず，次条第1項の発散防止抑制措置（有機溶剤の蒸気の発散を防止し，又は抑制する設備又は装置を設置することその他の措置をいう。以下この条及び次条において同じ。）に係る許可を受けるために同項に規定する有機溶剤の濃度の測定を行うときは，次の措置を講じた上で，有機溶剤の蒸気の発散源を密閉する設備，局所排気装置及びプッシュプル型換気装置を設けないことができる。

1　次の事項を確認するのに必要な能力を有すると認められる者のうちから確認者を選任し，その者に，あらかじめ，次の事項を確認させること。

イ　当該発散防止抑制措置により有機溶剤の蒸気が作業場へ拡散しないこと。
ロ　当該発散防止抑制措置が有機溶剤業務に従事する労働者に危険を及ぼし，又は労働者の健康障害を当該措置により生ずるおそれのないものであること。

2　当該発散防止抑制装置に係る有機溶剤業務に従事する労働者に送気マスク又は有機ガス用防毒マスクを使用させること。

3　前号の有機溶剤業務の一部を請負人に請け負わせるときは，当該請負人に対し，送気マスク又は有機ガス用防毒マスクを使用する必要がある旨を周知させること。

②　事業者は，前項第２号の規定により労働者に送気マスクを使用させたときは，当該労働者が有害な空気を吸入しないように措置しなければならない。

第13条の３　事業者は，第５条の規定にかかわらず，発散防止抑制措置を講じた場合であつて，当該発散防止抑制措置に係る作業場の有機溶剤の濃度の測定（当該作業場の通常の状態において，法第65条第２項及び作業環境測定法施行規則（昭和50年労働省令第20号）第３条の規定に準じて行われるものに限る。以下この条及び第18条の３において同じ。）の結果を第28条の２第１項の規定に準じて評価した結果，第１管理区分に区分されたときは，所轄労働基準監督署長の許可を受けて，当該発散防止抑制措置を講ずることにより，有機溶剤の蒸気の発散源を密閉する設備，局所排気装置及びプッシュプル型換気装置を設けないことができる。

②　前項の許可を受けようとする事業者は，発散防止抑制措置特例実施許可申請書（様式第５号）に申請に係る発散防止抑制措置に関する次の書類を添えて，所轄労働基準監督署長に提出しなければならない。

1　作業場の見取図
2　当該発散防止抑制措置を講じた場合の当該作業場の有機溶剤の濃度の測定の結果及び第28条の２第１項の規定に準じて当該測定の結果の評価を記載した書面
3　前条第１項第１号の確認の結果を記載した書面
4　当該発散防止抑制措置の内容及び当該措置が有機溶剤の蒸気の発散の防止又は抑制について有効である理由を記載した書面
5　その他所轄労働基準監督署長が必要と認めるもの

③　所轄労働基準監督署長は，前項の申請書の提出を受けた場合において，第１項の許可をし，又はしないことを決定したときは，遅滞なく，文書で，その旨を当該事業者に通知しなければならない。

④　第１項の許可を受けた事業者は，第２項の申請書及び書類に記載された事項に変更を生じたときは，遅滞なく，文書で，その旨を所轄労働基準監督署長に報告しなければならない。

⑤　第１項の許可を受けた事業者は，当該許可に係る作業場についての第28条第２項の測定の結果の評価が第28条の２第１項の第１管理区分でなかつたとき及

び第1管理区分を維持できないおそれがあるときは，直ちに，次の措置を講じなければならない。

1　当該評価の結果について，文書で，所轄労働基準監督署長に報告すること。

2　当該許可に係る作業場について，当該作業場の管理区分が第1管理区分となるよう，施設，設備，作業工程又は作業方法の点検を行い，その結果に基づき，施設又は設備の設置又は整備，作業工程又は作業方法の改善その他作業環境を改善するため必要な措置を講ずること。

3　当該許可に係る作業場については，労働者に有効な呼吸用保護具を使用させること。

4　事業者は，当該許可に係る作業場において作業に従事する者（労働者を除く。）に対し，有効な呼吸用保護具を使用する必要がある旨を周知させること。

⑥　第1項の許可を受けた事業者は，前項第2号の規定による措置を講じたときは，その効果を確認するため，当該許可に係る作業場について当該有機溶剤の濃度を測定し，及びその結果の評価を行い，並びに当該評価の結果について，直ちに，文書で，所轄労働基準監督署長に報告しなければならない。

⑦　所轄労働基準監督署長は，第1項の許可を受けた事業者が第5項第1号及び前項の報告を行わなかつたとき，前項の評価が第1管理区分でなかつたとき並びに第1項の許可に係る作業場についての第28条第2項の測定の結果の評価が第28条の2第1項の第1管理区分を維持できないおそれがあると認めたときは，遅滞なく，当該許可を取り消すものとする。

解　説

有害物の発散源を密閉する設備，局所排気装置またはプッシュプル型換気装置以外の発散防止抑制措置を講ずることにより，有機溶剤業務を行う屋内作業場等における作業環境測定の結果が第1管理区分となるときは，所轄労働基準監督署長の許可を受けて，その方法による発散防止抑制措置を取ることが認められる。第13条～第13条の3では，その要件，許可の手続き等が規定されている。

第3章　換気装置の性能等

（局所排気装置のフード等）

第14条　事業者は，局所排気装置（第2章の規定により設ける局所排気装置をいう。以下この章及び第19条の2第2号において同じ。）のフードについては，次に定めるところに適合するものとしなければならない。

1　有機溶剤の蒸気の発散源ごとに設けられていること。

2　外付け式のフードは，有機溶剤の蒸気の発散源にできるだけ近い位置に設けられていること。

3　作業方法，有機溶剤の蒸気の発散状況及び有機溶剤の蒸気の比重等からみて，当該有機溶剤の蒸気を吸引するのに適した型式及び大きさのものであること。

②　事業者は，局所排気装置のダクトについては，長さができるだけ短く，ベンドの数ができるだけ少ないものとしなければならない。

解　説

局所排気装置の有効な稼働効果を確保するために，そのフードおよびダクトについて構造上の要件について定められたものである。

（排風機等）

第15条　事業者は，局所排気装置の排風機については，当該局所排気装置に空気清浄装置が設けられているときは，清浄後の空気が通る位置に設けなければならない。ただし，吸引された有機溶剤の蒸気等による爆発のおそれがなく，かつ，ファンの腐食のおそれがないときは，この限りでない。

②　事業者は，全体換気装置（第2章の規定により設ける全体換気装置をいう。以下この章及び第19条の2第2号において同じ。）の送風機又は排風機（ダクトを使用する全体換気装置については，当該ダクトの開口部）については，できるだけ有機溶剤の蒸気の発散源に近い位置に設けなければならない。

解　説

空気清浄装置を設けた局所排気装置の排風機の位置，全体換気装置の送風機または排風機の位置等について定められたものである。第1項の「有機溶剤の蒸気等」の「等」には，有機溶剤以外の物のガス，蒸気または粉じんが含まれる。

（排気口）

第15条の2　事業者は，局所排気装置，プッシュプル型換気装置（第2章の規定により設けるプッシュプル型換気装置をいう。以下この章，第19条の2及び第33条第1項第6号において同じ。），全体換気装置又は第12条第1号の排気管等の排気口を直接外気に向かつて開放しなければならない。

②　事業者は，空気清浄装置を設けていない局所排気装置若しくはプッシュプル型換気装置（屋内作業場に設けるものに限る。）又は第12条第1号の排気管等の排気口の高さを屋根から1.5メートル以上としなければならない。ただし，当該排気口から排出される有機溶剤の濃度が厚生労働大臣が定める濃度に満たない場合は，この限りでない。

解　説

有機溶剤業務を行っている作業場の局所排気装置等から排出される有機溶剤の蒸気等の逆流により当該作業場が再汚染されることを防止することはもとより，その排気により当該作業場以外の作業場が再汚染されることをも防止する趣旨である。

第1項の「排気口を直接外気に向って開放しなければならない」とは，有機溶剤の蒸気等を屋外に排出しなければならない趣旨である。

第2項の「屋根から1.5m以上」の解釈は，図5-2（207頁）参照のこと。また，第2項ただし書きにより厚生労働大臣が定める濃度に満たない場合には，排気口の高さを「屋根から1.5m以上」としなくてもよいこととされるが，その厚生労働大臣の定める濃度は，平成9年労働省告示第20号に定められている。具体的には，排気口から排出される濃度が，作業環境評価基準に定められている管理濃度の2分の1（混合溶剤の場合は，同評価基準第2条第4項の式による管理濃度に相当する値が0.5）とされている。

（局所排気装置の性能）

第16条 局所排気装置は，次の表の上欄〔編注：左欄〕に掲げる型式に応じて，それぞれ同表の下欄〔編注：右欄〕に掲げる制御風速を出し得る能力を有するものでなければならない。

型式		制御風速（メートル/秒）
囲い式フード		0.4
外付け式フード	側方吸引型	0.5
	下方吸引型	0.5
	上方吸引型	1.0

備考 1 この表における制御風速は，局所排気装置のすべてのフードを開放した場合の制御風速をいう。
2 この表における制御風速は，フードの型式に応じて，それぞれ次に掲げる風速をいう。
イ 囲い式フードにあつては，フードの開口面における最小風速
ロ 外付け式フードにあつては，当該フードにより有機溶剤の蒸気を吸引しようとする範囲内における当該フードの開口面から最も離れた作業位置の風速

② 前項の規定にかかわらず，次の各号のいずれかに該当する場合においては，当該局所排気装置は，その換気量を，発散する有機溶剤等の区分に応じて，それぞれ第17条に規定する全体換気装置の換気量に等しくなるまで下げた場合の制御風速を出し得る能力を有すれば足りる。

1 第6条第1項の規定により局所排気装置を設けた場合

2 第8条第2項，第9条第1項又は第11条の規定に該当し，全体換気装置を設けることにより有機溶剤の蒸気の発散源を密閉する設備及び局所排気装置を設けることを要しないとされる場合で，局所排気装置を設けたとき。

解説

本条は設計上の能力を定めたものであって，この能力を作業中有効に発揮させることは，第18条により義務付けられるものである。

第1項は，局所排気装置の能力をフードの型式ごとに必要な制御風速が定められたものである。

第2項は，局所排気装置，プッシュプル型換気装置または全体換気装置のいずれかを設置することとされている場合に

> 局所排気装置を設けたとき，その局所排気装置の性能を全体換気装置の性能に相当する程度にまで低下して稼働しても良いことが定められている。要するに局所排気装置の性能は「制御風速」により定められており，全体換気装置の性能は「換気量」で定められているが，局所排気装置の排風量を全体換気装置の換気量まで低下させても構わないということであり，局所排気装置による排気を全体換気装置の排気と同じよう考えるということである。

（プッシュプル型換気装置の性能等）

第16条の2　プッシュプル型換気装置は，厚生労働大臣が定める構造及び性能を有するものでなければならない。

（全体換気装置の性能）

第17条　全体換気装置は，次の表の上欄〔編注：左欄〕に掲げる区分に応じて，それぞれ同表の下欄〔編注：右欄〕に掲げる式により計算した1分間当りの換気量（区分の異なる有機溶剤等を同時に消費するときは，それぞれの区分ごとに計算した1分間当りの換気量を合算した量）を出し得る能力を有するものでなければならない。

消費する有機溶剤等の区分	1分間当りの換気量
第1種有機溶剤等	Q＝0.3 W
第2種有機溶剤等	Q＝0.04 W
第3種有機溶剤等	Q＝0.01 W
この表において，Q及びWは，それぞれ次の数値を表わすものとする。 Q　1分間当りの換気量（単位　立方メートル） W　作業時間1時間に消費する有機溶剤等の量（単位　グラム）	

② 前項の作業時間1時間に消費する有機溶剤等の量は，次の各号に掲げる業務に応じて，それぞれ当該各号に掲げるものとする。

1　第1条第1項第6号イ又はロに掲げる業務　作業時間1時間に蒸発する有機溶剤の量

2　第1条第1項第6号ハからヘまで，チ，リ又はルのいずれかに掲げる業務　作業時間1時間に消費する有機溶剤等の量に厚生労働大臣が別に定める数値を乗じて得た量

3　第1条第1項第6号ト又はヌのいずれかに掲げる業務　作業時間1時間に接着し，又は乾燥する物に，それぞれ塗布され，又は付着している有機溶剤等の量に厚生労働大臣が別に定める数値を乗じて得た量

③ 第2条第2項本文後段の規定は，前項に規定する作業時間1時間に消費する有機溶剤等の量について準用する。

解　説

本条に定められている全体換気装置の性能は設計上の能力であり，第18条により，作業中その性能が維持されなければならないこととされている。

（換気装置の稼働）

第18条 事業者は，局所排気装置を設けたときは，労働者が有機溶剤業務に従事する間，当該局所排気装置を第16条第1項の表の上欄〔編注：左欄〕に掲げる型式に応じて，それぞれ同表の下欄〔編注：右欄〕に掲げる制御風速以上の制御風速で稼働させなければならない。

② 前項の規定にかかわらず，第16条第2項各号のいずれかに該当する場合においては，当該局所排気装置は，同項に規定する制御風速以上の制御風速で稼働させれば足りる。

③ 事業者は，第1項の局所排気装置を設けた場合であつて，有機溶剤業務の一部を請負人に請け負わせるときは，当該請負人が当該有機溶剤業務に従事する間（労働者が当該有機溶剤業務に従事するときを除く。），当該局所排気装置を第16条第1項の表の上欄〔編注：左欄〕に掲げる型式に応じて，それぞれ同表の下欄〔編注：右欄〕に掲げる制御風速以上の制御風速で稼働させること等について配慮しなければならない。ただし，第16条第2項各号のいずれかに該当する場合においては，当該局所排気装置は，同項に規定する制御風速以上の制御風速で稼働させること等について配慮すれば足りる。

④ 事業者は，プッシュプル型換気装置を設けたときは，労働者が有機溶剤業務に従事する間，当該プッシュプル型換気装置を厚生労働大臣が定める要件を満たすように稼働させなければならない。

⑤ 事業者は，前項のプッシュプル型換気装置を設けた場合であつて，有機溶剤業務の一部を請負人に請け負わせるときは，当該請負人が当該有機溶剤業務に従事する間（労働者が当該有機溶剤業務に従事するときを除く。），当該プッシュプル型装置を同項の厚生労働大臣が定める要件を満たすように稼働させること等について配慮しなければならない。

⑥ 事業者は，全体換気装置を設けたときは，労働者が有機溶剤業務に従事する間，当該全体換気装置を前条第1項の表の上欄〔編注：左欄〕に掲げる区分に応じて，それぞれ同表の下欄〔編注：右欄〕に掲げる1分間当たりの換気量以上の換気量で稼働させなければならない。

⑦ 事業者は，前項の全体換気装置を設けた場合であつて，有機溶剤業務の一部を請負人に請け負わせるときは，当該請負人が当該有機溶剤業務に従事する間（労働者が当該有機溶剤業務に従事するときを除く。），当該全体換気装置を前条第1項の表の上欄〔編注：左欄〕に掲げる区分に応じて，それぞれ同表の下欄〔編注：右欄〕に掲げる1分間当たりの換気量以上の換気量で稼働させること等について配慮しなければならない。

⑧　事業者は，局所排気装置，プッシュプル型換気装置又は全体換気装置を設けたときは，バッフルを設けて換気を妨害する気流を排除する等当該装置を有効に稼働させるために必要な措置を講じなければならない。

解　説

第14条から前条までには，法令に基づいて設置される局所排気装置，プッシュプル型換気装置および全体換気装置の性能用件が規定されているが，本条は，それらの設備が作業中正常に稼動されるべきことが定められたものである。

（局所排気装置の稼働の特例）

第18条の2　前条第1項の規定にかかわらず，過去1年6月間，当該局所排気装置に係る作業場に係る第28条第2項及び法第65条第5項の規定による測定並びに第28条の2第1項の規定による当該測定の結果の評価が行われ，当該評価の結果，当該1年6月間，第1管理区分に区分されることが継続した場合であつて，次条第1項の許可を受けるために，同項に規定する有機溶剤の濃度の測定を行うときは，次の措置を講じた上で，当該局所排気装置を第16条第1項の表の上欄〔編注：左欄〕に掲げる型式に応じて，それぞれ同表の下欄〔編注：右欄〕に掲げる制御風速未満の制御風速で稼働させることができる。

1　次の事項を確認するのに必要な能力を有すると認められる者のうちから確認者を選任し，その者に，あらかじめ，次の事項を確認させること。

イ　当該制御風速で当該局所排気装置を稼働させた場合に，制御風速が安定していること。

ロ　当該制御風速で当該局所排気装置を稼働させた場合に，当該局所排気装置のフードにより有機溶剤の蒸気を吸引しようとする範囲内における当該フードの開口面から最も離れた作業位置において，有機溶剤の蒸気を吸引できること。

2　当該局所排気装置に係る有機溶剤業務に従事する労働者に送気マスク又は有機ガス用防毒マスクを使用させること。

3　前号の有機溶剤業務の一部を請負人に請け負わせるときは，当該請負人に対し，送気マスク又は有機ガス用防毒マスクを使用する必要がある旨を周知させること。

②　第13条の2第2項の規定は，前項第2号の規定により労働者に送気マスクを使用させた場合について準用する。

第18条の3　第18条第1項の規定にかかわらず，前条の規定により，第16条第1項の表の上欄〔編注：左欄〕に掲げる型式に応じて，それぞれ同表の下欄〔編注：右欄〕に掲げる制御風速未満の制御風速で局所排気装置を稼働させた場合であつても，当該局所排気装置に係る作業場の有機溶剤の濃度の測定の結果を第28条の2第1項の規定に準じて評価した結果，第1管理区分に区分されたときは，所轄労働基準監督署長の許可を受けて，当該局所排気装置を当該制御風速（以下「特例制御風速」という。）で稼働させることができる。

② 前項の許可を受けようとする事業者は，局所排気装置特例稼働許可申請書（様式第2号の2）に申請に係る局所排気装置に関する次の書類を添えて，所轄労働基準監督署長に提出しなければならない。

1 作業場の見取図

2 申請前1年6月間に行つた当該作業場に係る第28条第2項及び法第65条第5項の規定による測定の結果及び第28条の2第1項の規定による当該測定の結果の評価を記載した書面

3 特例制御風速で当該局所排気装置を稼働させた場合の当該作業場の有機溶剤の濃度の測定の結果及び第28条の2第1項の規定に準じて当該測定の結果の評価を記載した書面

4 法第88条第1項本文に規定する届出（以下この号において「届出」という。）を行つたことを証明する書面（同条第1項ただし書の規定による認定を受けたことにより届出を行つていない事業者にあつては，当該認定を受けていることを証明する書面）

5 申請前2年間に行つた第20条第2項に規定する自主検査の結果を記載した書面

③ 所轄労働基準監督署長は，前項の申請書の提出を受けた場合において，第1項の許可をし，又はしないことを決定したときは，遅滞なく，文書で，その旨を当該事業者に通知しなければならない。

④ 第1項の許可を受けた事業者は，当該許可に係る作業場について第28条第2項の規定による測定及び第28条の2第1項の規定による当該測定の結果の評価を行つたときは，遅滞なく，文書で，第28条第3項各号の事項及び第28条の2第2項各号の事項を所轄労働基準監督署長に報告しなければならない。

⑤ 第1項の許可を受けた事業者は，第2項の申請書及び書類に記載された事項に変更を生じたときは，遅滞なく，文書で，その旨を所轄労働基準監督署長に報告しなければならない。

⑥ 所轄労働基準監督署長は，第4項の評価が第1管理区分でなかつたとき及び第1項の許可に係る作業場についての第28条第2項の測定の結果の評価が第28条の2第1項の第1管理区分を維持できないおそれがあると認めたときは，遅滞なく，当該許可を取り消すものとする。

解 説

第18条に法令に基づいて設置された局所排気装置等の設備が第14条から第17条までの規定どおりの性能を出し得るように稼動すべきことが定められている。しかし，有機溶剤等の使用量，作業態様等によっては，それらの用件を満たさなくても作業環境が良好に維持されることも考えられる。第18条の2の規定は，そのような場合に当該局所排気装置について所轄労働基準監督所長の許可を得ることにより，特例としてその法令上の性能を下回る能力で稼動することが認められるというものである。

第18条の2は，その申請のためにデータを取るために所要の措置を取ったうえで，所轄労働基準監督所長の許可を受ける前ではあるが，第18条の規定にかかわらず，局所排気装置の能力を落とした状態（申請の状態）での稼動が認められる趣旨である。

第18条の3は，申請の手続きや許可後の措置などについての規定である。

第4章　管　理

（有機溶剤作業主任者の選任）

第19条　令第6条第22号の厚生労働省令で定める業務は，有機溶剤業務（第1条第1項第6号ルに掲げる業務を除く。）のうち次に掲げる業務以外の業務とする。

1　第2条第1項の場合における同項の業務

2　第3条第1項の場合における同項の業務

②　事業者は，令第6条第22号の作業については，有機溶剤作業主任者技能講習を修了した者のうちから，有機溶剤作業主任者を選任しなければならない。

解　説

安衛法施行令第6条第22号では，作業主任者の選任の必要な業務を厚生労働省令に委ねている。第1項はそれを明らかにしたものであり，第2項は安衛則別表第1に規定されていることと同義であるが，それを有機則でも，再度，明らかにしたものと考えられる。

なお，作業主任者は，作業の区分に応じて選任することが必要であるが，具体的には作業場ごと（必ずしも単位作業場ではなく，職務の遂行が可能な範囲ごと）に選任し，配置することが必要である。

（有機溶剤作業主任者の職務）

第19条の2　事業者は，有機溶剤作業主任者に次の事項を行わせなければならない。

1　作業に従事する労働者が有機溶剤により汚染され，又はこれを吸入しないように，作業の方法を決定し，労働者を指揮すること。

2　局所排気装置，プッシュプル型換気装置又は全体換気装置を1月を超えない期間ごとに点検すること。

3　保護具の使用状況を監視すること。

4　タンクの内部において有機溶剤業務に労働者が従事するときは，第26条各号（第2号，第4号及び第7号を除く。）に定める措置が講じられていることを確認すること。

解　説

安衛法第14条では，作業主任者の職務について「労働者の指揮その他の厚生労働省令で定める事項」とされており，その厚生労働省令で定めることとされている有機溶剤作業主任者の職務が具体的に定められたものである。

（局所排気装置の定期自主検査）

第20条　令第15条第1項第9号の厚生労働省令で定める局所排気装置（有機溶剤業務に係るものに限る。）は，第5条又は第6条の規定により設ける局所排気装置とする。

②　事業者は，前項の局所排気装置については，1年以内ごとに1回，定期に，次の事項について自主検査を行わなければならない。ただし，1年を超える期間使用しない同項の装置の当該使用しない期間においては，この限りでない。

1　フード，ダクト及びファンの摩耗，腐食，くぼみその他損傷の有無及びその程度
2　ダクト及び排風機におけるじんあいのたい積状態
3　排風機の注油状態
4　ダクトの接続部における緩みの有無
5　電動機とファンを連結するベルトの作動状態
6　吸気及び排気の能力
7　前各号に掲げるもののほか，性能を保持するため必要な事項

③　事業者は，前項ただし書の装置については，その使用を再び開始する際に，同項各号に掲げる事項について自主検査を行わなければならない。

（プッシュプル型換気装置の定期自主検査）

第20条の2　令第15条第1項第9号の厚生労働省令で定めるプッシュプル型換気装置（有機溶剤業務に係るものに限る。）は，第5条又は第6条の規定により設けるプッシュプル型換気装置とする。

②　前条第2項及び第3項の規定は，前項のプッシュプル型換気装置に関して準用する。この場合において，同条第2項第3号中「排風機」とあるのは「送風機及び排風機」と，同項第6号中「吸気」とあるのは「送気，吸気」と読み替えるものとする。

（記　録）

第21条　事業者は，前二条の自主検査を行なつたときは，次の事項を記録して，これを3年間保存しなければならない。

1　検査年月日
2　検査方法
3　検査箇所
4　検査の結果
5　検査を実施した者の氏名

6　検査の結果に基づいて補修等の措置を講じたときは，その内容

解　説

安衛法第45条の規定に基づき，一定時期ごとに主要構造や機能の状況について，事業者自らが行う有機溶剤業務に係る定期自主検査について，第20条，第20条の2では対象となる設備と検査すべき項目を，第21条では検査結果の記録について規定されたものである。

（点　検）

第22条　事業者は，第20条第1項の局所排気装置をはじめて使用するとき，又は分解して改造若しくは修理を行つたときは，次の事項について点検を行わなければならない。

1　ダクト及び排風機におけるじんあいのたい積状態

2　ダクトの接続部における緩みの有無

3　吸気及び排気の能力

4　前三号に掲げるもののほか，性能を保持するため必要な事項

②　前項の規定は，第20条の2第1項のプッシュプル型換気装置に関して準用する。この場合において，前項第3号中「吸気」とあるのは「送気，吸気」と読み替えるものとする。

（補　修）

第23条　事業者は，第20条第2項及び第3項（第20条の2第2項において準用する場合を含む。）の自主検査又は前条の点検を行なつた場合において，異常を認めたときは，直ちに補修しなければならない。

（掲　示）

第24条　事業者は，屋内作業場等において有機溶剤業務に労働者を従事させるときは，次の事項を，見やすい場所に掲示しなければならない。

1　有機溶剤により生ずるおそれのある疾病の種類及びその症状

2　有機溶剤等の取扱い上の注意事項

3　有機溶剤による中毒が発生したときの応急処置

4　次に掲げる場所にあつては，有効な呼吸用保護具を使用しなければならない旨及び使用すべき呼吸用保護具

イ　第13条の2第1項の許可に係る作業場（同項に規定する有機溶剤の濃度の測定を行うときに限る。）

ロ　第13条の3第1項の許可に係る作業場であつて，第28条第2項の測定の結果の評価が第28条の2第1項の第1管理区分でなかつた作業場及び第1管理区分を維持できないおそれがある作業場

ハ　第18条の2第1項の許可に係る作業場（同項に規定する有機溶剤の濃度の測定を行うときに限る。）

ニ　第28条の2第1項の規定による評価の結果，第3管理区分に区分された

場所

ホ 第32条第1項各号に掲げる業務を行う作業場

ヘ 第33条第1項各号に掲げる業務を行う作業場

② 前項各号に掲げる事項の内容及び掲示方法は，厚生労働大臣が別に定める。

解 説

本条の規定による掲示の内容および方法は，昭和47年労働省告示第123号「有機溶剤中毒予防規則第24条第1項の規定により掲示すべき事項の内容及び掲示方法を定める告示」に定められているが，最新のデジタル技術等の活用等も見据え廃止され，新たに通達等で具体化する見込みである（令和5年3月下旬に公布，即日公布予定）。

（有機溶剤等の区分の表示）

第25条 事業者は，屋内作業場等において有機溶剤業務に労働者を従事させるときは，当該有機溶剤業務に係る有機溶剤等の区分を，色分け及び色分け以外の方法により，見やすい場所に表示しなければならない。

② 前項の色分けによる表示は，次の各号に掲げる有機溶剤等の区分に応じ，それぞれ当該各号に定める色によらなければならない。

1 第1種有機溶剤等 赤

2 第2種有機溶剤等 黄

3 第3種有機溶剤等 青

解 説

作業中に取り扱う有機溶剤等の区分を作業に従事する者に知らせるため，当該区分を色別と色以外の方法により作業場に表示すべきことが定められたものである（図5-3（211頁）の標識例参照）。

（タンク内作業）

第26条 事業者は，タンクの内部において有機溶剤業務に労働者を従事させるときは，次の措置を講じなければならない。

1 作業開始前，タンクのマンホールその他有機溶剤等が流入するおそれのない開口部を全て開放すること。

2 当該有機溶剤業務の一部を請負人に請け負わせる場合（労働者が当該有機溶剤業務に従事するときを除く。）は，当該請負人の作業開始前，タンクのマンホールその他有機溶剤等が流入するおそれのない開口部を全て開放すること等について配慮すること。

3 労働者の身体が有機溶剤等により著しく汚染されたとき，及び作業が終了したときは，直ちに労働者に身体を洗浄させ，汚染を除去させること。

4 当該有機溶剤業務の一部を請負人に請け負わせるときは，当該請負人に対し，身体が有機溶剤等により著しく汚染されたとき，及び作業が終了したときは，直ちに身体を洗浄し，汚染を除去する必要がある旨を周知させること。

5　事故が発生したときにタンクの内部の労働者を直ちに退避させることができる設備又は器具等を整備しておくこと。

6　有機溶剤等を入れたことのあるタンクについては，作業開始前に，次の措置を講ずること。

イ　有機溶剤等をタンクから排出し，かつ，タンクに接続する全ての配管から有機溶剤等がタンクの内部へ流入しないようにすること。

ロ　水又は水蒸気等を用いてタンクの内壁を洗浄し，かつ，洗浄に用いた水又は水蒸気等をタンクから排出すること。

ハ　タンクの容積の3倍以上の量の空気を送気し，若しくは排気するか，又はタンクに水を満たした後，その水をタンクから排出すること。

7　当該有機溶剤業務の一部を請負人に請け負わせる場合（労働者が当該有機溶剤業務に従事するときを除く。）は，有機溶剤等を入れたことのあるタンクについては，当該請負人の作業開始前に，前号イからハまでに掲げる措置を講ずること等について配慮すること。

解　説

「タンクの内部」とは，第1条第2項第3号の「タンクの内部」（「タンク等の内部」ではない）をいい，有機溶剤業務の行われる場所の中でも，特に通風が不十分なため有機溶剤中毒の発生のおそれのある場所として必要な措置が規定されているものである。

タンクの内部において有機溶剤業務が行われる場合には，本条各号の措置が確実に実施されていることを確認することが有機溶剤作業主任者の重要な職務の1つである（第19条の2第4号）。

なお，第5号の「設備又は器具等」は，具体的には，墜落制止用器具，巻上げ可能なつり足場，はしご等をいうものであり，これらは，緊急時には直ちに使用できるように整備しておかなければならない。また，タンク内作業においては，たとえ保護具を使用する場合であっても，第9条第2項に該当する場合を除いては，所定の換気装置を設置しなければならない。

（事故の場合の退避等）

第27条　事業者は，タンク等の内部において有機溶剤業務に労働者を従事させる場合において，次の各号のいずれかに該当する事故が発生し，有機溶剤による中毒の発生のおそれのあるときは，直ちに作業を中止し，作業に従事する者を当該事故現場から退避させなければならない。

1　当該有機溶剤業務を行う場所を換気するために設置した局所排気装置，プッシュプル型換気装置又は全体換気装置の機能が故障等により低下し，又は失われたとき。

2　当該有機溶剤業務を行う場所の内部が有機溶剤等により汚染される事態が生じたとき。

②　事業者は，前項の事故が発生し，作業を中止したときは，当該事故現場の有機

溶剤等による汚染が除去されるまで，作業に従事する者が当該事故現場に立ち入ることについて，禁止する旨を見やすい箇所に表示することその他の方法により禁止しなければならない。ただし，安全な方法によつて，人命救助又は危害防止に関する作業をさせるときは，この限りでない。

解　説

第2項の「安全な方法」とは，監督者の指示の下に，送気マスクの装着および墜落制止用器具を使用して行うような方法をいう。

第5章　測　定

（測　定）

第28条　令第21条第10号の厚生労働省令で定める業務は，令別表第6の2第1号から第47号までに掲げる有機溶剤に係る有機溶剤業務のうち，第3条第1項の場合における同項の業務以外の業務とする。

②　事業者は，前項の業務を行う屋内作業場について，6月以内ごとに1回，定期に，当該有機溶剤の濃度を測定しなければならない。

③　事業者は，前項の規定により測定を行なつたときは，そのつど次の事項を記録して，これを3年間保存しなければならない。

1　測定日時
2　測定方法
3　測定箇所
4　測定条件
5　測定結果
6　測定を実施した者の氏名
7　測定結果に基づいて当該有機溶剤による労働者の健康障害の予防措置を講じたときは，当該措置の概要

（測定結果の評価）

第28条の2　事業者は，前条第2項の屋内作業場について，同項又は法第65条第5項の規定による測定を行つたときは，その都度，速やかに，厚生労働大臣の定める作業環境評価基準に従つて，作業環境の管理の状態に応じ，第1管理区分，第2管理区分又は第3管理区分に区分することにより当該測定の結果の評価を行わなければならない。

②　事業者は，前項の規定による評価を行つたときは，その都度次の事項を記録して，これを3年間保存しなければならない。

1　評価日時
2　評価箇所
3　評価結果
4　評価を実施した者の氏名

解　説

本条の第1管理区分から第3管理区分までの区分の方法は，作業環境評価基準（参考資料4）により定められている。

（評価の結果に基づく措置）

第28条の3　事業者は，前条第1項の規定による評価の結果，第3管理区分に区分された場所については，直ちに，施設，設備，作業工程又は作業方法の点検を行い，その結果に基づき，施設又は設備の設置又は整備，作業工程又は作業方法の改善その他作業環境を改善するため必要な措置を講じ，当該場所の管理区分が第1管理区分又は第2管理区分となるようにしなければならない。

② 事業者は，前項の規定による措置を講じたときは，その効果を確認するため，同項の場所について当該有機溶剤の濃度を測定し，及びその結果の評価を行わなければならない。

③ 事業者は，第1項の場所については，労働者に有効な呼吸用保護具を使用させるほか，健康診断の実施その他労働者の健康の保持を図るため必要な措置を講ずるとともに，前条第2項の規定による評価の記録，第1項の規定に基づき講ずる措置及び前項の規定に基づく評価の結果を次に掲げるいずれかの方法によつて労働者に周知させなければならない。

1　常時各作業場の見やすい場所に掲示し，又は備え付けること。

2　書面を労働者に交付すること。

3　磁気テープ，磁気ディスクその他これらに準ずる物に記録し，かつ，各作業場に労働者が当該記録の内容を常時確認できる機器を設置すること。

④ 事業者は，第1項の場所において作業に従事する者（労働者を除く。）に対し，当該場所については，有効な呼吸用保護具を使用する必要がある旨を周知させなければならない。

第28条の4　事業者は，第28条の2第1項の規定による評価の結果，第2管理区分に区分された場所については，施設，設備，作業工程又は作業方法の点検を行い，その結果に基づき，施設又は設備の設置又は整備，作業工程又は作業方法の改善その他作業環境を改善するため必要な措置を講ずるよう努めなければならない。

② 前項に定めるもののほか，事業者は，前項の場所については，第28条の2第2項の規定による評価の記録及び前項の規定に基づき講ずる措置を次に掲げるいずれかの方法によつて労働者に周知しなければならない。

1　常時各作業場の見やすい場所に掲示し，又は備え付けること。

2　書面を労働者に交付すること。

3　磁気テープ，磁気ディスクその他これらに準ずる物に記録し，かつ，各作業場に労働者が当該記録の内容を常時確認できる機器を設置すること。

解　説

第28条の2により決定された管理区分に従った措置について定められたものである。

第28条の3第1項の「直ちに」とは，施設，設備，作業工程または作業方法の点検および点検結果に基づく改善措置を直ちに行う趣旨であるが，改善措置については，これに要する合理的な時間については考慮される。

第3項の「労働者に有効な呼吸用保護具を使用させる」のは，第1項の規定による措置を講ずるまでの応急的なもので，呼吸用保護具の使用をもって当該措置に代えることはできない。

第28条の3，第28条の4の「周知」の対象となる労働者には，直接雇用関係にある産業保健スタッフ，派遣労働者が含まれ，直接雇用関係にない産業保健スタッフに対しても周知を行うことが望ましい。また，周知に当たっては，可能な限り作業環境の評価結果の周知と同じ時期に労働者に作業環境を改善するため必要な措置について説明を併せて行うことが望ましい。

第6章　健康診断

（健康診断）

第29条　令第22条第1項第6号の厚生労働省令で定める業務は，屋内作業場等（第3種有機溶剤等にあつては，タンク等の内部に限る。）における有機溶剤業務のうち，第3条第1項の場合における同項の業務以外の業務とする。

②　事業者は，前項の業務に常時従事する労働者に対し，雇入れの際，当該業務への配置替えの際及びその後6月以内ごとに1回，定期に，次の項目について医師による健康診断を行わなければならない。

1　業務の経歴の調査

2　作業条件の簡易な調査

3　有機溶剤による健康障害の既往歴並びに自覚症状及び他覚症状の既往歴の有無の検査，別表の下欄〔編注：右欄〕に掲げる項目（尿中の有機溶剤の代謝物の量の検査に限る。）についての既往の検査結果の調査並びに別表の下欄〔編注：右欄〕（尿中の有機溶剤の代謝物の量の検査を除く。）及び第5項第2号から第5号までに掲げる項目についての既往の異常所見の有無の調査

4　有機溶剤による自覚症状又は他覚症状と通常認められる症状の有無の検査

③　事業者は，前項に規定するもののほか，第1項の業務で別表の上欄〔編注：左欄〕に掲げる有機溶剤等に係るものに常時従事する労働者に対し，雇入れの際，当該業務への配置替えの際及びその後6月以内ごとに1回，定期に，別表の上欄〔編注：左欄〕に掲げる有機溶剤等の区分に応じ，同表の下欄〔編注：右欄〕に掲げる項目について医師による健康診断を行わなければならない。

④　前項の健康診断（定期のものに限る。）は，前回の健康診断において別表の下欄〔編注：右欄〕に掲げる項目（尿中の有機溶剤の代謝物の量の検査に限る。）について健康診断を受けた者については，医師が必要でないと認めるときは，同

項の規定にかかわらず，当該項目を省略することができる。

⑤　事業者は，第 2 項の労働者で医師が必要と認めるものについては，第 2 項及び第 3 項の規定により健康診断を行わなければならない項目のほか，次の項目の全部又は一部について医師による健康診断を行わなければならない。

1　作業条件の調査

2　貧血検査

3　肝機能検査

4　腎(じん)機能検査

5　神経学的検査

⑥　第 1 項の業務が行われる場所について第 28 条の 2 第 1 項の規定による評価が行われ，かつ，次の各号のいずれにも該当するときは，当該業務に係る直近の連続した 3 回の第 2 項の健康診断（当該労働者について行われた当該連続した 3 回の健康診断に係る雇入れ，配置換え及び 6 月以内ごとの期間に関して第 3 項の健康診断が行われた場合においては，当該連続した 3 回の健康診断に係る雇入れ，配置換え及び 6 月以内ごとの期間に係る同項の健康診断を含む。）の結果（前項の規定により行われる項目に係るものを含む。），新たに当該業務に係る有機溶剤による異常所見があると認められなかつた労働者については，第 2 項及び第 3 項の健康診断（定期のものに限る。）は，これらの規定にかかわらず，1 年以内ごとに 1 回，定期に，行えば足りるものとする。ただし，同項の健康診断を受けた者であつて，連続した 3 回の同項の健康診断を受けていない者については，この限りでない。

1　当該業務を行う場所について，第 28 条の 2 第 1 項の規定による評価の結果，直近の評価を含めて連続して 3 回，第 1 管理区分に区分された（第 4 条の 2 第 1 項の規定により，当該場所について第 28 条の 2 第 1 項の規定が適用されない場合は，過去 1 年 6 月の間，当該場所の作業環境が同項の第 1 管理区分に相当する水準にある）こと。

2　当該業務について，直近の第 2 項の規定に基づく健康診断の実施後に作業方法を変更（軽微なものを除く。）していないこと。

解　説

「当該業務への配置替えの際」とは，その事業場において，他の作業から本条に規定する受診対象作業に配置転換する直前を指す。

第 29 条第 6 項は，労働者の化学物質のばく露の程度が低い場合は健康障害のリスクが低いと考えられることから，作業環境測定の評価結果等について一定の要件を満たす場合に健康診断の実施頻度を緩和できることとしたものである。

本規定による健康診断の実施頻度の緩和は，事業者が労働者ごとに行う必要がある。

本規定の「健康診断の実施後に作業方法を変更（軽微なものを除く。）していないこと」とは，ばく露量に大きな影響を与えるような作業方法の変更がないことであり，例えば，リスクアセスメント対象物の使用量又は使用頻度に大きな変更がない場合等をいう。

事業者が健康診断の実施頻度を緩和するに当たっては，労働衛生に係る知識又は経験のある医師等の専門家の助言を踏まえて判断することが望ましい。

本規定による健康診断の実施頻度の緩和は，本規定施行後の直近の健康診断実施日以降に，本規定に規定する要件を全て満たした時点で，事業者が労働者ごとに判断して実施すること。なお，特殊健康診断の実施頻度の緩和に当たって，所轄労働基準監督署や所轄都道府県労働局に対して届出等を行う必要はない。

（健康診断の結果）

第30条　事業者は，前条第2項，第3項又は第5項の健康診断（法第66条第5項ただし書の場合における当該労働者が受けた健康診断を含む。次条において「有機溶剤等健康診断」という。）の結果に基づき，有機溶剤等健康診断個人票（様式第3号）を作成し，これを5年間保存しなければならない。

（健康診断の結果についての医師からの意見聴取）

第30条の2　有機溶剤等健康診断の結果に基づく法第66条の4の規定による医師からの意見聴取は，次に定めるところにより行わなければならない。

1　有機溶剤等健康診断が行われた日（法第66条第5項ただし書の場合にあつては，当該労働者が健康診断の結果を証明する書面を事業者に提出した日）から3月以内に行うこと。

2　聴取した医師の意見を有機溶剤等健康診断個人票に記載すること。

②　事業者は，医師から，前項の意見聴取を行う上で必要となる労働者の業務に関する情報を求められたときは，速やかに，これを提供しなければならない。

解　説

第30条の記録には，様式第3号を用いること。

医師からの意見聴取は，労働者の健康状態から緊急に法第66条の5第1項の措置を講ずべき必要がある場合には，できるだけ速やかに行う必要がある。

また意見聴取は，事業者が意見を述べる医師に対し，健康診断の個人票の様式の「医師の意見欄」に当該意見を記載させ，これを確認する。

（健康診断の結果の通知）

第30条の2の2　事業者は，第29条第2項，第3項又は第5項の健康診断を受けた労働者に対し，遅滞なく，当該健康診断の結果を通知しなければならない。

解　説

事業者は，健康診断を実施した医師，健康診断機関等から健康診断の結果を受け取った後，速やかに当該健康診断を受けた労働者にその結果を通知すべきことが定められたものである。

（健康診断結果報告）

第30条の3　事業者は，第29条第2項，第3項又は第5項の健康診断（定期のものに限る。）を行つたときは，遅滞なく，有機溶剤等健康診断結果報告書（様式第3号の2）を所轄労働基準監督署長に提出しなければならない。

解　説

「健康診断結果報告書」は，労働者数に関係なく第29条により健康診断を行ったすべての事業場が提出する必要がある。所轄労働基準監督署長に遅滞なく（健康診断完了後おおむね1カ月以内に）提出する。

（緊急診断）

第30条の4　事業者は，労働者が有機溶剤により著しく汚染され，又はこれを多量に吸入したときは，速やかに，当該労働者に医師による診察又は処置を受けさせなければならない。

②　事業者は，有機溶剤業務の一部を請負人に請け負わせるときは，当該請負人に対し，有機溶剤により著しく汚染され，又はこれを多量に吸入したときは，速やかに医師による診察又は処置を受ける必要がある旨を周知させなければならない。

解　説

緊急診断は，それぞれの有機溶剤の種類，性状，汚染または吸入の程度等に応じ，急性中毒，皮膚障害等について診断を行う。

なお，救援活動その他により関係労働者以外の者が受ける障害も予想されるので，対象者の選定に当たっては，この点に留意する。請負人に対する周知も求められている。

（健康診断の特例）

第31条　事業者は，第29条第2項，第3項又は第5項の健康診断を3年以上行い，その間，当該健康診断の結果，新たに有機溶剤による異常所見があると認められる労働者が発見されなかつたときは，所轄労働基準監督署長の許可を受けて，その後における第29条第2項，第3項又は第5項の健康診断，第30条の有機溶剤等健康診断個人票の作成及び保存並びに第30条の2の医師からの意見聴取を行わないことができる。

②　前項の許可を受けようとする事業者は，有機溶剤等健康診断特例許可申請書（様式第4号）に申請に係る有機溶剤業務に関する次の書類を添えて，所轄労働基準監督署長に提出しなければならない。

1　作業場の見取図

2　作業場に換気装置その他有機溶剤の蒸気の発散を防止する設備が設けられているときは，当該設備等を示す図面及びその性能を記載した書面

3　当該有機溶剤業務に従事する労働者について申請前3年間に行つた第29条第2項，第3項又は第5項の健康診断の結果を証明する書面

③　所轄労働基準監督署長は，前項の申請書の提出を受けた場合において，第1項の許可をし，又はしないことを決定したときは，遅滞なく，文書で，その旨を当該事業者に通知しなければならない。

④　第1項の許可を受けた事業者は，第2項の申請書及び書類に記載された事項に

変更を生じたときは，遅滞なく，文書で，その旨を所轄労働基準監督署長に報告しなければならない。

⑤　所轄労働基準監督署長は，前項の規定による報告を受けた場合及び事業場を臨検した場合において，第1項の許可に係る有機溶剤業務に従事する労働者について新たに有機溶剤による異常所見を生ずるおそれがあると認めたときは，遅滞なく，当該許可を取り消すものとする。

解　説

本条の許可は，特例の成立要件である点において第13条の許可と同じであるが，期間の定めがない点については，第3条の認定と同様である。

第1項の「異常所見」とは，有機溶剤中毒の発現過程において疾病としての定型的な症状を形成する以前の何らかの徴候を示す初期的な段階の症状をいう。

第7章　保護具

（送気マスクの使用）

第32条　事業者は，次の各号のいずれかに掲げる業務に労働者を従事させるときは，当該業務に従事する労働者に送気マスクを使用させなければならない。

1　第1条第1項第6号ヲに掲げる業務

2　第9条第2項の規定により有機溶剤の蒸気の発散源を密閉する設備，局所排気装置，プッシュプル型換気装置及び全体換気装置を設けないで行うタンク等の内部における業務

②　事業者は，前項各号のいずれかに掲げる業務の一部を請負人に請け負わせるときは，当該請負人に対し，送気マスクを使用する必要がある旨を周知させなければならない。

③　第13条の2第2項の規定は，第1項の規定により労働者に送気マスクを使用させた場合について準用する。

解　説

第1項第1号の業務は，作業の性質上，第5条および第6条の規定の適用が除外される。また，第1項第2号の業務は，通風不十分な場所（タンク等の内部）であるが，作業に要する時間が短いとして第9条第2項の規定により特例として設備の設置が免除されるものである。したがって，いずれの場合も局所排気装置等の設備が設置されないことになるため，防毒マスクではなく，より安全な送気マスクの使用が義務付けられたものである。

（送気マスク又は有機ガス用防毒マスクの使用）

第33条　事業者は，次の各号のいずれかに掲げる業務に労働者を従事させるときは，当該業務に従事する労働者に送気マスク又は有機ガス用防毒マスクを使用させなければならない。

1　第6条第1項の規定により全体換気装置を設けたタンク等の内部における業務

2　第8条第2項の規定により有機溶剤の蒸気の発散源を密閉する設備，局所排気装置及びプッシュプル型換気装置を設けないで行うタンク等の内部における業務

3　第9条第1項の規定により有機溶剤の蒸気の発散源を密閉する設備及び局所排気装置を設けないで吹付けによる有機溶剤業務を行う屋内作業場等のうちタンク等の内部以外の場所における業務

4　第10条の規定により有機溶剤の蒸気の発散源を密閉する設備，局所排気装置及びプッシュプル型換気装置を設けないで行う屋内作業場等における業務

5　第11条の規定により有機溶剤の蒸気の発散源を密閉する設備，局所排気装置及びプッシュプル型換気装置を設けないで行う屋内作業場等における業務

6　プッシュプル型換気装置を設け，荷台にあおりのある貨物自動車等当該プッシュプル型換気装置のブース内の気流を乱すおそれのある形状を有する物について有機溶剤業務を行う屋内作業場等における業務

7　屋内作業場等において有機溶剤の蒸気の発散源を密閉する設備（当該設備中の有機溶剤等が清掃等により除去されているものを除く。）を開く業務

②　事業者は，前項各号のいずれかに掲げる業務の一部を請負人に請け負わせるときは，当該請負人に対し，送気マスク又は有機ガス用防毒マスクを使用する必要がある旨を周知させなければならない。

③　第13条の2第2項の規定は，第1項の規定により労働者に送気マスクを使用させた場合について準用する。

解　説

第1項第1号から第5号までの業務の行われている場所には，第5条または第6条第1項の規定により設置することとされている発散源を密閉する設備，局所排気装置または，プッシュプル型換気装置に代わって全体換気装置が設置されている（第18条により所定の性能を維持するよう稼動される）。また。第6号の業務の行われている場所には，当該ブース内の気流が乱れて所定の性能が得られないおそれがあるにしても，プッシュプル型換気装置が設置され稼動されている。さらに第7号は有機則の適用となる有機溶剤業務には該当しなく，規制対象となる有機溶剤業務に比べて有機溶剤中毒発生の危険性は低いと考えられるものである。そのため第32条の場合と異なり，送気マスクまたは防毒マスクのいずれかを使用すること(防毒マスクでも可)とされている。

なお，当該作業場内において有機溶剤業務以外の業務を同時に行っているときは，当該業務に従事する労働者についても，本条の規定により保護具を使用させなければならない。請負人に対する周知も求められている。

（保護具の数等）

第33条の2　事業者は，第13条の2第1項第2号，第18条の2第1項第2号，第32条第1項又は前条第1項の保護具については，同時に就業する労働者の人数

と同数以上を備え，常時有効かつ清潔に保持しなければならない。

（労働者の使用義務）

第34条 第13条の2第1項第2号及び第18条の2第1項第2号の業務並びに第32条第1項各号及び第33条第1項各号に掲げる業務に従事する労働者は，当該業務に従事する間，それぞれ第13条の2第1項第2号，第18条の2第1項第2号，第32条第1項又は第33条第1項の保護具を使用しなければならない。

第8章 有機溶剤の貯蔵及び空容器の処理

（有機溶剤等の貯蔵）

第35条 事業者は，有機溶剤等を屋内に貯蔵するときは，有機溶剤等がこぼれ，漏えいし，しみ出し，又は発散するおそれのない蓋又は栓をした堅固な容器を用いるとともに，その貯蔵場所に，次の設備を設けなければならない。

1 当該屋内で作業に従事する者のうち貯蔵に関係する者以外の者がその貯蔵場所に立ち入ることを防ぐ設備

2 有機溶剤の蒸気を屋外に排出する設備

解 説

本条の規定は，貯蔵場所において有機溶剤の蒸気が発散しているか否かにかかわらず適用されるが，当該場所において現に有機溶剤の蒸気が発散し，これにより作業環境中の空気が有害な程度まで汚染されている場合には，本条の規定とともに安衛則第585条の規定も併せて適用される。

（空容器の処理）

第36条 事業者は，有機溶剤等を入れてあつた空容器で有機溶剤の蒸気が発散するおそれのあるものについては，当該容器を密閉するか，又は当該容器を屋外の一定の場所に集積しておかなければならない。

第9章 有機溶剤作業主任者技能講習

第37条 有機溶剤作業主任者技能講習は，学科講習によつて行う。

② 学科講習は，有機溶剤に係る次の科目について行う。

1 健康障害及びその予防措置に関する知識

2 作業環境の改善方法に関する知識

3 保護具に関する知識

4 関係法令

③ 労働安全衛生規則第80条から第82条の2まで及び前二項に定めるもののほか，有機溶剤作業主任者技能講習の実施について必要な事項は，厚生労働大臣が定める。

附 則 —以下（略）—

別表（第29条関係）

	有機溶剤等	項　　目
(一)	1　エチレングリコールモノエチルエーテル(別名セロソルブ) 2　エチレングリコールモノエチルエーテルアセテート（別名セロソルブアセテート） 3　エチレングリコールモノ－ノルマル－ブチルエーテル（別名ブチルセロソルブ） 4　エチレングリコールモノメチルエーテル（別名メチルセロソルブ） 5　前各号に掲げる有機溶剤のいずれかをその重量の５パーセントを超えて含有する物	血色素量及び赤血球数の検査
(二)	1　オルト-ジクロルベンゼン 2　クレゾール 3　クロルベンゼン 4　1,2-ジクロルエチレン（別名二塩化アセチレン） 5　前各号に掲げる有機溶剤のいずれかをその重量の５パーセントを超えて含有する物	血清グルタミックオキサロアセチックトランスアミナーゼ（GOT),血清グルタミックピルビックトランスアミナーゼ（GPT）及び血清ガンマ-グルタミルトランスペプチダーゼ（γ-GTP）の検査（以下「肝機能検査」という。）
(三)	1　キシレン 2　前号に掲げる有機溶剤をその重量の５パーセントを超えて含有する物	尿中のメチル馬尿酸の量の検査
(四)	1　N,N-ジメチルホルムアミド 2　前号に掲げる有機溶剤をその重量の５パーセントを超えて含有する物	1　肝機能検査 2　尿中のN-メチルホルムアミドの量の検査
(五)	1　1,1,1-トリクロルエタン 2　前号に掲げる有機溶剤をその重量の５パーセントを超えて含有する物	尿中のトリクロル酢酸又は総三塩化物の量の検査
(六)	1　トルエン 2　前号に掲げる有機溶剤をその重量の５パーセントを超えて含有する物	尿中の馬尿酸の量の検査
(七)	1　二硫化炭素 2　前号に掲げる有機溶剤をその重量の５パーセントを超えて含有する物	眼底検査
(八)	1　ノルマルヘキサン 2　前号に掲げる有機溶剤をその重量の５パーセントを超えて含有する物	尿中の2,5-ヘキサンジオンの量の検査

様式第1号（第4条関係）

有機溶剤中毒予防規則一部適用除外認定申請書

事業の種類	事業場の名称	事業場の所在地
		電話（　　　）
労働者数		
申請に係る有機溶剤業務従事労働者数		
申請に係る有機溶剤業務の概要		
申請に係る有機溶剤業務において使用する有機溶剤等の種類及び量	種類	消費量

年　月　日

事業者　職　氏　名

労働基準監督署長殿

備考

1　「事業の種類」の欄は，日本標準産業分類の中分類により記入すること。

2　「種類」の欄は，有機溶剤中毒予防規則第1条第1項第3号から第5号までに掲げる有機溶剤等の区分により記入すること。

3　「消費量」の欄は，有機溶剤中毒予防規則第3条第1項第1号に該当するときは，作業時間1時間に消費する有機溶剤等の量を，同項第2号に該当するときは，一日に消費する有機溶剤等の量を記入すること。

4　この申請書に記載しきれない事項については，別紙に記載して添付すること。

様式第１号の２（第４条の２関係）

有機溶剤中毒予防規則適用除外認定申請書（新規認定・更新）

事業の種類	
事業場の名称	
事業場の所在地	郵便番号（　　　） 電話　（　　　）
申請に係る有機溶剤の名称	
申請に係る有機溶剤を製造し、又は取り扱う業務に常時従事する労働者の人数	

年　月　日

事業者職氏名

都道府県労働局長 殿

備考

1　表題の「新規認定」又は「更新」のうち該当しない文字は，抹消すること。

2　適用除外の新規認定又は更新を受けようとする事業場の所在地を管轄する都道府県労働局長に提出すること。なお，更新の場合は，過去に適用除外の認定を受けたことを証する書面の写しを添付すること。

3「事業の種類」の欄は，日本標準産業分類の中分類により記入すること。

4　次に掲げる書面を添付すること。

①　事業場に配置されている化学物質管理専門家が，有機溶剤中毒予防規則第４条の２第１項第１号に規定する事業場における化学物質の管理について必要な知識及び技能を有する者であることを証する書面の写し

②　上記①の者が当該事業場に専属であることを証する書面の写し（当該書面がない場合には，当該事実についての申立書）

③　有機溶剤中毒予防規則第４条の２第１項第３号及び第４号に該当することを証する書面

④　有機溶剤中毒予防規則第４条の２第１項第５号の化学物質管理専門家による評価結果を証する書面

5　４④の書面は，当該評価を実施した化学物質管理専門家が，有機溶剤中毒予防規則第４条の２第１項第１号に規定する事業場における化学物質の管理について必要な知識及び技能を有する者であることを証する書面の写しを併せて添付すること。

6　４④の書面は，評価を実施した化学物質管理専門家が，当該事業場に所属しないことを証する書面の写し（当該書面がない場合には，当該事実についての申立書）を併せて添付すること。

7　この申請書に記載しきれない事項については，別紙に記載して添付すること。

様式第2号（第13条関係）

局所排気装置設置等特例許可申請書

事業の種類	事業場の名称	事業場の所在地
		電話（　　　）
労働者数		
申請に係る有機溶剤業務従事労働者数		
申請に係る有機溶剤業務の概要		
許可を受けようとする理由		
許可を受けようとする期間	年　月　日～　年　月　日	
参考事項		

年　月　日

事業者　職氏名

労働基準監督署長殿

備考

1 「事業の種類」の欄は，日本標準産業分類の中分類により記入すること。

2 「参考事項」の欄には，有機溶剤中毒予防規則第5条又は第6条第2項の規定による設備に替えて講ずる措置の概要を記入すること。

様式第2号の2（第18条の3関係）

局所排気装置特例稼働許可申請書

事業の種類	事業場の名称	事業場の所在地	
		電話（　　）	
労働者数		申請に係る局所排気装置が設けられている作業場の有機溶剤業務従事労働者数	
申請に係る局所排気装置が設けられている作業場の有機溶剤業務の概要			
申請に係る局所排気装置のフードの型式及び制御風速			
申請に係る局所排気装置が設けられている作業場の過去1年6月間の作業環境測定実施年月日及び管理区分			
申請に係る局所排気装置のフードの特例制御風速		特例制御風速における作業環境測定実施年月日及び管理区分	
第18条の2第1項第1号の確認者の氏名及び略歴		第18条の2第1項第1号イ及びロの確認結果	
申請に係る局所排気装置が設けられている作業場の有機溶剤業務において使用する有機溶剤等の名称及び量			
申請に係る局所排気装置が鉛中毒予防規則，特定化学物質障害予防規則，粉じん障害防止規則又は石綿障害予防規則の規定により設けられている場合にあつては当該規則の名称	鉛中毒予防規則　特定化学物質障害予防規則	粉じん障害防止規則　石綿障害予防規則	

年　月　日

事業者　職　氏　名

労働基準監督署長殿

備考

1　「事業の種類」の欄は，日本標準産業分類の中分類により記入すること。

2　「申請に係る局所排気装置のフードの型式及び制御風速」，「申請に係る局所排気装置のフードの特例制御風速」，「第18条の2第1項第1号イ及びロの確認結果」及び「申請に係る局所排気装置が設けられている作業場の有機溶剤業務において使用する有機溶剤等の名称及び量」の欄は，局所排気装置に複数のフードが設けられているときは，当該フードごとに記入すること。

3　「申請に係る局所排気装置が設けられている作業場の過去1年6月間の作業環境測定実施年月日及び管理区分」及び「特例制御風速における作業環境測定実施年月日及び管理区分」の欄は，局所排気装置のフードが複数の作業場に設けられているときは，当該作業場ごとに記入すること。

4　「第18条の2第1項第1号の確認者の氏名及び略歴」の欄中「略歴」にあつては，第18条の2第1項第1号イ及びロの事項を確認するのに必要な能力に関する資格，職歴，勤務年数等を記入すること。

5　「申請に係る局所排気装置が鉛中毒予防規則，特定化学物質障害予防規則，粉じん障害防止規則又は石綿障害予防規則の規定により設けられている場合にあつては当該規則の名称」の欄は，該当するものに○を付すこと。

6　この申請書に記載しきれない事項については，別紙に記載して添付すること。

様式第3号（第30条関係）（表面）

有機溶剤等健康診断個人票

氏名		生年月日	年 月 日	雇入年月日	年 月 日
		性別	男・女		

有機溶剤業務の経歴						
健診年月日		年 月 日	年 月 日	年 月 日	年 月 日	年 月 日
年齢		歳	歳	歳	歳	歳
1. 雇入れ 2. 配置替え 3. 定期の別						
健診対象有機溶剤の名称						
有機溶剤業務名						
作業条件の簡易な調査の結果						
有機溶剤による既往歴						
自覚症状						
他覚症状						
代謝物の検査	（ ）					
	（ ）					
	（ ）					
	（ ）					
	（ ）					
	（ ）					
貧血検査	血色素量（g/dl）					
	赤血球数（万/mm³）					
肝機能検査	GOT（IU/l）					
	GPT（IU/l）					
	γ-GTP（IU/l）					
眼底検査						
医師が必要と認める者に行う検査						
	作業条件の調査の結果					
	貧血検査					
	肝機能検査					
	腎（じん）機能検査					
	神経学的検査					
その他の検査						
医師の診断						
健康診断を実施した医師の氏名						
医師の意見						
意見を述べた医師の氏名						
備考						

様式第3号（第30条関係）（裏面）

備考

1 「1.雇入れ　2.配置替え　3.定期の別」の欄は，該当番号を記入すること。

2 「健診対象有機溶剤の名称」の欄は，労働安全衛生法施行令別表第6の2の号数を記入すること。

3 「有機溶剤業務名」の欄は，有機溶剤中毒予防規則第1条第1項第6号に掲げる業務の番号を記入すること。

4 「自覚症状」及び「他覚症状」の欄は，次の番号を記入すること。

1.頭重　2.頭痛　3.めまい　4.悪心　5.嘔吐　6.食欲不振　7.腹痛　8.体重減少　9.心悸亢進　10.不眠　11.不安感　12.焦燥感　13.集中力の低下　14.振戦　15.上気道又は眼の刺激症状　16.皮膚又は粘膜の異常　17.四肢末端部の疼痛　18.知覚異常　19.握力減退　20.膝蓋腱・アキレス腱反射異常　21.視力低下　22.その他

5 「代謝物の検査」の左欄は，有機溶剤中毒予防規則第29条第3項の検査を行ったときに，別表から対象有機溶剤の番号及び名称を記入するとともに，(　)内には検査内容の番号を記入すること。また，単位についても，別表によること。

6 代謝物の検査について，有機溶剤中毒予防規則第29条第4項の規定により，医師が必要でないと認めて省略した場合には，「代謝物の検査」の欄に「*」を記入すること。この場合，必要により備考欄にその理由等を記入すること。

7 「医師の診断」の欄は，異常なし，要精密検査，要治療等の医師の診断を記入すること。

8 「医師の意見」の欄は，健康診断の結果，異常の所見があると診断された場合に，就業上の措置について医師の意見を記入すること。

別表

有機溶剤の名称	検　査　内　容	単　位
11. キシレン	1. 尿中のメチル馬尿酸	g/l
30. N,N-ジメチルホルムアミド	1. 尿中のN-メチルホルムアミド	mg/l
31. スチレン	1. 尿中のマンデル酸	g/l
33. テトラクロルエチレン	1. 尿中のトリクロル酢酸	mg/l
	2. 尿中の総三塩化物	mg/l
35. 1,1,1-トリクロルエタン	1. 尿中のトリクロル酢酸	mg/l
	2. 尿中の総三塩化物	mg/l
36. トリクロルエチレン	1. 尿中のトリクロル酢酸	mg/l
	2. 尿中の総三塩化物	mg/l
37. トルエン	1. 尿中の馬尿酸	g/l
39. ノルマルヘキサン	1. 尿中の2,5-ヘキサンジオン	mg/l

様式第3号の2（第30条の3関係）（表面）

有機溶剤等健康診断結果報告書

標準字体 0 1 2 3 4 5 6 7 8 9

80302

ページ □ / 総ページ □

労働保険番号	□□□□□□□□□□□□□□□□□□（都道府県 所掌 管轄 基幹番号 枝番号 被一括事業場番号）	在籍労働者数	人
事業場の名称		事業の種類	
事業場の所在地	郵便番号（ ） 電話 （ ）		

対象年	7：平成 9：令和 → 元号 □ 年 □□（ 月～ 月分）（報告 回目）	健診年月日	7：平成 9：令和 → 元号 □ 年 □□ 月 □□ 日 □□
健康診断実施機関の名称			
健康診断実施機関の所在地		受診労働者数	□□□□ 人
有機溶剤業務名	有機溶剤業務コード □□ □□ □□ 具体的業務内容（ ）	従事労働者数	□□□□ 人

	実施者数	有所見者数		実施者数	有所見者数		
他覚所見	□□□□ 人	□□□□ 人	肝機能検査	□□□□ 人	□□□□ 人	作業条件の調査人数	□□□□ 人
腎（じん）機能検査	□□□□ 人	□□□□ 人	眼底検査	□□□□ 人	□□□□ 人	所見のあった者の人数（他覚所見のみを除く。）	□□□□ 人
貧血検査	□□□□ 人	□□□□ 人	神経内科学的検査	□□□□ 人	□□□□ 人	医師の指示人数	□□□□ 人

代謝物の検査					
有機溶剤の名称等		有機溶剤コード □□ 検査内容コード □	有機溶剤コード □□ 検査内容コード □	有機溶剤コード □□ 検査内容コード □	有機溶剤コード □□ 検査内容コード □
実施者数		□□□□ 人	□□□□ 人	□□□□ 人	□□□□ 人
分布	1	□□□□ 人	□□□□ 人	□□□□ 人	□□□□ 人
	2	□□□□ 人	□□□□ 人	□□□□ 人	□□□□ 人
	3	□□□□ 人	□□□□ 人	□□□□ 人	□□□□ 人

産業医	氏名 所属機関の名称及び所在地

年 月 日

事業者職氏名

労働基準監督署長殿

受付印

様式第3号の2（第30条の3関係）（裏面）

備　考

1　□□□で表示された枠（以下「記入枠」という。）に記入する文字は，光学的文字読取装置（OCR）で直接読み取りを行うので，この用紙は汚したり，穴をあけたり，必要以上に折り曲げたりしないこと。

2　記載すべき事項のない欄又は記入枠は，空欄のままとすること。

3　記入枠の部分は，必ず黒のボールペンを使用し，様式右上に記載された「標準字体」にならつて，枠からはみ出さないように大きめのアラビア数字で明瞭に記載すること。

4　「対象年」の欄は，報告対象とした健康診断の実施年を記入すること。

5　1年を通し順次健診を実施して，一定期間をまとめて報告する場合は，「対象年」の欄の（　月～　月分）にその期間を記入すること。また，この場合の健診年月日は報告日に最も近い健診年月日を記入すること。

6　「対象年」の欄の（報告　回目）は，当該年の何回目の報告かを記入すること。

7　「事業の種類」の欄は，日本標準産業分類の中分類によつて記入すること。

8　「健康診断実施機関の名称」及び「健康診断実施機関の所在地」の欄は，健康診断を実施した機関が2以上あるときは，その各々について記入すること。

9　「在籍労働者数」，「従事労働者数」及び「受診労働者数」の欄は，健診年月日現在の人数を記入すること。なお，この場合，「在籍労働者数」は常時使用する労働者数を，「従事労働者数」は別表1に掲げる有機溶剤業務に常時従事する労働者数をそれぞれ記入すること。

10　「有機溶剤業務名」の欄は，別表1を参照して，該当コードを全て記入し，(　)内には具体的業務内容を記載すること。

11　「代謝物の検査」の欄の有機溶剤の名称等は，別表2を参照して，それぞれ該当する全ての有機溶剤コード及び検査内容コードを記入すること。また，「代謝物の検査」の欄の分布は，別表2を参照して，該当者数を記入すること。

12　「有機溶剤業務名」及び「代謝物の検査」の欄について記入枠に記入しきれない場合については，報告書を複数枚使用し，2枚目以降の報告書については，記入しきれないコード及び具体的業務内容のほか「労働保険番号」，「健診年月日」及び「事業場の名称」の欄を記入すること。

13　「所見のあつた者の人数」の欄は，各健康診断項目の有所見者数の合計ではなく，健康診断項目のいずれかが有所見であつた者の人数を記入すること。ただし，他覚所見のみの者は含まないこと。

14　「医師の指示人数」の欄は，健康診断の結果，要医療，要精密検査等医師による指示のあつた者の数を記入すること。

別表 1

コード	有機溶剤業務の内容
01	有機溶剤等を製造する工程における有機溶剤等のろ過，混合，攪拌(かくはん)，加熱又は容器若しくは設備への注入の業務
02	染料，医薬品，農薬，化学繊維，合成樹脂，有機顔料，油脂，香料，甘味料，火薬，写真薬品，ゴム若しくは可塑剤又はこれらのものの中間体を製造する工程における有機溶剤等のろ過，混合，攪拌(かくはん)又は加熱の業務
03	有機溶剤含有物を用いて行う印刷の業務
04	有機溶剤含有物を用いて行う文字の書込み又は描画の業務
05	有機溶剤等を用いて行うつや出し，防水その他物の面の加工の業務
06	接着のためにする有機溶剤等の塗布の業務
07	接着のために有機溶剤等を塗布された物の接着の業務
08	有機溶剤等を用いて行う洗浄（コード 12 に掲げる業務に該当する洗浄の業務を除く。）又は払拭の業務
09	有機溶剤含有物を用いて行う塗装の業務（コード 12 に掲げる業務に該当する塗装の業務を除く。）
10	有機溶剤等が付着している物の乾燥の業務
11	有機溶剤等を用いて行う試験又は研究の業務
12	有機溶剤等を入れたことのあるタンク（有機溶剤の蒸気の発散するおそれがないものを除く。）の内部における業務

別表 2

有機溶剤コード	有機溶剤の名称	検査内容コード	検査内容	単位	分布		
					1	2	3
11	キシレン	1	尿中のメチル馬尿酸	g/l	0.5以下	0.5超　1.5以下	1.5超
30	N,N-ジメチルホルムアミド	1	尿中のN-メチルホルムアミド	mg/l	10以下	10超　40以下	40超
35	1,1,1-トリクロルエタン	1	尿中のトリクロル酢酸	mg/l	3以下	3超　10以下	10超
		2	尿中の総三塩化物	mg/l	10以下	10超　40以下	40超
37	トルエン	1	尿中の馬尿酸	g/l	1以下	1超　2.5以下	2.5超
39	ノルマルヘキサン	1	尿中の2,5-ヘキサンジオン	mg/l	2以下	2超　5以下	5超

様式第4号（第31条関係）

有機溶剤等健康診断特例許可申請書

事業の種類	事業場の名称	事業場の所在地
		電話（　　　）
労働者数		
申請に係る有機溶剤業務従事労働者数		
申請に係る有機溶剤業務の概要		
許可を受けようとする理由		
申請に係る有機溶剤業務において使用する有機溶剤等の種類及び量		
申請に係る有機溶剤業務の作業方法及び作業時間		

年　月　日

事業者　職 氏 名

労働基準監督署長殿

備考
1 「事業の種類」の欄は，日本標準産業分類の中分類により記入すること。
2 この申請書に記載しきれない事項については，別紙に記載して添付すること。

様式第５号（第 13 条の 3 関係）

発散防止抑制措置特例実施許可申請書

<table>
<tr><td>事業の種類</td><td>事業場の名称</td><td colspan="2">事業場の所在地</td></tr>
<tr><td></td><td></td><td colspan="2">電話（　　　　　）</td></tr>
<tr><td>労　働　者　数</td><td></td><td>申請に係る発散防止抑制措置が実施される作業場の有機溶剤業務従事労働者数</td><td></td></tr>
<tr><td>申請に係る発散防止抑制措置が実施される作業場の有機溶剤業務の概要</td><td colspan="3"></td></tr>
<tr><td rowspan="2">申請に係る発散防止抑制措置が実施される作業場において使用する有機溶剤の種類及び量</td><td colspan="2">種類</td><td>消費量</td></tr>
<tr><td colspan="2"></td><td></td></tr>
<tr><td>申請に係る発散防止抑制措置を講じた場合の当該作業場の有機溶剤濃度の測定年月日及び管理区分</td><td colspan="3"></td></tr>
<tr><td>第 13 条の 2 第 1 項第 1 号の確認者の氏名及び略歴</td><td colspan="3"></td></tr>
<tr><td>安全衛生管理体制の概要</td><td colspan="3">安全衛生委員会等での審議　　　有・無
労働者の代表からの意見の聴取　　　有・無</td></tr>
<tr><td>備　考</td><td colspan="3"></td></tr>
</table>

年　　月　　日

事業者職氏名

＿＿＿＿労働基準監督署長　殿

〔備考〕
1 「事業の種類」の欄は，日本標準産業分類の中分類により記入すること。
2 「第 13 条の 2 第 1 項第 1 号の確認者の氏名及び略歴」の欄中「略歴」にあっては，第 13 条の 2 第 1 項第 1 号イ及びロの事項を確認するのに必要な能力に関する資格，職歴，勤務年数等を記入すること。
3 申請に係る発散防止抑制措置が他の事業場により製造されたものである場合，「備考」の欄に当該事業場の名称，連絡先等を記入すること。
4 この申請書に記載しきれない事項については，別紙に記載して添付すること。

〔参考〕

令和6年4月1日より，有機則の第24条，第28条の3，第28条の3の2(新設)，第28条の3の3（新設）および第28条の4，様式第2号の3（新設）は以下のとおり改正される（下線部分は改正部分。様式第2号の3は下線省略)。

（掲　示）

第24条　事業者は，屋内作業場等において有機溶剤業務に労働者を従事させるときは，次の事項を，見やすい場所に掲示しなければならない。

1　有機溶剤により生ずるおそれのある疾病の種類及びその症状

2　有機溶剤等の取扱い上の注意事項

3　有機溶剤による中毒が発生したときの応急処置

4　次に掲げる場所にあつては，有効な呼吸用保護具を使用しなければならない旨及び使用すべき呼吸用保護具

イ　第13条の2第1項の許可に係る作業場（同項に規定する有機溶剤の濃度の測定を行うときに限る。）

ロ　第13条の3第1項の許可に係る作業場であつて，第28条第2項の測定の結果の評価が第28条の2第1項の第1管理区分でなかつた作業場及び第1管理区分を維持できないおそれがある作業場

ハ　第18条の2第1項の許可に係る作業場（同項に規定する有機溶剤の濃度の測定を行うときに限る。）

ニ　第28条の2第1項の規定による評価の結果，第3管理区分に区分された場所

ホ　第28条の3の2第4項及び第5項の規定による措置を講ずべき場所

ヘ　第32条第1項各号に掲げる業務を行う作業場

ト　第33条第1項各号に掲げる業務を行う作業場

②　前項各号に掲げる事項の内容及び掲示方法は，厚生労働大臣が別に定める。

（評価の結果に基づく措置）

第28条の3　事業者は，前条第1項の規定による評価の結果，第3管理区分に区分された場所については，直ちに，施設，設備，作業工程又は作業方法の点検を行い，その結果に基づき，施設又は設備の設置又は整備，作業工程又は作業方法の改善その他作業環境を改善するため必要な措置を講じ，当該場所の管理区分が第1管理区分又は第2管理区分となるようにしなければならない。

②　事業者は，前項の規定による措置を講じたときは，その効果を確認するため，同項の場所について当該有機溶剤の濃度を測定し，及びその結果の評価を行わなければならない。

③　事業者は，第1項の場所については，労働者に有効な呼吸用保護具を使用させるほか，健康診断の実施その他労働者の健康の保持を図るため必要な措置を講ずるとともに，前条第2項の規定による評価の記録，第1項の規定に基づき講ずる措置及び前項の規定に基づく評価の結果を次に掲げるいずれかの方法によつて労働者に周知させなければならない。

1　常時各作業場の見やすい場所に掲示し，又は備え付けること。

2　書面を労働者に交付すること。

3　磁気ディスク，光ディスクその他の記録媒体に記録し，かつ，各作業場に労働者が当該記録の内容を常時確認できる機器を設置すること。

④　事業者は，第1項の場所において作業に従事する者（労働者を除く。）に対し，当該場所については，有効な呼吸用保護具を使用する必要がある旨を周知させなければならない。

第28条の3の2　事業者は，前条第2項の規定による評価の結果，第3管理区分に区分された場所（同条第1項に規定する措置を講じていないこと又は当該措置を講じた後同条第2項の評価を行つていないことにより，第1管理区分又は第2管理区分となつていないものを含み，第5項各号の措置を講じているものを除く。）については，遅滞なく，次に掲げる事項について，事業場における作業環境の管理について必要な能力を有すると認められる者（当該事業場に属さない者に限る。以下この条において「作業環境管理専門家」という。）の意見を聴かなければならない。

1　当該場所について，施設又は設備の設置又は整備，作業工程又は作業方法の改善その他作業環境を改善するために必要な措置を講ずることにより第1管理区分又は第2管理区分とすることの可否

2　当該場所について，前号において第1管理区分又は第2管理区分とすることが可能な場合における作業環境を改善するために必要な措置の内容

②　事業者は，前項の第3管理区分に区分された場所について，同項第1号の規定により作業環境管理専門家が第1管理区分又は第2管理区分とすることが可能と判断した場合は，直ちに，当該場所について，同項第2号の事項を踏まえ，第1管理区分又は第2管理区分とするために必要な措置を講じなければならない。

③　事業者は，前項の規定による措置を講じたときは，その効果を確認するため，同項の場所について当該有機溶剤の濃度を測定し，及びその結果を評価しなければならない。

④　事業者は，第1項の第3管理区分に区分された場所について，前項の規定による評価の結果，第3管理区分に区分された場合又は第1項第1号の規定により作業環境管理専門家が当該場所を第1管理区分若しくは第2管理区分とすることが困難と判断した場合は，直ちに，次に掲げる措置を講じなければならない。

1　当該場所について，厚生労働大臣の定めるところにより，労働者の身体に装

着する試料採取器等を用いて行う測定その他の方法による測定（以下この条において「個人サンプリング測定等」という。）により，有機溶剤の濃度を測定し，厚生労働大臣の定めるところにより，その結果に応じて，労働者に有効な呼吸用保護具を使用させること（当該場所において作業の一部を請負人に請け負わせる場合にあつては，労働者に有効な呼吸用保護具を使用させ，かつ，当該請負人に対し，有効な呼吸用保護具を使用する必要がある旨を周知させること。）。ただし，前項の規定による測定（当該測定を実施していない場合（第1項第1号の規定により作業環境管理専門家が当該場所を第1管理区分又は第2管理区分とすることが困難と判断した場合に限る。）は，前条第2項の規定による測定）を個人サンプリング測定等により実施した場合は，当該測定をもつて，この号における個人サンプリング測定等とすることができる。

2　前号の呼吸用保護具（面体を有するものに限る。）について，当該呼吸用保護具が適切に装着されていることを厚生労働大臣の定める方法により確認し，その結果を記録し，これを3年間保存すること。

3　保護具に関する知識及び経験を有すると認められる者のうちから保護具着用管理責任者を選任し，次の事項を行わせること。

イ　前二号及び次項第1号から第3号までに掲げる措置に関する事項（呼吸用保護具に関する事項に限る。）を管理すること。

ロ　有機溶剤作業主任者の職務（呼吸用保護具に関する事項に限る。）について必要な指導を行うこと。

ハ　第1号及び次項第2号の呼吸用保護具を常時有効かつ清潔に保持すること。

4　第1項の規定による作業環境管理専門家の意見の概要，第2項の規定に基づき講ずる措置及び前項の規定に基づく評価の結果を，前条第3項各号に掲げるいずれかの方法によつて労働者に周知させること。

⑤　事業者は，前項の措置を講ずべき場所について，第1管理区分又は第2管理区分と評価されるまでの間，次に掲げる措置を講じなければならない。

1　6月以内ごとに1回，定期に，個人サンプリング測定等により有機溶剤の濃度を測定し，前項第1号に定めるところにより，その結果に応じて，労働者に有効な呼吸用保護具を使用させること。

2　前号の呼吸用保護具（面体を有するものに限る。）を使用させるときは，1年以内ごとに1回，定期に，当該呼吸用保護具が適切に装着されていることを前項第2号に定める方法により確認し，その結果を記録し，これを3年間保存すること。

3　当該場所において作業の一部を請負人に請け負わせる場合にあつては，当該請負人に対し，第1号の呼吸用保護具を使用する必要がある旨を周知させること。

⑥　事業者は，第4項第1号の規定による測定（同号ただし書の測定を含む。）又は前項第1号の規定による測定を行つたときは，その都度，次の事項を記録し，これを3年間保存しなければならない。
1　測定日時
2　測定方法
3　測定箇所
4　測定条件
5　測定結果
6　測定を実施した者の氏名
7　測定結果に応じた有効な呼吸用保護具を使用させたときは，当該呼吸用保護具の概要
⑦　事業者は，第4項の措置を講ずべき場所に係る前条第2項の規定による評価及び第3項の規定による評価を行つたときは，次の事項を記録し，これを3年間保存しなければならない。
1　評価日時
2　評価箇所
3　評価結果
4　評価を実施した者の氏名

第28条の3の3　事業者は，前条第4項各号に掲げる措置を講じたときは，遅滞なく，第3管理区分措置状況届（様式第2号の3）を所轄労働基準監督署長に提出しなければならない。

（評価の結果に基づく措置）

第28条の4　事業者は，第28条の2第1項の規定による評価の結果，第2管理区分に区分された場所については，施設，設備，作業工程又は作業方法の点検を行い，その結果に基づき，施設又は設備の設置又は整備，作業工程又は作業方法の改善その他作業環境を改善するため必要な措置を講ずるよう努めなければならない。
②　前項に定めるもののほか，事業者は，同項の場所については，第28条の2第2項の規定による評価の記録及び前項の規定に基づき講ずる措置を次に掲げるいずれかの方法によつて労働者に周知させなければならない。
1　常時各作業場の見やすい場所に掲示し，又は備え付けること。
2　書面を労働者に交付すること。
3　磁気ディスク，光ディスクその他の記録媒体に記録し，かつ，各作業場に労働者が当該記録の内容を常時確認できる機器を設置すること。

様式第2号の3（第28条の3の3関係）（表面）

第三管理区分措置状況届

<table>
<tr><td>事業の種類</td><td colspan="3"></td></tr>
<tr><td>事業場の名称</td><td colspan="3"></td></tr>
<tr><td>事業場の所在地</td><td colspan="3">郵便番号（　　　　　）
電話　　（　　）</td></tr>
<tr><td>労働者数</td><td colspan="3">人</td></tr>
<tr><td>第三管理区分に区分された場所において製造し，又は取り扱う有機溶剤の名称</td><td colspan="3"></td></tr>
<tr><td>第三管理区分に区分された場所における作業の内容</td><td colspan="3"></td></tr>
<tr><td rowspan="5">作業環境管理専門家の意見概要</td><td>所属事業場名</td><td colspan="2"></td></tr>
<tr><td>氏名</td><td colspan="2"></td></tr>
<tr><td>作業環境管理専門家から意見を聴取した日</td><td colspan="2">年　月　日</td></tr>
<tr><td rowspan="2">意見概要</td><td>第一管理区分又は第二管理区分とすることの可否</td><td>可・否</td></tr>
<tr><td colspan="2">可の場合，必要な措置の概要</td></tr>
<tr><td>呼吸用保護具等の状況</td><td colspan="3">有効な呼吸用保護具の使用　有・無
保護具着用管理責任者の選任　有・無
作業環境管理専門家意見等の労働者への周知　有・無</td></tr>
</table>

年　月　日

事業者職氏名

労働基準監督署長殿

様式第2号の3（第28条の3の3関係）（裏面）

備考

1 「事業の種類」の欄は，日本標準産業分類の中分類により記入すること。

2 次に掲げる書面を添付すること。

① 意見を聴取した作業環境管理専門家が，有機溶剤中毒予防規則第28条の3の2第1項に規定する事業場における作業環境の管理について必要な能力を有する者であることを証する書面の写し

② 作業環境管理専門家から聴取した意見の内容を明らかにする書面

③ この届出に係る作業環境測定の結果及びその結果に基づく評価の記録の写し

④ 有機溶剤中毒予防規則第28条の3の2第4項第1号に規定する個人サンプリング測定等の結果の記録の写し

⑤ 有機溶剤中毒予防規則第28条の3の2第4項第2号に規定する呼吸用保護具が適切に装着されていることを確認した結果の記録の写し

第5章 特別有機溶剤等に関する規制
—特別有機溶剤に関わる特化則・有機則の関係—

1 特別有機溶剤，特別有機溶剤等とは

特化則第2条第1項第3号の2では，特定化学物質の第2類物質のうち，エチルベンゼン，クロロホルム，四塩化炭素，1,4-ジオキサン，1,2-ジクロロエタン（別名二塩化エチレン），1,2-ジクロロプロパン，ジクロロメタン（別名二塩化メチレン），スチレン，1,1,2,2-テトラクロロエタン（別名四塩化アセチレン），テトラクロロエチレン（別名パークロルエチレン），トリクロロエチレンおよびメチルイソブチルケトンの12物質を「**特別有機溶剤**」としている（**図5-4**）。

また，同項第3号の3では，これらの特別有機溶剤に加えて，特別有機溶剤をその重量の1％超えて含有するもの，および特別有機溶剤または安衛法施行令別表第6の2の有機溶剤の含有量（これらのものが2種類以上含まれる場合は，それらの含有量の合計）が5％を超えて含有するもの（有機溶剤のみで5％を超えるものを除く）を含めて「**特別有機溶剤等**」としている。

これらの物質は，通常，溶剤として使用されているものであるが，国が専門家を参集して行った化学物質による労働者の健康障害防止に係るリスク評価（化学物質のリスク評価検討会）において職業がんの原因となる可能性があるとされたものである。

2 規制の対象

特別有機溶剤等に関する規制の対象は，特別有機溶剤業務であり，次の3つにわけられる。

（1） クロロホルム等有機溶剤業務

特化則では，特別有機溶剤からエチルベンゼンおよび1,2-ジクロロプロパンを

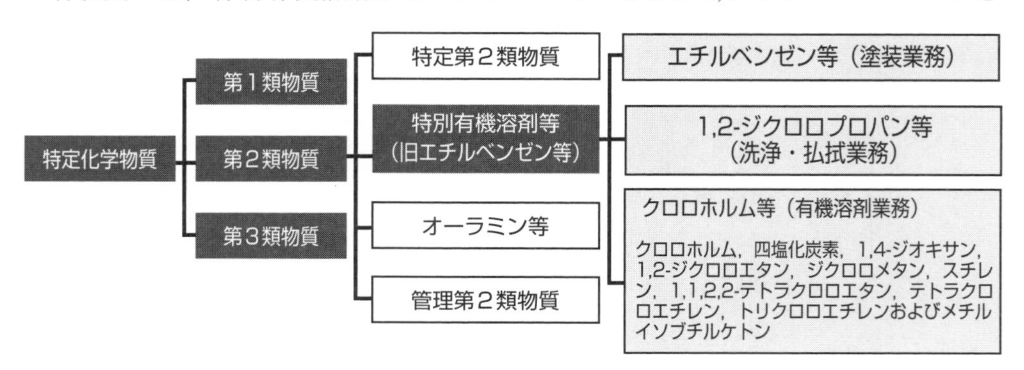

図5-4 特別有機溶剤の位置づけ

除いた10物質（クロロホルム，四塩化炭素，1,4-ジオキサン，1,2-ジクロロエタン，ジクロロメタン，スチレン，1,1,2,2-テトラクロロエタン，テトラクロロエチレン，トリクロロエチレンおよびメチルイソブチルケトン）およびこれらを含有する製剤その他の物を総称して「クロロホルム等」としている。これらは，従来，有機溶剤として有機則の対象とされてきたが，化学物質のリスク評価検討会において職業がんの原因となる可能性があるとされて特定化学物質とされたものである。

「**クロロホルム等有機溶剤業務**」とは，そのクロロホルム等を1％を超えて含有する製剤その他の物に加えて，クロロホルム等の含有量が重量の1％以下であって，クロロホルム等，エチルベンゼン，1,2-ジクロロプロパンまたは有機溶剤の含有量の合計が重量の5％を超える製剤その他の物を用いて行う次の業務をいう（特化則第2条の2第1号イ）。

① クロロホルム等を製造する工程におけるクロロホルム等のろ過，混合，攪拌（かくはん），加熱又は容器若しくは設備への注入の業務
② 染料，医薬品，農薬，化学繊維，合成樹脂，有機顔料，油脂，香料，甘味料，火薬，写真薬品，ゴム若しくは可塑剤又はこれらのものの中間体を製造する工程におけるクロロホルム等のろ過，混合，攪拌（かくはん）又は加熱の業務
③ クロロホルム等を用いて行う印刷の業務
④ クロロホルム等を用いて行う文字の書込み又は描画の業務
⑤ クロロホルム等を用いて行うつや出し，防水その他物の面の加工の業務
⑥ 接着のためにするクロロホルム等の塗布の業務
⑦ 接着のためにクロロホルム等を塗布された物の接着の業務
⑧ クロロホルム等を用いて行う洗浄（⑫に掲げる業務に該当する洗浄の業務を除く。）又は払拭の業務
⑨ クロロホルム等を用いて行う塗装の業務（⑫に掲げる業務に該当する塗装の業務を除く。）
⑩ クロロホルム等が付着している物の乾燥の業務
⑪ クロロホルム等を用いて行う試験又は研究の業務
⑫ クロロホルム等を入れたことのあるタンク（有機溶剤の蒸気の発散するおそれがないものを除く）の内部における業務

（2） エチルベンゼン塗装業務

エチルベンゼンは，一般に溶剤として使用されているものであるが，ヒトに対する発がん性のおそれが指摘されており，国の化学物質のリスク評価検討会において，屋内作業場における塗装の業務について管理が必要であるとされたものである。

「**エチルベンゼン塗装業務**」とは，そのエチルベンゼンおよびそれを重量の1％を超えて含有する製剤その他の物に加えて，エチルベンゼンの含有量が重量の1％以下であって，エチルベンゼン，クロロホルム等，1,2-ジクロロプロパンまたは有機溶剤の含有量の合計が重量の5％を超える製剤その他の物を用いて行う屋内での塗装の業務をいう（特化則第2条の2第1号ロ）。

（3）　1,2-ジクロロプロパン洗浄・払拭業務

1,2-ジクロロプロパンは，国内で長期間にわたる高濃度のばく露があった労働者に胆管がんを発症した事例により，ヒトに胆管がんを発症する可能性が明らかになったことに加え，国の化学物質のリスク評価検討会において，洗浄または払拭の業務に従事する労働者に高濃度のばく露が生ずるリスクが高く，健康障害のリスクが高いとされた物である一方で，有機溶剤と同様に溶剤として使用される実態にある。そのため，それらの有害性と使用の実態を考慮した健康障害防止措置を取ることが必要とされているものである。

「**1,2-ジクロロプロパン洗浄・払拭業務**」とは，その1,2-ジクロロプロパンおよびこれを重量の1％を超えて含有する製剤その他の物に加えて，1,2-ジクロロプロパンの含有量が重量の1％以下であって，1,2-ジクロロプロパン，クロロホルム等，エチルベンゼンまたは有機溶剤の含有量の合計が重量の5％を超える製剤その他の物を用いて行う洗浄・払拭の業務をいう（特化則第2条の2第1号ハ）。

3　規制の内容

（1）　規制の概念

特別有機溶剤等に係る規制内容の概念を**図5-5**に示す。図中の「特化則別表第1（第37号を除く）で示す範囲」については，発がん性に着目し，他の特定化学物質と同様に特化則の規制が適用されるが，発散抑制措置，呼吸用保護具等については有機則の規定が準用される。また，「特化則別表第1第37号で示す範囲」については，有機溶剤と同様の規制が適用される。

なお，この図は特化則に係る規定の概念を示したものであり，有機溶剤はいずれ

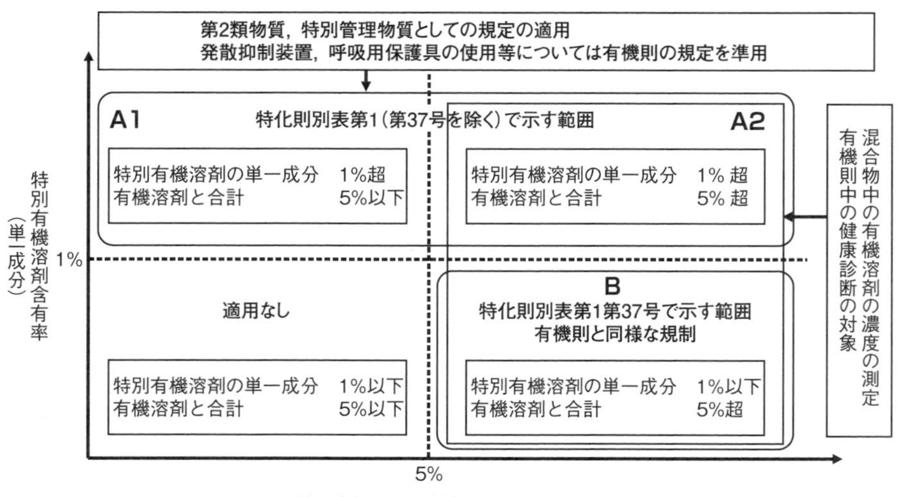

図5-5　特別有機溶剤に係る規制内容　概念図

も「特別有機溶剤と有機溶剤との合計が５％」を超えるか否かで区別しているが，有機溶剤の含有量が５％を超える場合には特別有機溶剤の量に関係なく有機則の適用があることはいうまでもない。

（２）　規制の内容

特別有機溶剤は，溶剤として使用される実態があり，それに応じた健康障害防止措置を規定する必要があることから，特化則第５章の２の「特殊な作業等の管理」の第38条の８に基づき有機則の規定の一部が準用されることになっている。

表5-4は「クロロホルム等有機溶剤業務」「エチルベンゼン塗装業務」および「1,2-ジクロロプロパン洗浄・払拭業務」に適用される特化則の規定を，**表5-5**は準用される有機則の規定を整理したものである。

（３）　留意点

特別有機溶剤等の規制で特に留意すべき点は以下のとおりである。

① 特別有機溶剤業務については，有機溶剤作業主任者技能講習の修了者の中から，特定化学物質作業主任者を選任し，その任にあたらせる必要があること。

② 有機則の準用（適用）に当たって，クロロホルムほか９物質はそれらの物質が有機溶剤として規制されていたときの種別（第１種有機溶剤等，第２種有機溶剤等）に，エチルベンゼンと1,2-ジクロロプロパンは第２種有機溶剤等に読み替えて適用されること（特化則第38条８の読み替え表）。なお，特別有機溶剤と有機溶剤との混合物が第１種～第３種のいずれになるかは，これまでの有機則の適用と同様であるが，第１種となる特別有機溶剤の単一成分が1％を超えて含有するものは第１種有機溶剤等（☆）に，第２種有機溶剤等となる特別有機溶剤の単一成分が1％を超えて含有するもの（☆は除く）は第２種有機溶剤等として取り扱う必要があること。

第１種有機溶剤等として読みかえるもの	クロロホルム，四塩化炭素，1,2-ジクロロエタン，1,1,2,2-テトラクロロエタン，トリクロロエチレン
第２種有機溶剤等として読みかえるもの	エチルベンゼン，1,2-ジクロロプロパン，1,4-ジオキサン，ジクロロメタン（別名二塩化メチレン），スチレン，テトラクロロエチレン，メチルイソブチルケトン

③ クロロホルムほか９物質について，有機則において規制されていたときと大きく異なる点として，混合物において，これまでは含まれる有機溶剤（特別有機溶剤）の合計が重量の5％を超えないと有機則が適用とならなかったが，混合物内の特別有機溶剤の単一成分が重量の1％を超えると特化則の適用になること。

④ 有機則の準用にあたって，有機溶剤等の使用量が少量の場合の適用除外は，取り扱う特別有機溶剤の含有量によって異なること（**表5-6**）。

⑤ 作業環境測定，特殊健康診断については，有機則，特化則の両規制の適用があり，濃度によって実施と記録の保存年限が異なること（**表5–7**，**表5–8**）。
⑥ 特化物の特別管理物質としての掲示（特化則第38条の3），有機溶剤としての掲示（有機則第24条）の両方の対応が必要なこと（**表5–9**）。なお，両規則による掲示の共通部分を重ねて表示しなくてよいこと。
⑦ 特別有機溶剤業務にかかる作業の記録（**図5–6**参照）を30年間保存する必要があること（特化則第38条の4）。

表５-４　特別有機溶剤等に係る特定化学物質障害予防規則の適用整理表

注：本表には有機溶剤中毒予防規則の準用は含まない。

<table>
<tr><th colspan="2">条文</th><th>内容</th><th>特別有機溶剤の単一成分の含有量が１％超</th><th>特別有機溶剤の単一成分の含有量が１％以下(注)</th></tr>
<tr><td rowspan="2">第１章
総則</td><td>2</td><td>定義</td><td colspan="2">「特別有機溶剤等」</td></tr>
<tr><td>2の2・
2の3</td><td>適用除外業務</td><td colspan="2">●
上記２の規制対象となる業務以外の業務を除外</td></tr>
<tr><td rowspan="6">第２章
製造等に
係る措置</td><td>3</td><td>第１類物質の取扱いに係る設備</td><td colspan="2">×</td></tr>
<tr><td>4</td><td>特定第２類物質，オーラミン等の製造等に係る設備</td><td colspan="2">×</td></tr>
<tr><td>5</td><td>特定第２類物質，管理第２類物質に係る設備</td><td colspan="2">×</td></tr>
<tr><td>6～6の3</td><td>第４条，第５条の措置の適用除外</td><td colspan="2">×</td></tr>
<tr><td>7</td><td>局所排気装置等の要件</td><td colspan="2">×</td></tr>
<tr><td>8</td><td>局所排気装置等の稼働時の要件</td><td colspan="2">×</td></tr>
<tr><td rowspan="5">第３章
用後処理</td><td>9</td><td>除じん装置</td><td colspan="2">×</td></tr>
<tr><td>10</td><td>排ガス処理装置</td><td colspan="2">×</td></tr>
<tr><td>11</td><td>廃液処理装置</td><td colspan="2">×</td></tr>
<tr><td>12</td><td>残さい物処理</td><td colspan="2">×</td></tr>
<tr><td>12の2</td><td>ぼろ等の処理</td><td>●※1</td><td>×</td></tr>
<tr><td rowspan="7">第４章
漏えいの
防止</td><td>13～20</td><td>第３類物質等の漏えいの防止</td><td colspan="2">×</td></tr>
<tr><td>21</td><td>床の構造</td><td colspan="2">×</td></tr>
<tr><td>22・22の2</td><td>設備の改造等</td><td>●※1</td><td>×</td></tr>
<tr><td>23</td><td>第３類物質等が漏えいした場合の退避等</td><td colspan="2">×</td></tr>
<tr><td>24</td><td>立入禁止措置</td><td>●※1</td><td>×</td></tr>
<tr><td>25</td><td>容器等</td><td>●※2</td><td>●（一部適用）</td></tr>
<tr><td>26</td><td>第３類物質等が漏えいした場合の救護組織等</td><td colspan="2">×</td></tr>
<tr><td rowspan="8">第５章
管理</td><td>27・28</td><td>作業主任者の選任，職務</td><td colspan="2">●
（有機溶剤作業主任者技能講習を修了した者から選任）</td></tr>
<tr><td>29～35</td><td>定期自主検査，点検，補修等</td><td colspan="2">×</td></tr>
<tr><td>36～36の5</td><td>作業環境測定</td><td>●</td><td>×</td></tr>
<tr><td>37</td><td>休憩室</td><td>●※1</td><td>×</td></tr>
<tr><td>38</td><td>洗浄設備</td><td>●</td><td>×</td></tr>
<tr><td>38の2</td><td>喫煙，飲食等の禁止</td><td>●※1</td><td>×</td></tr>
<tr><td>38の3</td><td>掲示</td><td>●</td><td>×</td></tr>
<tr><td>38の4</td><td>作業記録</td><td>●</td><td>×</td></tr>
<tr><td rowspan="2">第６章
健康診断</td><td>39～41</td><td>健康診断</td><td>●※3</td><td>×</td></tr>
<tr><td>42</td><td>緊急診断</td><td>●</td><td>●（一部適用）</td></tr>
<tr><td>第７章
保護具</td><td>43～45</td><td>呼吸用保護具，保護衣等の備え付け等</td><td>●※1</td><td>×</td></tr>
<tr><td>第８章
製造許可等</td><td>46～50の2</td><td>製造許可等に係る手続き等</td><td colspan="2">×</td></tr>
<tr><td>第９章
技能講習</td><td>51</td><td>特定化学物質及び四アルキル鉛等作業主任者技能講習</td><td colspan="2">×</td></tr>
<tr><td>第10章
報告</td><td>53</td><td>記録の報告</td><td>●</td><td>×</td></tr>
</table>

（注）特別有機溶剤と有機溶剤の含有量の合計が重量の５％を超えるものに限る。

※1　クロロホルム等を除く。

※2　クロロホルム等は，第25条第２～３項を除く。

※3　エチルベンゼン，1,2-ジクロロプロパン，ジクロロメタンについては，配置転換後も現に雇用している者に，引き続き実施

表 5-5　特別有機溶剤に係る有機溶剤中毒予防規則の準用整理表

条文		内容	特別有機溶剤の含有量が1%超	特別有機溶剤の含有量が1%以下(注)
第1章 総則	1	定義	●	
	2	適用除外（許容消費量）	●（※1）	●（※3）
	3〜4の2	適用除外（署長認定）	●（※2）	●（※4）
第2章 設備	5	第1種有機溶剤等，第2種有機溶剤等に係る設備	●	
	6	第3種有機溶剤等に係る設備	●	
	7〜13の3	第5条，第6条の措置の適用除外	●	
第3章 換気装置の性能等	14〜17	局所排気装置等の要件	●	
	18	局所排気装置等の稼働時の要件	●	
	18の2・18の3	局所排気装置等の稼働の特例許可	●	
第4章 管理	19・19の2	作業主任者の選任，職務	×	
	20〜23	定期自主検査，点検，補修	●	
	24	掲示	●	
	25	区分の表示	●	
	26	タンク内作業	●	
	27	事故時の退避等	●	
第5章 測定	28〜28の4	作業環境測定	●（※5・6）	●（※6）
第6章 健康診断	29〜30の3	健康診断	●（※5・7）	●（※7）
	30の4	緊急診断	×	
	31	健康診断の特例	●（※5）	●
第7章 保護具	32〜34	送気マスク等の使用，保護具の備え付け等	●	
第8章 貯蔵と空容器の処理	35・36	貯蔵，空容器の処理	×	
第9章 技能講習	37	有機溶剤作業主任者技能講習	●（特化則第27条により適用）	

(注)　特別有機溶剤および有機溶剤の含有量の合計が重量の5％を超えるものに限る。
※1　第2章，第3章，第4章（第27条を除く。），第7章について適用除外
※2　第2章，第3章，第4章（第27条を除く。），第5章，第6章，第7章および特化則第42条第2項について適用除外
※3　第2章，第3章，第4章（第27条を除く。），第7章および特化則第27条について適用除外
※4　第2章，第3章，第4章（第27条を除く。），第5章，第6章，第7章および特化則第27条，第42条第2項について適用除外
※5　特別有機溶剤および有機溶剤の含有量が5％以下のものを除く。
※6・7　作業環境測定に係る保存義務は3年間，健康診断に係る保存義務は5年間。

編注：表5-4，5-5は平成24年10月26日付基発1026第6号・雇児発1026第2号，平成25年8月27日付基発0827第6号および平成26年9月24日付基発0924第6号・雇児発0924第7号により作成したもの（一部改変）。

表5-6　有機則の準用の適用除外

(特化則第27条第2項，36条第4項，36条の5，38条の8，39条第5項，41条の2，42条第3項（有機則第2条，3条準用))

1　消費する有機溶剤などの量が少量で許容消費量を超えない場合（以下の「2　適用除外の要件」を満たす場合）の，有機則準用の適用除外対象の有無

規制内容	A※	B※
発散抑制措置，呼吸用保護具，タンク内作業	適用除外対象	適用除外対象
作業主任者	適用除外とならない	適用除外対象
作業環境測定	有機溶剤の測定の部分のみ適用除外対象	適用除外対象
特殊健康診断	有機溶剤の健診の部分のみ適用除外対象	適用除外対象

※A：特別有機溶剤の単一成分1%超。
　B：特別有機溶剤の単一成分1%以下でかつ有機溶剤と特別有機溶剤の合計が5%超
　（図5－6参照）

2　適用除外の要件

◆屋内作業場等（タンク等の内部以外の場所）
　作業時間1時間に消費する有機溶剤等の量が，常態として下表の許容消費量を超えないとき
◆タンク等の内部
　1日に消費する有機溶剤等の量が，下表の許容消費量を常に超えないとき

消費する有機溶剤等の区分	有機溶剤等の許容消費量
第1種有機溶剤等	W＝1／15×A
第2種有機溶剤等	W＝2／5×A
第3種有機溶剤等	W＝3／2×A
備　考 W＝有機溶剤等の許容消費量（単位　グラム） A＝作業場の気積（床面から4mを超える高さにある空間を除く。単位：m^3） 　ただし，気積が150 m^3 を超える場合は，150 m^3 とする	

◆消費する有機溶剤等の量には特別有機溶剤の量が含まれる
◆作業環境測定，特殊健康診断については，所轄の労働基準監督署長の適用除外認定が必要。署長認定を受けていない場合には，たとえ消費量が少量であっても，作業環境測定や健康診断等の実施が必要
◆平成26年11月1日施行の有機則改正以前に有機則第2条，第3条による適用除外を受けていたもののうち，Aに該当するものについては，作業主任者の選任，一部の作業環境測定及び特殊健康診断の実施が必要

表 5-7　作業環境測定の適用

	A（特別有機溶剤の単一成分 1% 超）		B（特別有機溶剤の単一成分 1% 以下であって，特別有機溶剤と有機溶剤の合計 5% 超）
	特別有機溶剤と有機溶剤の合計 5% 以下 A 1	特別有機溶剤と有機溶剤の合計 5% 超 A 2	
特別有機溶剤の測定	○（30 年）	○（30 年）	×
混合有機溶剤の各成分の測定	×	○（3 年）	○（3 年）

※特別有機溶剤と有機溶剤との合計の含有率が重量の 5% を超える場合は，有機則で測定が義務付けられている有機溶剤混合物についても測定
※（　）内は測定と評価の記録の保存期間

表 5-8　健康診断の適用

	A（特別有機溶剤の単一成分 1 % 超）		B（特別有機溶剤の単一成分 1% 以下であって，特別有機溶剤と有機溶剤の合計 5 % 超）
	特別有機溶剤と有機溶剤の合計 5 % 以下 A 1	特別有機溶剤と有機溶剤の合計 5 % 超 A 2	
特別有機溶剤の特殊健康診断	○（30 年）	○（30 年）	×
過去に特別有機溶剤業務に従事させたことのある労働者の特化則に定める特殊健康診断	○（30 年） （一部の業務＊）	○（30 年） （一部の業務＊）	×
有機則に定める特殊健康診断	×	○（5 年）	○（5 年）
緊急診断	○	○	○

＊エチルベンゼン塗装業務，1,2-ジクロロプロパン洗浄・払拭業務，ジクロロメタン洗浄・払拭業務のみ対象
※（　）内の数字は健康診断の結果の保存期間

表 5-9　特別有機溶剤の掲示

掲示（特化則第 38 条の 3，特化則第 38 条の 8（有機則第 24 条）） 区分表示（特化則第 38 条の 8（有機則第 25 条））	A	B
特別有機溶剤についての掲示 ・名称　・生ずるおそれのある疾病の種類およびその症状 ・取扱い上の注意事項　・使用すべき保護具	○	−
有機溶剤についての掲示 ・生ずるおそれのある疾病の種類およびその症状　・取扱い上の注意 ・中毒が発生した時の応急措置	○	○
有機溶剤等の区分表示（色分け等の方法）	○	○

例1　事業場ごとに月別で作成したもの　作業記録（月別）

○○工業株式会社○○工場　　年　月分

労働者の氏名	従事した作業の概要	当該作業に従事した期間	特別管理物質により著しく汚染される事態の有無	著しく汚染される事態がある場合，その概要及び事業者が講じた応急の措置の概要
○○○○	作業内容：金属部品の自動洗浄作業 作業時間：1日当たり○時間 取扱温度：25℃（洗浄槽内40℃） 洗浄剤の消費量：1日当たり○リットル 洗浄剤の成分：ジクロロメタン100% 含有 換気状況：密閉設備 保護具：ゴム手袋，有機ガス用防毒マスク	○月○日～ ○月○日	有り ○月○日 午前○時○分頃	洗浄作業場で洗浄剤をタンクに補充中，左足に約2リットルかかる。水洗後医師への受診
●●●●	作業内容：金属部品の手吹塗装作業 作業時間：1日当たり○時間 取扱温度：25℃ 塗料の消費量：1日当たり○リットル 塗料の成分：メチルイソブチルケトン10% 含有 換気状況：局所排気装置（排気量○m³／分） 保護具：ゴム手袋，有機ガス用防毒マスク	○月○日～ ○月○日	無し	

例2　事業場ごとに作業者別で作成したもの　作業記録（作業者別）

○○工業株式会社○○工場　労働者の氏名○○　○○

年　月　日～　年　月　日分

作業年月日	従事した作業の概要	特別管理物質により著しく汚染される事態の有無	著しく汚染される事態がある場合，その概要及び事業者が講じた応急の措置の概要
○月○日	作業内容：金属部品の自動洗浄作業 作業時間：1日当たり○時間 取扱温度：25℃（洗浄槽内40℃） 洗浄剤の消費量：1日当たり○リットル 洗浄剤の成分：ジクロロメタン100% 含有 換気状況：密閉設備 保護具：ゴム手袋，有機ガス用防毒マスク	有り ○月●日 午前○時○分頃	洗浄作業場で洗浄剤をタンクに補充中，左足に約2リットルかかる。水洗後医師への受診
○月○日	同上	無し	－
○月○日	同上	無し	－
○月○日	作業内容：金属部品の手吹塗装作業 作業時間：1日当たり○時間 取扱温度：25℃ 塗料の消費量：1日当たり○リットル 塗料の成分：メチルイソブチルケトン10% 含有 換気状況：局所排気装置（排気量○m³／分） 保護具：ゴム手袋，有機ガス用防毒マスク	無し	－

図5-6　作業記録の例

特定化学物質障害予防規則(抄)

(定義等)

第2条 この省令において，次の各号に掲げる用語の意義は，当該各号に定めるところによる。

1 第1類物質 労働安全衛生法施行令（以下「令」という。）別表第3第1号に掲げる物をいう。

2 第2類物質 令別表第3第2号に掲げる物をいう。

3 特定第2類物質 第2類物質のうち，令別表第3第2号1，2，4から7まで，8の2，12，15，17，19，19の4，19の5，20，23，23の2，24，26，27，28から30まで，31の2，34，35及び36に掲げる物並びに別表第1第1号，第2号，第4号から第7号まで，第8号の2，第12号，第15号，第17号，第19号，第19号の4，第19号の5，第20号，第23号，第23号の2，第24号，第26号，第27号，第28号から第30号まで，第31号の2，第34号，第35号及び第36号に掲げる物をいう。

3の2 特別有機溶剤 第2類物質のうち，令別表第3第2号3の3，11の2，18の2から18の4まで，19の2，19の3，22の2から22の5まで及び33の2に掲げる物をいう。

3の3 特別有機溶剤等 特別有機溶剤並びに別表第1第3号の3，第11号の2，第18号の2から第18号の4まで，第19号の2，第19号の3，第22号の2から第22号の5まで，第33号の2及び第37号に掲げる物をいう。

4 オーラミン等 第2類物質のうち，令別表第3第2号8及び32に掲げる物並びに別表第1第8号及び第32号に掲げる物をいう。

5 管理第2類物質 第2類物質のうち，特定第2類物質，特別有機溶剤等及びオーラミン等以外の物をいう。

6 第3類物質 令別表第3第3号に掲げる物をいう。

7 特定化学物質 第1類物質，第2類物質及び第3類物質をいう。

(以下略)

(適用の除外)

第2条の2 この省令は，事業者が次の各号のいずれかに該当する業務に労働者を従事させる場合は，当該業務については，適用しない。ただし，令別表第3第2号11の2，18の2，18の3，19の3，19の4，22の2から22の4まで若しくは23の2に掲げる物又は別表第1第11号の2，第18号の2，第18号の3，第19号の3，第19号の4，第22号の2から第22号の4まで，第23号の2若しくは第37号（令別表第3第2号11の2，18の2，18の3，19の3又は22の2から22の4までに掲げる物を含有するものに限る。）に掲げる物を製造し，又は取り扱う業務に係る第44条及び第45条の規定の適用については，この限りでない。

1 次に掲げる業務（以下「特別有機溶剤業務」という。）以外の特別有機溶剤等を製造し，又は取り扱う業務

イ クロロホルム等有機溶剤業務（特別有機溶剤等（令別表第3第2号11の2，18の2から18の4まで，19の3，22の2から22の5まで又は33の2に掲げる物及びこ

れらを含有する製剤その他の物（以下「クロロホルム等」という。）に限る。）を製造し，又は取り扱う業務のうち，屋内作業場等（屋内作業場及び有機溶剤中毒予防規則（昭和47年労働省令第36号。以下「有機則」という。）第1条第2項各号に掲げる場所をいう。以下この号及び第39条第7項第2号において同じ。）において行う次に掲げる業務をいう。）

(1)　クロロホルム等を製造する工程におけるクロロホルム等のろ過，混合，攪拌，加熱又は容器若しくは設備への注入の業務

(2)　染料，医薬品，農薬，化学繊維，合成樹脂，有機顔料，油脂，香料，甘味料，火薬，写真薬品，ゴム若しくは可塑剤又はこれらのものの中間体を製造する工程におけるクロロホルム等のろ過，混合，攪拌又は加熱の業務

(3)　クロロホルム等を用いて行う印刷の業務

(4)　クロロホルム等を用いて行う文字の書込み又は描画の業務

(5)　クロロホルム等を用いて行うつや出し，防水その他物の面の加工の業務

(6)　接着のためにするクロロホルム等の塗布の業務

(7)　接着のためにクロロホルム等を塗布された物の接着の業務

(8)　クロロホルム等を用いて行う洗浄（⑿に掲げる業務に該当する洗浄の業務を除く。）又は払拭の業務

(9)　クロロホルム等を用いて行う塗装の業務（⑿に掲げる業務に該当する塗装の業務を除く。）

(10)　クロロホルム等が付着している物の乾燥の業務

(11)　クロロホルム等を用いて行う試験又は研究の業務

(12)　クロロホルム等を入れたことのあるタンク（令別表第3第2号11の2，18の2から18の4まで，19の3，22の2から22の5まで又は33の2に掲げる物の蒸気の発散するおそれがないものを除く。）の内部における業務

ロ　エチルベンゼン塗装業務（特別有機溶剤等（令別表第3第2号3の3に掲げる物及びこれを含有する製剤その他の物に限る。）を製造し，又は取り扱う業務のうち，屋内作業場等において行う塗装の業務をいう。以下同じ。）

ハ　1･2-ジクロロプロパン洗浄・払拭業務（特別有機溶剤等（令別表第3第2号19の2に掲げる物及びこれを含有する製剤その他の物に限る。）を製造し，又は取り扱う業務のうち，屋内作業場等において行う洗浄又は払拭の業務をいう。以下同じ。）

（以下略）

（ぼろ等の処理）

第12条の2　事業者は，特定化学物質（クロロホルム等及びクロロホルム等以外のものであつて別表第1第37号に掲げる物を除く。次項，第22条第1項，第22条の2第1項，第25条第2項及び第3項並びに第43条において同じ。）により汚染されたぼろ，紙くず等については，労働者が当該特定化学物質により汚染されることを防止するため，蓋又は栓をした不浸透性の容器に納めておく等の措置を講じなければならない。

②　事業者は，特定化学物質を製造し，又は取り扱う業務の一部を請負人に請け負わせると

きは，当該請負人に対し，特定化学物質により汚染されたぼろ，紙くず等については，前項の措置を講ずる必要がある旨を周知させなければならない。

（設備の改造等の作業）

第22条　事業者は，特定化学物質を製造し，取り扱い，若しくは貯蔵する設備又は特定化学物質を発生させる物を入れたタンク等で，当該特定化学物質が滞留するおそれのあるものの改造，修理，清掃等で，これらの設備を分解する作業又はこれらの設備の内部に立ち入る作業（酸素欠乏症等防止規則（昭和47年労働省令第42号。以下「酸欠則」という。）第2条第8号の第2種酸素欠乏危険作業及び酸欠則第25条の2の作業に該当するものを除く。）に労働者を従事させるときは，次の措置を講じなければならない。

1　作業の方法及び順序を決定し，あらかじめ，これを作業に従事する労働者に周知させること。

2　特定化学物質による労働者の健康障害の予防について必要な知識を有する者のうちから指揮者を選任し，その者に当該作業を指揮させること。

3　作業を行う設備から特定化学物質を確実に排出し，かつ，当該設備に接続している全ての配管から作業箇所に特定化学物質が流入しないようバルブ，コック等を二重に閉止し，又はバルブ，コック等を閉止するとともに閉止板等を施すこと。

4　前号により閉止したバルブ，コック等又は施した閉止板等には，施錠をし，これらを開放してはならない旨を見やすい箇所に表示し，又は監視人を置くこと。

5　作業を行う設備の開口部で，特定化学物質が当該設備に流入するおそれのないものを全て開放すること。

6　換気装置により，作業を行う設備の内部を十分に換気すること。

7　測定その他の方法により，作業を行う設備の内部について，特定化学物質により労働者が健康障害を受けるおそれのないことを確認すること。

8　第3号により施した閉止板等を取り外す場合において，特定化学物質が流出するおそれのあるときは，あらかじめ，当該閉止板等とそれに最も近接したバルブ，コック等との間の特定化学物質の有無を確認し，必要な措置を講ずること。

9　非常の場合に，直ちに，作業を行う設備の内部の労働者を退避させるための器具その他の設備を備えること。

10　作業に従事する労働者に不浸透性の保護衣，保護手袋，保護長靴，呼吸用保護具等必要な保護具を使用させること。

②　事業者は，前項の作業の一部を請負人に請け負わせるときは，当該請負人に対し，同項第3号から第6号までの措置を講ずること等について配慮しなければならない。

③　事業者は，前項の請負人に対し，第1項第7号及び第8号の措置を講ずる必要がある旨並びに同項第10号の保護具を使用する必要がある旨を周知させなければならない。

④　事業者は，第1項第7号の確認が行われていない設備については，当該設備の内部に頭部を入れてはならない旨を，あらかじめ，作業に従事する者に周知させなければならない。

⑤　労働者は，事業者から第1項第10号の保護具の使用を命じられたときは，これを使用しなければならない。

第22条の2　事業者は，特定化学物質を製造し，取り扱い，若しくは貯蔵する設備等の設備（前条第1項の設備及びタンク等を除く。以下この条において同じ。）の改造，修理，清掃等で，当該設備を分解する作業又は当該設備の内部に立ち入る作業（酸欠則第2条第8号の第2種酸素欠乏危険作業及び酸欠則第25条の2の作業に該当するものを除く。）に労働者を従事させる場合において，当該設備の溶断，研磨等により特定化学物質を発生させるおそれのあるときは，次の措置を講じなければならない。

1　作業の方法及び順序を決定し，あらかじめ，これを作業に従事する労働者に周知させること。

2　特定化学物質による労働者の健康障害の予防について必要な知識を有する者のうちから指揮者を選任し，その者に当該作業を指揮させること。

3　作業を行う設備の開口部で，特定化学物質が当該設備に流入するおそれのないものを全て開放すること。

4　換気装置により，作業を行う設備の内部を十分に換気すること。

5　非常の場合に，直ちに，作業を行う設備の内部の労働者を退避させるための器具その他の設備を備えること。

6　作業に従事する労働者に不浸透性の保護衣，保護手袋，保護長靴，呼吸用保護具等必要な保護具を使用させること。

②　事業者は，前項の作業の一部を請負人に請け負わせる場合において，同項の設備の溶断，研磨等により特定化学物質を発生させるおそれのあるときは，当該請負人に対し，同項第3号及び第4号の措置を講ずること等について配慮するとともに，当該請負人に対し，同項第6号の保護具を使用する必要がある旨を周知させなければならない。

③　労働者は，事業者から第1項第6号の保護具の使用を命じられたときは，これを使用しなければならない。

（立入禁止措置）

第24条　事業者は，次の作業場に関係者以外の者が立ち入ることについて，禁止する旨を見やすい箇所に表示することその他の方法により禁止するとともに，表示以外の方法により禁止したときは，当該作業場が立入禁止である旨を見やすい箇所に表示しなければならない。

1　第1類物質又は第2類物質（クロロホルム等及びクロロホルム等以外のものであつて別表第1第37号に掲げる物を除く。第37条及び第38条の2において同じ。）を製造し，又は取り扱う作業場（臭化メチル等を用いて燻蒸作業を行う作業場を除く。）

2　特定化学設備を設置する作業場又は特定化学設備を設置する作業場以外の作業場で第3類物質等を合計100リットル以上取り扱うもの

（容器等）

第25条　事業者は，特定化学物質を運搬し，又は貯蔵するときは，当該物質が漏れ，こぼれる等のおそれがないように，堅固な容器を使用し，又は確実な包装をしなければならない。

②　事業者は，前項の容器又は包装の見やすい箇所に当該物質の名称及び取扱い上の注意事

項を表示しなければならない。

③　事業者は，特定化学物質の保管については，一定の場所を定めておかなければならない。

④　事業者は，特定化学物質の運搬，貯蔵等のために使用した容器又は包装については，当該物質が発散しないような措置を講じ，保管するときは，一定の場所を定めて集積しておかなければならない。

⑤　事業者は，特別有機溶剤等を屋内に貯蔵するときは，その貯蔵場所に，次の設備を設けなければならない。

1　当該屋内で作業に従事する者のうち貯蔵に関係する者以外の者がその貯蔵場所に立ち入ることを防ぐ設備

2　特別有機溶剤又は令別表第6の2に掲げる有機溶剤（第36条の5及び別表第1第37号において単に「有機溶剤」という。）の蒸気を屋外に排出する設備

（特定化学物質作業主任者の選任）

第27条　事業者は，令第6条第18号の作業については，特定化学物質及び四アルキル鉛等作業主任者技能講習（特別有機溶剤業務に係る作業にあつては，有機溶剤作業主任者技能講習）を修了した者のうちから，特定化学物質作業主任者を選任しなければならない。

②　令第6条第18号の厚生労働省令で定めるものは，次に掲げる業務とする。

1　第2条の2各号に掲げる業務

2　第38条の8において準用する有機則第2条第1項及び第3条第1項の場合におけるこれらの項の業務（別表第1第37号に掲げる物に係るものに限る。）

（特定化学物質作業主任者の職務）

第28条　事業者は，特定化学物質作業主任者に次の事項を行わせなければならない。

1　作業に従事する労働者が特定化学物質により汚染され，又はこれらを吸入しないように，作業の方法を決定し，労働者を指揮すること。

2　局所排気装置，プッシュプル型換気装置，除じん装置，排ガス処理装置，排液処理装置その他労働者が健康障害を受けることを予防するための装置を1月を超えない期間ごとに点検すること。

3　保護具の使用状況を監視すること。

4　タンクの内部において特別有機溶剤業務に労働者が従事するときは，第38条の8において準用する有機則第26条各号（第2号，第4号及び第7号を除く。）に定める措置が講じられていることを確認すること。

（測定及びその記録）

第36条　事業者は，令第21条第7号の作業場（石綿等（石綿障害予防規則（平成17年厚生労働省令第21号。以下「石綿則」という。）第2条第1項に規定する石綿等をいう。以下同じ。）に係るもの及び別表第1第37号に掲げる物を製造し，又は取り扱うものを除く。）について，6月以内ごとに1回，定期に，第1類物質（令別表第3第1号8に掲げる物を除く。）又は第2類物質（別表第1に掲げる物を除く。）の空気中における濃度を測定しなければならない。

②　事業者は，前項の規定による測定を行つたときは，その都度次の事項を記録し，これを

3年間保存しなければならない。

1　測定日時

2　測定方法

3　測定箇所

4　測定条件

5　測定結果

6　測定を実施した者の氏名

7　測定結果に基づいて当該物質による労働者の健康障害の予防措置を講じたときは，当該措置の概要

③　事業者は，前項の測定の記録のうち，令別表第3第1号1，2若しくは4から7までに掲げる物又は同表第2号3の2から6まで，8，8の2，11の2，12，13の2から15の2まで，18の2から19の5まで，22の2から22の5まで，23の2から24まで，26，27の2，29，30，31の2，32，33の2若しくは34の3に掲げる物に係る測定の記録並びに同号11若しくは21に掲げる物又は別表第1第11号若しくは第21号に掲げる物（以下「クロム酸等」という。）を製造する作業場及びクロム酸等を鉱石から製造する事業場においてクロム酸等を取り扱う作業場について行つた令別表第3第2号11又は21に掲げる物に係る測定の記録については，30年間保存するものとする。

④　令第21条第7号の厚生労働省令で定めるものは，次に掲げる業務とする。

1　第2条の2各号に掲げる業務

2　第38条の8において準用する有機則第3条第1項の場合における同項の業務（別表第1第37号に掲げる物に係るものに限る。）

3　第38条の13第3項第2号イ及びロに掲げる作業（同条第4項各号に規定する措置を講じた場合に行うものに限る。）

（測定結果の評価）

第36条の2　事業者は，令別表第3第1号3，6若しくは7に掲げる物又は同表第2号1から3まで，3の3から7まで，8の2から11の2まで，13から25まで，27から31の2まで若しくは33から36までに掲げる物に係る屋内作業場について，前条第1項又は法第65条第5項の規定による測定を行つたときは，その都度，速やかに，厚生労働大臣の定める作業環境評価基準に従つて，作業環境の管理の状態に応じ，第1管理区分，第2管理区分又は第3管理区分に区分することにより当該測定の結果の評価を行わなければならない。

②　事業者は，前項の規定による評価を行つたときは，その都度次の事項を記録して，これを3年間保存しなければならない。

1　評価日時

2　評価箇所

3　評価結果

4　評価を実施した者の氏名

③　事業者は，前項の評価の記録のうち，令別表第3第1号6若しくは7に掲げる物又は同表第2号3の3から6まで，8の2，11の2，13の2から15の2まで，18の2から19の

5まで，22の2から22の5まで，23の2から24まで，27の2，29，30，31の2，33の2若しくは34の3に掲げる物に係る評価の記録並びにクロム酸等を製造する作業場及びクロム酸等を鉱石から製造する事業場においてクロム酸等を取り扱う作業場について行つた令別表第3第2号11又は21に掲げる物に係る評価の記録については，30年間保存するものとする。

（評価の結果に基づく措置）

第36条の3　事業者は，前条第1項の規定による評価の結果，第3管理区分に区分された場所については，直ちに，施設，設備，作業工程又は作業方法の点検を行い，その結果に基づき，施設又は設備の設置又は整備，作業工程又は作業方法の改善その他作業環境を改善するため必要な措置を講じ，当該場所の管理区分が第1管理区分又は第2管理区分となるようにしなければならない。

②　事業者は，前項の規定による措置を講じたときは，その効果を確認するため，同項の場所について当該特定化学物質の濃度を測定し，及びその結果の評価を行わなければならない。

③　事業者は，第1項の場所については，労働者に有効な呼吸用保護具を使用させるほか，健康診断の実施その他労働者の健康の保持を図るため必要な措置を講ずるとともに，前条第2項の規定による評価の記録，第1項の規定に基づき講ずる措置及び前項の規定に基づく評価の結果を次に掲げるいずれかの方法によつて労働者に周知させなければならない。

1　常時各作業場の見やすい場所に掲示し，又は備え付けること。

2　書面を労働者に交付すること。

3　磁気テープ，磁気ディスクその他これらに準ずる物に記録し，かつ，各作業場に労働者が当該記録の内容を常時確認できる機器を設置すること。

4　事業者は，第1項の場所において作業に従事する者（労働者を除く。）に対し，有効な呼吸用保護具を使用する必要がある旨を周知させなければならない。

第36条の4　事業者は，第36条の2第1項の規定による評価の結果，第2管理区分に区分された場所については，施設，設備，作業工程又は作業方法の点検を行い，その結果に基づき，施設又は設備の設置又は整備，作業工程又は作業方法の改善その他作業環境を改善するため必要な措置を講ずるよう努めなければならない。

②　前項に定めるもののほか，事業者は，同項の場所については，第36条の2第2項の規定による評価の記録及び前項の規定に基づき講ずる措置を次に掲げるいずれかの方法によつて労働者に周知させなければならない。

1　常時各作業場の見やすい場所に掲示し，又は備え付けること。

2　書面を労働者に交付すること。

3　磁気テープ，磁気ディスクその他これらに準ずる物に記録し，かつ，各作業場に労働者が当該記録の内容を常時確認できる機器を設置すること。

（特定有機溶剤混合物に係る測定等）

第36条の5　特別有機溶剤又は有機溶剤を含有する製剤その他の物（特別有機溶剤又は有機溶剤の含有量（これらの物を2以上含む場合にあつては，それらの含有量の合計）が重量の5パーセント以下のもの及び有機則第1条第1項第2号に規定する有機溶剤含有物

（特別有機溶剤を含有するものを除く。）を除く。第41条の２において「特定有機溶剤混合物」という。）を製造し，又は取り扱う作業場（第38条の８において準用する有機則第３条第１項の場合における同項の業務を行う作業場を除く。）については，有機則第28条（第１項を除く。）から第28条の４までの規定を準用する。この場合において，第28条第２項中「当該有機溶剤の濃度」とあるのは「特定有機溶剤混合物（特定化学物質障害予防規則（昭和47年労働省令第39号）第36条の５に規定する特定有機溶剤混合物をいう。以下同じ。）に含有される同令第２条第３号の２に規定する特別有機溶剤（以下「特別有機溶剤」という。）又は令別表第６の２第１号から第47号までに掲げる有機溶剤の濃度（特定有機溶剤混合物が令別表第６の２第１号から第47号までに掲げる有機溶剤を含有する場合にあつては，特別有機溶剤及び当該有機溶剤の濃度。第28条の３第２項において同じ。）」と，同条第３項第７号及び第28条の３第２項中「有機溶剤」とあるのは「特定有機溶剤混合物に含有される特別有機溶剤又は令別表第６の２第１号から第47号までに掲げる有機溶剤」と読み替えるものとする。

（休憩室）

第37条　事業者は，第１類物質又は第２類物質を常時，製造し，又は取り扱う作業に労働者を従事させるときは，当該作業を行う作業場以外の場所に休憩室を設けなければならない。

②　事業者は，前項の休憩室については，同項の物質が粉状である場合は，次の措置を講じなければならない。

１　入口には，水を流し，又は十分湿らせたマットを置く等労働者の足部に付着した物を除去するための設備を設けること。

２　入口には，衣服用ブラシを備えること。

３　床は，真空掃除機を使用して，又は水洗によつて容易に掃除できる構造のものとし，毎日１回以上掃除すること。

③　第１項の作業に従事した者は，同項の休憩室に入る前に，作業衣等に付着した物を除去しなければならない。

（洗浄設備）

第38条　事業者は，第１類物質又は第２類物質を製造し，又は取り扱う作業に労働者を従事させるときは，洗眼，洗身又はうがいの設備，更衣設備及び洗濯のための設備を設けなければならない。

②　事業者は，労働者の身体が第１類物質又は第２類物質により汚染されたときは，速やかに，労働者に身体を洗浄させ，汚染を除去させなければならない。

③　事業者は，第１項の作業の一部を請負人に請け負わせるときは，当該請負人に対し，身体が第１類物質又は第２類物質により汚染されたときは，速やかに身体を洗浄し，汚染を除去する必要がある旨を周知させなければならない。

④　労働者は，第２項の身体の洗浄を命じられたときは，その身体を洗浄しなければならない。

（喫煙等の禁止）

第38条の２　事業者は，第１類物質又は第２類物質を製造し，又は取り扱う作業場における作業に従事する者の喫煙又は飲食について，禁止する旨を当該作業場の見やすい箇所に表示することその他の方法により禁止するとともに，表示以外の方法により禁止したときは，当該作業場において喫煙又は飲食が禁止されている旨を当該作業場の見やすい箇所に表示しなければならない。

② 前項の作業場において作業に従事する者は，当該作業場で喫煙し，又は飲食してはならない。

（掲示）

第38条の3 事業者は，第1類物質（塩素化ビフェニル等を除く。）又は令別表第3第2号3の2から6まで，8，8の2，11から12まで，13の2から15の2まで，18の2から19の5まで，21，22の2から22の5まで，23の2から24まで，26，27の2，29，30，31の2，32，33の2若しくは34の3に掲げる物若しくは別表第1第3号の2から第6号まで，第8号，第8号の2，第11号から第12号まで，第13号の2から第15号の2まで，第18号の2から第19号の5まで，第21号，第22号の2から第22号の5まで，第23号の2から第24号まで，第26号，第27号の2，第29号，第30号，第31号の2，第32号，第33号の2若しくは第34号の3に掲げる物（以下「特別管理物質」と総称する。）を製造し，又は取り扱う作業場（クロム酸等を取り扱う作業場にあつては，クロム酸等を鉱石から製造する事業場においてクロム酸等を取り扱う作業場に限る。次条において同じ。）には，次の事項を，見やすい箇所に掲示しなければならない。

1 特別管理物質の名称

2 特別管理物質により生ずるおそれのある疾病の種類及びその症状

3 特別管理物質の取扱い上の注意事項

4 次に掲げる場所にあつては，有効な保護具等を使用しなければならない旨及び使用すべき保護具等

イ 第6条の3第1項の許可に係る作業場であつて，第36条第1項の測定の結果の評価が第36条の2第1項の第1管理区分でなかつた作業場及び第1管理区分を維持できないおそれがある作業場

ロ 第36条の3第1項の場所

ハ 第38条の7第1項第2号の規定により，労働者に有効な呼吸用保護具を使用させる作業場

ニ 第38条の13第3項第2号に該当する場合において，同条第4項の措置を講ずる作業場

ホ 第38条の20第2項各号に掲げる作業を行う作業場

ヘ 第38条の21第1項に規定する金属アーク溶接等作業を行う作業場

ト 第38条の21第7項の規定により，労働者に有効な呼吸用保護具を使用させる作業場

（作業の記録）

第38条の4 事業者は，特別管理物質を製造し，又は取り扱う作業場において常時作業に従事する労働者について，1月を超えない期間ごとに次の事項を記録し，これを30年間

保存するものとする。

1　労働者の氏名

2　従事した作業の概要及び当該作業に従事した期間

3　特別管理物質により著しく汚染される事態が生じたときは，その概要及び事業者が講じた応急の措置の概要

(特別有機溶剤等に係る措置)

第38条の8　事業者が特別有機溶剤業務に労働者を従事させる場合には，有機則第1章から第3章まで，第4章（第19条及び第19条の2を除く。）及び第7章の規定を準用する。この場合において，次の表の上欄〔編注：左欄〕に掲げる有機則の規定中同表の中欄に掲げる字句は，それぞれ同表の下欄〔編注：右欄〕に掲げる字句と読み替えるものとする。

第1条 第1項 第1号	労働安全衛生法施行令（以下「令」という。）	労働安全衛生法施行令（以下「令」という。）別表第3第2号3の3，11の2，18の2から18の4まで，19の2，19の3，22の2から22の5まで若しくは33の2に掲げる物（以下「特別有機溶剤」という。）又は令
第1条 第1項 第2号	5パーセントを超えて含有するもの	5パーセントを超えて含有するもの（特別有機溶剤を含有する混合物にあつては，有機溶剤の含有量が重量の5パーセント以下の物で，特別有機溶剤のいずれか一つを重量の1パーセントを超えて含有するものを含む。）
第1条 第1項 第3号イ	令別表第6の2	令別表第3第2号11の2，18の2，18の4，22の3若しくは22の5に掲げる物又は令別表第6の2
	又は	若しくは
第1条 第1項 第3号ハ	5パーセントを超えて含有するもの	5パーセントを超えて含有するもの（令別表第3第2号11の2，18の2，18の4，22の3又は22の5に掲げる物を含有する混合物にあつては，イに掲げる物の含有量が重量の5パーセント以下の物で，同号11の2，18の2，18の4，22の3又は22の5に掲げる物のいずれか一つを重量の1パーセントを超えて含有するものを含む。）
第1条 第1項 第4号イ	令別表第6の2	令別表第3第2号3の3，18の3，19の2，19の3，22の2，22の4若しくは33の2に掲げる物又は令別表第6の2
	又は	若しくは
第1条 第1項 第4号ハ	5パーセントを超えて含有するもの	5パーセントを超えて含有するもの（令別表第3第2号3の3，18の3，19の2，19の3，22の2，22の4又は33の2に掲げる物を含有する混合物にあつては，イに掲げる物又は前号イに掲げる物の含有量が重量の5パーセント以下の物で，同表第2号3の3，18の3，19の2，19の3，22の2，22

		の4又は33の2に掲げる物のいずれか一つを重量の1パーセントを超えて含有するものを含む。)
第4条の2第1項	第28条第1項の業務(第2条第1項の規定により,第2章,第3章,第4章中第19条,第19条の2及び第24条から第26条まで,第7章並びに第9章の規定が適用されない業務を除く。)	特定化学物質障害予防規則(昭和47年労働省令第39号)第2条の2第1号に掲げる業務
第33条第1項	有機ガス用防毒マスク	有機ガス用防毒マスク(タンク等の内部において第4号に掲げる業務を行う場合にあつては,全面形のものに限る。次項において同じ。)

(健康診断の実施)

第39条 事業者は,令第22条第1項第3号の業務(石綿等の取扱い又は試験研究のための製造又は石綿分析用試料等(石綿則第2条第4項に規定する石綿分析用試料等)をいう。)の製造に伴い石綿の粉じんを発散する場所における業務及び別表第1第37号に掲げる物を製造し,又は取り扱う業務を除く。)に常時従事する労働者に対し,別表第3の上欄〈編注:左欄〉に掲げる業務の区分に応じ,雇入れ又は当該業務への配置替えの際及びその後同表の中欄に掲げる期間以内ごとに1回,定期に,同表の下欄〈編注:右欄〉に掲げる項目について医師による健康診断を行わなければならない。

② 事業者は,令第22条第2項の業務(石綿等の製造又は取扱いに伴い石綿の粉じんを発散する場所における業務を除く。)に常時従事させたことのある労働者で,現に使用しているものに対し,別表第3の上欄に掲げる業務のうち労働者が常時従事した同項の業務の区分に応じ,同表の中欄に掲げる期間以内ごとに1回,定期に,同表の下欄に掲げる項目について医師による健康診断を行わなければならない。

③ 事業者は,前二項の健康診断(シアン化カリウム(これをその重量の5パーセントを超えて含有する製剤その他の物を含む。),シアン化水素(これをその重量の1パーセントを超えて含有する製剤その他の物を含む。)及びシアン化ナトリウム(これをその重量の5パーセントを超えて含有する製剤その他の物を含む。)を製造し,又は取り扱う業務に従事する労働者に対し行われた第1項の健康診断を除く。)の結果,他覚症状が認められる者,自覚症状を訴える者その他異常の疑いがある者で,医師が必要と認めるものについては,別表第4の上欄に掲げる業務の区分に応じ,それぞれ同表の下欄に掲げる項目について医師による健康診断を行わなければならない。

④ 第1項の業務(令第16条第1項各号に掲げる物(同項第4号に掲げる物及び同項第9号に掲げる物で同項第4号に係るものを除く。)及び特別管理物質に係るものを除く。)が行われる場所について第36条の2第1項の規定による評価が行われ,かつ,次の各号のいずれにも該当するときは,当該業務に係る直近の連続した3回の第1項の健康診断(当

該健康診断の結果に基づき，前項の健康診断を実施した場合については，同項の健康診断）の結果，新たに当該業務に係る特定化学物質による異常所見があると認められなかつた労働者については，当該業務に係る第1項の健康診断に係る別表第3の規定の適用については，同表中欄中「6月」とあるのは，「1年」とする。

1　当該業務を行う場所について，第36条の2第1項の規定による評価の結果，直近の評価を含めて連続して3回，第1管理区分に区分された（第2条の3第1項の規定により，当該場所について第36条の2第1項の規定が適用されない場合は，過去1年6月の間，当該場所の作業環境が同項の第1管理区分に相当する水準にある）こと。

2　当該業務について，直近の第1項の規定に基づく健康診断の実施後に作業方法を変更（軽微なものを除く。）していないこと。

⑤　令第22条第2項第24号の厚生労働省令で定める物は，別表第5に掲げる物とする。

⑥　令第22条第1項第3号の厚生労働省令で定めるものは，次に掲げる業務とする。

1　第2条の2各号に掲げる業務

2　第38条の8において準用する有機則第3条第1項の場合における同項の業務（別表第1第37号に掲げる物に係るものに限る。次項第3号において同じ。）

⑦　令第22条第2項の厚生労働省令で定めるものは，次に掲げる業務とする。

1　第2条の2各号に掲げる業務

2　第2条の2第1号イに掲げる業務（ジクロロメタン（これをその重量の1パーセントを超えて含有する製剤その他の物を含む。）を製造し，又は取り扱う業務のうち，屋内作業場等において行う洗浄又は払拭の業務を除く。）

3　第38条の8において準用する有機則第3条第1項の場合における同項の業務

（健康診断の結果の記録）

第40条　事業者は，前条第1項から第3項までの健康診断（法第66条第5項ただし書の場合において当該労働者が受けた健康診断を含む。次条において「特定化学物質健康診断」という。）の結果に基づき，特定化学物質健康診断個人票（様式第2号）を作成し，これを5年間保存しなければならない。

②　事業者は，特定化学物質健康診断個人票のうち，特別管理物質を製造し，又は取り扱う業務（クロム酸等を取り扱う業務にあつては，クロム酸等を鉱石から製造する事業場においてクロム酸等を取り扱う業務に限る。）に常時従事し，又は従事した労働者に係る特定化学物質健康診断個人票については，これを30年間保存するものとする。

（健康診断の結果についての医師からの意見聴取）

第40条の2　特定化学物質健康診断の結果に基づく法第66条の4の規定による医師からの意見聴取は，次に定めるところにより行わなければならない。

1　特定化学物質健康診断が行われた日（法第66条第5項ただし書の場合にあつては，当該労働者が健康診断の結果を証明する書面を事業者に提出した日）から3月以内に行うこと。

2　聴取した医師の意見を特定化学物質健康診断個人票に記載すること。

②　事業者は，医師から，前項の意見聴取を行う上で必要となる労働者の業務に関する情報を求められたときは，速やかに，これを提供しなければならない。

（健康診断の結果の通知）

第40条の3　事業者は，第39条第1項から第3項までの健康診断を受けた労働者に対し，遅滞なく，当該健康診断の結果を通知しなければならない。

（健康診断結果報告）

第41条　事業者は，第39条第1項から第3項までの健康診断（定期のものに限る。）を行つたときは，遅滞なく，特定化学物質健康診断結果報告書（様式第3号）を所轄労働基準監督署長に提出しなければならない。

（特定有機溶剤混合物に係る健康診断）

第41条の2　特定有機溶剤混合物に係る業務（第38条の8において準用する有機則第3条第1項の場合における同項の業務を除く。）については，有機則第29条（第1項，第3項，第4項及び第6項を除く。）から第30条の3まで及び第31条の規定を準用する。

（緊急診断）

第42条　事業者は，特定化学物質（別表第1第37号に掲げる物を除く。以下この項及び次項において同じ。）が漏えいした場合において，労働者が当該特定化学物質により汚染され，又は当該特定化学物質を吸入したときは，遅滞なく，当該労働者に医師による診察又は処置を受けさせなければならない。

② 事業者は，特定化学物質を製造し，又は取り扱う業務の一部を請負人に請け負わせる場合において，当該請負人に対し，特定化学物質が漏えいした場合であつて，当該特定化学物質により汚染され，又は当該特定化学物質を吸入したときは，遅滞なく医師による診察又は処置を受ける必要がある旨を周知させなければならない。

③ 第1項の規定により診察又は処置を受けさせた場合を除き，事業者は，労働者が特別有機溶剤等により著しく汚染され，又はこれを多量に吸入したときは，速やかに，当該労働者に医師による診察又は処置を受けさせなければならない。

④ 第2項の診察又は処置を受けた場合を除き，事業者は，特別有機溶剤等を製造し，又は取り扱う業務の一部を請負人に請け負わせる場合において，当該請負人に対し，特別有機溶剤等により著しく汚染され，又はこれを多量に吸入したときは，速やかに医師による診察又は処置を受ける必要がある旨を周知させなければならない。

⑤ 前二項の規定は，第38条の8において準用する有機則第3条第1項の場合における同項の業務については適用しない。

（呼吸用保護具）

第43条　事業者は，特定化学物質を製造し，又は取り扱う作業場には，当該物質のガス，蒸気又は粉じんを吸入することによる労働者の健康障害を予防するため必要な呼吸用保護具を備えなければならない。

（保護衣等）

第44条　事業者は，特定化学物質で皮膚に障害を与え，若しくは皮膚から吸収されることにより障害をおこすおそれのあるものを製造し，若しくは取り扱う作業又はこれらの周辺で行われる作業に従事する労働者に使用させるため，不浸透性の保護衣，保護手袋及び保護長靴並びに塗布剤を備え付けなければならない。

② 事業者は，前項の作業の一部を請負人に請け負わせるときは，当該請負人に対し，同項の保護衣等を備え付けておくこと等により当該保護衣等を使用することができるようにする必要がある旨を周知させなければならない。
③ 事業者は，令別表第3第1号1，3，4，6若しくは7に掲げる物若しくは同号8に掲げる物で同号1，3，4，6若しくは7に係るもの若しくは同表第2号1から3まで，4，8の2，9，11の2，16から18の3まで，19，19の3から20まで，22から22の4まで，23，23の2，25，27，28，30，31（ペンタクロルフエノール（別名PCP）に限る。），33（シクロペンタジエニルトリカルボニルマンガン又は2−メチルシクロペンタジエニルトリカルボニルマンガンに限る。），34若しくは36に掲げる物若しくは別表第1第1号から第3号まで，第4号，第8号の2，第9号，第11号の2，第16号から第18号の3まで，第19号，第19号の3から第20号まで，第22号から第22号の4まで，第23号，第23号の2，第25号，第27号，第28号，第30号，第31号（ペンタクロルフエノール（別名PCP）に係るものに限る。），第33号（シクロペンタジエニルトリカルボニルマンガン又は2−メチルシクロペンタジエニルトリカルボニルマンガンに係るものに限る。），第34号若しくは第36号に掲げる物を製造し，若しくは取り扱う作業又はこれらの周辺で行われる作業であつて，皮膚に障害を与え，又は皮膚から吸収されることにより障害をおこすおそれがあるものに労働者を従事させるときは，当該労働者に保護眼鏡並びに不浸透性の保護衣，保護手袋及び保護長靴を使用させなければならない。
④ 事業者は，前項の作業の一部を請負人に請け負わせるときは，当該請負人に対し，同項の保護具を使用する必要がある旨を周知させなければならない。
⑤ 労働者は，事業者から第3項の保護具の使用を命じられたときは，これを使用しなければならない。

（保護具の数等）

第45条 事業者は，前二条の保護具については，同時に就業する労働者の人数と同数以上を備え，常時有効かつ清潔に保持しなければならない。

第53条 特別管理物質を製造し，又は取り扱う事業者は，事業を廃止しようとするときは，特別管理物質等関係記録等報告書（様式第11号）に次の記録及び特定化学物質健康診断個人票又はこれらの写しを添えて，所轄労働基準監督署長に提出するものとする。

1 第36条第3項の測定の記録
2 第38条の4の作業の記録
3 第40条第2項の特定化学物質健康診断個人票

別表第1（第2条，第2条の2，第5条，第12条の2，第24条，第25条，第27条，第36条，第38の3，第38条の7，第39条関係）

3の3 エチルベンゼンを含有する製剤その他の物。ただし，エチルベンゼンの含有量が重量の1パーセント以下のものを除く。

11の2 クロロホルムを含有する製剤その他の物。ただし，クロロホルムの含有量が重量の1パーセント以下のものを除く。

18の2 四塩化炭素を含有する製剤その他の物。ただし，四塩化炭素の含有量が重量の1パーセント以下のものを除く。

18の3 1･4–ジオキサンを含有する製剤その他の物。ただし，1･4–ジオキサンの含有量が重量の1パーセント以下のものを除く。

18の4 1･2–ジクロロエタンを含有する製剤その他の物。ただし，1･2–ジクロロエタンの含有量が重量の1パーセント以下のものを除く。

19の2 1･2–ジクロロプロパンを含有する製剤その他の物。ただし，1･2–ジクロロプロパンの含有量が重量の1パーセント以下のものを除く。

19の3 ジクロロメタンを含有する製剤その他の物。ただし，ジクロロメタンの含有量が重量の1パーセント以下のものを除く。

22の2 スチレンを含有する製剤その他の物。ただし，スチレンの含有量が重量の1パーセント以下のものを除く。

22の3 1･1･2･2–テトラクロロエタンを含有する製剤その他の物。ただし，1･1･2･2–テトラクロロエタンの含有量が重量の1パーセント以下のものを除く。

22の4 テトラクロロエチレンを含有する製剤その他の物。ただし，テトラクロロエチレンの含有量が重量の1パーセント以下のものを除く。

22の5 トリクロロエチレンを含有する製剤その他の物。ただし，トリクロロエチレンの含有量が重量の1パーセント以下のものを除く。

33の2 メチルイソブチルケトンを含有する製剤その他の物。ただし，メチルイソブチルケトンの含有量が重量の1パーセント以下のものを除く。

37 エチルベンゼン，クロロホルム，四塩化炭素，1･4–ジオキサン，1･2–ジクロロエタン，1･2–ジクロロプロパン，ジクロロメタン，スチレン，1･1･2･2–テトラクロロエタン，テトラクロロエチレン，トリクロロエチレン，メチルイソブチルケトン又は有機溶剤を含有する製剤その他の物。ただし，次に掲げるものを除く。

イ 第3号の3，第11号の2，第18号の2から第18号の4まで，第19号の2，第19号の3，第22号の2から第22号の5まで又は第33号の2に掲げる物

ロ エチルベンゼン，クロロホルム，四塩化炭素，1･4–ジオキサン，1･2–ジクロロエタン，1･2–ジクロロプロパン，ジクロロメタン，スチレン，1･1･2･2–テトラクロロエタン，テトラクロロエチレン，トリクロロエチレン，メチルイソブチルケトン又は有機溶剤の含有量（これらの物が二以上含まれる場合には，それらの含有量の合計）が重量の5パーセント以下のもの（イに掲げるものを除く。）

ハ 有機則第1条第1項第2号に規定する有機溶剤含有物（イに掲げるものを除く。）

（1～3の2，4～11，12～18，19，19の4～22，23～33，34～36略）

別表第3（第39条関係）

業務		期間	項目
(15)	エチルベンゼン（これをその重量の1パーセントを超えて含有する製剤その他の物を含む。）を製造し，又は取り扱う業務	6月	1　業務の経歴の調査（当該業務に常時従事する労働者に対して行う健康診断におけるものに限る。） 2　作業条件の簡易な調査（当該業務に常時従事する労働者に対して行う健康診断におけるものに限る。） 3　エチルベンゼンによる眼の痛み，発赤，せき，咽頭痛，鼻腔刺激症状，頭痛，倦怠感等の他覚症状又は自覚症状の既往歴の有無の検査 4　眼の痛み，発赤，せき，咽頭痛，鼻腔刺激症状，頭痛，倦怠感等の他覚症状又は自覚症状の有無の検査 5　尿中のマンデル酸の量の測定（当該業務に常時従事する労働者に対して行う健康診断におけるものに限る。）
(24)	クロロホルム（これをその重量の1パーセントを超えて含有する製剤その他の物を含む。）を製造し，又は取り扱う業務	6月	1　業務の経歴の調査 2　作業条件の簡易な調査 3　クロロホルムによる頭重，頭痛，めまい，食欲不振，悪心，嘔吐，知覚異常，眼の刺激症状，上気道刺激症状，皮膚又は粘膜の異常等の他覚症状又は自覚症状の既往歴の有無の検査 4　頭重，頭痛，めまい，食欲不振，悪心，嘔吐，知覚異常，眼の刺激症状，上気道刺激症状，皮膚又は粘膜の異常等の他覚症状又は自覚症状の有無の検査 5　血清グルタミツクオキサロアセチツクトランスアミナーゼ（GOT），血清グルタミツクピルビツクトランスアミナーゼ（GPT）及び血清ガンマ―グルタミルトランスペプチダーゼ（γ-GTP）の検査
(32)	四塩化炭素（これをその重量の1パーセントを超えて含有する製剤その他の物を含む。）を製造し，又は取り扱う業務	6月	1　業務の経歴の調査 2　作業条件の簡易な調査 3　四塩化炭素による頭重，頭痛，めまい，食欲不振，悪心，嘔吐，眼の刺激症状，皮膚の刺激症状，皮膚又は粘膜の異常等の他覚症状又は自覚症状の既往歴の有無の検査 4　頭重，頭痛，めまい，食欲不振，悪心，嘔吐，眼の刺激症状，皮膚の刺激症状，皮膚又は粘膜の異常等の他覚症状又は自覚症状の有無の検査 5　皮膚炎等の皮膚所見の有無の検査 6　血清グルタミツクオキサロアセチツクトランスアミナーゼ（GOT），血清グルタミツクピルビツクトランスアミナーゼ（GPT）及び血清ガンマ―グルタミルトランスペプチダーゼ（γ-GTP）の検査
(33)	1・4-ジオキサン（これをその重量の1パーセントを超えて含有する製剤その他の物を含む。）を製造し，又は取り扱う業務	6月	1　業務の経歴の調査 2　作業条件の簡易な調査 3　1・4-ジオキサンによる頭重，頭痛，めまい，悪心，嘔吐，けいれん，眼の刺激症状，皮膚又は粘膜の異常等の他覚症状又は自覚症状の既往歴の有無の検査 4　頭重，頭痛，めまい，悪心，嘔吐，けいれん，眼の刺激症状，皮膚又は粘膜の異常等の他覚症状又は自覚症状の有無の検査 5　血清グルタミツクオキサロアセチツクトランスアミナーゼ（GOT），血清グルタミツクピルビツクトランスアミナーゼ（GPT）及び血清ガンマ―グルタミルトランスペプチダーゼ（γ-GTP）の検査

(34)	1·2−ジクロロエタン（これをその重量の1パーセントを超えて含有する製剤その他の物を含む。）を製造し，又は取り扱う業務	6月	1 業務の経歴の調査 2 作業条件の簡易な調査 3 1·2−ジクロロエタンによる頭重，頭痛，めまい，悪心，嘔（おう）吐，傾眠，眼の刺激症状，上気道刺激症状，皮膚又は粘膜の異常等の他覚症状又は自覚症状の既往歴の有無の検査 4 頭重，頭痛，めまい，悪心，嘔（おう）吐，傾眠，眼の刺激症状，上気道刺激症状，皮膚又は粘膜の異常等の他覚症状又は自覚症状の有無の検査 5 皮膚炎等の皮膚所見の有無の検査 6 血清グルタミツクオキサロアセチツクトランスアミナーゼ（GOT），血清グルタミツクピルビツクトランスアミナーゼ（GPT）及び血清ガンマ―グルタミルトランスペプチダーゼ（γ−GTP）の検査
(36)	1·2−ジクロロプロパン（これをその重量の1パーセントを超えて含有する製剤その他の物を含む。）を製造し，又は取り扱う業務	6月	1 業務の経歴の調査（当該業務に常時従事する労働者に対して行う健康診断におけるものに限る。） 2 作業条件の簡易な調査（当該業務に常時従事する労働者に対して行う健康診断におけるものに限る。） 3 1·2−ジクロロプロパンによる眼の痛み，発赤，せき，咽頭痛，鼻腔刺激症状，皮膚炎，悪心，嘔吐，黄疸，体重減少，上腹部痛等の他覚症状又は自覚症状の既往歴の有無の検査（眼の痛み，発赤，せき等の急性の疾患に係る症状にあつては，当該業務に常時従事する労働者に対して行う健康診断におけるものに限る。） 4 眼の痛み，発赤，せき，咽頭痛，鼻腔刺激症状，皮膚炎，悪心，嘔吐，黄疸，体重減少，上腹部痛等の他覚症状又は自覚症状の有無の検査（眼の痛み，発赤，せき等の急性の疾患に係る症状にあつては，当該業務に常時従事する労働者に対して行う健康診断におけるものに限る。） 5 血清総ビリルビン，血清グルタミツクオキサロアセチツクトランスアミナーゼ（GOT），血清グルタミツクピルビツクトランスアミナーゼ（GPT），ガンマ―グルタミルトランスペプチダーゼ（γ−GTP）及びアルカリホスフアターゼの検査
(37)	ジクロロメタン（これをその重量の1パーセントを超えて含有する製剤その他の物を含む。）を製造し，又は取り扱う業務	6月	1 業務の経歴の調査（当該業務に常時従事する労働者に対して行う健康診断におけるものに限る。） 2 作業条件の簡易な調査（当該業務に常時従事する労働者に対して行う健康診断におけるものに限る。） 3 ジクロロメタンによる集中力の低下，頭重，頭痛，めまい，易疲労感，倦怠感，悪心，嘔吐，黄疸，体重減少，上腹部痛等の他覚症状又は自覚症状の既往歴の有無の検査（集中力の低下，頭重，頭痛等の急性の疾患に係る症状にあつては，当該業務に常時従事する労働者に対して行う健康診断におけるものに限る。） 4 集中力の低下，頭重，頭痛，めまい，易疲労感，倦怠感，悪心，嘔吐，黄疸，体重減少，上腹部痛等の他覚症状又は自覚症状の有無の検査（集中力の低下，頭重，頭痛等の急性の疾患に係る症状にあつては，当該業務に常時従事する労働者に対して行う健康診断におけるものに限る。） 5 血清総ビリルビン，血清グルタミツクオキサロアセチツクトランスアミナーゼ（GOT），血清グルタミツクピルビツクトランスアミナーゼ（GPT），血清ガンマ―グルタミルトランスペプチダーゼ（γ−GTP）及びアルカリホスフアターゼの検査

(42)	スチレン（これをその重量の１パーセントを超えて含有する製剤その他の物を含む。）を製造し，又は取り扱う業務	６月	１　業務の経歴の調査 ２　作業条件の簡易な調査 ３　スチレンによる頭重，頭痛，めまい，悪心，嘔吐，眼の刺激症状，皮膚又は粘膜の異常，頸部等のリンパ節の腫大の有無等の他覚症状又は自覚症状の既往歴の有無の検査 ４　頭重，頭痛，めまい，悪心，嘔吐，眼の刺激症状，皮膚又は粘膜の異常，頸部等のリンパ節の腫大の有無等の他覚症状又は自覚症状の有無の検査 ５　尿中のマンデル酸及びフェニルグリオキシル酸の総量の測定 ６　白血球数及び白血球分画の検査 ７　血清グルタミツクオキサロアセチツクトランスアミナーゼ（GOT），血清グルタミツクピルビツクトランスアミナーゼ（GPT）及び血清ガンマ―グルタミルトランスペプチダーゼ（γ-GTP）の検査
(43)	1･1･2･2-テトラクロロエタン（これをその重量の１パーセントを超えて含有する製剤その他の物を含む。）を製造し，又は取り扱う業務	６月	１　業務の経歴の調査 ２　作業条件の簡易な調査 ３　1･1･2･2-テトラクロロエタンによる頭重，頭痛，めまい，悪心，嘔吐，上気道刺激症状，皮膚又は粘膜の異常等の他覚症状又は自覚症状の既往歴の有無の検査 ４　頭重，頭痛，めまい，悪心，嘔吐，上気道刺激症状，皮膚又は粘膜の異常等の他覚症状又は自覚症状の有無の検査 ５　皮膚炎等の皮膚所見の有無の検査 ６　血清グルタミツクオキサロアセチツクトランスアミナーゼ（GOT），血清グルタミツクピルビツクトランスアミナーゼ（GPT）及び血清ガンマ―グルタミルトランスペプチダーゼ（γ-GTP）の検査
(44)	テトラクロロエチレン（これをその重量の１パーセントを超えて含有する製剤その他の物を含む。）を製造し，又は取り扱う業務	６月	１　業務の経歴の調査 ２　作業条件の簡易な調査 ３　テトラクロロエチレンによる頭重，頭痛，めまい，悪心，嘔吐，傾眠，振顫，知覚異常，眼の刺激症状，上気道刺激症状，皮膚又は粘膜の異常等の他覚症状又は自覚症状の既往歴の有無の検査 ４　頭重，頭痛，めまい，悪心，嘔吐，傾眠，振顫，知覚異常，眼の刺激症状，上気道刺激症状，皮膚又は粘膜の異常等の他覚症状又は自覚症状の有無の検査 ５　皮膚炎等の皮膚所見の有無の検査 ６　尿中のトリクロル酢酸又は総三塩化物の量の測定 ７　血清グルタミツクオキサロアセチツクトランスアミナーゼ（GOT），血清グルタミツクピルビツクトランスアミナーゼ（GPT）及び血清ガンマ―グルタミルトランスペプチダーゼ（γ-GTP）の検査 ８　尿中の潜血検査
(45)	トリクロロエチレン（これをその重量の１パーセントを超えて含有する製剤その他の物を含む。）を製造し，又は取り扱う業務	６月	１　業務の経歴の調査 ２　作業条件の簡易な調査 ３　トリクロロエチレンによる頭重，頭痛，めまい，悪心，嘔吐，傾眠，振顫，知覚異常，皮膚又は粘膜の異常，頸部等のリンパ節の腫大の有無等の他覚症状又は自覚症状の既往歴の有無の検査 ４　頭重，頭痛，めまい，悪心，嘔吐，傾眠，振顫，知覚異常，皮膚又は粘膜の異常，頸部等のリンパ節の腫大の有無等の他覚症状又は自覚症状の有無の検査 ５　皮膚炎等の皮膚所見の有無の検査 ６　尿中のトリクロル酢酸又は総三塩化物の量の測定 ７　血清グルタミツクオキサロアセチツクトランスアミナーゼ（GOT），血清グルタミツクピルビツクトランスアミナーゼ

			ミナーゼ（GPT）及び血清ガンマ―グルタミルトランスペプチダーゼ（γ-GTP）の検査 8 医師が必要と認める場合は，尿中の潜血検査又は腹部の超音波による検査，尿路造影検査等の画像検査
(60)	メチルイソブチルケトン（これをその重量の1パーセントを超えて含有する製剤その他の物を含む。）を製造し，又は取り扱う業務	6月	1 業務の経歴の調査 2 作業条件の簡易な調査 3 メチルイソブチルケトンによる頭重，頭痛，めまい，悪心，嘔(おう)吐，眼の刺激症状，上気道刺激症状，皮膚又は粘膜の異常等の他覚症状又は自覚症状の既往歴の有無の検査 4 頭重，頭痛，めまい，悪心，嘔(おう)吐，眼の刺激症状，上気道刺激症状，皮膚又は粘膜の異常等の他覚症状又は自覚症状の有無の検査 5 医師が必要と認める場合は，尿中のメチルイソブチルケトンの量の測定

((1)～(14)，(16)～(23)，(25)～(31)，(35)，(38)～(41)，(46)～(59)，(61)～(66) 略)

別表第3は，令和2年7月施行の特化則の改正により上記のとおりとなっている。

〔参考〕

令和6年4月1日より，特化則の第36条の3，第36条の3の2（新設），第36条の3の3（新設），第36条の4および第38条の3は以下のとおり改正される（下線部分は改正部分）。

（評価の結果に基づく措置）

第36条の3（略）

② （略）

③ 事業者は，第1項の場所については，労働者に有効な呼吸用保護具を使用させるほか，健康診断の実施その他労働者の健康の保持を図るため必要な措置を講ずるとともに，前条第2項の規定による評価の記録，第1項の規定に基づき講ずる措置及び前項の規定に基づく評価の結果を次に掲げるいずれかの方法によつて労働者に周知させなければならない。

1・2 （略）

3 磁気ディスク，光ディスクその他の記録媒体に記録し，かつ，各作業場に労働者が当該記録の内容を常時確認できる機器を設置すること。

④ （略）

第36条の3の2 事業者は，前条第2項の規定による評価の結果，第3管理区分に区分された場所（同条第1項に規定する措置を講じていないこと又は当該措置を講じた後同条第2項の評価を行つていないことにより，第1管理区分又は第2管理区分となつていないものを含み，第5項各号の措置を講じているものを除く。）については，遅滞なく，次に掲げる事項について，事業場における作業環境の管理について必要な能力を有すると認められる者（当該事業場に属さない者に限る。以下この条において「作業環境管理専門家」という。）の意見を聴かなければならない。

1 当該場所について，施設又は設備の設置又は整備，作業工程又は作業方法の改善その他作業環境を改善するために必要な措置を講ずることにより第1管理区分又は第2管理区分とすることの可否

2 当該場所について，前号において第1管理区分又は第2管理区分とすることが可能な場合における作業環境を改善するために必要な措置の内容

② 事業者は，前項の第3管理区分に区分された場所について，同項第1号の規定により作業環境管理専門家が第1管理区分又は第2管理区分とすることが可能と判断した場合は，直ちに，当該場所について，同項第2号の事項を踏まえ，第1管理区分又は第2管理区分とするために必要な措置を講じなければならない。

③ 事業者は，前項の規定による措置を講じたときは，その効果を確認するため，同項の場所について当該特定化学物質の濃度を測定し，及びその結果を評価しなければならない。

④ 事業者は，第1項の第3管理区分に区分された場所について，前項の規定による評価の結果，第3管理区分に区分された場合又は第1項第1号の規定により作業環境管理専門家が当該場所を第1管理区分若しくは第2管理区分とすることが困難と判断した場合は，直ちに，次に掲げる措置を講じなければならない。

1 当該場所について，厚生労働大臣の定めるところにより，労働者の身体に装着する試料採

取器等を用いて行う測定その他の方法による測定（以下この条において「個人サンプリング測定等」という。）により，特定化学物質の濃度を測定し，厚生労働大臣の定めるところにより，その結果に応じて，労働者に有効な呼吸用保護具を使用させること（当該場所において作業の一部を請負人に請け負わせる場合にあつては，労働者に有効な呼吸用保護具を使用させ，かつ，当該請負人に対し，有効な呼吸用保護具を使用する必要がある旨を周知させること。）。ただし，前項の規定による測定（当該測定を実施していない場合（第1項第1号の規定により作業環境管理専門家が当該場所を第1管理区分又は第2管理区分とすることが困難と判断した場合に限る。）は，前条第2項の規定による測定）を個人サンプリング測定等により実施した場合は，当該測定をもつて，この号における個人サンプリング測定等とすることができる。

2　前号の呼吸用保護具（面体を有するものに限る。）について，当該呼吸用保護具が適切に装着されていることを厚生労働大臣の定める方法により確認し，その結果を記録し，これを3年間保存すること。

3　保護具に関する知識及び経験を有すると認められる者のうちから保護具着用管理責任者を選任し，次の事項を行わせること。

イ　前二号及び次項第1号から第3号までに掲げる措置に関する事項（呼吸用保護具に関する事項に限る。）を管理すること。

ロ　特定化学物質作業主任者の職務（呼吸用保護具に関する事項に限る。）について必要な指導を行うこと。

ハ　第1号及び次項第2号の呼吸用保護具を常時有効かつ清潔に保持すること。

4　第1項の規定による作業環境管理専門家の意見の概要，第2項の規定に基づき講ずる措置及び前項の規定に基づく評価の結果を，前条第3項各号に掲げるいずれかの方法によつて労働者に周知させること。

⑤　事業者は，前項の措置を講ずべき場所について，第1管理区分又は第2管理区分と評価されるまでの間，次に掲げる措置を講じなければならない。

1　6月以内ごとに1回，定期に，個人サンプリング測定等により特定化学物質の濃度を測定し，前項第1号に定めるところにより，その結果に応じて，労働者に有効な呼吸用保護具を使用させること。

2　前号の呼吸用保護具（面体を有するものに限る。）を使用させるときは，1年以内ごとに1回，定期に，当該呼吸用保護具が適切に装着されていることを前項第2号に定める方法により確認し，その結果を記録し，これを3年間保存すること。

3　当該場所において作業の一部を請負人に請け負わせる場合にあつては，当該請負人に対し，第1号の呼吸用保護具を使用する必要がある旨を周知させること。

⑥　事業者は，第4項第1号の規定による測定（同号ただし書の測定を含む。）又は前項第1号の規定による測定を行つたときは，その都度，次の事項を記録し，これを3年間保存しなければならない。

1　測定日時

2　測定方法

3　測定箇所

4　測定条件

5　測定結果

6　測定を実施した者の氏名

7　測定結果に応じた有効な呼吸用保護具を使用させたときは，当該呼吸用保護具の概要

⑦　第36条第3項の規定は，前項の測定の記録について準用する。

⑧　事業者は，第4項の措置を講ずべき場所に係る前条第2項の規定による評価及び第3項の規定による評価を行つたときは，次の事項を記録し，これを3年間保存しなければならない。

1　評価日時

2　評価箇所

3　評価結果

4　評価を実施した者の氏名

⑨　第36条の2第3項の規定は，前項の評価の記録について準用する。

第36条の3の3　事業者は，前条第4項各号に掲げる措置を講じたときは，遅滞なく，第3管理区分措置状況届（様式第1号の4）を所轄労働基準監督署長に提出しなければならない。

第36条の4　（略）

②　前項に定めるもののほか，事業者は，同項の場所については，第36条の2第2項の規定による評価の記録及び前項の規定に基づき講ずる措置を次に掲げるいずれかの方法によつて労働者に周知させなければならない。

1・2　（略）

3　磁気ディスク，光ディスクその他の記録媒体に記録し，かつ，各作業場に労働者が当該記録の内容を常時確認できる機器を設置すること。

（掲示）

第38条の3　事業者は，第1類物質（塩素化ビフェニル等を除く。）又は令別表第3第2号3の2から6まで，8，8の2，11から12まで，13の2から15の2まで，18の2から19の5まで，21，22の2から22の5まで，23の2から24まで，26，27の2，29，30，31の2，32，33の2若しくは34の3に掲げる物若しくは別表第1第3号のニから第6号まで，第8号，第8号の2，第11号から第12号まで，第13号のニから第15号の2まで，第18号の2から第19号の5まで，第21号，第22号の2から第22号の5まで，第23号の2から第24号まで，第26号，第27号の2，第29号，第30号，第31号の2，第32号，第33号の2若しくは第34号の3に掲げる物（以下「特別管理物質」と総称する。）を製造し，又は取り扱う作業場（クロム酸等を取り扱う作業場にあつては，クロム酸等を鉱石から製造する事業場においてクロム酸等を取り扱う作業場に限る。次条において同じ。）には，次の事項を，見やすい箇所に掲示しなければならない。

1～3　（略）

4　次に掲げる場所にあつては，有効な保護具等を使用しなければならない旨及び使用すべき保護具等

イ・ロ　（略）

ハ　第36条の3の2第4項及び第5項の規定による措置を講ずべき場所

ニ～チ　（略）

参　考　資　料

1．労働安全衛生規則第 34 条の 2 の 10 第 2 項，有機溶剤中毒予防規則第 4 条の 2 第 1 項第 1 号，鉛中毒予防規則第 3 条の 2 第 1 項第 1 号及び特定化学物質障害予防規則第 2 条の 3 第 1 項第 1 号の規定に基づき厚生労働大臣が定める者

2．第 3 管理区分に区分された場所に係る有機溶剤等の濃度の測定の方法等（抄）

3．作業環境測定基準（抄）

4．作業環境評価基準（抄）

5．防毒マスクの選択，使用等について

6．送気マスクの適正な使用等について

7．化学防護手袋の選択，使用等について

8．建設業における有機溶剤中毒予防のためのガイドラインの策定について（抄）

9．化学物質等による危険性又は有害性等の調査等に関する指針

10．化学物質等の危険性又は有害性等の表示又は通知等の促進に関する指針

11．労働安全衛生法第 28 条第 3 項の規定に基づき厚生労働大臣が定める化学物質による健康障害を防止するための指針

12．化学物質等の表示制度とリスクアセスメント・リスク低減措置

13．労働安全衛生法施行令 別表第 6 の 2　有機溶剤

14．労働安全衛生法施行令 別表第 3　特定化学物質等（特別有機溶剤）

15．第 1～3 種別有機溶剤および特別有機溶剤と説明箇所（対応表）

16．労働安全衛生規則 別表第 2 関係

17．有機溶剤中毒予防規則第 2 条第 2 項第 1 号及び第 2 号並びに第 17 条第 2 項第 2 号及び第 3 号の規定に基づき有機溶剤等の量に乗ずべき数値を定める告示

18．化学物質関係作業主任者技能講習規程（抄）

19．労働災害の防止のための業務に従事する者に対する能力向上教育に関する指針（抄）

20．有機溶剤業務従事者に対する労働衛生教育の推進について

1．労働安全衛生規則第34条の2の10第2項，有機溶剤中毒予防規則第4条の2第1項第1号，鉛中毒予防規則第3条の2第1項第1号及び特定化学物質障害予防規則第2条の3第1項第1号の規定に基づき厚生労働大臣が定める者

（令和4年9月7日厚生労働省告示第274号）

（下線部分については令和6年4月1日から施行）

1　有機溶剤中毒予防規則（昭和47年労働省令第36号）第4条の2第1項第1号，鉛中毒予防規則（昭和47年労働省令第37号）第3条の2第1項第1号及び特定化学物質障害予防規則（昭和47年労働省令第39号）第2条の3第1項第1号の厚生労働大臣が定める者は，次のイからニまでのいずれかに該当する者とする。

イ　労働安全衛生法（昭和47年法律第57号。以下「安衛法」という。）第83条第1項の労働衛生コンサルタント試験（その試験の区分が労働衛生工学であるものに限る。）に合格し，安衛法第84条第1項の登録を受けた者で，5年以上化学物質の管理に係る業務に従事した経験を有するもの

ロ　安衛法第12条第1項の規定による衛生管理者のうち，衛生工学衛生管理者免許を受けた者で，その後8年以上安衛法第10条第1項各号の業務のうち衛生に係る技術的事項で衛生工学に関するものの管理の業務に従事した経験を有するもの

ハ　作業環境測定法（昭和50年法律第28号）第7条の登録を受けた者（以下「作業環境測定士」という。）で，その後6年以上作業環境測定士としてその業務に従事した経験を有し，かつ，厚生労働省労働基準局長が定める講習を修了したもの

ニ　イからハまでに掲げる者と同等以上の能力を有すると認められる者

2　労働安全衛生規則（昭和47年労働省令第32号）第34条の2の10第2項の厚生労働大臣が定める者は，前号イからニまでのいずれかに該当する者とする。

2. 第3管理区分に区分された場所に係る有機溶剤等の濃度の測定の方法等（抄）

（令和4年11月30日厚生労働省告示第341号）

（令和6年4月1日から施行）

（有機溶剤の濃度の測定の方法等）

第1条 有機溶剤中毒予防規則（昭和47年労働省令第36号。以下「有機則」という。）第28条の3の2第4項（特定化学物質障害予防規則（昭和47年労働省令第39号。以下「特化則」という。）第36条の5において準用する場合を含む。以下同じ。）第1号の規定による測定は，次の各号に掲げる区分に応じ，それぞれ当該各号に定めるところによらなければならない。

1 労働安全衛生法施行令（昭和47年政令第318号。以下この条及び第7条において「令」という。）第21条第10号の屋内作業場における空気中の令別表第6の2第1号から第47号までに掲げる有機溶剤（特化則第36条の5において準用する有機則第28条の3の2第4項第1号の規定による測定を行う場合にあっては，令第21条第7号の屋内作業場における空気中の特化則第2条第1項第3号の2に規定する特別有機溶剤（以下第3項において「特別有機溶剤」という。）を含む。以下同じ。）の濃度の測定のうち，塗装作業等有機溶剤の発散源の場所が一定しない作業が行われる単位作業場所（作業環境測定基準（昭和51年労働省告示第46号。以下「測定基準」という。）第2条第1項第1号に規定する単位作業場所をいう。次条第4項において同じ。）において行われるもの　測定基準第13条第5項において読み替えて準用する測定基準第10条第5項各号に定める方法

2 前号に掲げる測定以外のもの　測定基準第13条第4項において読み替えて準用する測定基準第2条第1項第1号から第3号までに定める方法

② 前項の規定にかかわらず，有機溶剤の濃度の測定は，次に定めるところによることができる。

1 試料空気の採取は，有機則第28条の3の2第4項柱書に規定する第3管理区分に区分された場所において作業に従事する労働者の身体に装着する試料採取機器を用いる方法により行うこと。この場合において，当該試料採取機器の採取口は，当該労働者の呼吸する空気中の有機溶剤の濃度を測定するために最も適切な部位に装着しなければならない。

2 前号の規定による試料採取機器の装着は，同号の作業のうち労働者にばく露される有機溶剤の量がほぼ均一であると見込まれる作業ごとに，それぞれ，適切な数（2以上に限る。）の労働者に対して行うこと。ただし，当該作業に従事する一の労働者に対して，必要最小限の間隔をおいた2以上の作業日において試料採取機器を装着する

方法により試料空気の採取が行われたときは，この限りでない。

3　試料空気の採取の時間は，当該採取を行う作業日ごとに，労働者が第1号の作業に従事する全時間とすること。

③　前二項に定めるところによる測定は，測定基準別表第2（特別有機溶剤にあっては，測定基準別表第1）の上欄に掲げる物の種類に応じ，それぞれ同表の中欄に掲げる試料採取方法又はこれと同等以上の性能を有する試料採取方法及び同表の下欄に掲げる分析方法又はこれと同等以上の性能を有する分析方法によらなければならない。

第2条　有機則第28条の3の2第4項第1号に規定する呼吸用保護具（第6項において単に「呼吸用保護具」という。）は，要求防護係数を上回る指定防護係数を有するものでなければならない。

②　前項の要求防護係数は，次の式により計算するものとする。

$$PF_r = \frac{C}{C_0}$$

（この式において，PF_r，C及びC_0は，それぞれ次の値を表すものとする。

PF_r　要求防護係数

C　有機溶剤の濃度の測定の結果得られた値

C_0　作業環境評価基準（昭和63年労働省告示第79号。以下この条及び第8条において「評価基準」という。）別表の上欄に掲げる物の種類に応じ，それぞれ同表の下欄に掲げる管理濃度）

③　前項の有機溶剤の濃度の測定の結果得られた値は，次の各号に掲げる場合の区分に応じ，それぞれ当該各号に定める値とする。

1　C測定（測定基準第13条第5項において読み替えて準用する測定基準第10条第5項第1号から第4号までの規定により行う測定をいう。次号において同じ。）を行った場合又はA測定（測定基準第13条第4項において読み替えて準用する測定基準第2条第1項第1号から第2号までの規定により行う測定をいう。次号において同じ。）を行った場合（次号に掲げる場合を除く。）空気中の有機溶剤の濃度の第1評価値（評価基準第2条第1項（評価基準第4条において読み替えて準用する場合を含む。）の第1評価値をいう。以下同じ。）

2　C測定及びD測定（測定基準第13条第5項において読み替えて準用する測定基準第10条第5項第5号及び第6号の規定により行う測定をいう。以下この号において同じ。）を行った場合又はA測定及びB測定（測定基準第13条第4項において読み替えて準用する測定基準第2条第1項第2号の2の規定により行う測定をいう。以下この号において同じ。）を行った場合　空気中の有機溶剤の濃度の第1評価値又はB測定若しくはD測定の測定値（2以上の測定点においてB測定を行った場合又は2以上の者に対してD測定を行った場合には，それらの測定値のうちの最大の値）の

うちいずれか大きい値

3 前条第2項に定めるところにより測定を行った場合 当該測定における有機溶剤の濃度の測定値のうち最大の値

④ 有機溶剤を2種類以上含有する混合物に係る単位作業場所においては，評価基準第2条第4項の規定により計算して得た換算値を測定値とみなして前項第2号及び第3号の規定を適用する。この場合において，第2項の管理濃度に相当する値は，1とするものとする。

⑤ 第1項の指定防護係数は，別表第1から別表第4までの上欄（編注：左欄）に掲げる呼吸用保護具の種類に応じ，それぞれ同表の下欄（編注：右欄）に掲げる値とする。ただし，別表第5の上欄（編注：左欄）に掲げる呼吸用保護具を使用した作業における当該呼吸用保護具の外側及び内側の有機溶剤の濃度の測定又はそれと同等の測定の結果により得られた当該呼吸用保護具に係る防護係数が，同表の下欄（編注：右欄）に掲げる指定防護係数を上回ることを当該呼吸用保護具の製造者が明らかにする書面が当該呼吸用保護具に添付されている場合は，同表の上欄（編注：左欄）に掲げる呼吸用保護具の種類に応じ，それぞれ同表の下欄（編注：右欄）に掲げる値とすることができる。

⑥ 呼吸用保護具は，ガス状の有機溶剤を製造し，又は取り扱う作業場においては，当該有機溶剤の種類に応じ，十分な除毒能力を有する吸収缶を備えた防毒マスク又は別表第4に規定する呼吸用保護具でなければならない。

⑦ 前項の吸収缶は，使用時間の経過により破過したものであってはならない。

第3条 有機則第28条の3の2第4項第2号の厚生労働大臣の定める方法は，同項第1号の呼吸用保護具（面体を有するものに限る。）を使用する労働者について，日本産業規格T 8150（呼吸用保護具の選択，使用及び保守管理方法）に定める方法又はこれと同等の方法により当該労働者の顔面と当該呼吸用保護具の面体との密着の程度を示す係数（以下この条において「フィットファクタ」という。）を求め，当該フィットファクタが要求フィットファクタを上回っていることを確認する方法とする。

② フィットファクタは，次の式により計算するものとする。

$$FF=\frac{C_{out}}{C_{in}}$$

この式においてFF，C_{out}，及びC_{in}は，それぞれ次の値を表すものとする。
FF フィットファクタ
C_{out} 呼吸用保護具の外側の測定対象物の濃度
C_{in} 呼吸用保護具の内側の測定対象物の濃度

③ 第1項の要求フィットファクタは，呼吸用保護具の種類に応じ，次に掲げる値とする。

1 全面形面体を有する呼吸用保護具 500

2 半面形面体を有する呼吸用保護具 100

別表第1（第2条関係）

防じんマスクの種類			指定防護係数
取替え式	全面形面体	RS 3 又は RL 3	50
		RS 2 又は RL 2	14
		RS 1 又は RL 1	4
	半面形面体	RS 3 又は RL 3	10
		RS 2 又は RL 2	10
		RS 1 又は RL 1	4
使い捨て式		DS 3 又は DL 3	10
		DS 2 又は DL 2	10
		DS 1 又は DL 1	4

備考　RS 1，RS 2，RS 3，RL 1，RL 2，RL 3，DS 1，DS 2，DS 3，DL 1，DL 2 及び DL 3 は，防じんマスクの規格（昭和 63 年労働省告示第 19 号）第 1 条第 3 項の規定による区分であること。

別表第2（第2条関係）

防毒マスクの種類	指定防護係数
全面形面体	50
半面形面体	10

別表第3（第2条関係）

電動ファン付き呼吸用保護具の種類			指定防護係数
全面形面体	S 級	PS 3 又は PL 3	1,000
	A 級	PS 2 又は PL 2	90
	A 級又は B 級	PS 1 又は PL 1	19
半面形面体	S 級	PS 3 又は PL 3	50
	A 級	PS 2 又は PL 2	33
	A 級又は B 級	PS 1 又は PL 1	14
フード形又はフェイスシールド形	S 級	PS 3 又は PL 3	25
	A 級		20
	S 級又は A 級	PS 2 又は PL 2	20
	S 級，A 級又は B 級	PS 1 又は PL 1	11

備考　S 級，A 級及び B 級は，電動ファン付き呼吸用保護具の規格（平成 26 年厚生労働省告示第 455 号）第 1 条第 4 項の規定による区分（別表第 5 において同じ。）であること。PS 1，PS 2，PS 3，PL 1，PL 2 及び PL 3 は，同条第 5 項の規定による区分（別表第 5 において同じ。）であること。

別表第4（第2条関係）

その他の呼吸用保護具の種類			指定防護係数
循環式呼吸器	全面形面体	圧縮酸素形かつ陽圧形	10,000
		圧縮酸素形かつ陰圧形	50
		酸素発生形	50

	半面形面体	圧縮酸素形かつ陽圧形	50
		圧縮酸素形かつ陰圧形	10
		酸素発生形	10
空気呼吸器	全面形面体	プレッシャデマンド形	10,000
		デマンド形	50
	半面形面体	プレッシャデマンド形	50
		デマンド形	10
エアラインマスク	全面形面体	プレッシャデマンド形	1,000
		デマンド形	50
		一定流量形	1,000
	半面形面体	プレッシャデマンド形	50
		デマンド形	10
		一定流量形	50
	フード形又はフェイスシールド形	一定流量形	25
ホースマスク	全面形面体	電動送風機形	1,000
		手動送風機形又は肺力吸引形	50
	半面形面体	電動送風機形	50
		手動送風機形又は肺力吸引形	10
	フード形又はフェイスシールド形	電動送風機形	25

別表第５（第２条関係）

呼吸用保護具の種類		指定防護係数
半面形面体を有する電動ファン付き呼吸用保護具	S級かつPS3又はPL3	300
フード形の電動ファン付き呼吸用保護具		1,000
フェイスシールド形の電動ファン付き呼吸用保護具		300
フード形のエアラインマスク	一定流量形	1,000

3．作業環境測定基準（抄）

（昭和 51 年 4 月 22 日労働省告示第 46 号）

（最終改正　令和 2 年 12 月 25 日厚生労働省告示第 397 号）

（定　義）

第 1 条　この告示において，次の各号に掲げる用語の意義は，それぞれ当該各号に定めるところによる。

1　液体捕集方法　試料空気を液体に通し，又は液体の表面と接触させることにより溶解，反応等をさせて，当該液体に測定しようとする物を捕集する方法をいう。

2　固体捕集方法　試料空気を固体の粒子の層を通して吸引すること等により吸着等をさせて，当該固体の粒子に測定しようとする物を捕集する方法をいう。

3　直接捕集方法　試料空気を溶解，反応，吸着等をさせないで，直接，捕集袋，捕集びん等に捕集する方法をいう。

4　冷却凝縮捕集方法　試料空気を冷却した管等と接触させることにより凝縮をさせて測定しようとする物を捕集する方法をいう。

5　ろ過捕集方法　試料空気をろ過材（0.3 マイクロメートルの粒子を 95 パーセント以上捕集する性能を有するものに限る。）を通して吸引することにより当該ろ過材に測定しようとする物を捕集する方法をいう。

（粉じんの濃度等の測定）

第 2 条　労働安全衛生法施行令（昭和 47 年政令第 318 号。以下「令」という。）第 21 条第 1 号の屋内作業場における空気中の土石，岩石，鉱物，金属又は炭素の粉じんの濃度の測定は，次に定めるところによらなければならない。

1　測定点は，単位作業場所（当該作業場の区域のうち労働者の作業中の行動範囲，有害物の分布等の状況等に基づき定められる作業環境測定のために必要な区域をいう。以下同じ。）の床面上に 6 メートル以下の等間隔で引いた縦の線と横の線との交点の床上 50 センチメートル以上 150 センチメートル以下の位置（設備等があつて測定が著しく困難な位置を除く。）とすること。ただし，単位作業場所における空気中の土石，岩石，鉱物，金属又は炭素の粉じんの濃度がほぼ均一であることが明らかなときは，測定点に係る交点は，当該単位作業場所の床面上に 6 メートルを超える等間隔で引いた縦の線と横の線との交点とすることができる。

1 の 2　前号の規定にかかわらず，同号の規定により測定点が 5 に満たないこととなる場合にあつても，測定点は，単位作業場所について 5 以上とすること。ただし，単位作業場所が著しく狭い場合であつて，当該単位作業場所における空気中の土石，岩石，鉱物，金属又は炭素の粉じんの濃度がほぼ均一であることが明らかなときは，この限りでない。

2　前二号の測定は，作業が定常的に行われている時間に行うこと。

2の2　土石，岩石，鉱物，金属又は炭素の粉じんの発散源に近接する場所において作業が行われる単位作業場所にあつては，前三号に定める測定のほか，当該作業が行われる時間のうち，空気中の土石，岩石，鉱物，金属又は炭素の粉じんの濃度が最も高くなると思われる時間に，当該作業が行われる位置において測定を行うこと。

3　1の測定点における試料空気の採取時間は，10分間以上の継続した時間とすること。ただし，相対濃度指示方法による測定については，この限りでない。

＜以下略＞

第2条の2—第9条　略

（特定化学物質の濃度の測定）

第10条　令第21条第7号に掲げる作業場（石綿等（令第6条第23号に規定する石綿等をいう。以下同じ。）を取り扱い，又は試験研究のため製造する屋内作業場，石綿分析用試料等（令第6条第23号に規定する石綿分析用試料等をいう。以下同じ。）を製造する屋内作業場及び特定化学物質障害予防規則（昭和47年労働省令第39号。第3項及び第13条において「特化則」という。）別表第1第37号に掲げる物を製造し，又は取り扱う屋内作業場を除く。）における空気中の令別表第3第1号1から7までに掲げる物又は同表第2号1から36までに掲げる物（同号34の2に掲げる物を除く。）の濃度の測定は，別表第1の上欄〈編注：左欄〉に掲げる物の種類に応じて，それぞれ同表の中欄に掲げる試料採取方法又はこれと同等以上の性能を有する試料採取方法及び同表の下欄〈編注：右欄〉に掲げる分析方法又はこれと同等以上の性能を有する分析方法によらなければならない。

②　前項の規定にかかわらず，空気中の次に掲げる物の濃度の測定は，検知管方式による測定機器又はこれと同等以上の性能を有する測定機器を用いる方法によることができる。ただし，空気中の次の各号のいずれかに掲げる物の濃度を測定する場合において，当該物以外の物が測定値に影響を及ぼすおそれのあるときは，この限りでない。

1　アクリロニトリル

2　エチレンオキシド

3　塩化ビニル

4　塩素

5　クロロホルム

6　シアン化水素

7　四塩化炭素

8　臭化メチル

9　スチレン

10　テトラクロロエチレン（別名パークロルエチレン）

11　トリクロロエチレン

12 弗(ふつ)化水素

13 ベンゼン

14 ホルムアルデヒド

15 硫化水素

③ 前二項の規定にかかわらず，前項各号に掲げる物又は令別表第3第2号3の3，18の3，18の4，19の2，19の3，22の3若しくは33の2（前項第5号，第7号又は第9号から第11号までに掲げる物のいずれかを主成分とする混合物として製造され，又は取り扱われる場合に限る。）について，特化則第36条の2第1項の規定による測定結果の評価が2年以上行われ，その間，当該評価の結果，第1管理区分に区分されることが継続した単位作業場所については，当該単位作業場所に係る事業場の所在地を管轄する労働基準監督署長（以下「所轄労働基準監督署長」という。）の許可を受けた場合には，当該特定化学物質の濃度の測定は，検知管方式による測定機器又はこれと同等以上の性能を有する測定機器を用いる方法によることができる。この場合において，当該単位作業場所における1以上の測定点において第1項に掲げる方法を同時に行うものとする。

④ 第2条第1項第1号から第3号までの規定は，前三項に規定する測定について準用する。この場合において，同条第1項第1号，第1号の2及び第2号の2中「土石，岩石，鉱物，金属又は炭素の粉じん」とあるのは「令別表第3第1号1から7までに掲げる物又は同表第2号1から36までに掲げる物（同号34の2に掲げる物を除く。）」と，同項第3号ただし書中「相対濃度指示方法」とあるのは「直接捕集方法又は検知管方式による測定機器若しくはこれと同等以上の性能を有する測定機器を用いる方法」と読み替えるものとする。

⑤ 前項の規定にかかわらず，第1項に規定する測定のうち，令別表第3第1号6又は同表第2号3の2，9から11まで，13，13の2，19，21，22，23，27の2若しくは33に掲げる物（以下この項において「低管理濃度特定化学物質」という。）の濃度の測定は，次に定めるところによることができる。

1 試料空気の採取等は，単位作業場所において作業に従事する労働者の身体に装着する試料採取機器等を用いる方法により行うこと。

2 前号の規定による試料採取機器等の装着は，単位作業場所において，労働者にばく露される低管理濃度特定化学物質の量がほぼ均一であると見込まれる作業ごとに，それぞれ，適切な数の労働者に対して行うこと。ただし，その数は，それぞれ，5人を下回つてはならない。

3 第1号の規定による試料空気の採取等の時間は，前号の労働者が一の作業日のうち単位作業場所において作業に従事する全時間とすること。ただし，当該作業に従事する時間が2時間を超える場合であつて，同一の作業を反復する等労働者にばく露される低管理濃度特定化学物質の濃度がほぼ均一であることが明らかなときは，2時間を下回らない範囲内において当該試料空気の採取等の時間を短縮することができる。

4　単位作業場所において作業に従事する労働者の数が5人を下回る場合にあつては，第2号ただし書及び前号本文の規定にかかわらず，一の労働者が一の作業日のうち単位作業場所において作業に従事する時間を分割し，二以上の第1号の規定による試料空気の採取等が行われたときは，当該試料空気の採取等は，当該二以上の採取された試料空気の数と同数の労働者に対して行われたものとみなすことができること。

5　低管理濃度特定化学物質の発散源に近接する場所において作業が行われる単位作業場所にあつては，前各号に定めるところによるほか，当該作業が行われる時間のうち，空気中の低管理濃度特定化学物質の濃度が最も高くなると思われる時間に，試料空気の採取等を行うこと。

6　前号の規定による試料空気の採取等の時間は，15分間とすること。

⑥　第3項の許可を受けようとする事業者は，作業環境測定特例許可申請書（様式第1号）に作業環境測定結果摘要書（様式第2号）及び次の図面を添えて，所轄労働基準監督署長に提出しなければならない。

1　作業場の見取図

2　単位作業場所における測定対象物の発散源の位置，主要な設備の配置及び測定点の位置を示す図面

⑦　所轄労働基準監督署長は，前項の申請書の提出を受けた場合において，第3項の許可をし，又はしないことを決定したときは，遅滞なく，文書で，その旨を当該事業者に通知しなければならない。

⑧　第3項の許可を受けた事業者は，当該単位作業場所に係るその後の測定の結果の評価により当該単位作業場所が第1管理区分でなくなつたときは，遅滞なく，文書で，その旨を所轄労働基準監督署長に報告しなければならない。

⑨　所轄労働基準監督署長は，前項の規定による報告を受けた場合及び事業場を臨検した場合において，第3項の許可に係る単位作業場所について第1管理区分を維持していないと認めたとき又は維持することが困難であると認めたときは，遅滞なく，当該許可を取り消すものとする。

第10条の2—第12条　略

（有機溶剤等の濃度の測定）

第13条　令第21条第10号の屋内作業場（同条第7号の作業場（特化則第36条の5の作業場に限る。）を含む。）における空気中の令別表第6の2第1号から第47号までに掲げる有機溶剤（特化則第36条の5において準用する有機溶剤中毒予防規則（昭和47年労働省令第36号。以下この条において「有機則」という。）第28条第2項の規定による測定を行う場合にあつては，特化則第2条第3号の2に規定する特別有機溶剤（以下この条において「特別有機溶剤」という。））の濃度の測定は，別表第2（特別有機溶剤にあつては，別表第1）の上欄〈編注：左欄〉に掲げる物の種類に応じて，それぞれ同表の中欄に掲げる試料採取方法又はこれと同等以上の性能を有する試料採取方法及び同

表の下欄〈編注：右欄〉に掲げる分析方法又はこれと同等以上の性能を有する分析方法によらなければならない。

② 前項の規定にかかわらず，空気中の次に掲げる物（特化則第36条の5において準用する有機則第28条第2項の規定による測定を行う場合にあつては，第10条第2項第5号，第7号又は第9号から第11号までに掲げる物を含む。）の濃度の測定は，検知管方式による測定機器又はこれと同等以上の性能を有する測定機器を用いる方法によることができる。ただし，空気中の次の各号のいずれかに掲げる物（特化則第36条の5において準用する有機則第28条第2項の規定による測定を行う場合にあつては，第10条第2項第5号，第7号又は第9号から第11号までに掲げる物のいずれかを含む。）の濃度を測定する場合において，当該物以外の物が測定値に影響を及ぼすおそれのあるときは，この限りでない。

1　アセトン
2　イソブチルアルコール
3　イソプロピルアルコール
4　イソペンチルアルコール（別名イソアミルアルコール）
5　エチルエーテル
6　キシレン
7　クレゾール
8　クロルベンゼン
9　酢酸イソブチル
10　酢酸イソプロピル
11　酢酸エチル
12　酢酸ノルマル-ブチル
13　シクロヘキサノン
14　1,2-ジクロルエチレン（別名二塩化アセチレン）
15　N,N-ジメチルホルムアミド
16　テトラヒドロフラン
17　1,1,1-トリクロルエタン
18　トルエン
19　二硫化炭素
20　ノルマルヘキサン
21　2-ブタノール
22　メチルエチルケトン
23　メチルシクロヘキサノン

③ 前二項の規定にかかわらず，令別表第6の2第1号から第47号までに掲げる物（特別有機溶剤（令別表第3第2号3の3，18の3，18の4，19の2，19の3，22の3又は

33の2に掲げる物にあつては，前項各号又は第10条第2項第5号，第7号若しくは第9号から第11号までに掲げる物を主成分とする混合物として製造され，又は取り扱われる場合に限る。以下この条において同じ。）を含み，令別表第6の2第2号，第6号から第10号まで，第17号，第20号から第22号まで，第24号，第34号，第39号，第40号，第42号，第44号，第45号及び第47号に掲げる物にあつては，前項各号又は第10条第2項第5号，第7号若しくは第9号から第11号までに掲げる物を主成分とする混合物として製造され，又は取り扱われる場合に限る。）を含む。以下この条において「有機溶剤」という。）について有機則第28条の2第1項（特化則第36条の5において準用する場合を含む。）の規定による測定結果の評価が2年以上行われ，その間，当該評価の結果，第1管理区分に区分されることが継続した単位作業場所については，所轄労働基準監督署長の許可を受けた場合には，当該有機溶剤の濃度の測定（特別有機溶剤にあつては，特化則第36条の5において準用する有機則第28条第2項の規定に基づき行うものに限る。）は，検知管方式による測定機器又はこれと同等以上の性能を有する測定機器を用いる方法によることができる。この場合において，当該単位作業場所における一以上の測定点において第1項に掲げる方法（特別有機溶剤にあつては，第10条第1項に掲げる方法）を同時に行うものとする。

④　第2条第1項第1号から第3号までの規定は，前三項に規定する測定について準用する。この場合において，同条第1項第1号，第1号の2及び第2号の2中「土石，岩石，鉱物，金属又は炭素の粉じん」とあるのは「令別表第6の2第1号から第47号までに掲げる有機溶剤（特別有機溶剤を含む。）」と，同項第3号ただし書中「相対濃度指示方法」とあるのは「直接捕集方法又は検知管方式による測定機器若しくはこれと同等以上の性能を有する測定機器を用いる方法」と読み替えるものとする。

⑤　前項の規定にかかわらず，第10条第5項各号の規定は，第1項に規定する測定のうち塗装作業等有機溶剤等の発散源の場所が一定しない作業が行われる単位作業場所において行われるものにつき，準用することができる。この場合において，同条第5項中「令別表第3第1号6又は同表第2号3の2，9から11まで，13，13の2，19，21，22，23若しくは27の2に掲げる物（以下この項において「低管理濃度特定化学物質」という。）」とあるのは，「令別表第6の2第1号から第47号までに掲げる有機溶剤（特化則第36条の5において準用する有機則第28条第2項の規定による測定を行う場合にあつては，特別有機溶剤を含む。）」と読み替えるものとする。

⑥　第10条第6項から第9項までの規定は，第3項の許可について準用する。

別表第1（第10条関係）

物の種類	試料採取方法	分析方法
＜中　略＞		
エチルベンゼン	固体捕集方法又は直接捕集方法	ガスクロマトグラフ分析方法
＜中　略＞		
クロロホルム	液体捕集方法，固体捕集方法又は直接捕集方法	1　液体捕集方法にあつては，吸光光度分析方法 2　固体捕集方法又は直接捕集方法にあつては，ガスクロマトグラフ分析方法
＜中　略＞		
四塩化炭素	液体捕集方法又は固体捕集方法	1　液体捕集方法にあつては，吸光光度分析方法 2　固体捕集方法にあつては，ガスクロマトグラフ分析方法
1,4-ジオキサン	固体捕集方法又は直接捕集方法	ガスクロマトグラフ分析方法
1,2-ジクロロエタン（別名二塩化エチレン）	液体捕集方法，固体捕集方法又は直接捕集方法	1　液体捕集方法にあつては，吸光光度分析方法 2　固体捕集方法又は直接捕集方法にあつては，ガスクロマトグラフ分析方法
＜中　略＞		
1,2-ジクロロプロパン	固体捕集方法	ガスクロマトグラフ分析方法
ジクロロメタン（別名二塩化メチレン）	固体捕集方法又は直接捕集方法	ガスクロマトグラフ分析方法
＜中　略＞		
スチレン	液体捕集方法，固体捕集方法又は直接捕集方法	1　液体捕集方法にあつては，吸光光度分析方法 2　固体捕集方法又は直接捕集方法にあつては，ガスクロマトグラフ分析方法
1,1,2,2-テトラクロロエタン（別名四塩化アセチレン）	液体捕集方法又は固体捕集方法	1　液体捕集方法にあつては，吸光光度分析方法 2　固体捕集方法にあつては，ガスクロマトグラフ分析方法
テトラクロロエチレン（別名パークロルエチレン）	固体捕集方法又は直接捕集方法	ガスクロマトグラフ分析方法

物の種類	試料採取方法	分析方法
トリクロロエチレン	液体捕集方法，固体捕集方法又は直接捕集方法	1　液体捕集方法にあつては，吸光光度分析方法 2　固体捕集方法又は直接捕集方法にあつては，ガスクロマトグラフ分析方法
<中　略>		
メチルイソブチルケトン	液体捕集方法，固体捕集方法又は直接捕集方法	1　液体捕集方法にあつては，吸光光度分析方法 2　固体捕集方法又は直接捕集方法にあつては，ガスクロマトグラフ分析方法
<中　略>		

別表第2（第13条関係）

物の種類	試料採取方法	分析方法
アセトン	液体捕集方法，固体捕集方法又は直接捕集方法	1　液体捕集方法にあつては，吸光光度分析方法 2　固体捕集方法又は直接捕集方法にあつては，ガスクロマトグラフ分析方法
イソブチルアルコール	固体捕集方法又は直接捕集方法	ガスクロマトグラフ分析方法
イソプロピルアルコール	液体捕集方法，固体捕集方法又は直接捕集方法	1　液体捕集方法にあつては，吸光光度分析方法 2　固体捕集方法又は直接捕集方法にあつては，ガスクロマトグラフ分析方法
イソペンチルアルコール（別名イソアミルアルコール）	固体捕集方法又は直接捕集方法	ガスクロマトグラフ分析方法
エチルエーテル	固体捕集方法又は直接捕集方法	ガスクロマトグラフ分析方法
エチレングリコールモノエチルエーテル（別名セロソルブ）	液体捕集方法，固体捕集方法又は直接捕集方法	1　液体捕集方法にあつては，吸光光度分析方法 2　固体捕集方法又は直接捕集方法にあつては，ガスクロマトグラフ分析方法
エチレングリコールモノエチルエーテルアセテート（別名セロソルブアセテート）	液体捕集方法，固体捕集方法又は直接捕集方法	1　液体捕集方法にあつては，吸光光度分析方法 2　固体捕集方法又は直接捕集方法にあつては，ガスクロマトグラフ分析方法

物の種類	試料採取方法	分析方法
エチレングリコールモノ-ノルマル-ブチルエーテル（別名ブチルセロソルブ）	固体捕集方法又は直接捕集方法	ガスクロマトグラフ分析方法
エチレングリコールモノメチルエーテル（別名メチルセロソルブ）	固体捕集方法又は直接捕集方法	ガスクロマトグラフ分析方法
オルト-ジクロルベンゼン	固体捕集方法又は直接捕集方法	ガスクロマトグラフ分析方法
キシレン	液体捕集方法，固体捕集方法又は直接捕集方法	1　液体捕集方法にあつては，吸光光度分析方法 2　固体捕集方法又は直接捕集方法にあつては，ガスクロマトグラフ分析方法
クレゾール	固体捕集方法	ガスクロマトグラフ分析方法
クロルベンゼン	固体捕集方法又は直接捕集方法	ガスクロマトグラフ分析方法
酢酸イソブチル	液体捕集方法，固体捕集方法又は直接捕集方法	1　液体捕集方法にあつては，吸光光度分析方法 2　固体捕集方法又は直接捕集方法にあつては，ガスクロマトグラフ分析方法
酢酸イソプロピル	液体捕集方法，固体捕集方法又は直接捕集方法	1　液体捕集方法にあつては，吸光光度分析方法 2　固体捕集方法又は直接捕集方法にあつては，ガスクロマトグラフ分析方法
酢酸イソペンチル（別名酢酸イソアミル）	固体捕集方法又は直接捕集方法	ガスクロマトグラフ分析方法
酢酸エチル	液体捕集方法，固体捕集方法又は直接捕集方法	1　液体捕集方法にあつては，吸光光度分析方法 2　固体捕集方法又は直接捕集方法にあつては，ガスクロマトグラフ分析方法
酢酸ノルマル-ブチル	液体捕集方法，固体捕集方法又は直接捕集方法	1　液体捕集方法にあつては，吸光光度分析方法 2　固体捕集方法又は直接捕集方法にあつては，ガスクロマトグラフ分析方法

物の種類	試料採取方法	分析方法
酢酸ノルマル-プロピル	液体捕集方法，固体捕集方法又は直接捕集方法	1　液体捕集方法にあつては，吸光光度分析方法 2　固体捕集方法又は直接捕集方法にあつては，ガスクロマトグラフ分析方法
酢酸ノルマル-ペンチル（別名酢酸ノルマル-アミル）	固体捕集方法又は直接捕集方法	ガスクロマトグラフ分析方法
酢酸メチル	固体捕集方法又は直接捕集方法	ガスクロマトグラフ分析方法
シクロヘキサノール	固体捕集方法	ガスクロマトグラフ分析方法
シクロヘキサノン	液体捕集方法又は固体捕集方法	1　液体捕集方法にあつては，吸光光度分析方法 2　固体捕集方法にあつては，ガスクロマトグラフ分析方法
1,2-ジクロルエチレン（別名二塩化アセチレン）	固体捕集方法又は直接捕集方法	ガスクロマトグラフ分析方法
N,N-ジメチルホルムアミド	固体捕集方法	ガスクロマトグラフ分析方法
テトラヒドロフラン	固体捕集方法又は直接捕集方法	ガスクロマトグラフ分析方法
1,1,1-トリクロルエタン	液体捕集方法，固体捕集方法又は直接捕集方法	1　液体捕集方法にあつては，吸光光度分析方法 2　固体捕集方法又は直接捕集方法にあつては，ガスクロマトグラフ分析方法
トルエン	液体捕集方法，固体捕集方法又は直接捕集方法	1　液体捕集方法にあつては，吸光光度分析方法 2　固体捕集方法又は直接捕集方法にあつては，ガスクロマトグラフ分析方法
二硫化炭素	液体捕集方法，固体捕集方法又は直接捕集方法	1　液体捕集方法にあつては，吸光光度分析方法 2　固体捕集方法にあつては，吸光光度分析方法又はガスクロマトグラフ分析方法 3　直接捕集方法にあつては，ガスクロマトグラフ分析方法
ノルマルヘキサン	固体捕集方法又は直接捕集方法	ガスクロマトグラフ分析方法

物の種類	試料採取方法	分析方法
1-ブタノール	液体捕集方法，固体捕集方法又は直接捕集方法	1　液体捕集方法にあつては，吸光光度分析方法 2　固体捕集方法又は直接捕集方法にあつては，ガスクロマトグラフ分析方法
2-ブタノール	液体捕集方法，固体捕集方法又は直接捕集方法	1　液体捕集方法にあつては吸光光度分析方法 2　固体捕集方法又は直接捕集方法にあつては，ガスクロマトグラフ分析方法
メタノール	液体捕集方法，固体捕集方法又は直接捕集方法	1　液体捕集方法にあつては吸光光度分析方法 2　固体捕集方法又は直接捕集方法にあつては，ガスクロマトグラフ分析方法
メチルエチルケトン	液体捕集方法，固体捕集方法又は直接捕集方法	1　液体捕集方法にあつては，吸光光度分析方法 2　固体捕集方法又は直接捕集方法にあつては，ガスクロマトグラフ分析方法
メチルシクロヘキサノール	固体捕集方法	ガスクロマトグラフ分析方法
メチルシクロヘキサノン	固体捕集方法	ガスクロマトグラフ分析方法
メチル-ノルマル-ブチルケトン	固体捕集方法又は直接捕集方法	ガスクロマトグラフ分析方法

4．作業環境評価基準（抄）

（昭和63年9月1日労働省告示第79号）
（最終改正　令和2年4月22日厚生労働省告示第192号）

（適　用）

第1条　この告示は，労働安全衛生法第65条第1項の作業場のうち，労働安全衛生法施行令（昭和47年政令第318号）第21条第1号，第7号，第8号及び第10号に掲げるものについて適用する。

（測定結果の評価）

第2条　労働安全衛生法第65条の2第1項の作業環境測定の結果の評価は，単位作業場所（作業環境測定基準（昭和51年労働省告示第46号）第2条第1項第1号に規定する単位作業場所をいう。以下同じ。）ごとに，次の各号に掲げる場合に応じ，それぞれ当該各号の表の下欄〈編注：右欄〉に掲げるところにより，第1管理区分から第3管理区分までに区分することにより行うものとする。

1　A測定（作業環境測定基準第2条第1項第1号から第2号までの規定により行う測定（作業環境測定基準第10条第4項，第10条の2第2項，第11条第2項及び第13条第4項において準用する場合を含む。）をいう。以下同じ。）のみを行つた場合

管理区分	評価値と測定対象物に係る別表に掲げる管理濃度との比較の結果
第1管理区分	第1評価値が管理濃度に満たない場合
第2管理区分	第1評価値が管理濃度以上であり，かつ，第2評価値が管理濃度以下である場合
第3管理区分	第2評価値が管理濃度を超える場合

2　A測定及びB測定（作業環境測定基準第2条第1項第2号の2の規定により行う測定（作業環境測定基準第10条第4項，第10条の2第2項，第11条第2項及び第13条第4項において準用する場合を含む。）をいう。以下同じ。）を行つた場合

管理区分	評価値又はB測定の測定値と測定対象物に係る別表に掲げる管理濃度との比較の結果
第1管理区分	第1評価値及びB測定の測定値（2以上の測定点においてB測定を実施した場合には，そのうちの最大値。以下同じ。）が管理濃度に満たない場合
第2管理区分	第2評価値が管理濃度以下であり，かつ，B測定の測定値が管理濃度の1.5倍以下である場合（第1管理区分に該当する場合を除く。）
第3管理区分	第2評価値が管理濃度を超える場合又はB測定の測定値が管理濃度の1.5倍を超える場合

②　測定対象物の濃度が当該測定で採用した試料採取方法及び分析方法によつて求められる定量下限の値に満たない測定点がある単位作業場所にあつては，当該定量下限の値を

当該測定点における測定値とみなして，前項の区分を行うものとする。

③　測定値が管理濃度の10分の1に満たない測定点がある単位作業場所にあつては，管理濃度の10分の1を当該測定点における測定値とみなして，第1項の区分を行うことができる。

④　労働安全衛生法施行令別表第6の2第1号から第47号までに掲げる有機溶剤（特定化学物質障害予防規則（昭和47年労働省令第39号）第36条の5において準用する有機溶剤中毒予防規則（昭和47年労働省令第36号）第28条の2第1項の規定による作業環境測定の結果の評価にあつては，特定化学物質障害予防規則第2条第1項第3号の2に規定する特別有機溶剤を含む。以下この項において同じ。）を2種類以上含有する混合物に係る単位作業場所にあつては，測定点ごとに，次の式により計算して得た換算値を当該測定点における測定値とみなして，第1項の区分を行うものとする。この場合において，管理濃度に相当する値は，1とするものとする。

$$C = \frac{C_1}{E_1} + \frac{C_2}{E_2} + \cdots\cdots$$

（この式において，C，C_1，C_2……及びE_1，E_2……は，それぞれ次の値を表すものとする。
C　換算値
C_1，C_2……有機溶剤の種類ごとの測定値
E_1，E_2……有機溶剤の種類ごとの管理濃度）

（評価値の計算）

第3条　前条第1項の第1評価値及び第2評価値は，次の式により計算するものとする。

$$\log EA_1 = \log M_1 + 1.645\sqrt{\log^2 \sigma_1 + 0.084}$$

$$\log EA_2 = \log M_1 + 1.151\,(\log^2 \sigma_1 + 0.084)$$

（これらの式において，EA_1，M_1，σ_1及びEA_2は，それぞれ次の値を表すものとする。
EA_1　第1評価値
M_1　A測定の測定値の幾何平均値
σ_1　A測定の測定値の幾何標準偏差
EA_2　第2評価値）

②　前項の規定にかかわらず，連続する2作業日（連続する2作業日について測定を行うことができない合理的な理由がある場合にあつては，必要最小限の間隔を空けた2作業日）に測定を行つたときは，第1評価値及び第2評価値は，次の式により計算することができる。

$$\log EA_1 = \frac{1}{2}(\log M_1 + \log M_2) + 1.645\sqrt{\frac{1}{2}(\log^2\sigma_1 + \log^2\sigma_2) + \frac{1}{2}(\log M_1 - \log M_2)^2}$$

$$\log EA_2 = \frac{1}{2}(\log M_1 + \log M_2) + 1.151\left\{\frac{1}{2}(\log^2\sigma_1 + \log^2\sigma_2) + \frac{1}{2}(\log M_1 - \log M_2)^2\right\}$$

（これらの式において，EA_1，M_1，M_2，σ_1，σ_2及びEA_2は，それぞれ次の値を表すものとする。

EA_1　第1評価値

M_1　1日目のA測定の測定値の幾何平均値

M_2　2日目のA測定の測定値の幾何平均値

σ_1　1日目のA測定の測定値の幾何標準偏差

σ_2　2日目のA測定の測定値の幾何標準偏差

EA_2　第2評価値）

第4条　前二条の規定は，C測定（作業環境測定基準第10条第5項第1号から第4号までの規定により行う測定（作業環境測定基準第11条第3項及び第13条第5項において準用する場合を含む。）をいう。）及びD測定（作業環境測定基準第10条第5項第5号及び第6号の規定により行う測定（作業環境測定基準第11条第3項及び第13条第5項において準用する場合を含む。）をいう。）について準用する。この場合において，第2条第1項第1号中「A測定（作業環境測定基準第2条第1項第1号から第2号までの規定により行う測定（作業環境測定基準第10条第4項，第10条の2第2項，第11条第2項及び第13条第4項において準用する場合を含む。）をいう。以下同じ。）」とあるのは「C測定（作業環境測定基準第10条第5項第1号から第4号までの規定により行う測定（作業環境測定基準第11条第3項及び第13条第5項において準用する場合を含む。）をいう。以下同じ。）」と，同項第2号中「A測定及びB測定（作業環境測定基準第2条第1項第2号の2の規定により行う測定（作業環境測定基準第10条第4項，第10条の2第2項，第11条第2項及び第13条第4項において準用する場合を含む。）をいう。以下同じ。）」とあるのは「C測定及びD測定（作業環境測定基準第10条第5項第5号及び第6号の規定により行う測定（作業環境測定基準第11条第3項及び第13条第5項において準用する場合を含む。）をいう。以下同じ。）」と，「B測定の測定値」とあるのは「D測定の測定値」と，「（2以上の測定点においてB測定を実施した場合には，そのうちの最大値。以下同じ。）」とあるのは「（2人以上の者に対してD測定を実施した場合には，そのうちの最大値。以下同じ。）」と，同条第2項及び第3項中「測定点がある単位作業場所」とあるのは「測定値がある単位作業場所」と，同条第2項から第4項までの規定中「測定点における測定値」とあるのは「測定値」と，同条第4項中「測定点ごとに」とあるのは「測定値ごとに」と，前条中「$\log EA_1$」とあるのは「$\log EC_1$」

と，「$\log EA_2$」とあるのは「$\log EC_2$」と，「EA_1」とあるのは「EC_1」と，「EA_2」とあるのは「EC_2」と，「A 測定の測定値」とあるのは「C 測定の測定値」と，それぞれ読み替えるものとする。

別表（第 2 条関係）

物　の　種　類	管理濃度
<中　　略>	
4 の 2　エチルベンゼン	20 ppm
<中　　略>	
11 の 2　クロロホルム	3 ppm
<中　　略>	
16 の 2　四塩化炭素	5 ppm
16 の 3　1,4－ジオキサン	10 ppm
16 の 4　1,2－ジクロロエタン（別名二塩化エチレン）	10 ppm
<中　　略>	
17 の 2　1,2－ジクロロプロパン	1 ppm
17 の 3　ジクロロメタン（別名二塩化メチレン）	50 ppm
<中　　略>	
20 の 2　スチレン	20 ppm
20 の 3　1,1,2,2－テトラクロロエタン（別名四塩化アセチレン）	1 ppm
20 の 4　テトラクロロエチレン（別名パークロルエチレン）	25 ppm
20 の 5　トリクロロエチレン	10 ppm
<中　　略>	
30 の 2　メチルイソブチルケトン	20 ppm
35　アセトン	500 ppm
36　イソブチルアルコール	50 ppm
37　イソプロピルアルコール	200 ppm
38　イソペンチルアルコール（別名イソアミルアルコール）	100 ppm
39　エチルエーテル	400 ppm
40　エチレングリコールモノエチルエーテル（別名セロソルブ）	5 ppm
41　エチレングリコールモノエチルエーテルアセテート（別名セロソルブアセテート）	5 ppm
42　エチレングリコールモノ－ノルマル－ブチルエーテル（別名ブチルセロソルブ）	25 ppm
43　エチレングリコールモノメチルエーテル（別名メチルセロソルブ）	0.1 ppm
44　オルト－ジクロルベンゼン	25 ppm
45　キシレン	50 ppm
46　クレゾール	5 ppm
47　クロルベンゼン	10 ppm
48　酢酸イソブチル	150 ppm

49 酢酸イソプロピル	100 ppm
50 酢酸イソペンチル（別名酢酸イソアミル）	50 ppm
51 酢酸エチル	200 ppm
52 酢酸ノルマル－ブチル	150 ppm
53 酢酸ノルマル－プロピル	200 ppm
54 酢酸ノルマル－ペンチル（別名酢酸ノルマル－アミル）	50 ppm
55 酢酸メチル	200 ppm
56 シクロヘキサノール	25 ppm
57 シクロヘキサノン	20 ppm
58 1,2－ジクロルエチレン（別名二塩化アセチレン）	150 ppm
59 N,N－ジメチルホルムアミド	10 ppm
60 テトラヒドロフラン	50 ppm
61 1,1,1－トリクロルエタン	200 ppm
62 トルエン	20 ppm
63 二硫化炭素	1 ppm
64 ノルマルヘキサン	40 ppm
65 1－ブタノール	25 ppm
66 2－ブタノール	100 ppm
67 メタノール	200 ppm
68 メチルエチルケトン	200 ppm
69 メチルシクロヘキサノール	50 ppm
70 メチルシクロヘキサノン	50 ppm
71 メチル－ノルマル－ブチルケトン	5 ppm
備考　この表の下欄〔編注・右欄〕の値は，温度25度，1気圧の空気中における濃度を示す。	

5．防毒マスクの選択，使用等について

（平成17年2月7日基発第0207007号）
（最終改正　平成30年4月26日基発第0426第5号）

防毒マスクは，有毒なガス，蒸気等の吸入により生じる人体への影響を防止するために使用されるものであり，その規格については，防毒マスクの規格（平成2年労働省告示第68号）において定められているが，その適正な使用等を図るため，平成8年8月6日付け基発第504号「防毒マスクの選択，使用等について」により，その選択，使用等について指示してきたところである。

防毒マスクの規格については，その後，平成12年9月11日に公示され，同年11月15日から適用された「防じんマスクの規格及び防毒マスクの規格の一部を改正する告示（平成12年労働省告示第88号）」において一部が改正されたが，改正前の防毒マスクの規格（以下「旧規格」という。）に基づく型式検定に合格した防毒マスクであって，当該型式の型式検定合格証の有効期間（5年）が満了する日までに製造されたものについては，改正後の防毒マスクの規格（以下「新規格」という。）に基づく型式検定に合格したものとみなすこととしていたことから，改正後も引き続き，新規格に基づく防毒マスクと併せて，旧規格に基づく防毒マスクが使用されていたところである。

しかしながら，最近，新規格に基づく防毒マスクが大部分を占めることとなってきた現状にかんがみ，今般，新規格に基づく防毒マスクの選択，使用等の留意事項について下記のとおり定めたので，了知の上，今後の防毒マスクの選択，使用等の適正化を図るための指導等に当たって遺憾なきを期されたい。

なお，平成8年8月6日付け基発第504号「防毒マスクの選択，使用等について」は，本通達をもって廃止する。

記

第1　事業者が留意する事項

1　全体的な留意事項

事業者は防毒マスクの選択，使用等に当たって，次に掲げる事項について特に留意すること。

⑴　事業者は，衛生管理者，作業主任者等の労働衛生に関する知識及び経験を有する者のうちから，各作業場ごとに防毒マスクを管理する保護具着用管理責任者を指名し，防毒マスクの適正な選択，着用及び取扱方法について必要な指導を行わせるとともに，防毒マスクの適正な保守管理に当たらせること。

⑵　事業者は，作業に適した防毒マスクを選択し，防毒マスクを着用する労働者に対

し，当該防毒マスクの取扱説明書，ガイドブック，パンフレット等（以下「取扱説明書等」という。）に基づき，防毒マスクの適正な装着方法，使用方法及び顔面と面体の密着性の確認方法について十分な教育や訓練を行うこと。

2 防毒マスクの選択に当たっての留意事項

防毒マスクの選択に当たっては，次の事項に留意すること。

⑴ 防毒マスクは，機械等検定規則（昭和47年労働省令第45号）第14条の規定に基づき吸収缶（ハロゲンガス用，有機ガス用，一酸化炭素用，アンモニア用及び亜硫酸ガス用のものに限る。）及び面体ごとに付されている型式検定合格標章により，型式検定合格品であることを確認すること。

⑵ 次の事項について留意の上，防毒マスクの性能が記載されている取扱説明書等を参考に，それぞれの作業に適した防毒マスクを選ぶこと。

ア 作業内容，作業強度等を考慮し，防毒マスクの重量，吸気抵抗，排気抵抗等が当該作業に適したものを選ぶこと。具体的には，吸気抵抗及び排気抵抗が低いほど呼吸が楽にできることから，作業強度が強い場合にあっては，吸気抵抗及び排気抵抗ができるだけ低いものを選ぶこと。

イ 作業環境中の有害物質（防毒マスクの規格第1条の表下欄に掲げる有害物質をいう。以下同じ。）の種類，濃度及び粉じん等の有無に応じて，面体及び吸収缶の種類を選ぶこと。その際，次の事項について留意すること。

㋐ 作業環境中の有害物質の種類，発散状況，濃度，作業時のばく露の危険性の程度を着用者に理解させること。

㋑ 作業環境中の有害物質の濃度に対して除毒能力に十分な余裕のあるものであること。

なお，除毒能力の高低の判断方法としては，防毒マスク及び防毒マスク用吸収缶に添付されている破過曲線図から，一定のガス濃度に対する破過時間（吸収缶が除毒能力を喪失するまでの時間）の長短を比較する方法があること。

例えば，次の図に示す吸収缶A及び同Bの破過曲線図では，ガス濃度1％の場合を比べると，破過時間はAが30分，Bが55分となり，Aに比べてBの除毒能力が高いことがわかること。

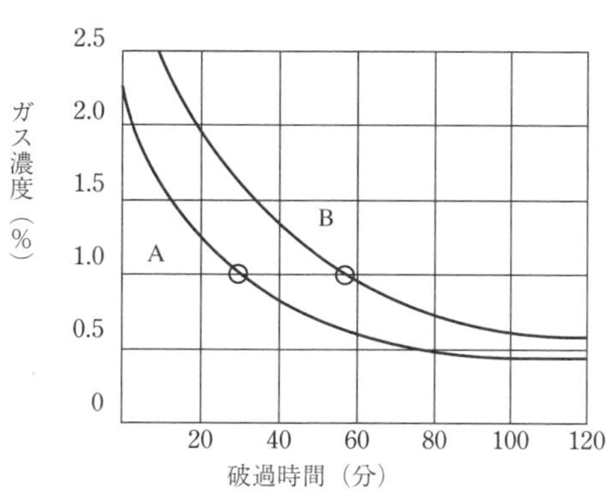

(ウ) 有機ガス用防毒マスクの吸収缶は，有機ガスの種類により防毒マスクの規格第7条に規定される除毒能力試験の試験用ガスと異なる破過時間を示す場合があること。

特に，メタノール，ジクロルメタン，二硫化炭素，アセトン等については，試験用ガスに比べて破過時間が著しく短くなるので注意すること。

(エ) 使用する環境の温度又は湿度によっては，吸収缶の破過時間が短くなる場合があること。

有機ガス用防毒マスクの吸収缶は，使用する環境の温度又は湿度が高いほど破過時間が短くなる傾向があり，沸点の低い物質ほど，その傾向が顕著であること。また，一酸化炭素用防毒マスクの吸収缶は，使用する環境の湿度が高いほど破過時間が短くなる傾向にあること。

(オ) 防毒マスクの吸収缶の破過時間を推定する必要があるときには，当該吸収缶の製造者等に照会すること。

(カ) ガス又は蒸気状の有害物質が粉じん等と混在している作業環境中では，粉じん等を捕集する防じん機能を有する防毒マスクを選択すること。その際，次の事項について留意すること。

(i) 防じん機能を有する防毒マスクの吸収缶は，作業環境中の粉じん等の種類，発散状況，作業時のばく露の危険性の程度等を考慮した上で，適切な区分のものを選ぶこと。なお，作業環境中に粉じん等に混じってオイルミスト等が存在する場合にあっては，液体の試験粒子を用いた粒子捕集効率試験に合格した吸収缶（L1，L2及びL3）を選ぶこと。また，粒子捕集効率が高いほど，粉じん等をよく捕集できること。

(ii) 吸収缶の破過時間に加え，捕集する作業環境中の粉じん等の種類，粒径，発散状況及び濃度が使用限度時間に影響するので，これらの要因を考慮して選択すること。なお，防じん機能を有する防毒マスクの吸収缶の取扱説明書等には，吸気抵抗上昇値が記載されているが，これが高いものほど目詰まりが早く，より短時間で息苦しくなることから，使用限度時間は短くなること。

(iii) 防じん機能を有する防毒マスクの吸収缶のろ過材は，一般に粉じん等を捕集するに従って吸気抵抗が高くなるが，S1，S2又はS3のろ過材では，オイルミスト等が堆積した場合に吸気抵抗が変化せずに急激に粒子捕集効率が低下するもの，また，L1，L2又はL3のろ過材でも多量のオイルミスト等の堆積により粒子捕集効率が低下するものがあるので，吸気抵抗の上昇のみを使用限度の判断基準にしないこと。

(キ) 2種類以上の有害物質が混在する作業環境中で防毒マスクを使用する場合には次によること。

(i) 作業環境中に混在する2種類以上の有害物質についてそれぞれ合格した

吸収缶を選定すること。

(ii) この場合の吸収缶の破過時間については，当該吸収缶の製造者等に照会すること。

(3) 防毒マスクの顔面への密着性の確認

着用者の顔面と防毒マスクの面体との密着が十分でなく漏れがあると有害物質の吸入を防ぐ効果が低下するため，防毒マスクの面体は，着用者の顔面に合った形状及び寸法の接顔部を有するものを選択すること。そのため，以下の方法又はこれと同等以上の方法により，各着用者に顔面への密着性の良否を確認させること。

まず，作業時に着用する場合と同じように，防毒マスクを着用させる。なお，保護帽，保護眼鏡等の着用が必要な作業にあっては，保護帽，保護眼鏡等も同時に着用させる。その後，いずれかの方法により密着性を確認させること。

ア　陰圧法

防毒マスクの面体を顔面に押しつけないように，フィットチェッカー等を用いて吸気口をふさぐ。息を吸って，防毒マスクの面体と顔面との隙間から空気が面体内に漏れ込まず，面体が顔面に吸いつけられるかどうかを確認する。

イ　陽圧法

防毒マスクの面体を顔面に押しつけないように，フィットチェッカー等を用いて排気口をふさぐ。息を吐いて，空気が面体内から流出せず，面体内に呼気が滞留することによって面体が膨張するかどうかを確認する。

3　防毒マスクの使用に当たっての留意事項

防毒マスクの使用に当たっては，次の事項に留意すること。

(1) 防毒マスクは，酸素濃度18% 未満の場所では使用してはならないこと。このような場所では給気式呼吸用保護具を使用させること。

(2) 防毒マスクを着用しての作業は，通常より呼吸器系等に負荷がかかることから，呼吸器系等に疾患がある者については，防毒マスクを着用しての作業が適当であるか否かについて，産業医等に確認すること。

(3) 防毒マスクを適正に使用するため，防毒マスクを着用する前には，その都度，着用者に次の事項について点検を行わせること。

ア　吸気弁，面体，排気弁，しめひも等に破損，亀裂又は著しい変形がないこと。

イ　吸気弁，排気弁及び弁座に粉じん等が付着していないこと。

なお，排気弁に粉じん等が付着している場合には，相当の漏れ込みが考えられるので，陰圧法により密着性，排気弁の気密性等を十分に確認すること。

ウ　吸気弁及び排気弁が弁座に適切に固定され，排気弁の気密性が保たれていること。

エ　吸収缶が適切に取り付けられていること。

オ　吸収缶に水が侵入したり，破損又は変形していないこと。

カ　吸収缶から異臭が出ていないこと。

キ　ろ過材が分離できる吸収缶にあっては，ろ過材が適切に取り付けられていること。

ク　未使用の吸収缶にあっては，製造者が指定する保存期限を超えていないこと。また，包装が破損せず気密性が保たれていること。

ケ　予備の防毒マスク及び吸収缶を用意していること。

⑷　防毒マスクの使用時間について，当該防毒マスクの取扱説明書等及び破過曲線図，製造者等への照会結果等に基づいて，作業場所における空気中に存在する有害物質の濃度並びに作業場所における温度及び湿度に対して余裕のある使用限度時間をあらかじめ設定し，その設定時間を限度に防毒マスクを使用させること。

また，防毒マスク及び防毒マスク用吸収缶に添付されている使用時間記録カードには，使用した時間を必ず記録させ，使用限度時間を超えて使用させないこと。

なお，従来から行われているところの，防毒マスクの使用中に臭気等を感知した場合を使用限度時間の到来として吸収缶の交換時期とする方法は，有害物質の臭気等を感知できる濃度がばく露限界濃度より著しく小さい物質に限り行っても差し支えないこと。以下に例を掲げる。

アセトン（果実臭）
クレゾール（クレゾール臭）
酢酸イソブチル（エステル臭）
酢酸イソプロピル（果実臭）
酢酸エチル（マニュキュア臭）
酢酸ブチル（バナナ臭）
酢酸プロピル（エステル臭）
スチレン（甘い刺激臭）
1-ブタノール（アルコール臭）
2-ブタノール（アルコール臭）
メチルイソブチルケトン（甘い刺激臭）
メチルエチルケトン（甘い刺激臭）

⑸　防毒マスクの使用中に有害物質の臭気等を感知した場合は，直ちに着用状態の確認を行わせ，必要に応じて吸収缶を交換させること。

⑹　一度使用した吸収缶は，破過曲線図，使用時間記録カード等により，十分な除毒能力が残存していることを確認できるものについてのみ，再使用させて差し支えないこと。

ただし，メタノール，二硫化炭素等破過時間が試験用ガスの破過時間よりも著しく短い有害物質に対して使用した吸収缶は，吸収缶の吸収剤に吸着された有害物質が時間と共に吸収剤から微量ずつ脱着して面体側に漏れ出してくることがあるため，再使用させないこと。

⑺ 防毒マスクを適正に使用させるため，顔面と面体の接顔部の位置，しめひもの位置及び締め方等を適切にさせること。また，しめひもについては，耳にかけることなく，後頭部において固定させること。

⑻ 着用後，防毒マスクの内部への空気の漏れ込みがないことをフィットチェッカー等を用いて確認させること。

なお，密着性の確認方法は，上記 2 の⑶に記載したいずれかの方法によること。

⑼ 次のような防毒マスクの着用は，有害物質が面体の接顔部から面体内へ漏れ込むおそれがあるため，行わせないこと。

ア　タオル等を当てた上から防毒マスクを使用すること。

イ　面体の接顔部に「接顔メリヤス」等を使用すること。

ウ　着用者のひげ，もみあげ，前髪等が面体の接顔部と顔面の間に入り込んだり，排気弁の作動を妨害するような状態で防毒マスクを使用すること。

⑽ 防じんマスクの使用が義務付けられている業務であって防毒マスクの使用が必要な場合には，防じん機能を有する防毒マスクを使用させること。

また，吹付け塗装作業等のように，防じんマスクの使用の義務付けがない業務であっても，有機溶剤の蒸気と塗料の粒子等の粉じんとが混在している場合については，同様に，防じん機能を有する防毒マスクを使用させること。

4　防毒マスクの保守管理上の留意事項

防毒マスクの保守管理に当たっては，次の事項に留意すること。

⑴ 予備の防毒マスク，吸収缶その他の部品を常時備え付け，適時交換して使用できるようにすること。

⑵ 防毒マスクを常に有効かつ清潔に保持するため，使用後は有害物質及び湿気の少ない場所で，吸気弁，面体，排気弁，しめひも等の破損，亀裂，変形等の状況及び吸収缶の固定不良，破損等の状況を点検するとともに，防毒マスクの各部について次の方法により手入れを行うこと。ただし，取扱説明書等に特別な手入れ方法が記載されている場合は，その方法に従うこと。

ア　吸気弁，面体，排気弁，しめひも等については，乾燥した布片又は軽く水で湿らせた布片で，付着した有害物質，汗等を取り除くこと。

また，汚れの著しいときは，吸収缶を取り外した上で面体を中性洗剤等により水洗すること。

イ　吸収缶については，吸収缶に充填されている活性炭等は吸湿又は乾燥により能力が低下するものが多いため，使用直前まで開封しないこと。

また，使用後は上栓及び下栓を閉めて保管すること。栓がないものにあっては，密封できる容器又は袋に入れて保管すること。

⑶ 次のいずれかに該当する場合には，防毒マスクの部品を交換し，又は防毒マスク

を廃棄すること。

ア　吸収缶について，破損若しくは著しい変形が認められた場合又はあらかじめ設定した使用限度時間に達した場合

イ　吸気弁，面体，排気弁等について，破損，亀裂若しくは著しい変形を生じた場合又は粘着性が認められた場合

ウ　しめひもについて，破損した場合又は弾性が失われ，伸縮不良の状態が認められた場合

(4)　点検後，直射日光の当たらない，湿気の少ない清潔な場所に専用の保管場所を設け，管理状況が容易に確認できるように保管すること。なお，保管に当たっては，積み重ね，折り曲げ等により面体，連結管，しめひも等について，亀裂，変形等の異常を生じないようにすること。

なお，一度使用した吸収缶を保管すると，一度吸着された有害物質が脱着すること等により，破過時間が破過曲線図によって推定した時間より著しく短くなる場合があるので注意すること。

(5)　使用済みの吸収缶の廃棄にあっては，吸収剤に吸着された有害物質が遊離し，又は吸収剤が吸収缶外に飛散しないように容器又は袋に詰めた状態で廃棄すること。

第２　製造者等が留意する事項

防毒マスクの製造者等は，次の事項を実施するよう努めること。

1　防毒マスクの販売に際し，事業者等に対し，防毒マスクの選択，使用等に関する情報の提供及びその具体的な指導をすること。

2　防毒マスクの選択，使用等について，不適切な状態を把握した場合には，これを是正するように，事業者等に対し，指導すること。

6．送気マスクの適正な使用等について

（平成 25 年 10 月 29 日基安化発 1029 第 1 号）

送気マスクは，空気中の有害物質の吸入による健康障害を予防する等のため，ろ過式呼吸用保護具（防じんマスク，防毒マスク等）が使用できない環境下においても使用することができるものとして，有機溶剤中毒予防規則（昭和 47 年労働省令第 36 号），特定化学物質障害予防規則（昭和 47 年労働省令第 39 号），酸素欠乏症等防止規則（昭和 47 年労働省令第 42 号）等においてその使用が規定されている。

しかしながら，清浄な空気が供給される送気マスクにおいても，顔面と面体との間に隙間が生じたこと，空気供給量が少なかったことなどが原因と思われる災害が発生したところである。

このため，送気マスクの使用等に関する注意事項を下記のとおり示すので，送気マスクを使用する事業者への指導等に当たって，万全を期されるようお願いする。

なお，関係団体に対しては別紙のとおり要請を行ったので了知されたい。

記

1　送気マスクの防護性能（防護係数）に応じた適切な選択

送気マスクの選定に当たっては，日本工業規格（JIS T 8150：2006「呼吸用保護具の選択，使用及び保守管理方法」及び JIS T 8153：2002「送気マスク」）を参考に，作業者の顔面・頭部に合った寸法の面体等を有する送気マスクを選択すること。

なお，送気マスクの防護係数は，労働者ごとに実測したものを用いることを原則とし，使用する送気マスクの防護係数が作業場の濃度倍率（有害物質の濃度と許容濃度との比）と比べ，十分大きなものであることを確認すること。

別添のとおり JIS T 8150 に記載されている指定防護係数は，防護係数を実測できない場合に限って用いるものであること。

2　面体等に供給する空気量の確保

送気マスクは，面体等に十分な量の空気が供給されることで所定の防護性能が発揮されるため，その空気供給量に適した空気源，ホースなどを備えること。

なお，空気供給量を最小に絞った場合は，平均呼吸量としては十分でも，ピーク吸気時には不足する空気が面体内に漏れこむ可能性があるので，作業に応じて呼吸しやすい空気供給量に調節することに加え，十分な防護性能を得るために空気供給量を多めに調節すること。

また，送気マスクを使用する際は，有害な空気を吸入しないために，ろ過フィルターの定期的な交換のほか，清浄空気供給装置等を使用することが望ましい。

3　ホースの閉塞などへの対処

送気マスクに使われるホース（純正品でないものを含む。）については，手で簡単に折り曲げることができるものがあり，タイヤで踏まれたり，障害物に引っ掛かるなどのほか，同心円状に束ねられたホースを伸ばしていく過程でラセン状になったホースがねじれ，一時的に給気が止まることがある。このため，十分な強度を持つホースを選択すること，ホースの監視者（流量の確認，ホースの折れ曲がり等を監視することとともに，ホースがねじれないよう引き回しの介助等を行う者）を配置すること，ホースがその他の作業者の動線と重ならないようにすること，タイヤで踏まれないようにすること等の対策を講じること。

また，監視者を配置するに当たり，1人の監視者が複数の作業者を監視する場合には，適切に各作業者の状況が把握できるような体制とすること。

なお，給気が停止した際に，そのことを作業者に知らせる警報装置の設置，面体を持つ送気マスクでは，面体内圧が低下したことを作業者に知らせる個人用警報装置付きのものは，作業者の速やかな退避に有効であること。

さらに，IDLH環境（Immediately Dangerous to Life or Health：生命及び健康に直ちに危険を及ぼす環境）など非常に危険な環境では，給気が停止した際に対応するために小型空気ボンベを備えた複合式エアラインマスク，空気源に異常が生じた際にそのことを警報するとともに空気源が自動的に切り替わる緊急時給気切換警報装置に接続したエアラインマスクの使用が望ましいこと。

4　作業時間の管理及び巡視

送気マスクを使用している場合においても一定の有害物質の吸入ばく露があり得ることから，長時間の連続作業を行わないよう連続作業時間に上限を定め，適宜休憩時間を設けること。

また，法令に定める作業主任者に，その職務，特に作業計画及び作業場の巡視を行わせること。

さらに，夏季における船体の塗装区画内部等では，高温になることで有害物質の蒸発量が増し，その結果ばく露濃度が増大することがあり，熱中症とも相まって中毒を起こしやすいことに留意すること。

5　緊急時の連絡方法の確保

送気マスクを使用して塗装作業等の長時間の連続作業を単独で行う場合には，異常が発生した時に救助を求めるブザーや連絡用のトランシーバ等を備えるなど，緊急時の連絡方法の確保を行うこと。

6　送気マスクの使用方法に関する教育の実施

雇入れ時又は配置転換時に，送気マスクの正しい装着方法及び顔面への密着性の確認方法について，作業者に教育を行うこと。

別添

JIS T 8150 付表 2「呼吸用保護具の面体等の種類ごとの指定防護係数」（抜粋）

<table>
<tr><th colspan="4">呼吸用保護具の種類</th><th>面体等の種類</th><th>指定防護係数（※）</th></tr>
<tr><td rowspan="22">送気
マスク</td><td rowspan="6">ホース
マスク</td><td colspan="2" rowspan="2">肺力吸引形</td><td>半面形</td><td>10</td></tr>
<tr><td>全面形</td><td>50</td></tr>
<tr><td colspan="2" rowspan="4">送風機形</td><td>半面形</td><td>50</td></tr>
<tr><td>全面形</td><td>100</td></tr>
<tr><td>フード形</td><td>25</td></tr>
<tr><td>フェイスシールド形</td><td>25</td></tr>
<tr><td rowspan="16">エアライ
ンマスク</td><td colspan="2" rowspan="4">一定流量形</td><td>半面形</td><td>50</td></tr>
<tr><td>全面形</td><td>100</td></tr>
<tr><td>フード形</td><td>25</td></tr>
<tr><td>フェイスシールド形</td><td>25</td></tr>
<tr><td colspan="2" rowspan="2">デマンド形</td><td>半面形</td><td>10</td></tr>
<tr><td>全面形</td><td>50</td></tr>
<tr><td colspan="2" rowspan="2">プレッシャデマンド形</td><td>半面形</td><td>50</td></tr>
<tr><td>全面形</td><td>1000</td></tr>
<tr><td colspan="2" rowspan="2">デマンド形（緊急時給
気切替警報装置付き）</td><td>半面形</td><td>10</td></tr>
<tr><td>全面形</td><td>50</td></tr>
<tr><td colspan="2" rowspan="2">プレッシャデマンド形
（緊急時給気切替警報
装置付き）</td><td>半面形</td><td>50</td></tr>
<tr><td>全面形</td><td>1000</td></tr>
<tr><td rowspan="4">複合式</td><td rowspan="2">デマンド形</td><td>半面形</td><td>10</td></tr>
<tr><td>全面形</td><td>50</td></tr>
<tr><td rowspan="2">プレッシャ
デマンド形</td><td>半面形</td><td>50</td></tr>
<tr><td>全面形</td><td>1000</td></tr>
</table>

（※）呼吸用保護具が正常に機能している場合に，期待される最低の防護係数。

7. 化学防護手袋の選択，使用等について

（平成29年1月12日基発0112第6号）

有害な化学物質が直接皮膚に接触することによって生じる，皮膚の損傷等の皮膚障害や，体内への経皮による吸収によって生じる健康障害を防止するためには，化学物質を製造し，又は取り扱う設備の自動化や密閉化，適切な治具の使用等により，有害な化学物質への接触の機会をできるだけ少なくすることが必要であるが，作業の性質上本質的なばく露防止対策を取れない場合には，化学防護手袋を使用することが重要である。化学防護手袋は，使用されている材料によって，防護性能，作業性，機械的強度等が変わるため，対象とする有害な化学物質を考慮して作業に適した手袋を選択する必要がある。

今般，特定化学物質障害予防規則及び労働安全衛生規則の一部を改正する省令（平成28年厚生労働省令第172号）による特定化学物質障害予防規則（昭和47年労働省令第39号）の改正により，経皮吸収対策に係る規制を強化したことに伴い，化学防護手袋の選択，使用等の留意事項について下記のとおり定め，別添1（略）により日本防護手袋研究会会長あて及び別添2（略）により別紙関係事業者等団体の長あて通知したので，了知されたい。また，今後，有害な化学物質を取り扱う事業場を指導する際には，下記の内容を周知されたい。

記

第1　事業者が留意する事項

1　全体的な留意事項

化学物質へのばく露防止対策を講じるに当たっては，有害性が極力低い化学物質への代替や発散源を密閉する設備等の工学的対策等による根本的なレベルでのリスク低減を行うことが望ましく，化学防護手袋の使用はより根本的なレベルでのばく露防止対策を講じることができない場合にやむを得ず講じる対策であることを前提として，事業者は，化学防護手袋の選択，使用等に当たって，次に掲げる事項について特に留意すること。

(1)　事業者は，衛生管理者，作業主任者等の労働衛生に関する知識及び経験を有する者のうちから，作業場ごとに化学防護手袋を管理する保護具着用管理責任者を指名し，化学防護手袋の適正な選択，着用及び取扱方法について労働者に対し必要な指導を行わせるとともに，化学防護手袋の適正な保守管理に当たらせること。なお，特定化学物質障害予防規則等により，保護具の使用状況の監視は，作業主任者の職務とされているので，上記と併せてこれを徹底すること。

(2)　事業者は，作業に適した化学防護手袋を選択し，化学防護手袋を着用する労働者に対し，当該化学防護手袋の取扱説明書，ガイドブック，パンフレット等（以下「取

扱説明書等」という。）に基づき，化学防護手袋の適正な装着方法及び使用方法について十分な教育や訓練を行うこと。

2　化学防護手袋の選択に当たっての留意事項

労働安全衛生関係法令において使用されている「不浸透性」は，有害物等と直接接触することがないような性能を有することを指しており，日本工業規格（以下「JIS」という。）T 8116（化学防護手袋）で定義する「透過」しないこと及び「浸透」しないことのいずれの要素も含んでいること。（「透過」及び「浸透」の定義については後述）

化学防護手袋の選択に当たっては，取扱説明書等に記載された試験化学物質に対する耐透過性クラスを参考として，作業で使用する化学物質の種類及び当該化学物質の使用時間に応じた耐透過性を有し，作業性の良いものを選ぶこと。

なお，JIS T 8116（化学防護手袋）では，「透過」を「材料の表面に接触した化学物質が，吸収され，内部に分子レベルで拡散を起こし，裏面から離脱する現象。」と定義し，試験化学物質に対する平均標準破過点検出時間を指標として，耐透過性を，クラス 1（平均標準破過点検出時間 10 分以上）からクラス 6（平均標準破過点検出時間 480 分以上）の 6 つのクラスに区分している（**表 1** 参照）。この試験方法は，ASTM F 739 と整合しているので，ASTM 規格適合品も，JIS 適合品と同等に取り扱って差し支えない。

また，事業場で使用されている化学物質が取扱説明書等に記載されていないものであるなどの場合は，製造者等に事業場で使用されている化学物質の組成，作業内容，作業時間等を伝え，適切な化学防護手袋の選択に関する助言を得て選ぶこと。

表 1　耐透過性の分類

クラス	平均標準破過点検出時間（分）
6	＞480
5	＞240
4	＞120
3	＞60
2	＞30
1	＞10

3　化学防護手袋の使用に当たっての留意事項

化学防護手袋の使用に当たっては，次の事項に留意すること。

⑴　化学防護手袋を着用する前には，その都度，着用者に傷，孔あき，亀裂等の外観上の問題がないことを確認させるとともに，化学防護手袋の内側に空気を吹き込むなどにより，孔あきがないことを確認させること。

⑵　化学防護手袋は，当該化学防護手袋の取扱説明書等に掲載されている耐透過性クラス，その他の科学的根拠を参考として，作業に対して余裕のある使用可能時間を

あらかじめ設定し，その設定時間を限度に化学防護手袋を使用させること。なお，化学防護手袋に付着した化学物質は透過が進行し続けるので，作業を中断しても使用可能時間は延長しないことに留意すること。また，乾燥，洗浄等を行っても化学防護手袋の内部に侵入している化学物質は除去できないため，使用可能時間を超えた化学防護手袋は再使用させないこと。

(3) 強度の向上等の目的で，化学防護手袋とその他の手袋を二重装着した場合でも，化学防護手袋は使用可能時間の範囲で使用させること。

(4) 化学防護手袋を脱ぐときは，付着している化学物質が，身体に付着しないよう，できるだけ化学物質の付着面が内側になるように外し，取り扱った化学物質の安全データシート（SDS），法令等に従って適切に廃棄させること。

4 化学防護手袋の保守管理上の留意事項

化学防護手袋は，有効かつ清潔に保持すること。また，その保守管理に当たっては，製造者の取扱説明書等に従うほか，次の事項に留意すること。

(1) 予備の化学防護手袋を常時備え付け，適時交換して使用できるようにすること。

(2) 化学防護手袋を保管する際は，次に留意すること。

ア 直射日光を避けること。

イ 高温多湿を避け，冷暗所に保管すること。

ウ オゾンを発生する機器（モーター類，殺菌灯等）の近くに保管しないこと。

第 2 製造者等が留意する事項

化学防護手袋の製造者等は，次の事項を実施するよう努めること。

1 化学防護手袋の販売に際しては，事業者等が適切な化学防護手袋を選択できるよう，JIS T 8116に基づく耐透過性試験の結果など，その性能に係る情報の提供を行うこと。

2 化学防護手袋の不適切な選択，使用等を把握した場合には，使用者に対し是正を促すとともに，必要に応じ不適切な選択，使用等の事例をホームページで公表する等により水平展開するなどにより，合理的に予見される誤使用の防止を図ること。

第 3 その他の参考事項

JIS T 8116に定められている「耐浸透性」及び「耐劣化性」の定義及び指標は，以下のとおりである。

1 耐浸透性

JIS T 8116では，「浸透」を「化学防護手袋の開閉部，縫合部，多孔質材料及びその他の不完全な部分などを透過する化学物質の流れ。」と定義し，品質検査における抜き取り検査にて許容し得ると決められた不良率の上限の値である品質許容基準［AQL：検査そのものの信頼性を示す指標であり，数値が小さいほど多くの抜き取り数で検査されたことを示す。］を指標として，耐浸透性を，クラス1（品質許容水準［AQL］0.65）からクラス4（品質許容水準［AQL］4.0）の4つのクラスに区分することとしている（**表2**参照）。

発がん物質等，有害性が高い物質を取り扱う際には，クラス1などAQLが小さい化学防護手袋を選ぶことが望ましい。

表2　耐浸透性の分類

クラス	品質許容水準（AQL）
4	4.0
3	2.5
2	1.5
1	0.65

2　耐劣化性

JIS T 8116では，「劣化」を「化学物質との接触によって，化学防護手袋材料の1種類以上の物理的特性が悪化する現象。」と定義し，耐劣化性試験を実施したとき，試験した各化学物質に対する物理性能の変化率から，耐劣化性をクラス1（変化率80%以下）からクラス4（変化率20%以下）の4つのクラスに区分することとしている（**表3**参照）。なお，耐劣化性についてはJIS T 8116において任意項目とされているとともに，JIS T 8116解説に，「耐劣化性は，耐透過性，耐浸透性に比べ，短時間使用する場合の性能としての有用性は低い」と記載されている。

表3　耐劣化性の分類

クラス	変化率
4	≦20
3	≦40
2	≦60
1	≦80

8．建設業における有機溶剤中毒予防のためのガイドラインの策定について（抄）

（平成9年3月25日基発第197号）

有機溶剤による中毒予防対策については，従来から重点として施策を推進してきたところであるが，災害発生件数は，近年，横ばいの状況にあり，また，被災者に占める死亡者の割合も他の労働災害と比べて高くなっている。

さらに，これを業種別にみると，特に建設業の占める割合が高く，例年全業種の半数近くを占めている。

これら有機溶剤中毒を予防するための措置については，有機溶剤中毒予防規則（昭和47年労働省令第36号）に規定されているところであるが，日々作業場の状況が変化する等の建設業における業務の特徴を踏まえた対策が求められている状況にかんがみ，今般，「建設業における有機溶剤中毒予防のためのガイドライン」を別添1のとおり策定した。

ついては，関係事業場等に対し，本ガイドラインの周知，徹底を図り，建設業における有機溶剤中毒の予防対策の一層の推進に努められたい。

なお，この通達の解説部分は，本文と一体のものとして取り扱われたい。

また，本件に関して，関係事業者団体に対して別添2（略）のとおり要請を行ったので了知されたい。

（別添1）

建設業における有機溶剤中毒予防のためのガイドライン

1　趣　旨

本ガイドラインは，建設業において有機溶剤又は有機溶剤含有物（以下「有機溶剤等」という。）を用いて行う塗装，防水等の業務に従事する労働者の有機溶剤中毒を予防するため，作業管理，作業環境管理，健康管理等について事業者及び元方事業者が留意すべき事項を示したものである。

なお，有機溶剤中毒予防規則（昭和47年労働省令第36号。以下「有機則」という。）の適用のない有機溶剤等であって，有機溶剤中毒を起こすおそれのあるものを用いる場合にあっても，本ガイドラインの対象となるものである。

2　労働衛生管理体制

（1）　作業主任者の選任等

事業者は，使用する有機溶剤の種類に応じて，有機溶剤業務（労働安全衛生法施行令（昭和47年政令第318号）第6条第22号に定める業務）にあっては有機溶剤作業主任者を，有機溶剤業務以外にあっては有機溶剤作業主任者技能講習を修了した者のなかから有機溶剤作業主任者に準ずる者を選任し，次に掲げる事項を行わせること。

イ　作業手順書を作成し，これに基づき有機溶剤を用いる業務に従事する労働者（以下「労働者」という。）を指揮すること。

　なお，作業手順書には次の内容を記載すること。

（イ）　作業を行う日時

（ロ）　作業の内容

（ハ）　作業場所

（ニ）　労働者の数

（ホ）　使用する有機溶剤等

（ヘ）　換気の方法及び使用する換気設備

（ト）　使用する保護具

（チ）　有機溶剤の気中濃度が一定の濃度に達した場合に警報を発する装置（以下「警報装置」という。）の設置場所及び警報の設定方法

（リ）　有機溶剤等の保管及び廃棄処理の方法

（ヌ）　作業の工程

ロ　作業中に，労働者が保護具を適切に使用しているか監視すること。

ハ　下記3から7に掲げる事項について実施状況を確認し，必要に応じて改善すること。

（2）　元方事業者による管理

　事業者が工事の一部を請負人に請け負わせている場合，元方事業者は関係請負人に対する労働衛生指導を適切に行うため，次の事項を行うこと。

イ　関係請負人から上記（1）のイにより作成された作業手順書を提出させるとともに，次の事項を通知させること。

（イ）　労働衛生を担当する者の氏名及び作業現場の巡視状況

（ロ）　有機溶剤作業主任者又は有機溶剤作業主任者に準ずる者（以下「作業主任者等」という。）の氏名

（ハ）　労働者の労働衛生に係る資格の取得状況

（ニ）　労働者の有機溶剤に係る労働衛生教育の受講の有無

（ホ）　作業日ごとの作業の開始及び終了予定時刻

ロ　作業主任者等が上記2に掲げる事項を適切に履行しているか確認するとともに，作業手順書の作成を指導する等，積極的にその履行を支援すること。

ハ　作業場所の巡視を行うこと。

ニ　作業手順書等により，作業の方法等が不適切であると判断した場合，これを改善するよう指導すること。

3　作業管理

事業者は，次に掲げる事項を実施すること。

（1）　作業開始前における管理

イ　なるべく危険有害性の少ない有機溶剤等を選択すること。

ロ　使用する工具の破損及び機械設備の故障がないか確認すること。

ハ　作業の条件に応じて，適切な保護具を選択すること。特に，呼吸用保護具の選択については下記5によること。

ニ　保護具が労働者の人数分だけそろっているか確認すること。

ホ　保護具に破損がないか確認すること。

ヘ　保護具が清潔に保持されているか確認すること。

ト　下記4により，使用する有機溶剤等の危険有害性を確認し，周知徹底すること。

（2）　作業中の管理

イ　労働者に適切な保護具を使用させること。特に，呼吸用保護具を使用させるときには，下記5によること。

ロ　労働者が有機溶剤等に直接ばく露されないようにすること。

ハ　作業手順書に従って作業を行うこと。

（3）　作業終了後における管理

イ　残存する有機溶剤等の容器及び空容器は作業を行った日ごとに持ち帰ること。

ロ　残存する有機溶剤等の容器及び空容器を保管する場合は密閉した上で専用の保管場所に保管すること。

ハ　保護具を清潔にしておくこと。

4　使用する有機溶剤等の危険有害性の確認と周知徹底

事業者は，使用する有機溶剤等の危険有害性の確認等については，次に掲げる事項を実施すること。

（1）　使用する有機溶剤等に付されている化学物質等安全データシート（以下「MSDS」という。）等により，その危険有害性を確認すること。

（2）　使用する有機溶剤等にMSDS等が付されていない場合には，提供する事業者にこれを求めること。

（3）　使用する有機溶剤等に含まれる化学物質の危険有害性について，労働者に周知徹底すること。

（4）　使用する有機溶剤等に係る事故発生時の措置を定め，労働者に周知徹底すること。

（5）　使用する有機溶剤等に含まれる化学物質の人体に及ぼす作用，取扱い上の注意事項，中毒発生時の応急措置等の情報を作業中の労働者が容易に分かることができるよう，見やすい場所に掲示すること。

5　呼吸用保護具の使用

事業者は，呼吸用保護具を使用させる場合にあっては，次に掲げる事項を実施すること。

（1）　作業前の管理

イ　酸素濃度が不明な作業場においては，送気マスク等を備えること。

ロ　作業環境中に有機溶剤の蒸気と塗料の粒子等の粉じんが混在する作業については，次のいずれかによること。

（イ）　防じんマスクの検定にも合格している吸収缶を装着した有機ガス用防毒マスク（以下「防毒マスク」という。）を使用させること。

（ロ）　JIS T 8152 に適合するフィルター付きの吸収缶を使用させること。

（ハ）　メーカーオプションのプレフィルターを吸収缶の前に取り付けて使用させること。

ハ　防毒マスクを使用させる場合にあっては，次によること。

（イ）　当該防毒マスクの取扱説明書等及び破過曲線図，メーカーへの照会等に基づいて作業場所における有機溶剤の気中濃度，作業場所における温度，湿度及び気圧に対して余裕のある使用限度時間をあらかじめ設定すること。

（ロ）　作業の予定時間に対して，防毒マスクが十分時間的に余裕を持って使用できるよう，必要に応じ防毒マスク用の予備の吸収缶を備えること。

（ハ）　試験ガスの破過時間よりも著しく破過時間が短い有機溶剤に対して使用した吸収缶は，一度使用したものは使用させないこと。

（2）　作業中の管理

イ　防毒マスクを使用させる場合にあっては，次によること。

（イ）　防毒マスク及び防毒マスク用吸収缶に添付されている使用時間記録カードに，使用した時間を記録すること。

（ロ）　防毒マスクを使用させる場合にあっては，上記（1）のハの（イ)により設定された使用限度時間を超えて防毒マスクを使用させないこと。

6　作業環境管理

事業者は，次に掲げる事項を実施すること。

（1）　作業の条件に応じて，適切な換気設備等を設置すること。

（2）　換気設備が防爆構造を有していることを確認すること。

（3）　換気設備が1月を超えない期間ごとに点検を受けていることを確認すること。

（4）　換気方法及び使用する換気設備が，作業を行う場所の換気に十分な能力を有していることを確認すること。

（5）　作業中に，換気設備が正常に稼働していることを確認すること。

（6）　全体換気装置を使用する場合にあっては，上記（1）から（5）に掲げる事項以外に，次に掲げる事項について確認すること。

イ　全体換気装置が有機溶剤の蒸気の発生源から離れすぎていないこと。

ロ　排気量に見合った吸気量が確保されていること。

ハ　作業を行っている労働者の位置に，新鮮な空気が供給されていること。

ニ　汚染された空気が直接外気に向かって排出されていること。

ホ　外部に出た汚染された空気が作業場に再び入っていないこと。

ヘ　風管が曲がる等により排気の流れが妨げられていないこと。

ト　全体換気の妨げとなる障害物が全体換気装置と有機溶剤の蒸気の発散源との間に置かれていないこと。

7　警報装置の使用等

地下室，浴室等の狭あいな場所において作業を行う場合にあっては，事業者は，次に掲げる事項を実施することが望ましいこと。

（1）　作業を行っている間，継続的に有機溶剤の気中濃度を測定すること。

（2）　警報装置を設置し，使用する場合には次の事項に留意すること。

イ　警報装置の性能

（イ）　使用する有機溶剤のばく露限界濃度以下まで濃度を検知できるものとすること。

（ロ）　警報を発していることを作業中の労働者に速やかに知らせることができること。

（ハ）　防爆性能を有すること。

ロ　警報装置の設置場所

（イ）　同一作業場内であっても，複数の場所で作業が行われる場合には，それぞれの作業場所に警報装置を設置すること。

（ロ）　有機溶剤の気中濃度が最も高くなると考えられる場所に設置すること。

ハ　警報装置の使用方法

（イ）　有機溶剤等に含まれる化学物質の種類に応じて適切に警報を発するよう，警報装置のメーカー等への照会等により警報を設定すること。

（ロ）　防毒マスクを使用する場合には，警報を発する濃度を当該防毒マスクの使用可能な範囲内に設定すること。

（ハ）　作業を行っている間は，常時稼働させておくこと。

（3）　著しい濃度の上昇が認められた場合の措置

上記（1）により，著しい濃度の上昇を認めた場合にあっては，次の措置を講ずること。

イ　速やかに労働者及び作業場の付近の労働者を作業場所から退避させること。

ロ　著しい濃度の上昇が認められた作業場所に初めて入る際は，十分換気し，適切な呼吸用保護具を着用すること。

ハ　著しい濃度の上昇が認められた後，作業を再開する前には次の措置を講ずること。

（イ）　換気の方法及び作業方法について必要な改善を行うこと。

（ロ）　有機溶剤の気中濃度が十分下がっていることを確認すること。

（ハ）　防毒マスクの吸収缶を交換すること。

8　健康管理

事業者は，労働者に対して，次に掲げる事項を実施すること。

（1）　雇入れ時の健康診断，定期健康診断及び有機溶剤に係る健康診断を実施すること。

（2）　上記（1）の結果に基づき，就業場所の変更，作業の転換，労働時間の短縮等の措置を講ずるほか，設備の設置又は整備その他の適切な措置を講ずること。

9　労働衛生教育

事業者は，労働者に対して，次に掲げる事項を実施すること。その際，本ガイドラインの内容を踏まえてこれを行うこと。

（1）　雇入れ時等の教育

新たに有機溶剤を用いる業務に従事する労働者（労働者の作業内容の変更を行った場合を含む。）に対して有機溶剤に含まれる化学物質の危険有害性，健康管理，作業管理の方法，作業環境管理の方法，換気設備の使用方法，呼吸用保護具等の保護具の使用方法，関係法令等について特別教育に準じた教育を行うこと。

（2）　日常の教育

有機溶剤等を用いる業務に従事する労働者に対して，機会あるごとに有機溶剤の危険有害性，換気設備の使用方法及び呼吸用保護具等の保護具の使用方法等について教育を行うこと。

9．化学物質等による危険性又は有害性等の調査等に関する指針

（平成 27 年 9 月 18 日危険性又は有害性等の調査等に関する指針公示第 3 号）

1　趣旨等

本指針は，労働安全衛生法（昭和 47 年法律第 57 号。以下「法」という。）第 57 条の 3 第 3 項の規定に基づき，事業者が，化学物質，化学物質を含有する製剤その他の物で労働者の危険又は健康障害を生ずるおそれのあるものによる危険性又は有害性等の調査（以下「リスクアセスメント」という。）を実施し，その結果に基づいて労働者の危険又は健康障害を防止するため必要な措置（以下「リスク低減措置」という。）が各事業場において適切かつ有効に実施されるよう，リスクアセスメントからリスク低減措置の実施までの一連の措置の基本的な考え方及び具体的な手順の例を示すとともに，これらの措置の実施上の留意事項を定めたものである。

また，本指針は，「労働安全衛生マネジメントシステムに関する指針」（平成 11 年労働省告示第 53 号）に定める危険性又は有害性等の調査及び実施事項の特定の具体的実施事項としても位置付けられるものである。

2　適用

本指針は，法第 57 条の 3 第 1 項の規定に基づき行う「第 57 条第 1 項の政令で定める物及び通知対象物」（以下「化学物質等」という。）に係るリスクアセスメントについて適用し，労働者の就業に係る全てのものを対象とする。

3　実施内容

事業者は，法第 57 条の 3 第 1 項に基づくリスクアセスメントとして，⑴から⑶までに掲げる事項を，労働安全衛生規則（昭和 47 年労働省令第 32 号。以下「安衛則」という。）第 34 条の 2 の 8 に基づき⑸に掲げる事項を実施しなければならない。また，法第 57 条の 3 第 2 項に基づき，法令の規定による措置を講ずるほか⑷に掲げる事項を実施するよう努めなければならない。

⑴　化学物質等による危険性又は有害性の特定

⑵　⑴により特定された化学物質等による危険性又は有害性並びに当該化学物質等を取り扱う作業方法，設備等により業務に従事する労働者に危険を及ぼし，又は当該労働者の健康障害を生ずるおそれの程度及び当該危険又は健康障害の程度（以下「リスク」という。）の見積り

⑶　⑵の見積りに基づくリスク低減措置の内容の検討

⑷　⑶のリスク低減措置の実施

⑸　リスクアセスメント結果の労働者への周知

4　実施体制等

⑴　事業者は，次に掲げる体制でリスクアセスメント及びリスク低減措置（以下「リス

クアセスメント等」という。）を実施するものとする。

ア　総括安全衛生管理者が選任されている場合には，当該者にリスクアセスメント等の実施を統括管理させること。総括安全衛生管理者が選任されていない場合には，事業の実施を統括管理する者に統括管理させること。

イ　安全管理者又は衛生管理者が選任されている場合には，当該者にリスクアセスメント等の実施を管理させること。安全管理者又は衛生管理者が選任されていない場合には，職長その他の当該作業に従事する労働者を直接指導し，又は監督する者としての地位にあるものにリスクアセスメント等の実施を管理させること。

ウ　化学物質等の適切な管理について必要な能力を有する者のうちから化学物質等の管理を担当する者（以下「化学物質管理者」という。）を指名し，この者に，上記イに掲げる者の下でリスクアセスメント等に関する技術的業務を行わせることが望ましいこと。

エ　安全衛生委員会，安全委員会又は衛生委員会が設置されている場合には，これらの委員会においてリスクアセスメント等に関することを調査審議させ，また，当該委員会が設置されていない場合には，リスクアセスメント等の対象業務に従事する労働者の意見を聴取する場を設けるなど，リスクアセスメント等の実施を決定する段階において労働者を参画させること。

オ　リスクアセスメント等の実施に当たっては，化学物質管理者のほか，必要に応じ，化学物質等に係る危険性及び有害性や，化学物質等に係る機械設備，化学設備，生産技術等についての専門的知識を有する者を参画させること。

カ　上記のほか，より詳細なリスクアセスメント手法の導入又はリスク低減措置の実施に当たっての，技術的な助言を得るため，労働衛生コンサルタント等の外部の専門家の活用を図ることが望ましいこと。

⑵　事業者は，⑴のリスクアセスメントの実施を管理する者，技術的業務を行う者等（カの外部の専門家を除く。）に対し，リスクアセスメント等を実施するために必要な教育を実施するものとする。

5　実施時期

⑴　事業者は，安衛則第34条の2の7第1項に基づき，次のアからウまでに掲げる時期にリスクアセスメントを行うものとする。

ア　化学物質等を原材料等として新規に採用し，又は変更するとき。

イ　化学物質等を製造し，又は取り扱う業務に係る作業の方法又は手順を新規に採用し，又は変更するとき。

ウ　化学物質等による危険性又は有害性等について変化が生じ，又は生ずるおそれがあるとき。具体的には，化学物質等の譲渡又は提供を受けた後に，当該化学物質等を譲渡し，又は提供した者が当該化学物質等に係る安全データシート（以下「SDS」という。）の危険性又は有害性に係る情報を変更し，その内容が事業者に提供された場合等が含まれること。

(2) 事業者は，(1)のほか，次のアからウまでに掲げる場合にもリスクアセスメントを行うよう努めること。

ア　化学物質等に係る労働災害が発生した場合であって，過去のリスクアセスメント等の内容に問題がある場合

イ　前回のリスクアセスメント等から一定の期間が経過し，化学物質等に係る機械設備等の経年による劣化，労働者の入れ替わり等に伴う労働者の安全衛生に係る知識経験の変化，新たな安全衛生に係る知見の集積等があった場合

ウ　既に製造し，又は取り扱っていた物質がリスクアセスメントの対象物質として新たに追加された場合など，当該化学物質等を製造し，又は取り扱う業務について過去にリスクアセスメント等を実施したことがない場合

(3) 事業者は，(1)のア又はイに掲げる作業を開始する前に，リスク低減措置を実施することが必要であることに留意するものとする。

(4) 事業者は，(1)のア又はイに係る設備改修等の計画を策定するときは，その計画策定段階においてもリスクアセスメント等を実施することが望ましいこと。

6　リスクアセスメント等の対象の選定

事業者は，次に定めるところにより，リスクアセスメント等の実施対象を選定するものとする。

(1) 事業場における化学物質等による危険性又は有害性等をリスクアセスメント等の対象とすること。

(2) リスクアセスメント等は，対象の化学物質等を製造し，又は取り扱う業務ごとに行うこと。ただし，例えば，当該業務に複数の作業工程がある場合に，当該工程を１つの単位とする，当該業務のうち同一場所において行われる複数の作業を１つの単位とするなど，事業場の実情に応じ適切な単位で行うことも可能であること。

(3) 元方事業者にあっては，その労働者及び関係請負人の労働者が同一の場所で作業を行うこと（以下「混在作業」という。）によって生ずる労働災害を防止するため，当該混在作業についても，リスクアセスメント等の対象とすること。

7　情報の入手等

(1) 事業者は，リスクアセスメント等の実施に当たり，次に掲げる情報に関する資料等を入手するものとする。

入手に当たっては，リスクアセスメント等の対象には，定常的な作業のみならず，非定常作業も含まれることに留意すること。

また，混在作業等複数の事業者が同一の場所で作業を行う場合にあっては，当該複数の事業者が同一の場所で作業を行う状況に関する資料等も含めるものとすること。

ア　リスクアセスメント等の対象となる化学物質等に係る危険性又は有害性に関する情報（SDS 等）

イ　リスクアセスメント等の対象となる作業を実施する状況に関する情報(作業標準，作業手順書等，機械設備等に関する情報を含む。)

(2)　事業者は，(1)のほか，次に掲げる情報に関する資料等を，必要に応じ入手するものとすること。

ア　化学物質等に係る機械設備等のレイアウト等，作業の周辺の環境に関する情報

イ　作業環境測定結果等

ウ　災害事例，災害統計等

エ　その他，リスクアセスメント等の実施に当たり参考となる資料等

(3)　事業者は，情報の入手に当たり，次に掲げる事項に留意するものとする。

ア　新たに化学物質等を外部から取得等しようとする場合には，当該化学物質等を譲渡し，又は提供する者から，当該化学物質等に係るSDSを確実に入手すること。

イ　化学物質等に係る新たな機械設備等を外部から導入しようとする場合には，当該機械設備等の製造者に対し，当該設備等の設計・製造段階においてリスクアセスメントを実施することを求め，その結果を入手すること。

ウ　化学物質等に係る機械設備等の使用又は改造等を行おうとする場合に，自らが当該機械設備等の管理権原を有しないときは，管理権原を有する者等が実施した当該機械設備等に対するリスクアセスメントの結果を入手すること。

(4)　元方事業者は，次に掲げる場合には，関係請負人におけるリスクアセスメントの円滑な実施に資するよう，自ら実施したリスクアセスメント等の結果を当該業務に係る関係請負人に提供すること。

ア　複数の事業者が同一の場所で作業する場合であって，混在作業における化学物質等による労働災害を防止するために元方事業者がリスクアセスメント等を実施したとき。

イ　化学物質等にばく露するおそれがある場所等，化学物質等による危険性又は有害性がある場所において，複数の事業者が作業を行う場合であって，元方事業者が当該場所に関するリスクアセスメント等を実施したとき。

8　危険性又は有害性の特定

事業者は，化学物質等について，リスクアセスメント等の対象となる業務を洗い出した上で，原則としてア及びイに即して危険性又は有害性を特定すること。また，必要に応じ，ウに掲げるものについても特定することが望ましいこと。

ア　国際連合から勧告として公表された「化学品の分類及び表示に関する世界調和システム（GHS)」(以下「GHS」という。）又は日本工業規格Z 7252に基づき分類された化学物質等の危険性又は有害性（SDSを入手した場合には，当該SDSに記載されているGHS分類結果）

イ　日本産業衛生学会の許容濃度又は米国産業衛生専門家会議（ACGIH）のTLV－TWA等の化学物質等のばく露限界（以下「ばく露限界」という。）が設定されてい

る場合にはその値（SDSを入手した場合には，当該SDSに記載されているばく露限界）

ウ　ア又はイによって特定される危険性又は有害性以外の，負傷又は疾病の原因となるおそれのある危険性又は有害性。この場合，過去に化学物質等による労働災害が発生した作業，化学物質等による危険又は健康障害のおそれがある事象が発生した作業等により事業者が把握している情報があるときには，当該情報に基づく危険性又は有害性が必ず含まれるよう留意すること。

9　リスクの見積り

(1)　事業者は，リスク低減措置の内容を検討するため，安衛則第34条の2の7第2項に基づき，次に掲げるいずれかの方法（危険性に係るものにあっては，ア又はウに掲げる方法に限る。）により，又はこれらの方法の併用により化学物質等によるリスクを見積もるものとする。

ア　化学物質等が当該業務に従事する労働者に危険を及ぼし，又は化学物質等により当該労働者の健康障害を生ずるおそれの程度（発生可能性）及び当該危険又は健康障害の程度（重篤度）を考慮する方法。具体的には，次に掲げる方法があること。

(ア)　発生可能性及び重篤度を相対的に尺度化し，それらを縦軸と横軸とし，あらかじめ発生可能性及び重篤度に応じてリスクが割り付けられた表を使用してリスクを見積もる方法

(イ)　発生可能性及び重篤度を一定の尺度によりそれぞれ数値化し，それらを加算又は乗算等してリスクを見積もる方法

(ウ)　発生可能性及び重篤度を段階的に分岐していくことによりリスクを見積もる方法

(エ)　ILOの化学物質リスク簡易評価法（コントロール・バンディング）等を用いてリスクを見積もる方法

(オ)　化学プラント等の化学反応のプロセス等による災害のシナリオを仮定して，その事象の発生可能性と重篤度を考慮する方法

イ　当該業務に従事する労働者が化学物質等にさらされる程度（ばく露の程度）及び当該化学物質等の有害性の程度を考慮する方法。具体的には，次に掲げる方法があるが，このうち，(ア)の方法を採ることが望ましいこと。

(ア)　対象の業務について作業環境測定等により測定した作業場所における化学物質等の気中濃度等を，当該化学物質等のばく露限界と比較する方法

(イ)　数理モデルを用いて対象の業務に係る作業を行う労働者の周辺の化学物質等の気中濃度を推定し，当該化学物質のばく露限界と比較する方法

(ウ)　対象の化学物質等への労働者のばく露の程度及び当該化学物質等による有害性を相対的に尺度化し，それらを縦軸と横軸とし，あらかじめばく露の程度及び有害性の程度に応じてリスクが割り付けられた表を使用してリスクを見積もる方法

ウ　ア又はイに掲げる方法に準ずる方法。具体的には，次に掲げる方法があること。

(ア)　リスクアセスメントの対象の化学物質等に係る危険又は健康障害を防止するための具体的な措置が労働安全衛生法関係法令（主に健康障害の防止を目的とした有機溶剤中毒予防規則（昭和 47 年労働省令第 36 号），鉛中毒予防規則（昭和 47 年労働省令第 37 号），四アルキル鉛中毒予防規則（昭和 47 年労働省令第 38 号）及び特定化学物質障害予防規則（昭和 47 年労働省令第 39 号）の規定並びに主に危険の防止を目的とした労働安全衛生法施行令（昭和 47 年政令第 318 号）別表第 1 に掲げる危険物に係る安衛則の規定）の各条項に規定されている場合に，当該規定を確認する方法。

(イ)　リスクアセスメントの対象の化学物質等に係る危険を防止するための具体的な規定が労働安全衛生法関係法令に規定されていない場合において，当該化学物質等の SDS に記載されている危険性の種類（例えば「爆発物」など）を確認し，当該危険性と同種の危険性を有し，かつ，具体的措置が規定されている物に係る当該規定を確認する方法

(2)　事業者は，(1)のア又はイの方法により見積りを行うに際しては，用いるリスクの見積り方法に応じて，7 で入手した情報等から次に掲げる事項等必要な情報を使用すること。

ア　当該化学物質等の性状

イ　当該化学物質等の製造量又は取扱量

ウ　当該化学物質等の製造又は取扱い（以下「製造等」という。）に係る作業の内容

エ　当該化学物質等の製造等に係る作業の条件及び関連設備の状況

オ　当該化学物質等の製造等に係る作業への人員配置の状況

カ　作業時間及び作業の頻度

キ　換気設備の設置状況

ク　保護具の使用状況

ケ　当該化学物質等に係る既存の作業環境中の濃度若しくはばく露濃度の測定結果又は生物学的モニタリング結果

(3)　事業者は，(1)のアの方法によるリスクの見積りに当たり，次に掲げる事項等に留意するものとする。

ア　過去に実際に発生した負傷又は疾病の重篤度ではなく，最悪の状況を想定した最も重篤な負傷又は疾病の重篤度を見積もること。

イ　負傷又は疾病の重篤度は，傷害や疾病等の種類にかかわらず，共通の尺度を使うことが望ましいことから，基本的に，負傷又は疾病による休業日数等を尺度として使用すること。

ウ　リスクアセスメントの対象の業務に従事する労働者の疲労等の危険性又は有害性への付加的影響を考慮することが望ましいこと。

⑷ 事業者は，一定の安全衛生対策が講じられた状態でリスクを見積もる場合には，用いるリスクの見積り方法における必要性に応じて，次に掲げる事項等を考慮すること。

ア 安全装置の設置，立入禁止措置，排気・換気装置の設置その他の労働災害防止のための機能又は方策（以下「安全衛生機能等」という。）の信頼性及び維持能力

イ 安全衛生機能等を無効化する又は無視する可能性

ウ 作業手順の逸脱，操作ミスその他の予見可能な意図的・非意図的な誤使用又は危険行動の可能性

エ 有害性が立証されていないが，一定の根拠がある場合における当該根拠に基づく有害性

10 リスク低減措置の検討及び実施

⑴ 事業者は，法令に定められた措置がある場合にはそれを必ず実施するほか，法令に定められた措置がない場合には，次に掲げる優先順位でリスク低減措置の内容を検討するものとする。ただし，法令に定められた措置以外の措置にあっては，9⑴イの方法を用いたリスクの見積り結果として，ばく露濃度等がばく露限界を相当程度下回る場合は，当該リスクは，許容範囲内であり，リスク低減措置を検討する必要がないものとして差し支えないものであること。

ア 危険性又は有害性のより低い物質への代替，化学反応のプロセス等の運転条件の変更，取り扱う化学物質等の形状の変更等又はこれらの併用によるリスクの低減

イ 化学物質等に係る機械設備等の防爆構造化，安全装置の二重化等の工学的対策又は化学物質等に係る機械設備等の密閉化，局所排気装置の設置等の衛生工学的対策

ウ 作業手順の改善，立入禁止等の管理的対策

エ 化学物質等の有害性に応じた有効な保護具の使用

⑵ ⑴の検討に当たっては，より優先順位の高い措置を実施することにした場合であって，当該措置により十分にリスクが低減される場合には，当該措置よりも優先順位の低い措置の検討まで要するものではないこと。また，リスク低減に要する負担がリスク低減による労働災害防止効果と比較して大幅に大きく，両者に著しい不均衡が発生する場合であって，措置を講ずることを求めることが著しく合理性を欠くと考えられるときを除き，可能な限り高い優先順位のリスク低減措置を実施する必要があるものとする。

⑶ 死亡，後遺障害又は重篤な疾病をもたらすおそれのあるリスクに対して，適切なリスク低減措置の実施に時間を要する場合は，暫定的な措置を直ちに講ずるほか，⑴において検討したリスク低減措置の内容を速やかに実施するよう努めるものとする。

⑷ リスク低減措置を講じた場合には，当該措置を実施した後に見込まれるリスクを見積もることが望ましいこと。

11 リスクアセスメント結果等の労働者への周知等

⑴ 事業者は，安衛則第34条の2の8に基づき次に掲げる事項を化学物質等を製造し，

又は取り扱う業務に従事する労働者に周知するものとする。

ア　対象の化学物質等の名称

イ　対象業務の内容

ウ　リスクアセスメントの結果

(ア)　特定した危険性又は有害性

(イ)　見積もったリスク

エ　実施するリスク低減措置の内容

(2)　(1)の周知は，次に掲げるいずれかの方法によること。

ア　各作業場の見やすい場所に常時掲示し，又は備え付けること

イ　書面を労働者に交付すること

ウ　磁気テープ，磁気ディスクその他これらに準ずる物に記録し，かつ，各作業場に労働者が当該記録の内容を常時確認できる機器を設置すること

(3)　法第59条第1項に基づく雇入れ時教育及び同条第2項に基づく作業変更時教育においては，安衛則第35条第1項第1号，第2号及び第5号に掲げる事項として，(1)に掲げる事項を含めること。

なお，5の(1)に掲げるリスクアセスメント等の実施時期のうちアからウまでについては，法第59条第2項の「作業内容を変更したとき」に該当するものであること。

(4)　リスクアセスメントの対象の業務が継続し(1)の労働者への周知等を行っている間は，事業者は(1)に掲げる事項を記録し，保存しておくことが望ましい。

12　その他

表示対象物又は通知対象物以外のものであって，化学物質，化学物質を含有する製剤その他の物で労働者に危険又は健康障害を生ずるおそれのあるものについては，法第28条の2に基づき，この指針に準じて取り組むよう努めること。

10. 化学物質等の危険性又は有害性等の表示又は通知等の促進に関する指針

（平成 24 年 3 月 16 日厚生労働省告示第 133 号）
（最終改正　令和 4 年 5 月 31 日厚生労働省告示第 190 号）

（目的）

第 1 条　この指針は，危険有害化学物質等（労働安全衛生規則（以下「則」という。）第 24 条の 14 第 1 項に規定する危険有害化学物質等をいう。以下同じ。）及び特定危険有害化学物質等（則第 24 条の 15 第 1 項に規定する特定危険有害化学物質等をいう。以下同じ。）の危険性又は有害性等についての表示及び通知に関し必要な事項を定めるとともに，労働者に対する危険又は健康障害を生ずるおそれのある物（危険有害化学物質等並びに労働安全衛生法施行令（昭和 47 年政令第 318 号）第 18 条各号及び同令別表第 3 第 1 号に掲げる物をいう。以下「化学物質等」という。）に関する適切な取扱いを促進し，もって化学物質等による労働災害の防止に資することを目的とする。

（譲渡提供者による表示）

第 2 条　危険有害化学物質等を容器に入れ，又は包装して，譲渡し，又は提供する者は，当該容器又は包装（容器に入れ，かつ，包装して，譲渡し，又は提供する場合にあっては，その容器）に，則第 24 条の 14 第 1 項各号に掲げるもの（以下「表示事項等」という。）を表示するものとする。ただし，その容器又は包装のうち，主として一般消費者の生活の用に供するためのものについては，この限りでない。

② 前項の規定による表示は，同項の容器又は包装に，表示事項等を印刷し，又は表示事項等を印刷した票箋を貼り付けて行うものとする。ただし，当該容器又は包装に表示事項等の全てを印刷し，又は表示事項等の全てを印刷した票箋を貼り付けることが困難なときは，当該表示事項等（則第 24 条の 14 第 1 項第 1 号イに掲げるものを除く。）については，これらを印刷した票箋を当該容器又は包装に結びつけることにより表示することができる。

③ 危険有害化学物質等を譲渡し，又は提供した者は，譲渡し，又は提供した後において，当該危険有害化学物質等に係る表示事項等に変更が生じた場合には，当該変更の内容について，譲渡し，又は提供した相手方に，速やかに，通知するものとする。

④ 前三項の規定にかかわらず，危険有害化学物質等に関し表示事項等の表示について法令に定めがある場合には，当該表示事項等の表示については，その定めによることができる。

（譲渡提供者による通知等）

第 3 条　特定危険有害化学物質等を譲渡し，又は提供する者は，則第 24 条の 15 第 1 項に規定する方法により同項各号の事項を，譲渡し，又は提供する相手方に通知するものとする。ただし，主として一般消費者の生活の用に供される製品として特定危険有害化学物質等を譲渡し，又は提供する場合については，この限りではない。

（事業者による表示及び文書の作成等）

第4条 事業者（化学物質等を製造し，又は輸入する事業者及び当該物の譲渡又は提供を受ける相手方の事業者をいう。以下同じ。）は，容器に入れ，又は包装した化学物質等を労働者に取り扱わせるときは，当該容器又は包装（容器に入れ，かつ，包装した化学物質等を労働者に取り扱わせる場合にあっては，当該容器。第3項において「容器等」という。）に，表示事項等を表示するものとする。

② 第2条第2項の規定は，前項の表示について準用する。

③ 事業者は，前項において準用する第2条第2項の規定による表示をすることにより労働者の化学物質等の取扱いに支障が生じるおそれがある場合又は同項ただし書の規定による表示が困難な場合には，次に掲げる措置を講ずることにより表示することができる。

1 当該容器等に名称及び人体に及ぼす作用を表示し，必要に応じ，労働安全衛生規則第24条の14第1項第2号の規定に基づき厚生労働大臣が定める標章（平成24年厚生労働省告示第151号）において定める絵表示を併記すること。

2 表示事項等を，当該容器等を取り扱う労働者が容易に知ることができるよう常時作業場の見やすい場所に掲示し，若しくは表示事項等を記載した一覧表を当該作業場に備え置くこと，又は表示事項等を，磁気ディスク，光ディスクその他の記録媒体に記録し，かつ，当該容器等を取り扱う作業場に当該容器等を取り扱う労働者が当該記録の内容を常時確認できる機器を設置すること。

④ 事業者は，化学物質等を第1項に規定する方法以外の方法により労働者に取り扱わせるときは，当該化学物質等を専ら貯蔵し，又は取り扱う場所に，表示事項等を掲示するものとする。

⑤ 事業者（化学物質等を製造し，又は輸入する事業者に限る。）は，化学物質等を労働者に取り扱わせるときは，当該化学物質等に係る則第24条の15第1項各号に掲げる事項を記載した文書を作成するものとする。

⑥ 事業者は，第2条第3項又は則第24条の15第3項の規定により通知を受けたとき，第1項の規定により表示（第2項の規定により準用する第2条第2項ただし書の場合における表示及び第3項の規定により講じる措置を含む。以下この項において同じ。）をし，若しくは第4項の規定により掲示をした場合であって当該表示若しくは掲示に係る表示事項等に変更が生じたとき，又は前項の規定により文書を作成した場合であって当該文書に係る則第24条の15第1項各号に掲げる事項に変更が生じたときは，速やかに，当該通知，当該表示事項等の変更又は当該各号に掲げる事項の変更に係る事項について，その書換えを行うものとする。

（安全データシートの掲示等）

第5条 事業者は，化学物質等を労働者に取り扱わせるときは，第3条第1項の規定により通知された事項又は前条第5項の規定により作成された文書に記載された事項（以下この条においてこれらの事項が記載された文書等を「安全データシート」という。）を，常時作業場の見やすい場所に掲示し，又は備え付ける等の方法により労働者に周知するものとする。

② 事業者は，労働安全衛生法第28条の2第1項又は第57条の3第1項の調査を実施するに当たっては，安全データシートを活用するものとする。

③ 事業者は，化学物質等を取り扱う労働者について当該化学物質等による労働災害を防止するための教育その他の措置を講ずるに当たっては，安全データシートを活用するものとする。

（細目）

第6条 この指針に定める事項に関し必要な細目は，厚生労働省労働基準局長が定める。

11. 労働安全衛生法第28条第3項の規定に基づき厚生労働大臣が定める化学物質による健康障害を防止するための指針

（平成24年10月10日健康障害を防止するための指針公示第23号）
（最終改正　令和2年2月7日健康障害を防止するための指針公示第27号）

労働安全衛生法（昭和47年法律第57号）第28条第3項の規定に基づき，厚生労働大臣が定める化学物質による労働者の健康障害を防止するための指針を次のとおり公表する。

1　趣旨

この指針は，労働安全衛生法第28条第3項の規定に基づき厚生労働大臣が定める化学物質（以下「対象物質」という。）又は対象物質を含有する物（対象物質の含有量が重量の1パーセント以下のものを除く。以下「対象物質等」という。）を製造し，又は取り扱う業務に関し，対象物質による労働者の健康障害の防止に資するため，その製造，取扱い等に際し，事業者が講ずべき措置について定めたものである。

2　対象物質（CAS登録番号）

この指針において，対象物質（CAS登録番号）は，アクリル酸メチル（96–33–3），アクロレイン(107–02–8)，2–アミノ–4–クロロフェノール(95–85–2)，アントラセン(120–12–7)，エチルベンゼン（100–41–4），2,3–エポキシ–1–プロパノール(556–52–5)，塩化アリル(107–05–1)，オルト–フェニレンジアミン及びその塩（95–54–5ほか），キノリン及びその塩(91–22–5ほか)，1–クロロ–2–ニトロベンゼン(88–73–3)，クロロホルム(67–66–3)，酢酸ビニル(108–05–4)，四塩化炭素(56–23–5)，1,4–ジオキサン(123–91–1)，1,2–ジクロロエタン（別名二塩化エチレン）(107–06–2)，1,4–ジクロロ–2–ニトロベンゼン(89–61–2)，2,4–ジクロロ–1–ニトロベンゼン(611–06–3)，1,2–ジクロロプロパン(78–87–5)，ジクロロメタン(別名二塩化メチレン)(75–09–2)，N,N–ジメチルアセトアミド(127–19–5)，ジメチル–2,2–ジクロロビニルホスフェイト(別名DDVP)(62–73–7)，N,N–ジメチルホルムアミド(68–12–2)，スチレン(100–42–5)，4–ターシャリ–ブチルカテコール(98–29–3)，多層カーボンナノチューブ（がんその他の重度の健康障害を労働者に生ずるおそれのあるものとして厚生労働省労働基準局長が定めるものに限る。），1,1,2,2–テトラクロロエタン(別名四塩化アセチレン)(79–34–5)，テトラクロロエチレン(別名パークロルエチレン)(127–18–4)，1,1,1–トリクロルエタン(71–55–6)，トリクロロエチレン(79–01–6)，ノルマル–ブチル–2,3–エポキシプロピルエーテル(2426–08–6)，パラ–ジクロルベンゼン(106–46–7)，パラ–ニトロアニソール(100–17–4)，パラ–ニトロクロルベンゼン(100–00–5)，ヒドラジン及びその塩並びにヒドラジン一水和物(302–01–2，7803–57–8ほか)，ビフェニル(92–52–4)，2–ブテナール(123–73–9，4170–30–3及び15798–64–8)，

1-ブロモ-3-クロロプロパン(109-70-6)，1-ブロモブタン(109-65-9)，メタクリル酸2,3-エポキシプロピル（106-91-2）並びにメチルイソブチルケトン(108-10-1)をいう。

なお，CAS登録番号とは，米国化学会の一部門であるCAS（Chemical Abstracts Service）が運営・管理する化学物質登録システムから付与される固有の数値識別番号をいい，オルト-フェニレンジアミン及びその塩，キノリン及びその塩並びにヒドラジン及びその塩並びにヒドラジン一水和物については，その代表的なもののみを例示している。

3　対象物質へのばく露を低減するための措置について

（1）　N,N-ジメチルホルムアミド及び1,1,1-トリクロルエタン（以下「N,N-ジメチルホルムアミドほか1物質」という。）又はこれらのいずれかをその重量の1パーセントを超えて含有するもののうち，有機溶剤中毒予防規則（昭和47年労働省令第36号。以下「有機則」という。）第1条第1項第1号に規定する有機溶剤の含有量がその重量の5パーセントを超えるもの（以下「N,N-ジメチルホルムアミド等」という。）を製造し，又は取り扱う業務のうち，有機則第1条第1項第6号に規定する有機溶剤業務（以下「N,N-ジメチルホルムアミド等有機溶剤業務」という。）については，労働者のN,N-ジメチルホルムアミドほか1物質へのばく露の低減を図るため，設備の密閉化，局所排気装置の設置等既に有機則において定める措置のほか，次の措置を講ずること。

ア　事業場におけるN,N-ジメチルホルムアミド等の製造量，取扱量，作業の頻度，作業時間，作業の態様等を勘案し，必要に応じ，次に掲げる作業環境管理に係る措置，作業管理に係る措置その他必要な措置を講ずること。

（ア）　作業環境管理

①　使用条件等の変更

②　作業工程の改善

（イ）　作業管理

①　労働者がN,N-ジメチルホルムアミドほか1物質にばく露しないような作業位置，作業姿勢又は作業方法の選択

②　呼吸用保護具，不浸透性の保護衣，保護手袋等の保護具の使用

③　N,N-ジメチルホルムアミドほか1物質にばく露される時間の短縮

イ　N,N-ジメチルホルムアミド等を作業場外へ排出する場合は，当該物質を含有する排気，排液等による事業場の汚染の防止を図ること。

ウ　保護具については，同時に就業する労働者の人数分以上を備え付け，常時有効かつ清潔に保持すること。また，労働者に送気マスクを使用させたときは，清浄な空気の取り入れが可能となるよう吸気口の位置を選定し，当該労働者が有害な空気を吸入しないように措置すること。

エ　次の事項に係る基準を定め，これに基づき作業させること。

（ア） 設備，装置等の操作，調整及び点検

（イ） 異常な事態が発生した場合における応急の措置

（ウ） 保護具の使用

（2） パラ-ニトロクロルベンゼン又はパラ-ニトロクロルベンゼンをその重量の5パーセントを超えて含有するもの（以下「パラ-ニトロクロルベンゼン等」という。）を製造し，又は取り扱う業務（以下「パラ-ニトロクロルベンゼン製造・取扱い業務」という。）については，労働者のパラ-ニトロクロルベンゼンへのばく露の低減を図るため，設備の密閉化，局所排気装置の設置等既に特定化学物質障害予防規則（昭和47年労働省令第39号。以下「特化則」という。）において定める措置のほか，次の措置を講ずること。

ア 事業場におけるパラ-ニトロクロルベンゼン等の製造量，取扱量，作業の頻度，作業時間，作業の態様等を勘案し，必要に応じ，次に掲げる作業環境管理に係る措置，作業管理に係る措置その他必要な措置を講ずること。

（ア） 作業環境管理

① 使用条件等の変更

② 作業工程の改善

（イ） 作業管理

① 労働者がパラ-ニトロクロルベンゼンにばく露しないような作業位置，作業姿勢又は作業方法の選択

② 呼吸用保護具，不浸透性の保護衣，保護手袋等の保護具の使用

③ パラ-ニトロクロルベンゼンにばく露される時間の短縮

イ パラ-ニトロクロルベンゼン等を作業場外へ排出する場合は，当該物質を含有する排気，排液等による事業場の汚染の防止を図ること。

ウ 保護具については，同時に就業する労働者の人数分以上を備え付け，常時有効かつ清潔に保持すること。また，労働者に送気マスクを使用させたときは，清浄な空気の取り入れが可能となるよう吸気口の位置を選定し，当該労働者が有害な空気を吸入しないように措置すること。

エ 次の事項に係る基準を定め，これに基づき作業させること。

（ア） 設備，装置等の操作，調整及び点検

（イ） 異常な事態が発生した場合における応急の措置

（ウ） 保護具の使用

（3） エチルベンゼン，クロロホルム，四塩化炭素，1,4-ジオキサン，1,2-ジクロロエタン，1,2-ジクロロプロパン，ジクロロメタン，ジメチル-2,2-ジクロロビニルホスフェイト，スチレン，1,1,2,2-テトラクロロエタン，テトラクロロエチレン，トリクロロエチレン及びメチルイソブチルケトン（以下「エチルベンゼンほか12物質」という。）又はエチルベンゼンほか12物質のいずれかをその重量の1パーセン

トを超えて含有するもの（以下「クロロホルム等」という。）を製造し，又は取り扱う業務のうち，特化則第2条の2第1号イに規定するクロロホルム等有機溶剤業務，同号ロに規定するエチルベンゼン塗装業務，同号ハに規定する1,2−ジクロロプロパン洗浄・払拭業務及びジメチル−2,2−ジクロロビニルホスフェイト又はこれをその重量の1パーセントを超えて含有する製剤その他の物を成形し，加工し，又は包装する業務のいずれにも該当しない業務（以下「クロロホルム等特化則適用除外業務」という。）については，労働者のエチルベンゼンほか12物質へのばく露の低減を図るため，次の措置を講ずること。

ア　事業場におけるエチルベンゼン等の製造量，取扱量，作業の頻度，作業時間，作業の態様等を勘案し，必要に応じ，危険性又は有害性等の調査等を実施し，その結果に基づいて，次に掲げる作業環境管理に係る措置，作業管理に係る措置その他必要な措置を講ずること。

（ア）　作業環境管理

①　使用条件等の変更

②　作業工程の改善

③　設備の密閉化

④　局所排気装置等の設置

（イ）　作業管理

①　作業を指揮する者の選任

②　労働者がエチルベンゼンほか12物質にばく露しないような作業位置，作業姿勢又は作業方法の選択

③　呼吸用保護具，不浸透性の保護衣，保護手袋等の保護具の使用

④　エチルベンゼンほか12物質にばく露される時間の短縮

イ　上記アによりばく露を低減するための装置等の設置等を行った場合，次により当該装置等の管理を行うこと。

（ア）　局所排気装置等については，作業が行われている間，適正に稼働させること。

（イ）　局所排気装置等については，定期的に保守点検を行うこと。

（ウ）　エチルベンゼン等を作業場外へ排出する場合は，当該物質を含有する排気，排液等による事業場の汚染の防止を図ること。

ウ　保護具については，同時に就業する労働者の人数分以上を備え付け，常時有効かつ清潔に保持すること。また，労働者に送気マスクを使用させたときは，清浄な空気の取り入れが可能となるよう吸気口の位置を選定し，当該労働者が有害な空気を吸入しないように措置すること。

エ　次の事項に係る基準を定め，これに基づき作業させること。

（ア）　設備，装置等の操作，調整及び点検

（イ） 異常な事態が発生した場合における応急の措置

（ウ） 保護具の使用

（4） 対象物質等（エチルベンゼン等を除く。（4）及び4（3）において同じ。）を製造し，又は取り扱う業務（N,N–ジメチルホルムアミド等有機溶剤業務及びパラ–ニトロクロロベンゼン製造・取扱い業務を除く。（4）及び4において同じ。）については，労働者の対象物質（エチルベンゼンほか12物質を除く。（4）及び4（3）において同じ。）へのばく露の低減を図るため，次の措置を講ずること。

ア 事業場における対象物質等の製造量，取扱量，作業の頻度，作業時間，作業の態様等を勘案し，必要に応じ，危険性又は有害性等の調査等を実施し，その結果に基づいて，次に掲げる作業環境管理に係る措置，作業管理に係る措置その他必要な措置を講ずること。

（ア） 作業環境管理

① 使用条件等の変更

② 作業工程の改善

③ 設備の密閉化

④ 局所排気装置等の設置

（イ） 作業管理

① 作業を指揮する者の選任

② 労働者が対象物質にばく露しないような作業位置，作業姿勢又は作業方法の選択

③ 呼吸用保護具，不浸透性の保護衣，保護手袋等の保護具の使用

④ 対象物質にばく露される時間の短縮

イ 上記アによりばく露を低減するための装置等の設置等を行った場合，次により当該装置等の管理を行うこと。

（ア） 局所排気装置等については，作業が行われている間，適正に稼働させること。

（イ） 局所排気装置等については，定期的に保守点検を行うこと。

（ウ） 対象物質等を作業場外へ排出する場合は，当該物質を含有する排気，排液等による事業場の汚染の防止を図ること。

ウ 保護具については，同時に就業する労働者の人数分以上を備え付け，常時有効かつ清潔に保持すること。また，労働者に送気マスクを使用させたときは，清浄な空気の取り入れが可能となるよう吸気口の位置を選定し，当該労働者が有害な空気を吸入しないように措置すること。

エ 次の事項に係る基準を定め，これに基づき作業させること。

（ア） 設備，装置等の操作，調整及び点検

（イ） 異常な事態が発生した場合における応急の措置

（ウ） 保護具の使用

4 作業環境測定について

（1） N,N−ジメチルホルムアミド等有機溶剤業務については有機則に定めるところにより，パラ−ニトロクロルベンゼン製造・取扱い業務については特化則に定めるところにより，作業環境測定及び測定の結果の評価を行うこととするほか，作業環境測定の結果及び結果の評価の記録を30年間保存するよう努めること。

（2） クロロホルム等特化則適用除外業務については，次の措置を講ずること。

ア 屋内作業場について，エチルベンゼンほか12物質の空気中における濃度を定期的に測定すること。なお，測定は作業環境測定士が実施することが望ましい。また，測定は6月以内ごとに1回実施するよう努めること。

イ 作業環境測定を行ったときは，当該測定結果の評価を行い，その結果に基づき施設，設備，作業工程及び作業方法等の点検を行うこと。これらの点検結果に基づき，必要に応じて使用条件等の変更，作業工程の改善，作業方法の改善その他作業環境改善のための措置を講ずるとともに，呼吸用保護具の着用その他労働者の健康障害を予防するため必要な措置を講ずること。

ウ 作業環境測定の結果及び結果の評価の記録を30年間保存するよう努めること。

（3） 対象物質等を製造し，又は取り扱う業務については，次の措置を講ずること。

ア 屋内作業場について，対象物質（アクロレインを除く。）の空気中における濃度を定期的に測定すること。なお，測定は作業環境測定士が実施することが望ましい。また，測定は6月以内ごとに1回実施するよう努めること。

イ 作業環境測定（2−アミノ−4−クロロフェノール，アントラセン，キノリン及びその塩，1,4−ジクロロ−2−ニトロベンゼン，多層カーボンナノチューブ（がんその他の重度の健康障害を労働者に生ずるおそれのあるものとして厚生労働省労働基準局長が定めるものに限る。）並びに1−ブロモブタン又はこれらをその重量の1パーセントを超えて含有するもの（以下「2−アミノ−4−クロロフェノール等」という。）を製造し，又は取り扱う業務に係る作業環境測定を除く。）を行ったときは，当該測定結果の評価を行い，その結果に基づき施設，設備，作業工程及び作業方法等の点検を行うこと。これらの点検結果に基づき，必要に応じて使用条件等の変更，作業工程の改善，作業方法の改善その他作業環境改善のための措置を講ずるとともに，呼吸用保護具の着用その他労働者の健康障害を予防するため必要な措置を講ずること。

ウ 作業環境測定の結果及び結果の評価の記録（2−アミノ−4−クロロフェノール等を製造し，又は取り扱う業務については，作業環境測定の結果の記録に限る。）を30年間保存するよう努めること。

5　労働衛生教育について

（1）　対象物質等を製造し，又は取り扱う業務（特化則第2条の2第1号イに規定するクロロホルム等有機溶剤業務，同号ロに規定するエチルベンゼン塗装業務，同号ハに規定する1,2-ジクロロプロパン洗浄・払拭業務及びジメチル-2,2-ジクロロビニルホスフェイト又はこれをその重量の1パーセントを超えて含有する製剤その他の物を成形し，加工し，又は包装する業務を除く。6において同じ。）に従事している労働者に対しては速やかに，また，当該業務に従事させることとなった労働者に対しては従事させる前に，次の事項について労働衛生教育を行うこと。

ア　対象物質の性状及び有害性

イ　対象物質等を使用する業務

ウ　対象物質による健康障害，その予防方法及び応急措置

エ　局所排気装置その他の対象物質へのばく露を低減するための設備及びそれらの保守，点検の方法

オ　作業環境の状態の把握

カ　保護具の種類，性能，使用方法及び保守管理

キ　関係法令

（2）　上記の事項に係る労働衛生教育の時間は総じて4.5時間以上とすること。

6　労働者の把握について

対象物質等を製造し，又は取り扱う業務に常時従事する労働者について，1月を超えない期間ごとに次の事項を記録すること。

（1）　労働者の氏名

（2）　従事した業務の概要及び当該業務に従事した期間

（3）　対象物質により著しく汚染される事態が生じたときは，その概要及び講じた応急措置の概要

なお，上記の事項の記録は，当該記録を行った日から30年間保存するよう努めること。

7　危険有害性等の表示及び譲渡提供時の文書交付について

（1）　対象物質等のうち，労働安全衛生法第57条及び第57条の2の規定の対象となるもの（以下「表示・通知対象物」という。）を譲渡し，又は提供する場合は，これらの規定に基づき，容器又は包装に名称等の表示を行うとともに，相手方に安全データシート（以下「SDS」という。）の交付等により名称等を通知すること。また，SDSの交付等により表示・通知対象物の名称等を通知された場合は，同法第101条第4項の規定に基づき，通知された事項を作業場に掲示する等により労働者に周知すること。さらに，労働者（表示・通知対象物を製造し，又は輸入する事業者の労働者を含む。）に表示・通知対象物を取り扱わせる場合は，化学物質等の危険性又は有害性等の表示又は通知等の促進に関する指針（平成24年厚生労働省告示第

133 号。以下「表示・通知促進指針」という。）第 4 条第 1 項の規定に基づき，容器又は包装に名称等の表示を行うこと。このほか，労働者（表示・通知対象物を製造し，又は輸入する事業者の労働者をいう。以下(1)において同じ。）に表示・通知対象物を取り扱わせる場合は，表示・通知促進指針第 4 条第 5 項及び第 5 条第 1 項の規定に基づき，SDS を作成するとともに，その記載事項を作業場に掲示する等により労働者に周知すること。

(2) 対象物質等のうち，上記(1)以外のもの（以下「表示・通知努力義務対象物」という。）を譲渡し，又は提供する場合は，労働安全衛生規則（昭和 47 年労働省令第 32 号）第 24 条の 14 及び第 24 条の 15 並びに表示・通知促進指針第 2 条第 1 項及び第 3 条第 1 項の規定に基づき，容器又は包装に名称等の表示を行うとともに，相手方に SDS の交付等により名称等を通知すること。また，労働者（表示・通知努力義務対象物を製造し，又は取り扱う事業者の労働者を含む。以下同じ。）に表示・通知努力義務対象物を取り扱わせる場合は，表示・通知促進指針第 4 条第 1 項及び第 5 条第 1 項の規定に基づき，容器又は包装に名称等を表示するとともに，譲渡提供者から通知された事項（表示・通知努力義務対象物を製造し，又は輸入する事業者にあっては，表示・通知促進指針第 4 条第 5 項の規定に基づき作成した SDS の記載事項）を作業場に掲示する等により労働者に周知すること。

12. 化学物質等の表示制度とリスクアセスメント・リスク低減措置

第1　化学物質等に関する表示および文書交付制度

1　表示等（法第57条）

エチレンオキシドやアセトアルデヒドなど爆発・発火・引火する性質を有する化学物質やトルエンやメタノールなど接触・体内吸収などにより労働者に健康障害を起こすおそれのある化学物質（その化学物質の混合物等も含む）については，危険物または有害物を譲渡，提供する者に，これらの危険物または有害物の入った容器や包装に危険性または有害性に関する情報や取扱い上の注意などを記載したラベルを貼るなどの方法により表示することが求められている。

（1）　表示の義務対象となる危険物または有害物

表示の義務対象となっている物質は，ジクロルベンジジンなど製造許可の対象物質およびアクリルアミドなど労働安全衛生法施行令で定める物質の合計674物質（令和5年4月現在）とそれを含有する混合物である。混合物については，表示対象物質ごとに裾切値（当該物質の含有量がその値未満の場合，規制の対象としないこととする場合の値）が定められている。なお，主として一般消費者の生活の用に供されている製品については，表示対象から除外されている。

（2）　表示内容

ラベルに記載する事項は，①名称，②人体に及ぼす作用，③貯蔵または取扱い上の注意，④表示する者の氏名（法人の場合は法人名）・住所・電話番号，⑤注意喚起語，⑥安定性および反応性，さらに注意喚起のための標章である。また，混合物については原則として混合物全体としての危険性または有害性に関する事項を表示することになっている。

（3）　表示方法

上記（2）の事項を印刷したラベル（票箋）を物質の入った容器や包装に貼り付け，これが困難なときはそのラベルを容器等に結びつける。

（4）　その他

タンクローリー車からのポンプ吸入など，容器を用いる以外の方法による危険物または有害物の譲渡および提供の場合には，上記（2）の事項を記載した文書を交付することにより表示に代えることができる。なお，この方法による譲渡および提供が継続・反復して行われる場合には，最初に文書交付すれば足りる。

2　文書の交付等（法第57条の2）

アクリルアミドや硝酸アンモニウムなど労働者に危険もしくは健康障害を起こすおそれのある化学物質（その化学物質の混合物等も含む）を譲渡または提供する者は，その相手方に対し危険性または有害性に関する情報や取扱い上の注意などを記載した文書を交付するなどにより通知しなければならない。

（1） 通知対象となる有害物

文書交付による通知対象とされている物質（通知対象物）は，製造許可が必要な物質および次亜塩素酸カルシウムなど労働安全衛生法施行令で定める物質の合計674物質とそれを含有する混合物である。混合物については，通知対象物ごとに裾切値が定められている。主として一般消費者の生活の用に供されている製品については，通知対象物から除外されている。

（2） 通知内容・方法

この文書に記載する事項は，①名称（化学品等または製品の名称），②成分および含有量，③物理的および化学的性質（外観・pH・融点・凝固点・沸点・初留点・引火点等の情報），④人体に及ぼす作用（急性毒性・皮膚腐食性・刺激性等の情報），⑤貯蔵または取扱い上の注意，⑥流出その他の事故が発生した場合において講ずべき応急の措置（緊急時の応急措置・火災時の措置・漏出時の措置），⑦通知を行う者の氏名（法人の場合は法人名），住所および電話番号，⑧危険性または有害性の要約（重要もしくは特有の危険性または有害性に関する簡潔な情報），⑨安定性および反応性（避けるべき条件・混触危険物質・予想される危険有害な分解生成物），⑩適用される法令（適用法令の名称および規制に関する情報），⑪その他参考となる事項である。

なお，化学物質の取扱い上の注意事項等を記載した文書（安全データシート「SDS」）の作成については，日本産業規格Z 7253：2019に準拠した記載を行えばよいこととされている。

3 危険性又は有害性の表示等（安衛則第24条の14～第24条の15）

化学物質，化学物質を含有する製剤その他の物で，労働者の安全と健康を損なうおそれのあるものとして，厚生労働大臣が定めるもの（上記1および2に該当するものを除く。以下「危険有害化学物質等」という）を譲渡し，または提供するもの（化学物質譲渡者等）は，危険性または有害性の表示および文書の交付等を行うよう努めなければならない。

具体的には，以下の①～④に掲げる事項を行うよう努めなければならない。

① 危険有害化学物質（安衛法第57条に規定する表示対象物質を除く。以下，同じ）を容器に入れ，または包装して譲渡し，または提供する際に，名称，人体に及ぼす作用，貯蔵または取扱い上の注意，表示する者の氏名，注意喚起語，安定性及び反応性等必要な事項を容器等に表示。容器に表示できない場合は，同様の記載をした文書を交付する必要がある。

② 特定危険有害化学物質を譲渡し，または提供する際に，名称，成分および含有率，人体に及ぼす作用，貯蔵または取扱い上の注意，流出その他の事故が発生した場合に講ずべき応急の措置，通知を行う者の氏名，住所および電話番号，危険性または有害性の要約，安定性および反応性，適用される法令等必要な事項（①で文書によ

る交付をした場合は①で記載された事項を除く）が記載された文書の交付。

③　その他（②について譲渡し，または提供した後，記載された事項に変更があった場合の速やかな相手方への通知等）

※「化学物質等の危険性又は有害性等の表示又は通知等の促進に関する指針」（参考資料10）において，譲渡提供者および事業者による危険性又は有害性等の表示及び通知と安全データシートの掲示等，必要な事項を定めている。事業者は，容器に入れ，または包装した化学物質を労働者に取り扱わせる場合に，容器や包装に名称等の表示を行う。製造・輸入した化学物質を労働者に取り扱わせる場合は，上記の表示事項を記載した文書を作成する。また，事業者は化学物質を労働者に取り扱わせる場合，危険有害性を記した文書（安全データシート（SDS））に記載された事項を，常時，作業場の見やすい場所に掲示しなくてはならない。

第2　化学物質等による危険性または有害性等の調査等（法第57条の3）

近年，生産工程の多様化，複雑化が進展するとともに，新たな機械設備や化学物質が導入されており，それに伴い多様化した事業場内の危険・有害要因の把握が困難になっていることから，事業者は化学物質等の危険性または有害性等の調査を実施し，その結果に基づいて労働者の危険または健康障害を防止するため必要な措置を講ずる必要がある。

この化学物質の危険性または有害性の調査（化学物質のリスクアセスメント）の実施は，表示対象物質および通知対象物については，安衛法第57条の3の規定により事業者の義務とされ，それ以外の化学物質については，安衛法第28条の2の規定により，事業者の努力義務とされている。

実施に当たっては「化学物質等による危険性又は有害性等の調査等に関する指針」（参考資料9）に従って実施することとなるが，その際，次の事項に留意する必要がある。

1　危険性または有害性等の調査

事業者は，化学物質等により発生するおそれのある負傷または疾病の重篤度とその発生の可能性の度合い（リスク）を見積もり（これを「リスクアセスメント」という），その結果に基づいてリスクを低減するための対策を講ずる必要がある。

リスクアセスメントの実施とその結果に基づく措置は，事業場内に当該措置の実施を統括管理する者の配置，実施を管理する者の配置，技術的業務を担当する化学物質管理者の配置など実施体制を整える必要がある。

また，リスクアセスメントは，化学物質等の関係する建設物や設備を新たに設けるとき，変更するとき等や化学物質である原材料を新規に採用するときなどには，必ず実施する必要がある。

さらに，リスクアセスメントの調査対象は，事業場における全ての化学物質等による危険性または有害性が該当し，過去に化学物質等による労働災害が発生した作業や危険または健康障害のおそれがある事象が発生した作業なども調査対象とする。

2　危険性または有害性の特定

リスクアセスメントの実施にあたり，化学物質等の安全データシート（SDS），仕様書等，化学物質等に関する取扱い手順書や機械設備等のレイアウト，作業環境測定結果などの資料を入手し，その情報を活用する必要がある。

化学物質等による危険性または有害性の特定に当たっては，「化学品の分類及び表示に関する世界調和システム（GHS）」で示されている分類・区分に則して，各作業ごとに特定を行う。たとえば，危険性については，①爆発物，②可燃性ガス，③エアゾール，④酸化性ガス，⑤高圧ガス，⑥引火性液体，⑦可燃性固体，⑧自己反応性化学品，⑨自然発火性液体，⑩自然発火性固体，⑪自己発熱性化学品，⑫水反応可燃性化学品，⑬酸化性液体，⑭酸化性固体，⑮有機過酸化物，⑯金属腐食性化学品，⑰鈍性化爆発物の 17 分類による特定，また，有害性については，①急性毒性，②皮膚腐食性・刺激性，③眼に対する重篤な損傷性・眼刺激性，④呼吸器感作性と皮膚感作性，⑤生殖細胞変異原性，⑥発がん性，⑦生殖毒性，⑧特定標的臓器毒性（単回ばく露），⑨特定標的臓器毒性（反復ばく露），⑩誤えん有害性の 10 分類による特定を行う。

3　リスクの見積り

続いて，リスク低減の優先度を決定するため，化学物質等による危険性または有害性により発生するおそれのある負傷または疾病の重篤度とそれらの発生の可能性の度合いの両者を考慮してリスクの見積もりを行う。数値化して行う見積り方法を次に示す。

ただし，化学物質等による疾病については，化学物質等の有害性の度合いおよびばく露の量のそれぞれを考慮して見積もることができる。

数値化した「重篤度」と「発生の可能性」を数値演算する方法の例

「重篤度」の数値

死亡・休業3月以上	休業1週間以上	休業1週間未満
20点	10点	5点

「発生の可能性」の度合の評価（業務頻度）

毎日	週に1回程度	月1回以下
10点	5点	2点

「リスク低減の優先度」＝「重篤度」の数値＋「発生の可能性」の数値

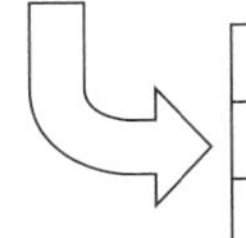

20点以上	直ちに措置を講じなければならないリスク	3
11～19点	計画的にリスク低減措置を講じなければならないリスク	2
10点以下	適切なリスク低減措置を講ずべきリスク	1

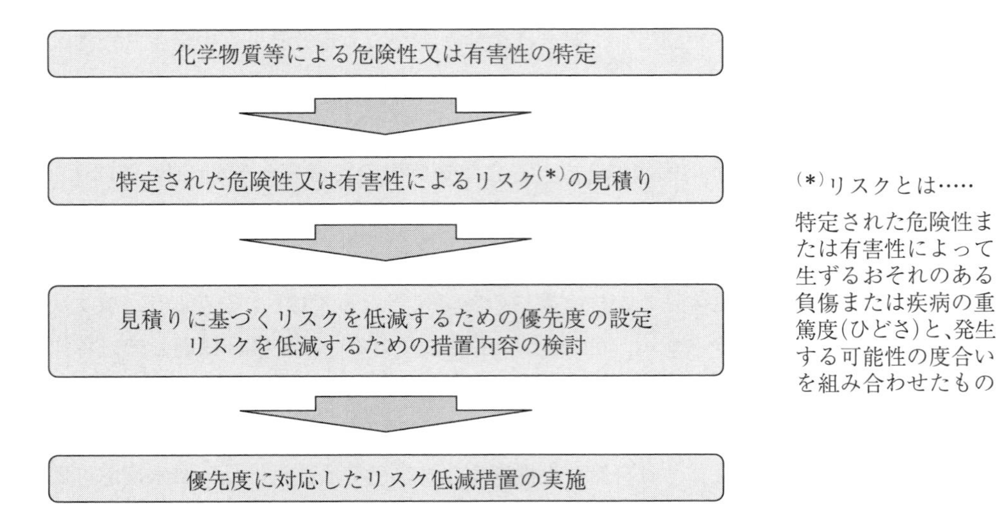

リスクアセスメント・リスク低減措置実施の流れ

4　リスク低減措置の検討および実施

実施の優先度については，法令事項に該当する措置事項は必ず実施し，続いて①危険性または有害性の高い化学物質等の使用の中止・代替化，化学反応のプロセス等の運転条件の変更，化学物質等の形状の変更等，②設備の防爆構造化等の工学的対策や局所排気装置などの衛生工学的対策，③マニュアルの整備などの管理的対策，④個人用保護具の使用，という順位付けを設けてリスク低減措置に取り組む。

また，実施した措置内容と結果については，たとえば調査対象とした化学物質等，洗い出した作業工程等，特定した危険性または有害性，見積もったリスク，リスク低減措置の優先度，実施したリスク低減措置の内容などの項目別に実施日と実施者を明記したうえで記録を残しておく。

以上のようにリスクアセスメントおよびリスク低減措置を実施する。なお，化学物質等による労働災害が発生した場合であって，過去の調査等の内容に問題がある場合，化学物質等の危険性または有害性等に関する新たな知見を得たとき，前回の調査等から一定の期間が経過し，化学物質等に関する機械設備等の経年による劣化，労働者の入れ替わり等に伴う労働者の安全衛生に関する知識経験の変化などがあった場合，過去に調査等を行ったことがない場合には，改めてリスクアセスメント等を実施する必要がある。

5　簡易なリスクアセスメント手法

化学物質のリスクアセスメントにおいて，ばく露濃度が測定できない場合などに用いる簡易なリスクアセスメント手法として，コントロール・バンディングが開発されている。これは，ばく露限界のかわりに化学物質の持つ有害性の重篤度に応じた管理目標濃度（有害性のバンド）を用い，使用量や飛散性（沸点，粒子の大きさ）を根拠にばく露濃度（ばく露濃度のバンド）を推定して置き換え，有害性のバンドとばく露のバンドをマトリックス表で比較してリスクを判定する方法である。一般的な労働環境においても専門家の介在なしにリスクアセスメントが実施できるように，英国HSE（安全衛生庁）やILO（国際労働機関）がその手法を開発し，公表している。

日本では，このILOコントロール・バンディング手法を取り入れ，対策シートを日本向きに翻訳修正した厚生労働省方式のコントロール・バンディングが，ホームページ『職場のあんぜんサイト』に「リスクアセスメント実施支援システム」として公開されている（https://anzeninfo.mhlw.go.jp/）。そのほか爆発・火災のリスクアセスメントのためのスクリーニング支援ツールや，少量の化学物質取扱い事業者向けのリスクアセスメントツール「CREATE-SIMPLE」なども公開されている。

このリスクアセスメント実施支援システムは，リスクアセスメントを実施する場所の条件を選択し，取扱い物質の使用状況や物性，GHS分類・区分などの必要な情報を入力すると，リスクレベルとそれに応じた必要な管理対策の区分（バンド）が示され，参考となる対策管理シートが提供されるもので，中小規模の事業場でも簡易に化学物質リスクアセスメントによる化学物質管理ができる内容となっている。ぜひ，活用を検討されたい。

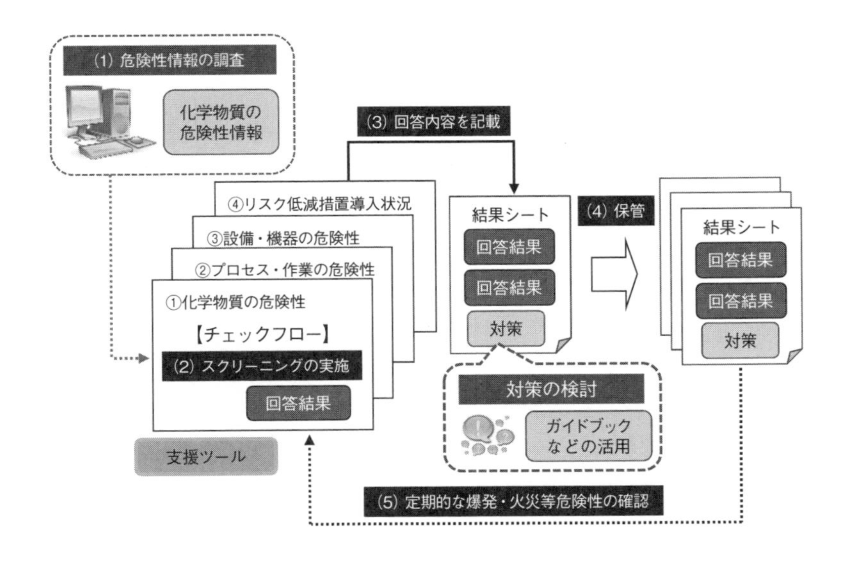

「爆発・火災のリスクアセスメントのためのスクリーニング支援ツール」の使い方の流れ

CREATE-SIMPLE ver 2.4.2

- サービス業など幅広い職場にむけた簡単な化学物質リスクアセスメントツール -

- 説明 -

- リスクアセスメントとは、労働者の安全や健康への影響について評価をすることです。
- CREATE-SIMPLEは、労働者の健康（吸入・経皮）への影響と物質の危険性について評価し、対策の検討を支援します。
- SDSを確認して対象物質を決定し、以下のSTEP1から順番に入力してください。

No：2
実施日：2022/5/13
実施者：

結果呼出　入力内容クリア

【STEP 1】対象物質の基本情報を入力しましょう。

タイトル			
実施場所			
製品名等			
作業内容等			
CAS番号			CAS番号から入力
物質名			物質一覧から選択
リスクアセスメント対象	☑ 吸入　☐ 経皮吸収　☐ 危険性（爆発・火災等）	性状	● 液体　○ 粉体　○ 気体

※気体の場合には危険性（爆発・火災等）のみ対応しています。

【STEP 2】取扱い物質に関する情報を入力してください。　非表示にする

○ばく露限界値

日本産業衛生学会 許容濃度		ppm	ACGIH TLV TWA		ppm
日本産業衛生学会 最大許容濃度		ppm	ACGIH TLV STEL		ppm
「皮」または「Skin」の表示			ACGIH TLV C		ppm

「CREATE-SIMPLE」の画面

13. 労働安全衛生法施行令 別表第6の2 有機溶剤（第6条，第21条，第22条関係）

1　アセトン
2　イソブチルアルコール
3　イソプロピルアルコール
4　イソペンチルアルコール（別名イソアミルアルコール）
5　エチルエーテル
6　エチレングリコールモノエチルエーテル（別名セロソルブ）
7　エチレングリコールモノエチルエーテルアセテート（別名セロソルブアセテート）
8　エチレングリコールモノ－ノルマル－ブチルエーテル（別名ブチルセロソルブ）
9　エチレングリコールモノメチルエーテル（別名メチルセロソルブ）
10　オルト-ジクロルベンゼン
11　キシレン
12　クレゾール
13　クロルベンゼン
15　酢酸イソブチル
16　酢酸イソプロピル
17　酢酸イソペンチル（別名酢酸イソアミル）
18　酢酸エチル
19　酢酸ノルマル-ブチル
20　酢酸ノルマル-プロピル
21　酢酸ノルマル-ペンチル（別名酢酸ノルマル-アミル）
22　酢酸メチル
24　シクロヘキサノール
25　シクロヘキサノン
28　1,2-ジクロルエチレン（別名二塩化アセチレン）
30　N,N-ジメチルホルムアミド
34　テトラヒドロフラン
35　1,1,1-トリクロルエタン
37　トルエン
38　二硫化炭素
39　ノルマルヘキサン
40　1-ブタノール
41　2-ブタノール
42　メタノール
44　メチルエチルケトン
45　メチルシクロヘキサノール
46　メチルシクロヘキサノン
47　メチル－ノルマル－ブチルケトン
48　ガソリン
49　コールタールナフサ（ソルベントナフサを含む。）
50　石油エーテル
51　石油ナフサ
52　石油ベンジン
53　テレビン油
54　ミネラルスピリット（ミネラルシンナー，ペトロリウムスピリット，ホワイトスピリット及びミネラルターペンを含む。）
55　前各号に掲げる物のみから成る混合物

※欠番は「削除」

14. 労働安全衛生法施行令 別表第3 特定化学物質等（特別有機溶剤）（第6条，第9条の3，第17条，第21条，第22条関係）

※別表第3　第2号「第2類物質」のうち，特別有機溶剤を抜粋して掲載するものです。

1 （略）
2　第2類物質
1～3の2　（略）
3の3　エチルベンゼン
4～11　（略）
11の2　クロロホルム
12～18　（略）
18の2　四塩化炭素
18の3　1,4-ジオキサン
18の4　1,2-ジクロロエタン（別名二塩化エチレン）
19　（略）
19の2　1,2-ジクロロプロパン
19の3　ジクロロメタン（別名二塩化メチレン）
19の4～22　（略）
22の2　スチレン
22の3　1,1,2,2-テトラクロロエタン（別名四塩化アセチレン）
22の4　テトラクロロエチレン（別名パークロルエチレン）
22の5　トリクロロエチレン
23～33　（略）
33の2　メチルイソブチルケトン
34～37　（略）

3 （略）

15. 第1～3種別有機溶剤および特別有機溶剤と説明箇所（対応表）

有機溶剤名	族	系・類	別名	俗称	管理濃度(ppm)	説明箇所(頁)
≪第1種≫						
(1) 1,2-ジクロルエチレン	脂肪族	塩化炭化水素類	二塩化アセチレン	アセチレンジクロライド	150	51, 54, 70, 83
(2) 二硫化炭素（皮）	その他	その他		硫炭，二硫炭，硫化炭素	1	50, 55, 75, 84
≪第2種≫						
(1) アセトン	脂肪族	ケトン類		2-プロパノン，ジメチルケトン	500	55, 72, 84
(2) イソブチルアルコール	脂肪族	アルコール類		イソブタノール	50	54, 71, 84
(3) イソプロピルアルコール	脂肪族	アルコール類		IPA，2-プロパノール	200	54, 71, 84
(4) イソペンチルアルコール	脂肪族	アルコール類	イソアミルアルコール		100	54, 71, 84
(5) エチルエーテル	脂肪族	エーテル類		エーテル，エチルオキサイド	400	50, 55, 72, 84
(6) エチレングリコールモノエチルエーテル（皮）	脂肪族	グリコールエーテル類	セロソルブ	エチルグリコール	5	51, 55, 74, 84
(7) エチレングリコールモノエチルエーテルアセテート（皮）	脂肪族	グリコールエーテル類	セロソルブアセテート	酢酸セロソルブ	5	51, 55, 74, 84
(8) エチレングリコールモノ-ノルマル-ブチルエーテル（皮）	脂肪族	グリコールエーテル類	ブチルセロソルブ	BG，ブチセル，ブチルグリコール	25	51, 55, 74, 84
(9) エチレングリコールモノメチルエーテル（皮）	脂肪族	グリコールエーテル類	メチルセロソルブ	メチルグリコール	0.1	51, 55, 74, 84
(10) オルト-ジクロルベンゼン	芳香族	塩化炭化水素類		ODB	25	51, 53, 54, 68, 83
(11) キシレン（皮）	芳香族	炭化水素類		キシロール	50	50, 51, 52, 53, 54, 67, 83
(12) クレゾール（皮）	芳香族	フェノール類		クレゾール酸	5	51, 54, 68, 83
(13) クロルベンゼン（皮）	芳香族	塩化炭化水素類		MCB，クロベン	10	51, 53, 54, 68, 83
(14) 酢酸イソブチル	脂肪族	エステル類		イソブチルアセテート	150	55, 73, 84
(15) 酢酸イソプロピル	脂肪族	エステル類		イソプロピルアセテート	100	55, 73, 84
(16) 酢酸イソペンチル	脂肪族	エステル類	酢酸イソアミル	イソペンチルアセテート，バナナオイル	50	55, 73, 84
(17) 酢酸エチル	脂肪族	エステル類		エチルアセテート，酢エチ	200	55, 73, 84
(18) 酢酸ノルマル-ブチル	脂肪族	エステル類		ブチルアセテート，酢ブチ	150	55, 73, 84
(19) 酢酸ノルマル-プロピル	脂肪族	エステル類		プロピルアセテート	200	55, 73, 84
(20) 酢酸ノルマル-ペンチル	脂肪族	エステル類	酢酸ノルマル-アミル	ペンチルアセテート，酢酸アミル	50	55, 73, 84
(21) 酢酸メチル	脂肪族	エステル類		メチルアセテート，酢メチ	200	50, 55, 73, 84
(22) シクロヘキサノール（皮）	脂肪族	アルコール類		アノール，ヘキサリン	25	54, 81, 84
(23) シクロヘキサノン（皮）	脂肪族	ケトン類		アノン，ヘキサノン	20	55, 72, 84
(24) N,N-ジメチルホルムアミド（皮）	脂肪族	含窒素化合物		DMF	10	48, 51, 53, 55, 76, 84
(25) テトラヒドロフラン（皮）	脂肪族	エーテル類		THF	50	55, 72, 84
(26) 1,1,1-トリクロルエタン	脂肪族	塩化炭化水素類	メチルクロロホルム	三塩化エタン	200	53, 54, 70, 83
(27) トルエン（皮）	芳香族	炭化水素類		トルオール，トロール，メチルベンゼン	20	48, 50, 51, 52, 53, 54, 56, 67, 83
(28) ノルマルヘキサン（皮）	脂肪族	炭化水素類		ヘキサン	40	50, 53, 54, 69, 83
(29) 1-ブタノール（皮）	脂肪族	アルコール類		NBA	25	50, 54, 71, 84
(30) 2-ブタノール	脂肪族	アルコール類		SBA	100	54, 71, 84
(31) メタノール（皮）	脂肪族	アルコール類	メチルアルコール	木精，カルビノール	200	50, 54, 71, 84
(32) メチルエチルケトン（皮）	脂肪族	ケトン類		MEK，2-ブタノン	200	55, 72, 84
(33) メチルシクロヘキサノール	脂肪族	アルコール類		メチルヘキサリン，メチルアノール	50	54, 71, 84
(34) メチルシクロヘキサノン（皮）	脂肪族	ケトン類		メチルヘキサノン，メチルアノン	50	55, 72, 84
(35) メチル-ノルマル-ブチルケトン（皮）	脂肪族	ケトン類		MBK，2-ヘキサノン	5	55, 72, 84
≪第3種≫	脂肪族または芳香族炭化水素の混合物					
(1) ガソリン				揮発油		53, 55, 76, 84
(2) コールタールナフサ				ソルベントナフサ		53, 55, 76, 84
(3) 石油エーテル				リグロイン		53, 55, 76, 84
(4) 石油ナフサ				ナフサ，ナフタ		53, 55, 76, 84
(5) 石油ベンジン				ベンジン		53, 55, 76, 84
(6) テレビン油				ターペン油，松精油		53, 55, 76, 84
(7) ミネラルスピリット				メネラルターペン，ホワイトスピリット，石油スピリット		53, 55, 76, 84

有機溶剤名	族	系・類	別名	俗称	管理濃度(ppm)	説明箇所(頁)
≪特別有機溶剤≫						
(1) エチルベンゼン	芳香族	炭化水素類			20	54, 67, 77, 78, 83
(2) 1, 2-ジクロロプロパン	脂肪族	塩化炭化水素類	塩化プロピレン		1	51, 54, 70, 79, 80, 83
(3) クロロホルム	脂肪族	塩化炭化水素類	トリクロルメタン	フロン-20, フレオン-20®	3	48, 50, 51, 54, 70, 80, 81
(4) 四塩化炭素 (皮)	脂肪族	塩化炭化水素類	テトラクロルメタン	パークロルメタン	5	48, 51, 54, 70, 81, 83
(5) 1, 2-ジクロロエタン	脂肪族	塩化炭化水素類	二塩化エチレン	EDC, エチレンジクロライド	10	51, 54, 70, 82, 83
(6) 1, 1, 2, 2-テトラクロロエタン(皮)	脂肪族	塩化炭化水素類	四塩化アセチレン	四塩化エタン	1	51, 54, 70, 82, 83
(7) トリクロロエチレン	脂肪族	塩化炭化水素類		TCE, トリクレン, 三塩化エチレン	10	50, 51, 54, 70, 83
(8) 1, 4-ジオキサン (皮)	脂肪族	エーテル類		ジオキサン	10	51, 72, 81, 84
(9) ジクロロメタン (皮)	脂肪族	塩化炭化水素類	二塩化メチレン	塩化メチレン, メチレンクロライド	50	54, 70, 82, 83
(10) スチレン (皮)	芳香族	炭化水素類		スチロール, ビニルベンゼン	20	54, 67, 82, 83
(11) テトラクロロエチレン(皮)	脂肪族	塩化炭化水素類	パークロルエチレン	PCE, パークレン	50	51, 54, 70, 82, 83
(12) メチルイソブチルケトン(皮)	脂肪族	ケトン類		MIBK, ヘキソン	20	55, 72, 82, 84

注 1. (皮)は経皮的に吸収され，全身的影響を起こしうる物質。
2. 有機溶剤名は労働安全衛生関係法令上に示された名称をもって表記したが，たとえば「1, 2-ジクロルエチレン」については「1, 2-ジクロロエチレン」という表記が現在では一般化している。
3. 説明箇所(頁)は第2編に該当するもののみ記載した。
4. 特別有機溶剤は，特定化学物質障害予防規則で規制される物質

16. 労働安全衛生規則　別表第2関係

令別表第9に定める表示義務及び通知義務の対象となる化学物質等とその裾切り値一覧
(有機溶剤関係のみ)　(平成27年8月3日付け基発0803第2号から抜粋)
(最終改正　平成27年9月30日基発0930第9号)

物質名		CAS 番号	表示対象裾切り値(重量%)(安衛則第30条関係)	通知対象裾切り値(重量%)(安衛則第34条の2)	備考
アセトン		67-64-1	1% 未満	0.1% 未満	
イソペンチルアルコール(別名イソアミルアルコール)		123-51-3	1% 未満	1% 未満	
エチルエーテル		60-29-7	1% 未満	0.1% 未満	
エチルベンゼン		100-41-4	0.1% 未満	0.1% 未満	
エチレングリコールモノエチルエーテル(別名セロソルブ)		110-80-5	0.3% 未満	0.1% 未満	
エチレングリコールモノエチルエーテルアセテート(別名セロソルブアセテート)		111-15-9	0.3% 未満	0.1% 未満	
エチレングリコールモノ―ノルマル―ブチルエーテル(別名ブチルセロソルブ)		111-76-2	1% 未満	0.1% 未満	
エチレングリコールモノメチルエーテル(別名メチルセロソルブ)		109-86-4	0.3% 未満	0.1% 未満	
オルト―ジクロロベンゼン		95-50-1	1% 未満	1% 未満	
ガソリン		8006-61-9	1% 未満	0.1% 未満	
キシレン		1330-20-7	0.3% 未満	0.1% 未満	
	o-キシレン	95-47-6			
	m-キシレン	108-38-3			
	p-キシレン	106-42-3			
クレゾール		1319-77-3	1% 未満	0.1% 未満	
	o-クレゾール	95-48-7			
	m-クレゾール	108-39-4			
	p-クレゾール	106-44-5			
クロロベンゼン		108-90-7	1% 未満	0.1% 未満	
クロロホルム		67-66-3	1% 未満	0.1% 未満	
コールタールナフサ		特定されず	1% 未満	1% 未満	
酢酸エチル		141-78-6	1% 未満	1% 未満	
酢酸ブチル		下記	1% 未満	1% 未満	
	酢酸 n-ブチル	123-86-4			
	酢酸イソブチル	110-19-0			
	酢酸 tert-ブチル	540-88-5			
	酢酸 sec-ブチル	105-46-4			
酢酸プロピル		下記	1% 未満	1% 未満	
	酢酸 n-プロピル	109-60-4			
	酢酸イソプロピル	108-21-4			
酢酸ペンチル(別名酢酸アミル)		異性体あり	1% 未満	0.1% 未満	
例	酢酸 n-ペンチル	628-63-7			
	酢酸イソペンチル	123-92-2			
	酢酸 sec-ペンチル	626-38-0			
	酢酸 3-ペンチル	620-11-1			

酢酸メチル	79-20-9	1% 未満	1% 未満	
四塩化炭素	56-23-5	1% 未満	0.1% 未満	
1,4—ジオキサン	123-91-1	1% 未満	0.1% 未満	
シクロヘキサノール	108-93-0	1% 未満	0.1% 未満	
シクロヘキサノン	108-94-1	1% 未満	0.1% 未満	
ジクロロエタン	下記	1% 未満	0.1% 未満	
1,1-ジクロロエタン	75-34-3			
1,2-ジクロロエタン	107-06-2			
ジクロロエチレン	下記	1% 未満	0.1% 未満	
1,1-ジクロロエチレン	75-35-4			
1,2-ジクロロエチレン	540-59-0			
1,2-ジクロロプロパン	78-87-5	0.1% 未満	0.1% 未満	
ジクロロメタン（別名二塩化メチレン）	75-09-2	1% 未満	0.1% 未満	
N,N—ジメチルホルムアミド	68-12-2	0.3% 未満	0.1% 未満	
スチレン	100-42-5	0.3% 未満	0.1% 未満	
石油エーテル	特定されず	1% 未満	1% 未満	
石油ナフサ	特定されず	1% 未満	1% 未満	
石油ベンジン	特定されず	1% 未満	1% 未満	
1,1,2,2—テトラクロロエタン（別名４塩化アセチレン）	79-34-5	1% 未満	0.1% 未満	
テトラクロロエチレン(別名パークロルエチレン)	127-18-4	0.1% 未満	0.1% 未満	
テトラヒドロフラン	109-99-9	1% 未満	0.1% 未満	
テレビン油	8006-64-2	1% 未満	0.1% 未満	
トリクロロエタン	下記	1% 未満	0.1% 未満	
1,1,1-トリクロロエタン	71-55-6			
1,1,2-トリクロロエタン	79-00-5			
トリクロロエチレン	79-01-6	0.1% 未満	0.1% 未満	
トルエン	108-88-3	0.3% 未満	0.1% 未満	
二硫化炭素	75-15-0	0.3% 未満	0.1% 未満	
ブタノール	下記	1% 未満	0.1% 未満	
1-ブタノール	71-36-3			
2-ブタノール	78-92-2			
イソブタノール	78-83-1			
tert-ブタノール	75-65-0			
プロピルアルコール	下記	1% 未満	0.1% 未満	
n-プロピルアルコール	71-23-8			
イソプロピルアルコール	67-63-0			
ヘキサン	異性体あり	1% 未満	0.1% 未満	
例 n-ヘキサン	110-54-3			
ミネラルスピリット（ミネラルシンナー，ペトロリウムスピリット，ホワイトスピリット及びミネラルターペンを含む。）	64742-47-8	1% 未満	1% 未満	
メタノール	67-56-1	0.3% 未満	0.1% 未満	
メチルイソブチルケトン	108-10-1	1% 未満	0.1% 未満	
メチルエチルケトン	78-93-3	1% 未満	1% 未満	
メチルシクロヘキサノール	25639-42-3	1% 未満	1% 未満	異性体あり
メチルシクロヘキサノン	1331-22-2	1% 未満	1% 未満	異性体あり
メチル—ノルマル—ブチルケトン	591-78-6	1% 未満	1% 未満	

17. 有機溶剤中毒予防規則第２条第２項第１号及び第２号並びに第 17 条第２項第２号及び第３号の規定に基づき有機溶剤等の量に乗ずべき数値を定める告示

（昭和 47 年 9 月 30 日労働省告示第 122 号）

（最終改正　昭和 53 年 8 月 7 日労働省告示第 87 号）

有機溶剤中毒予防規則（昭和 47 年労働省令第 36 号）第２条第２項第１号及び第２号並びに第 17 条第２項第２号及び第３号の規定に基づき，昭和 47 年労働省告示第 122 号（有機溶剤等の量に乗ずべき数値を定める等の件）の一部を次のように改正し，昭和 53 年 9 月１日から適用する。

有機溶剤中毒予防規則第２条第２項第１号及び第２号並びに第 17 条第２項第２号及び第３号に規定する有機溶剤等の量に乗ずべき数値は，有機溶剤にあつては，1.0 とし，有機溶剤含有物にあつては次の表の上欄〈編注・左欄〉に掲げる有機溶剤含有物の区分に応じ，それぞれの同表の下欄〈編注・右欄〉に掲げる数値とする。

区　分		数　値
金属コーテング剤	下塗りコーテング	0.3
	クリヤー	0.5
表面加工剤	印刷物の表面加工剤	0.5
	その他の表面加工剤	0.5
印刷用インキ	グラビアインキ	0.5
	フレキソインキ	0.5
	スクリーンインキ	0.4
	その他のインキ	0.5
接着剤	ゴム系接着剤クリヤー	0.7
	ゴム系接着剤マスチツク	0.4
	塩化ビニル樹脂接着剤	0.6
	酢酸ビニル樹脂接着剤クリヤー	0.5
	酢酸ビニル樹脂接着剤マスチツク	0.4
	フエノール樹脂接着剤	0.4
	エポキシ樹脂接着剤	0.2
	ポリウレタン接着剤	0.2
	メラミン樹脂溶液（繊維加工用）	0.1
	メラミン樹脂溶液（接着・含浸用）	0.3
	粘着剤	0.5
	ニトロセルローズ接着剤	0.6
	酢酸セルローズ接着剤	0.6
	その他の接着剤	0.8
工業用油剤	ドライクリーニング用油剤	1.0
	金属表面処理用油剤	0.8
	農薬用油剤	0.2
	その他の工業用油剤	0.9

区　分		数値
繊維用油剤	紡績用油剤	0.3
	編織用油剤	0.2
	その他の繊維用油剤	0.5
殺菌剤	アセトン含有殺菌剤	0.1
	アルコール含有殺菌剤	0.3
	クレゾール殺菌剤	0.5
	その他の殺菌剤	0.7
塗料	油ワニス	0.5
	油エナメル	0.3
	油性下地塗料	0.2
	酒精ニス	0.7
	クリヤーラツカー	0.6
	ラツカーエナメル	0.5
	ウツドシーラー	0.8
	サンジングシーラー	0.7
	ラツカープライマー	0.6
	ラツカーパテ	0.3
	ラツカーサーフエサー	0.5
	合成樹脂調合ペイント	0.2
	合成樹脂さび止ペイント	0.2
	フタル酸樹脂ワニス	0.5
	フタル酸樹脂エナメル	0.4
	アミノアルキド樹脂ワニス	0.5
	アミノアルキド樹脂エナメル	0.4
	フエノール樹脂ワニス	0.5
	フエノール樹脂エナメル	0.4
	アクリル樹脂ワニス	0.6
	アクリル樹脂エナメル	0.5
	エボキシ樹脂ワニス	0.5
	エボキシ樹脂エナメル	0.4
	タールエポキシ樹脂塗料	0.4
	ビニル樹脂クリヤー	0.5
	ビニル樹脂エナメル	0.5
	ウオツシユプライマー	0.7
	ポリウレタン樹脂ワニス	0.5
	ポリウレタン樹脂エナメル	0.4
	ステイン	0.8
	水溶性樹脂塗料	0.1
	液状ドライヤー	0.8
	リムーバー	0.8
	シンナー類	1.0
	その他の塗料	0.6
絶縁用ワニス	一般用絶縁ワニス	0.6
	電線用絶縁ワニス	0.7
	その他の絶縁用ワニス	0.9

18. 化学物質関係作業主任者技能講習規程（抄）

（平成6年6月30日労働省告示第65号）
（最終改正　平成18年2月16日厚生労働省告示第56号）

有機溶剤中毒予防規則（昭和47年労働省令第36号）第36条の2第3項〈編注：現行＝第37条第3項〉，鉛中毒予防規則（昭和47年労働省令第37号）第60条第3項，四アルキル鉛中毒予防規則（昭和47年労働省令第38号）第27条第3項及び特定化学物質等障害予防規則（昭和47年労働省令第39号）第51条第3項の規定に基づき，化学物質関係作業主任者技能講習規程を次のように定め，平成6年7月1日から適用する。

有機溶剤作業主任者技能講習規程（昭和53年労働省告示第90号），鉛作業主任者技能講習規程（昭和47年労働省告示第124号），四アルキル鉛等作業主任者技能講習規程（昭和47年労働省告示第126号）及び特定化学物質等作業主任者技能講習規程（昭和47年労働省告示第128号）は，平成6年6月30日限り廃止する。

（講師）

第1条　有機溶剤作業主任者技能講習，鉛作業主任者技能講習及び特定化学物質及び四アルキル鉛等作業主任者技能講習（以下「技能講習」と総称する。）の講師は，労働安全衛生法（昭和47年法律第57号）別表第20第11号の表〈編注：略〉の講習科目の欄に掲げる講習科目に応じ，それぞれ同表の条件の欄に掲げる条件のいずれかに適合する知識経験を有する者とする。

（講習科目の範囲及び時間）

第2条　技能講習は，次の表〈編注：有機溶剤作業主任者技能講習の部分のみの抄録。第3条の次に掲げる〉の上欄〈編注：左欄〉に掲げる講習科目に応じ，それぞれ，同表の中欄に掲げる範囲について同表の下欄〈編注：右欄〉に掲げる講習時間により，教本等必要な教材を用いて行うものとする。

2　前項の技能講習は，おおむね100人以内の受講者を1単位として行うものとする。

（修了試験）

第3条　技能講習においては，修了試験を行うものとする。

②　前項の修了試験は，講習科目について，筆記試験又は口述試験によって行う。

③　前項に定めるもののほか，修了試験の実施について必要な事項は，厚生労働省労働基準局長の定めるところによる。

講習科目	範　囲	講習時間
健康障害及びその予防措置に関する知識	有機溶剤による健康障害の病理，症状，予防方法及び応急措置	4 時間
作業環境の改善方法に関する知識	有機溶剤の性質 有機溶剤の製造及び取扱いに係る器具その他の設備の管理 作業環境の評価及び改善の方法	4 時間
保護具に関する知識	有機溶剤の製造又は取扱いに係る保護具の種類，性能，使用方法及び管理	2 時間
関係法令	労働安全衛生法，労働安全衛生法施行令（昭和 47 年政令第 318 号）及び労働安全衛生規則（昭和 47 年労働省令第 32 号）中の関係条項 有機溶剤中毒予防規則	2 時間

19. 労働災害の防止のための業務に従事する者に対する能力向上教育に関する指針（抄）

（平成元年5月22日能力向上教育指針公示第1号）
（最終改正　平成18年3月31日能力向上教育指針公示第5号）

労働安全衛生法（昭和47年法律第57号）第19条の2第2項の規定に基づき，労働災害の防止のための業務に従事する者に対する当該業務に関する能力の向上を図るための教育に関する指針を次のとおり公表する。

労働災害の防止のための業務に従事する者に対する能力向上教育に関する指針

Ⅰ　趣旨

この指針は，労働安全衛生法（昭和47年法律第57号）第19条の2第2項の規定に基づき事業者が労働災害の動向，技術革新の進展等社会経済情勢の変化に対応しつつ事業場における安全衛生の水準の向上を図るため，安全管理者，衛生管理者，安全衛生推進者，衛生推進者その他労働災害防止のための業務に従事する者（以下「安全衛生業務従事者」という。）に対して行う，当該業務に関する能力の向上を図るための教育，講習等（以下「能力向上教育」という。）について，その内容，時間，方法及び講師並びに教育の推進体制の整備等その適切かつ有効な実施のために必要な事項を定めたものである。

事業者は，安全衛生業務従事者に対する能力向上教育の実施に当たっては，事業場の実態を踏まえつつ本指針に基づき実施するよう努めなければならない。

Ⅱ　教育の対象者及び種類

1　対象者

次に掲げる者とする。

⑴　安全管理者
⑵　衛生管理者
⑶　安全衛生推進者
⑷　衛生推進者
⑸　作業主任者
⑹　元方安全衛生管理者
⑺　店社安全衛生管理者
⑻　その他の安全衛生業務従事者

2　種類

1に掲げる者が初めて当該業務に従事することになった時に実施する能力向上教育（以下「初任時教育」という。）並びに1に掲げる者が当該業務に従事することになった後，一定期間ごとに実施する能力向上教育（以下「定期教育」という。）及び当該事業場において機械設備等に大幅な変更があった時に実施する能力向上教育（以下「随時教育」という。）とする。

Ⅲ　能力向上教育の内容，時間，方法及び講師

1　内容及び時間

⑴　内容

イ　初任時教育…当該業務に関する全般的事項

ロ　定期教育及び随時教育…労働災害の動向，社会経済情勢，事業場における職場環境の変化等に対応した事項

⑵　時間

原則として1日程度とする。

なお，能力向上教育の内容及び時間は，教育の対象者及び種類ごとに示す別表の安全衛生業務従事者に対する能力向上教育カリキュラムによるものとする。

2　方法

講義方式，事例研究方式，討議方式等教育の内容に応じて効果の上がる方法とする。

3　講師

当該業務についての最新の知識並びに教育技法についての知識及び経験を有する者とする。

Ⅳ　推進体制の整備等

1　能力向上教育の実施者は事業者であるが，事業者自らが行うほか，安全衛生団体等に委託して実施できるものとする。

事業者又は事業者の委託を受けた安全衛生団体等はあらかじめ能力向上教育の実施に当たって実施責任者を定めるとともに，実施計画を作成するものとする。

2　事業者は，実施した能力向上教育の記録を個人別に保存するものとする。

3　能力向上教育は，原則として就業時間内に実施するものとする。

別表

安全衛生業務従事者に対する能力向上教育カリキュラム

1～18　略

19　有機溶剤作業主任者能力向上教育（定期又は随時）

20　略

別表

19　有機溶剤作業主任者能力向上教育（定期又は随時）

科目	範　　囲	時間
1　作業環境管理	(1)　作業環境管理の進め方 (2)　作業環境測定，評価及びその結果に基づく措置 (3)　局所排気装置等の設置及びその維持管理	2.0
2　作業管理	(1)　作業管理の進め方 (2)　労働衛生保護具	2.0
3　健康管理	(1)　有機溶剤中毒の症状 (2)　健康診断及び事後措置	1.0
4　事例研究及び関係法令	(1)　作業標準等の作成 (2)　災害事例とその防止対策 (3)　有機溶剤業務に係る労働衛生関係法令	2.0
計		7.0

20. 有機溶剤業務従事者に対する労働衛生教育の推進について

(昭和59年6月29日基発第337号)

有機溶剤中毒の予防対策の実効をあげるためには，事業者が行う労働衛生管理に加えて，個々の労働者が有機溶剤の毒性及び中毒の予防対策の必要性を正しく理解し，事業者が行う諸対策に積極的に協力することが重要である。しかし，最近の有機溶中毒の発症事例をみると，労働者に対する労働衛生教育が行われていないか，又は不十分であることが原因であるものが依然として相当数にのぼっている。

一方，労働衛生教育の推進については，昭和59年2月16日付け基発第76号「安全衛生教育の推進について」〈編注：現行「安全衛生教育及び研修の推進について」(平成3年1月21日基発第39号。最終改正：平成31年3月28日基発0328第28号)〉及び昭和59年3月26日付け基発第148号「安全衛生教育の推進に当たって留意すべき事項について」〈編注：最終改正：平成13年3月26日基発第179号〉によりその推進を図ることとしたところである。

これらの背景及び通達の趣旨を踏まえて，今般，「特別教育」に準じた教育として，別添のとおり有機溶剤業務従事者に対する労働衛生教育実施要領を定め，同教育を推進することとしたので，了知のうえ，その円滑な運用に努められたい。

(別添)

有機溶剤業務従事者に対する労働衛生教育実施要領

1　目的

有機溶剤中毒の予防対策の一環として，有機溶剤業務に従事する者に対し，

(1)　有機溶剤による疾病及び健康管理

(2)　作業環境管理

(3)　保護具の使用方法

(4)　関係法令

についての知識を付与することを目的とする。

2　実施者

実施者は，有機溶剤業務に労働者を就かせる事業者又は当該事業者に代わって当該教育を行う安全衛生団体等とする。

3　対象者

対象者は，有機溶剤業務に従事する者とする。

4　実施時期

実施時期は，有機溶剤業務に就かせる前とする。ただし，現に有機溶剤業務に従事している者であって本教育を受けていないものについては，順次実施するものとする。

5　教育カリキュラム

教育カリキュラムは，別紙「有機溶剤業務従事者に対する労働衛生教育カリキュラム」のとおりとし，その表の左欄に掲げる科目に応じ，それぞれ，同表中欄に掲げる範囲について同表右欄に掲げる時間以上行うものとする。

6　修了の証明等

(1)　事業者は，当該教育を実施した結果について，その旨を記録し，保管するものとする。

(2)　安全衛生団体等が事業者に代わって当該教育を実施した場合は，修了者に対してその修了を証する書面を交付する等の方法により，所定の教育を受けたことを証明するとともに，教育修了者名簿を作成し保管するものとする。

（別紙）

有機溶剤業務従事者に対する労働衛生教育カリキュラム

科目	範囲	時間
有機溶剤による疾病及び健康管理	有機溶剤の種類及びその性状 有機溶剤の使用される業務 有機溶剤による健康障害，その予防方法及び応急措置	1時間
作業環境管理	有機溶剤蒸気の発散防止対策の種類及びその概要 有機溶剤蒸気の発散防止対策に係る設備及び換気のための設備の保守，点検の方法 作業環境の状態の把握 有機溶剤に係る事項の掲示，有機溶剤の区分の表示 有機溶剤の貯蔵及び空容器の処理	2時間
保護具の使用方法	保護具の種類，性能，使用方法及び保守管理	1時間
関係法令	労働安全衛生法，労働安全衛生法施行令，労働安全衛生規則及び有機溶剤中毒予防規則（これに基づく告示を含む。）中の関係条項	0.5時間

『有機溶剤作業主任者テキスト』（第 10 版）正誤表

『有機溶剤作業主任者テキスト』（第 10 版）で以下の部分に誤りがありました。お詫びして訂正いたします。

該当頁・箇所		訂正前	訂正後
202 頁	（5）適用除外	参考資料 19 参照	参考資料 17 参照
203 頁	（6）管理の水準が一定以上の事業場の適用除外	所轄労働基準監督署長	所轄都道府県労働局長
244 頁	第 24 条の解説内	即日公布予定	即日施行予定
281 頁 表 5-6 中	※B	図 5－6 参照	図 5－5 参照

有機溶剤作業主任者テキスト

平成 20 年 8 月 29 日　第 1 版第 1 刷発行
平成 21 年 4 月 15 日　第 2 版第 1 刷発行
平成 23 年 12 月 28 日　第 3 版第 1 刷発行
平成 25 年 2 月 28 日　第 4 版第 1 刷発行
平成 26 年 3 月 20 日　第 5 版第 1 刷発行
平成 26 年 12 月 16 日　第 6 版第 1 刷発行
平成 27 年 12 月 8 日　第 7 版第 1 刷発行
平成 29 年 7 月 31 日　第 8 版第 1 刷発行
令和 2 年 8 月 31 日　第 9 版第 1 刷発行
令和 5 年 3 月 28 日　第10版第 1 刷発行
令和 6 年 10 月 18 日　第 7 刷発行

編　　者　中央労働災害防止協会
発 行 者　平 山　剛
発 行 所　中央労働災害防止協会
〒108-0023
東京都港区芝浦 3 丁目17番 12 号
吾妻ビル 9 階
電話　販売　03(3452)6401
　　　編集　03(3452)6209
印刷・製本　新日本印刷株式会社
表　　紙　デザイン・コンドウ

ISBN 978-4-8059-2094-7　C3043
中災防ホームページ　https://www.jisha.or.jp/